"十二五"普通高等教育规划教材

Ru Yu Ruzhipin Gongyixue

乳与乳制品工艺学

张志胜　李灿鹏　毛学英　主编

U0346827

中国质检出版社
中国标准出版社
北　京

图书在版编目(CIP)数据

乳与乳制品工艺学/张志胜,李灿鹏,毛学英主编. —北京:中国质检出版社,2014.6
"十二五"普通高等教育规划教材
ISBN 978 - 7 - 5026 - 3992 - 1

Ⅰ.①乳…　Ⅱ.①张…　②李…　③毛…　Ⅲ.①乳制品—食品加工　Ⅳ.①TS252.4

中国版本图书馆 CIP 数据核字(2014)第 049588 号

内 容 提 要

乳与乳制品工艺学是主要阐明原料乳和乳制品的性质、生产理论、工艺技术及产品质量变化规律的一门应用技术学科,其内涵包括乳品科学和乳制品加工两部分,外延则涉及乳业生产全过程。本书内容包括:乳的概念及乳的形成;乳的化学成分及性质;乳中的微生物;乳制品生产常用的加工处理;乳制品生产的辅助原料;鲜乳的处理;液态乳的加工;发酵乳及酸乳饮料的加工;炼乳的加工;乳粉的生产;奶油的生产;干酪的加工;冰淇淋和雪糕的生产;乳品质量与安全管理。

本教材适于高等院校食品科学与工程类专业和畜产品加工类专业的教师与学生使用,同时,对从事乳与乳制品生产与研究的科技人员也有重要的参考价值。

中国质检出版社
中国标准出版社　出版发行

北京市朝阳区和平里西街甲 2 号 （100029）
北京市西城区三里河北街 16 号 （100045）

网址：www.spc.net.cn

总编室：(010) 64275323　发行中心：(010) 51780235
读者服务部：(010) 68523946

中国标准出版社秦皇岛印刷厂印刷
各地新华书店经销

＊

开本 787×1092　1/16　印张 18.5　字数 469 千字
2014 年 6 月第一版　2014 年 6 月第一次印刷

＊

定价：39.00 元

如有印装差错　由本社发行中心调换
版权专有　侵权必究
举报电话：(010)68510107

审 定 委 员 会

陈宗道（西南大学）

谢明勇（南昌大学）

殷涌光（吉林大学）

李云飞（上海交通大学）

何国庆（浙江大学）

王锡昌（上海海洋大学）

林　洪（中国海洋大学）

徐幸莲（南京农业大学）

吉鹤立（上海市食品添加剂行业协会）

巢强国（上海市质量技术监督局）

本 书 编 委 会

主　　编　张志胜（河北农业大学）

　　　　　李灿鹏（云南大学）

　　　　　毛学英（中国农业大学）

副 主 编　张海莲（河北农业大学）

　　　　　王稳航（天津科技大学）

　　　　　张建友（浙江工业大学）

　　　　　高海燕（河南科技学院）

　　　　　刘　媛（河北北方学院）

编写人员　张秋会（河南农业大学）

　　　　　赵丛枝（河北农业大学）

　　　　　王　健（河北北方学院）

　　　　　刘会平（天津科技大学）

　　　　　谷春涛（东北农业大学）

　　　　　滕安国（天津科技大学）

　　　　　霍艳荣（浙江林业大学）

　　　　　牛生洋（河南科技学院）

　　　　　淑　英（河北农业大学）

序　言

近年来，人们对食品安全的关注度日益增强，食品行业已成为支撑国民经济的重要产业和社会的敏感领域。随着食品产业的进一步发展，食品安全问题层出不穷，对整个社会的发展造成了一定的不利影响。为了保障食品安全，规制食品产业的有序发展，近期国家对食品安全的监管和整治力度不断加强。经过各相关主管部门的不懈努力，我国已基本形成并明确了卫生与农业部门实施食品原材料监管、质监部门承担食品生产环节监管、工商部门从事食品流通环节监管的制度完善的食品安全监管体系。

在整个食品行业快速发展的同时，行业自身的结构性调整也不断深化，这种调整使其对本行业的技术水平、知识结构和人才特点提出了更高的要求，而与此相关的高等教育正是对食品科学与工程各项理论的实际应用层面培养专业人才的重要渠道，因此，近年来教育部对食品类各专业的高等教育发展日益重视，并连年加大投入以提高教育质量，以期向社会提供更加适应经济发展的应用型技术人才。为此，教育部对高等院校食品类各专业的具体设置和教材目录也多次进行了相应的调整，使高等教育逐步从偏重基础理论的教育模式中脱离出来，使其真正成为为国家培养应用型的高级技术人才的专业教育，"十二五"期间，这种转化将加速推进并最终得以完善。为适应这一特点，编写高等院校食品类各专业所需的教材势在必行。

针对以上变化与调整，由中国质检出版社牵头组织了"十二五"普通高等教育规划教材（食品类）的编写与出版工作，该套教材主要适用于高等院校的食品类各相关专业。由于该领域各专业的技术应用性强、知识结构更新快，因此，我们有针对性地组织了西南大学、南昌大学、上海交通大学、浙江大学、上海海洋大学、中国海洋大学、南京农业大学、华中农业大学以及河北农业大学等40多所相关高校、科研院所以及行业协会中兼具丰富工程实践和教学经验的专家学者担当各教材的主编与主审，从而为我们成功推出该套框架好、内容新、适应面广的好教材提供了必要的保障，以此来满足食品类各专业普通高等教育的不断发展和当前全社会范围内对建立食品安全体系的迫切需要；这也对培养素质全面、适应性强、有创新能力的应用型技术人才，进一步提高食品类各专业高等教育教材的编写水平起到了积极的推动作用。

针对应用型人才培养院校食品类各专业的实际教学需要，本系列教材的编写尤其注重了理论与实践的深度融合，不仅将食品科学与工程领域科技发展的新理论合理融入教材中，使读者通过对教材的学习，可以深入把握食品行业发展的全貌，而且也将食品行业的新知识、新技术、新工艺、新材料编入教材中，使读者掌握最先进的知识和技能，这对我国 21 世纪应用型人才的培养大有裨益。相信该套教材的成功推出，必将会推动我国食品类高等教育教材体系建设的逐步完善和不断发展，从而对国家的 21 世纪人才培养战略起到积极的促进作用。

教材审定委员会

2014 年 2 月

前 言
• FOREWORD •

食品工业是国民经济的重要支柱行业，关系国计民生。乳业属于食品工业及大农业范畴，它是包括奶畜饲养繁殖、品种改良、乳品生产加工及市场销售在内的系统工程。乳既是食品又是食品工业原料。乳制品是世界公认的可以显著改善国民体质的最佳食品，它对保障国民健康、增强国民身体素质具有特殊的意义。很多国家乳的生产、加工、销售已形成巨大的行业，成为食品工业的一大支柱，在国民经济中占有重要地位。

人们对乳品营养价值认识的深化和消费观念的转变，特别是国务院在《中国食物与营养发展纲要（2001—2010年）》中把"奶类产业"作为优先发展的重点领域，以及"学生奶饮用计划"、"军需奶计划"等项目的实施，推动了我国乳业的快速发展。目前，我国奶类总产量已居世界第三位，人年均奶类消费26千克，为世界平均水平的1/4。乳制品已经形成一个庞大的产业，与人民群众生活关系密切。但是，与国外发达国家的乳业相比，中国乳业所处的产业地位仍然很低，其产业前端的奶业发展水平也低于国际水平。在当今全球乳业都在围绕人类健康的新需求，加紧技术与产业创新，使传统乳制品富含更多的营养价值，并在增进人体健康方面起到一举多得的作用的新时期，中国乳业发展怎样更好地与人类营养健康的新需求良好结合，适应食品工业的快速发展和日益发展的国际贸易的需要，学习和掌握乳与乳制品工艺学的知识十分必要，在此基础上还必须加快乳制品的研制、开发和生产，以满足日益发展的食品工业的需要。

我们编写《乳与乳制品工艺学》一书是为了适应我国食品工业的发展和高等院校食品专业教育的需要。本书结合我国乳与乳制品的加工现状，重点介绍了乳的定义、化学成分及性质，乳制品生产的辅助原料及常用的加工处理，以及主要种类乳制品的生产加工情况，同时也介绍了国内外乳品质量控制与安全管理现状。

本书由全国10余所高校的多年从事食品学科教学与科研工作的教师合力编写，由张志胜、李灿鹏和毛学英任主编，张海莲、王稳航、张建友、高海燕和刘媛任副主编。绪论由河北农业大学食品科技学院张志胜编写，第一章和第二章由云南大学化学科学与工程学院李灿鹏编写，第三章和第四章由天津科技大学食品学院王稳航和东北农业大学食品学院谷春涛等编写，第五章和第十四章由河北北方学院食品科学系刘媛、王健编写，第六章由河北农业大学海洋学院张海莲编写，第七章、第八章和第十二章由中国农业大学食品学院毛学英和河北农业大学赵丛枝、淑英编写，第九章和第十章由浙江工业大学张建友编写，第十一章和第十三章由河南科技学院食品学院高海燕、牛生洋和河南农业大学食品学院张秋会编写。

在《乳与乳制品工艺学》编写过程中曾得到许多业内专家的热心帮助和指导，在此深表谢意。此外，由于编写人员业务水平有限，书中内容难免有不妥之处，敬请读者批评指正，更希望与我们进行探讨与交流。本书可以作为农林、轻工、水产、商业及综合院校食品科学与工程类专业和畜产品加工类专业本科生、研究生的教材或参考用书，也可供食品工业、乳与乳制品行业从事科研开发的工程技术人员和质量技术监督部门的同志参考使用。

编　者

2014 年 2 月

目　录
• CONTENTS •

绪 论

一、乳在人类食品中的地位

民以食为天,食以乳为先。乳是哺乳动物从乳腺中分泌出来的白色不透明液体。乳中的乳糖、乳脂肪、矿物质和水组成乳浊液,蛋白质以胶体状态悬浮其中。乳中所含的各种组成足以供给幼小动物生长发育的全部营养需要,是一种完全食品。以乳为原料可以加工制成各种乳制食品。动物乳是人类最佳的天然食物,尤其是其中乳蛋白和乳钙对于改善我国人民现有的不合理膳食结构,提高体质都是不可多得的。

动物乳自古以来就被人类饮用,牛乳在公元前 6000 年成为古印度人的重要食品,继而为了食用安全,提高其利用价值、改善其营养价值,经历了漫长的改良。如在 1200 年出现了早期的冰淇淋,17 世纪牛乳巴氏杀菌法被企业应用,19 世纪初制造了炼乳、乳粉等制品。随着社会的不断发展,科学技术的不断创新,对乳的处理、加工方法和技术水平不断提高,形成了数以万计的乳制品。乳制品加工业占食品业的比重美国为 12%,德国为 19%,法国为 22%。

目前,在发达国家各种家畜乳 80% 以上进入加工领域,形成了强大的乳制品加工产业。在农业发达国家,乳业占农业产值的 40% 以上。乳业对农业产业结构调整、增加农民收入、改善人们膳食结构和营养水平发挥着重要作用,其总体水平已经成为一个国家畜牧业发展程度的重要标志。

二、国内外乳业发展现状

1. 国外乳制品市场

由于牛奶鲜活易腐,需要及时冷却、收集和储运,产、加、销任何环节的不协调都会影响鲜奶及其制品的质量。产业链的整合与协调,减少与消除了产、加、销各方面的利益冲突,可以提高整个乳业的效率和效益,增强其市场竞争力。因此,在国际乳品工业界,出现了规模扩张的趋势,致使现有大公司的规模变得更大,跨国扩张的比率正在上升。这一切不仅发生在欧盟内部,世界的其他地区情况也如此。例如:在荷兰,现有 22 家乳品厂中有 13 家是产加销一体化的合作社,其中包括供应本国 80% 牛奶及其制品的三家最大的加工厂;在芬兰,以股份制形式组成的全国联社性质的一体化乳业公司瓦利奥公司,吸收全国 25600 个奶牛户(占全国 80%)参加,在全国设立 33 个加工厂,加工量占全国原奶产量的 77%;在美国,实行一体化的比例也非常高,250 家乳业合作社供应全国约 80% 的牛奶及其制品;在印度,乳业合作社浸透到每一个村(society),在村合作社的基础上设立合作社联合会(unino),在联合会的基础上又设立合作中心(disrtictnecter),合作中心的联合组织就是全印度乳业发展局。通过合作社的形式,印度农民不仅从牛奶的生产环节获得利润,也可以从加工、销售环节得到利润。有些发达国家已开始将一体化经营向股份制经营形式发展,即奶农成为股东成员,开始全面关心乳业发展,这种发展趋势具有积极作用。

此外,为充分满足市场的不同需求,发达国家乳产品品种多达2000多种,在液体乳产品中,主要以生产巴氏杀菌奶为主,以及各种风味的功能性液态乳、果汁乳、蔬菜乳等。

2. 国内乳制品市场

我国乳品消费的总量及人均消费量都呈大幅度增长态势,在乳品消费量快速增长的同时,对乳品品质和种类的要求也不断提高,乳品市场细分将不断强化,如婴儿奶粉一、二、三段,儿童成长奶粉,孕妇奶粉,女士奶粉,中老年舒睡全营养奶粉,减肥奶粉,降脂奶粉等,针对不同地区、不同民族、不同习惯、不同收入、不同爱好、不同身体状况,还将进一步细分市场。同时以质量、信誉和服务为核心的品牌竞争将日益激烈,品牌效应将得到最大限度的发挥。如在液态奶市场,伊利、光明、三元、蒙牛属于领先品牌;在奶粉中低档市场,已打造出了完达山、伊利等全国性品牌。随着市场竞争的日益加剧,乳品加工业的整体实力将不断增强,乳业国际化程度不断提高,中国必将打造出具有国际竞争力的强势品牌。

我国乳制品企业数量众多,但普遍规模偏小,所有企业的总销售额不足美国雀巢一家公司的销售额,在激烈的市场竞争中,无法与国外大公司相抗衡。随着伊利、三元、光明、蒙牛等乳制品企业走上了集团化、规模化的经营道路,拉开了我国乳制品企业兼并重组,向规模化经营发展的序幕。乳制品企业规模化、产业化经营将是我国乳制品业不断发展壮大、走向国际市场的必由之路。

三、乳品科学与技术的概念与范畴

乳品科学与技术(dairy science and technology)是以家畜乳为原料研究其物理、化学性质及各种乳制品加工工艺的一门学科,是食品科学与工程专业中畜产品加工方向的一门重要专业课,是一门具有很强实践性又与理论性相结合的涉及多门学科的应用技术科学。

乳品科学与技术属于食品科学和工程学范畴,涉及的学科较多,在形成自己的理论体系和学科过程中,与其他学科有着密切的关系。主要包括乳品原料学、乳品化学、乳品加工技术和乳品质量管理等四方面的知识。它是建立在食品化学、食品微生物学、物理化学、工程原理、食品机械、食品分析、营养学等专业基础课知识之上,为学习者能够在乳品加工企业从事乳源管理、乳品检验分析、乳品工艺技术管理、乳品新产品开发、质量安全控制、乳品机械保养与维修等打下良好的理论和操作基础。

 复习思考题

1. 乳品科学和技术的概念及范畴。
2. 乳在人类食品中的地位。
3. 国内外乳业发展现状如何?

第一章　乳的概念及乳的形成

第一节　乳的概念

乳是哺乳动物产仔后由乳腺分泌的一种具有胶体特性、均匀的生物学液体,其色泽呈白色或略带黄色,不透明、味微甜、具有特殊香气,它是哺乳动物出生后赖以生长发育的营养丰富、易于消化吸收的完全食物。乳有多种分类方法,在乳品工业上通常按乳的加工性质将乳分为常乳和异常乳2大类。

一、常乳

常乳(normal milk)是指奶牛产犊7天后至干奶期来到之前的乳。它的成分与性质正常,是乳制品生产的原料。

二、异常乳

异常乳(abnormal milk)是指性质不同于常乳的乳,也就是奶牛在泌乳期中,因生理、病理的原因以及其他因素的影响,造成牛乳成分和性质与常乳相异的称为异常乳。

异常乳按生产原因可以分为生理异常乳、化学性异常乳和微生物异常乳等。乳制品质量的关键在于原料乳,异常乳不宜加工使用。异常乳的具体分类如表1-1所示。

表1-1　异常乳分类

异常乳的种类	异常乳的具体分类
生理异常乳	初乳
	末乳
	营养不良乳
化学性异常乳	酒精试验阳性异常乳
	低酸度酒精试验阳性乳
	冻结乳
	低成分乳
	风味异常乳
	异物混杂乳
	污染物乳
微生物异常乳	乳房炎乳
	酸败乳
	其他致病细菌污染乳

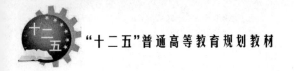

表 1-1 （续）

异常乳的种类	异常乳的具体分类
微生物异常乳	黏质乳
	着色乳
	异常凝固分解乳
	细菌性异常风味乳
	噬菌体污染乳

（一）生理异常乳

1. 初乳

母牛产犊后 3 天的乳汁,称之为牛初乳。呈黄色或红褐色,有异常的气味和苦味,黏度大,乳固体含量较高,脂肪和蛋白质特别是乳清蛋白含量多,乳糖含量少,灰分特别是 Na^+ 及 Cl^- 含量多。初乳的化学成分、物理性质与常乳存在较大差异,故不用作乳品大量生产的原料乳,但可用作特殊乳制品的加工原料,但需要采用特殊加工工艺处理。

2. 末乳

末乳是指奶牛干奶前 2 周所分泌的乳汁。其中各种成分的含量除脂肪外,一般较常乳高,末乳苦而微咸。随泌乳量的减少,细菌数、过氧化氢酶的含量增加,pH 达 7.0,细菌数达到 250 万个/mL,Cl^- 浓度为 0.6%,故不能作为加工原料。

3. 营养不良乳

营养不良乳是指因生理原因而导致乳中各成分含量发生改变。

（二）化学性异常乳

1. 酒精试验阳性异常乳

酒精试验阳性异常乳是指以酒精试验规定方法检验出絮状物的乳。其产生的原因较多。例如,饲喂变质饲料,且在较长时间内饲料供给不足,投给的食盐过量,饲料中维生素量欠缺;或是因乳牛体内盐平衡丧失,离子钙增加,钙、磷比例不均衡;或是因乳牛患乳房炎、软骨病、肝机能障碍等疾病等因素造成的。这些乳的微生物超标,不适合作为乳制品的原料乳。

2. 低酸度酒精试验阳性乳

低酸度酒精试验阳性乳是指酒精试验为阳性,酸度不高、煮沸试验不凝固的一类乳。是因乳牛代谢障碍、气候剧变、乳腺或生殖器官疾病、饲养管理不当、营养障碍等复杂原因,引起与酪蛋白结合的钙转变成离子性钙,柠檬酸合成减退,游离性磷减少,造成牛乳中的盐类平衡或胶体系统的不稳定。这类乳的蛋白质稳定性不高,可供制作杀菌乳,但不宜作为炼乳的生产原料。

3. 冻结乳

冻结乳的乳化体系被破坏,脂肪分离,一部分蛋白变性,同时酸度相应升高,即使解冻后也发生氧化臭。这些乳经冻结,会影响蛋白质与盐的结合,致使产生酒精试验阳性。且这些乳成分不稳定,影响加工性能和稳定性。

4. 低成分乳

低成分乳是因奶牛品种、营养素配比、高温多湿及病理、饲养管理等因素的影响而产生的乳固体含量过低的牛奶。造成的原因有:遗传因素、饲养管理、季节和气温。主要可从加强育种改良以及饲养管理等方面加以改善。

5. 风味异常乳

风味异常乳常出现饲料的涩味、日光味、臭、脂肪氧化臭、牛体臭等异常风味。是因牛体转移、外界污染或吸收不良气味引起的。

脂肪分解味乳是指由乳脂肪被酯酶水解,产生含有较多低级挥发脂肪酸而引起的,其中主要成分为丁酸。氧化味乳是指由于乳脂肪氧化而产生的不良风味。其产生的主要因素是重金属(其中铜影响最大)、氧、光线、贮藏温度以及饲料、季节和牛奶处理等。日光味乳是由于乳清蛋白受阳光照射而产生如蛋白质 – 维生素 B_2 的复合体。气味类似于羽毛烧焦味和焦臭味,牛奶在阳光下照射 10min,可检出日光味,其强度与维生素 B_2 和色氨酸的破坏程度有关。

6. 异物混杂乳

异物混杂乳是由于卫生条件不良引起的。其中有人为混入和因预防治疗、促进发育以及食品保藏等使用药物和激素等而进入乳中的异常乳。此外,还有因饲料和饮水等使农药进入乳中而造成的异常乳。这种乳可以导致细菌污染、乳质降低,成为疾病传染的媒介。

其中近年来最为引人关注的就是三聚氰胺。三聚氰胺添加到奶制品当中主要是让检测时蛋白质含量虚高,以表面检测结果达到或者超过国家规定的奶制品蛋白质达标含量,其实际的蛋白质含量根本就达不到国家规定的标准。

三聚氰胺是一种低毒的物质,该物质无遗传毒性,用大剂量的三聚氰胺进行动物试验,未观察到对子代产生不良影响。三聚氰胺对人体健康的影响取决于摄入的量和摄入的时间,如果摄入的量大和时间较长,就会在泌尿系统如膀胱和肾脏形成结石。到目前为止,尚未发现三聚氰胺对人类有致癌作用的报导。

7. 污染物乳

污染物乳中含残留的激素、抗菌素、兽药、各种农药、洗涤剂、重金属、放射性物质、加工助剂等污染物质。这种乳对发酵乳的生产有一定的影响,会引起人体过敏反应,产生细菌抗药性。因污染物的蓄积作用破坏人体正常代谢机能,而发生慢性中毒,甚至可能有潜在的致癌、致畸作用。

(三)微生物异常乳

鲜乳被微生物污染后乳中的细菌大幅度增加,以致不能用作加工乳制品的原料,这种乳称为微生物异常乳。主要是由于挤乳前后的污染、器具的杀菌洗涤不完全以及不及时冷却等原因引起的。

1. 乳腺炎乳

乳腺炎乳中混有血液以及凝固物,可使酒精凝固、热凝固,常出现风味异常,乳中的乳清蛋白、过氧化酶、Na^+、Cl^- 和体细胞数增加,乳糖、脂肪、钙以及非脂乳固态含量下降。乳腺炎乳的产生是因葡萄球菌、大肠菌、放线菌、小球菌、芽孢菌、溶血性链球菌的污染引起的。由于细菌的存在,乳腺炎乳中常含有肠毒素,会引起食物中毒。

2. 酸败乳

由于乳酸菌、大肠菌、小球菌、丙酸菌等使乳的酸度增加,稳定性降低而产生的乳。常出现酸度高、热凝固、酸凝固、酒精凝固、酸臭味和发酵产气等现象。

3. 黏质乳

由于明串珠菌、嗜冷菌等引起乳的黏质化,蛋白质分解而形成的乳,称为黏质乳。

4. 着色乳

由于球菌类、红色酵母、嗜冷菌等导致乳的色泽变黄、变赤、变蓝而形成的乳。因色泽发生改变,从而失去正常风味,不能用于乳制品的生产。

5. 异常凝固分解乳

由于蛋白质分解菌、脂肪分解菌、芽孢杆菌、嗜冷菌等导致乳陈化、碱化和脂肪分解臭以及苦味的产生而形成的乳。

6. 细菌性异常风味乳

由于蛋白质分解菌、脂肪分解菌、嗜冷菌、大肠菌、产酸菌等引起产生异臭、异味和各种变质的乳。

7. 噬菌体污染乳

噬菌体污染乳中的菌体溶解、细菌数下降,是由于噬菌体(主要是乳酸噬菌体)感染所致,导致制造酸乳或发酵乳制品的失败。

第二节 乳的形成

乳中一部分成分来自血液,另外,大部分的乳成分,则来自乳腺上皮细胞中利用动物血液携带的物质。乳汁形成所需的物质称为先驱化合物或原始化合物。据研究,乳房中每通过 $400 \sim 500mL$ 的血液,在乳腺中才形成 1L 乳。反刍动物合成乳汁的素材及需要量如表 1–2 所示。

表 1–2　反刍动物合成乳汁的素材及需要量

合成素材	生产 1L 乳汁需要吸收的数量/g	供试动物	最终合成的主要成分
葡萄糖	80	山羊	乳糖、乳蛋白、乳脂肪
醋酸	29	牛	乳脂肪、乳蛋白
β – 羟基酪酸	40	牛、山羊	乳脂肪
甘油三酸酯构成脂肪酸	49	牛	乳脂肪
甲酸	0.85	羊	乳蛋白
丙三醇(甘油)	0.375	山羊	乳脂肪
酪酸	—	牛、羊	乳糖、乳蛋白、乳脂肪
各种氨基酸	—	牛	乳蛋白

一、乳成分的原始化合物

乳品行业中一般将牛乳成分分为水分和乳干物质两大部分,而乳干物质又分为脂质和无脂干物质。

（一）水分

水分是乳中的主要组成部分，约占 87% ~ 89%。乳中水分又可分为自由水、结合水、膨胀水和结晶水，自由水是乳中主要水分，即一般的常水，具有常水的性质，而结合水、膨胀水和结晶水则不同，在乳中具有特别的性质和作用。

（二）干物质

乳的干物质是将乳干燥到恒重时所得到的残余物。牛常乳中干物质含量为 11% ~ 13%。除干燥时的水及随水蒸气挥发的物质以外，干物质中含有乳的全部成分。乳中干物质的数量随乳成分的百分含量而异，尤其是乳脂肪，在乳成分中是一个不太稳定的成分，对干物质数值有很大的影响。因此，在实际生产中通常不用干物质而用无脂干物质作为指标。干物质实际上说明乳的营养价值，在生产中计算制品的生产率时，都需要用干物质（或无脂干物质）这一数值。

乳的比重、含脂率和干物质含量之间存在着一定的对应关系。根据这三个数值之间的关系，即可以计算出干物质和无脂干物质的含量。

设 F 为脂肪重量，S 为乳的干物质量，$(S - F)$ 为无脂干物质的重量，$(100 - S)$ 为水分。因为 100g 乳的重量等于脂肪重量、无脂干物质重量及水分重量之和。三者之间的关系可用式（1 - 1）表示：

$$F + (S - F) + (100 - S) = 100 \tag{1 - 1}$$

如果已知乳的比重（D）、脂肪比重（b）、无脂干物质比重（n）和水的比重（d）时，那么代入式（1 - 1）即可求出 100g 乳的容积。

化简后得式（1 - 2）：

$$\frac{100}{D} = \frac{F}{b} + \frac{S - F}{n} + \frac{100 - S}{d} \tag{1 - 2}$$

因为乳的脂肪含量 $S = \frac{(n - b)d}{(n - d)b} \times F + \frac{n}{n - d} \times \frac{100(D - d)}{d}$ 和乳的比重可以用简单的方法测得，同时根据弗莱希曼的多次试验得出：脂肪比重 15℃/15℃ 为 0.93；无脂干物质的比重为 1.6007。确定了这些数值之后，乳的干物质（S）可用式（1 - 3）求得：

$$S = 1.2F + 2.665 \frac{100D - 100}{D} \tag{1 - 3}$$

系数 1.2 和 2.665 是取决于脂肪和无脂干物质的比重，也就是当脂肪的比重等于 0.93 和无脂干物质比重为 1.6007 时的系数。

但是，由于地区以及其他因素的影响，脂肪和无脂干物质的比重会发生差异，因此式（1 - 3）中的系数也需进行校正。

此外，上述公式中所采用的都是比重，而目前我国在乳品检验方面多采用密度（20℃/4℃），而不是用比重（15℃/15℃）。当用密度计算时，必须加上校正数字 0.5。即式（1 - 3）应改为式（1 - 4）：

$$S = 1.2F + 2.665 \frac{100D - 100}{D} + 0.5 \tag{1 - 4}$$

除了测定乳的干物质可按公式计算以外，还可以计算出无脂干物质的含量（SNF）。在生产冰淇淋等一些产品进行标准化时，常常利用这个数值。无脂干物质可以根据计算出来的干

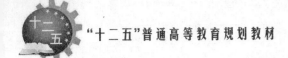

物质数量减去脂肪重量求得,或按式(1-5)求得:

$$SNF = \frac{a}{4} + \frac{F}{5} + 0.26 \qquad (1-5)$$

其中,a 为乳比重计的读数,如用密度计的读数时需加上校正数字0.5。

(三)乳中的气体

生乳中存在的气体,主要为二氧化碳、氧气和氮气等,约占鲜牛乳的5% ~ 7%(体积分数),其中二氧化碳最多,氧最少。在挤乳及贮存过程中,二氧化碳由于逸出而减少,而氧、氮则因与大气接触而增多。牛乳中氧的存在会导致维生素的氧化和脂肪的变质,所以牛乳在输送、贮存处理过程中应尽量在密闭的容器内进行。乳中的气体对乳的比重和酸度有影响,因此,在测定乳的比重酸度时,要求乳样放置一定时间,待气体达到平衡后再测定。

(四)乳脂

乳脂肪是牛乳的主要成分之一,含量一般为3% ~ 5%,它与乳及乳制品的营养价值、质地和组织状态、风味都有重要关系。乳脂肪是由一个分子的甘油和三个分子相同或不同的脂肪酸所组成,形成甘油三酸酯的混合物。乳中脂肪是以微小脂肪球的状态分散于乳中,呈一种水包油型的乳浊液。乳脂肪球的大小依乳牛的品种、个体、健康状况、泌乳期、饲料及挤乳情况等因素而异,通常直径在0.1 ~ 10μm,大部分在4μm以下,10μm以上的很少,其中以0.3μm左右者居多。

(五)磷脂类及甾醇

1. 磷脂类

脂肪球在乳中呈乳浊状而不易互相结合的原因,就是因为它的周围有磷脂蛋白质膜的存在。磷脂类易于氧化,应避免空气、光和高温的影响。乳中主要含有三种磷脂,主要是卵磷脂、脑磷脂与神经鞘磷脂,其中卵磷脂含量为0.0045% ~ 0.005%,脑磷脂含量为0.0127% ~ 0.0156%,神经鞘磷脂含量为0.0073% ~ 0.0084%。其中对乳意义最大的为卵磷脂,它是构成脂肪球膜的主要成分。

磷脂类能被碱及无机酸分解,但有机酸(在冷时)则对它没有影响,在酒精溶液中磷脂类可为氯化铂及氯化镉所沉淀。此外磷脂类物质易于氧化,因此应避免空气、光及高温的影响。

2. 甾醇类

乳脂肪及其他动物性脂肪中甾醇的最主要部分是胆甾醇。乳中甾醇主要结合在脂肪球膜上,含量很低(每100mL牛乳中约含7 ~ 17mg),但在生理上有重大意义,如麦角甾醇经紫外线照射后具有维生素D的特性,只是乳经照射后能引起脂肪氧化,使乳脂变坏,所以没有广泛地应用于乳品加工。

有人曾经认为乳中因含有胆甾醇会引起动脉硬化,认为由于胆甾醇沉积在血管壁上因而引起血管壁变硬,产生动脉硬化。最近研究证明乳脂中含有大量不饱和脂肪酸,其和植物油类似,当人们利用植物油时并不会发生此现象,因此认为吃奶油对人有害处是没有根据和不正确的,这在实际生活中也可证明,如前苏联北部每人每年需要4 ~ 5kg奶油,但没有发现因吃奶油而患动脉硬化,同时考虑到奶油中还含有维生素,这对人不但无害而且有很大好处。

(六)碳水化合物

乳汁中的碳水化合物主要是乳糖,占总碳水化合物的99.8%以上。乳糖是一种从乳腺分泌的特有的化合物,其他动植物的组织中不含有乳糖。乳糖属双糖类,牛乳中约含4.5%,占干物质的38%～39%,兔乳含乳糖最少(约1.8%),马乳最多(约7.6%),人乳含量为6%～8%。乳的甜味主要由乳糖引起。乳糖在乳中全部呈溶解状态,甜度约为蔗糖的1/6。

乳中除了乳糖外还含有少量其他的碳水化合物,例如在常乳中含有极少量的葡萄糖(每100mL中含4.08～7.58mg),而在初乳中可达15mg/100mL。分娩后经过10d左右回到常乳中的数值。这种葡萄糖并非由乳糖的加水分解所生成,而是从血液中直接转移至乳腺内。除了葡萄糖以外,乳中还含有约2mg/100mL的半乳糖。另外,还含有微量的果糖、低聚糖、己糖胺。其他糖类的存在尚未被证实。

(七)乳蛋白质

乳蛋白是乳中最有价值的成分,虽然乳中的脂肪和碳水化合物在营养上也有很大的作用,但可以用其他动、植物性的脂肪与碳水化合物补偿。而乳蛋白质,特别是酪蛋白,按其组成和营养特性是典型的全价蛋白质,无法用其他的蛋白质来补偿。牛乳中含有3.0%～3.5%的乳蛋白,占牛乳含氮化合物的95%,5%为非蛋白态含氮化合物。牛乳中的蛋白质可分为酪蛋白和乳清蛋白两大类,另外还有少量脂肪球膜蛋白质。乳清蛋白质中有对热不稳定的各种乳白蛋白及乳球蛋白,还有对热稳定的小分子蛋白及胨。

除了乳蛋白质外,尚有少量非蛋白态氮,如氨、游离氨基酸、尿素、尿酸、肌酸及嘌呤碱等。这些物质基本上是机体蛋白质代谢的产物,通过乳腺细胞进入乳中。另外还有少量维生素态氮。

(八)乳中的酶

牛乳中存在着各种酶,这些酶在牛乳的加工处理上,或者乳制品的保持上,以及对评定乳的品质方面都有重大的影响。牛乳中的酶类有3个来源:乳腺分泌、微生物和白细胞。牛乳中的酶种类很多,但与乳品生产有密切关系的主要为水解酶类和氧化还原酶类。

(九)乳中的维生素

牛乳含有几乎所有已知的维生素,包括脂溶性维生素A、维生素D、维生素E、维生素K和水溶性的维生素B_1、维生素B_2、维生素B_6、维生素B_{12}、维生素C两大类。牛乳中的维生素,部分来自饲料中的维生素,如维生素E;有的要靠乳牛自身合成,如B族维生素。

牛乳中维生素的热稳定性不同,维生素A、维生素D、维生素B_1、维生素B_2、维生素B_6、维生素B_{12}等对热稳定,维生素C等热稳定性差。

乳在加工中维生素都会遭受一定程度的破坏而损失。发酵法生产的酸乳由于微生物的生物合成,能使一些维生素含量增高,所以酸乳是一类维生素含量丰富的营养食品。在干酪及奶油的加工中,脂溶性维生素可得到充分的利用,而水溶性维生素则主要残留于酪乳、乳清及脱脂乳中。

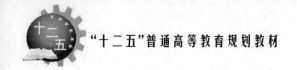

(十)乳中的无机物和盐类

牛乳中的无机物(inorganic compound)亦称为矿物质,含量为 0.35% ~ 1.21%,平均为 0.7%左右,主要有磷、钙、镁、氯、钠、硫、钾等。此外还有一些微量元素。牛乳中无机物的含量随泌乳期及个体健康状态等因素而异。

牛乳中的盐类含量虽然很少,但对乳品加工,特别是对乳的热稳定性起着重要作用。牛乳中的盐类平衡,特别是钙、镁等阳离子与磷酸、柠檬酸等阴离子之间的平衡,对于牛乳的稳定性具有非常重要的意义。当受季节、饲料、生理或病理等影响,牛乳发生不正常凝固时,往往是由于钙、镁离子过剩,盐类的平衡被打破的缘故。此时,可向乳中添加磷酸及柠檬酸的钠盐,以维持盐类平衡,保持蛋白质的热稳定性。牛乳发生不正常凝固时,往往是由于钙、镁离子过剩,盐类的平衡被打破的缘故。此时,可向乳中添加磷酸及柠檬酸的钠盐,以维持盐类平衡,保持蛋白质的热稳定性。生产炼乳时常常利用这种特性。

乳与乳制品的营养价值,在一定程度上受矿物质的影响,以钙而言,由于牛乳中的钙的含量较人乳多 3~4 倍,因此牛乳在婴儿胃内所形成的蛋白凝块相对人乳比较坚硬,不易消化。牛乳中铁的含量为 10~90 μg/100mL,较人乳中少,故人工哺育幼儿时应补充铁。

二、乳中各种成分的形成

(一)乳脂肪的形成

形成乳脂肪的丙三醇(甘油),除一部分在乳腺组织中由葡萄糖合成外,其余均由血液中的脂肪水解而成。丙三醇是细胞的可溶部分,由于甘油激酶的作用而形成磷酸甘油,在线粒体或微粒体中与脂肪酸酰基辅酶 A 反应,经由磷脂酸和甘油二酸酯形成甘油三酯。此外,从葡萄糖的酵解途径,以中间产物甘油糖 – 3 – 磷酸为起点,经过还原而形成磷酸甘油,并加入上述的合成行列。这种形成途径的简要过程如图 1 – 1 所示。

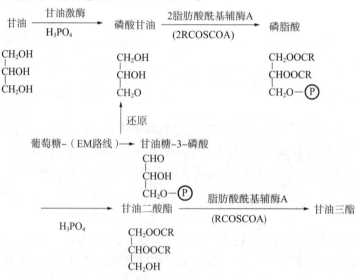

图 1 – 1　乳脂肪的形成

除上述的脂肪形成过程外,磷脂和胆汁醇也是在乳腺内合成。此外,血液中的甘油三酸酯形成乳糜微粒,其中一部分直接转移到乳中。

(二)乳糖的形成

乳糖除了存在于哺乳动物的乳中之外,在生物界中几乎不存在,它在乳腺细胞中由生物合成而产生。乳糖的形成以前都认为是由尿苷二磷酸半乳糖(UDP – 半乳糖)与葡萄糖 – 1 – 磷酸经过乳糖 – 1 – 磷酸而产生。但 Watkins 与 Hassid(1962 年)否定了这一理论。现在比较成熟的理论见图 1 – 2。

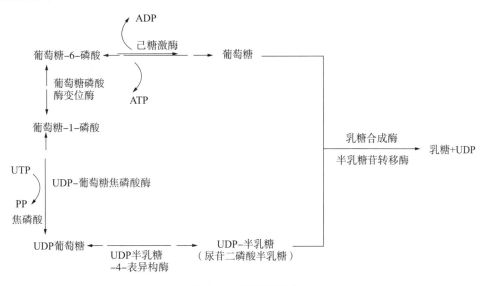

图 1 – 2 乳糖的形成

在图 1 – 2 中,从血液中获得的葡萄糖,在乳腺细胞中首先与磷酸结合,形成葡萄糖 – 6 – 磷酸,再由磷酸分子内部转移而形成葡萄糖 – 1 – 磷酸;葡萄糖 – 1 – 磷酸与 UTP 反应而形成 UDP 葡萄糖,在 UDP 半乳糖 – 4 – 表异构酶的催化下转换成 UDP 半乳糖,最后葡萄糖称为 UDP – 半乳糖中半乳糖苷基的受容体,再由乳糖合成酶的作用而形成乳糖。

(三)乳蛋白质的形成

乳蛋白质一部分由血清蛋白质移行而来,大部分则为乳腺上皮细胞从血清吸收的氨基酸和由葡萄糖转化的氨基酸合成而来。也就是乳腺上皮细胞能选择性地吸收氨基酸,并将所吸收的氨基酸集中于细胞的高尔基体内而合成蛋白质。其合成机制与机体的合成方式基本相同。也就是以血清中氨基酸为合成素材,这些氨基酸首先在乳腺细胞中与腺苷三磷酸(ATP)和氨基酸活化酶反应形成腺苷一磷酸(AMP)、氨基酸和酶的复合体,并使其活化。这种复合体的氨基酸部分,在细胞质内与转运核糖核酸(tRNA)结合,形成氨酰核糖核酸。这种随着氨基酸的不同种类,可选择特殊的结合方式。氨酰转运核糖核酸(氨酰 – tRNA)附着于细胞质的核糖体表面,这里根据信使核糖核酸(mRNA)所传递的消息,依次排列,成为多肽的一级结构。再根据肽链中基的种类形成二级结构和三级结构,从而形成立体的乳蛋白分子,并依次从核糖体分离。这种合成反应如图 1 – 3 所示。

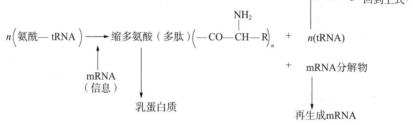

图 1 – 3　乳蛋白质的形成

(四) 无机成分的形成

乳中无机成分来自血液,它可以直接在乳腺细胞内外渗透,参与物理化学作用。其中除一部分对酶起触媒作用,其余回到细胞内合成的有机成分中(如酪蛋白和磷脂)。此外,如酪蛋白胶束是酪蛋白与磷酸钙的复合体,存在无机成分。这些钙与磷均来自血清中的无机性或超滤性的钙与磷。

三、乳中的生物活性肽

牛乳不仅含有丰富的营养成分,还是生物活性肽的重要来源。天然蛋白质不完全水解产生的长短不一的肽段具有其前体所不具有的特殊生理功能,这些具有特殊生理活性的肽类称为生物活性肽。生物活性肽主要来自于动植物、具有生物活性作用的肽链片段。

目前,在牛乳或乳蛋白中已发现了多种可直接作为神经递质或间接刺激肠道激素或酶的受体而发挥作用的生物活性肽。一般,生物活性肽的分子质量小于 $6kDa(1Da = 1.66054 \times 10^{-27}$ kg),并且一些大分子肽可以通过磷酸化、糖基化或酰基化作用进行修饰或转换成小肽。生物活性肽具有多种生物学功能,按其功能可分为生理活性肽、抗氧化肽、调味肽和营养肽四类。而根据其来源不同,也可将其分为游离生物活性肽和酶降解生物活性肽两类。不过,这些分类是相对的,因为一些肽本身具有多种生物活性的功能。

在乳中已发现游离的生物活性肽包括 EGF、TGF、NGF、IGF – Ⅰ、IGF – Ⅱ、胰岛素等,其浓度在初乳中一般比较高,如表 1 – 3 所示。

表 1 – 3　牛乳中部分游离生物活性肽的功能

游离生物活性肽	对机体生物功能
IGF – Ⅰ 和 IGF – Ⅱ	促进肠道生长发育,成熟,提高机体适应能力
TGF	促进新生儿黏膜免疫或消化道上皮分化,修复受损上皮黏膜
EGF	主要作用为刺激表皮细胞分化
胰岛素	促进糖元的合成及贮存,调节糖、蛋白质、脂肪的代谢

相对于游离生物活性肽而言,由乳源蛋白质降解产生的生物活性肽,种类很多,功能性也特别强,是乳中活性肽的主要组成部分,是近年来研究和开发利用的热点。

 复习思考题

1. 常乳和异常乳的概念。
2. 乳中各成分是如何形成的?
3. 乳中的生物活性肽有哪些?

第一章　乳的概念及乳的形成

第二章 乳的化学成分及性质

第一节 乳中各成分的分散状态

动物出生后短时间内唯一的食物便是乳。乳中含有多种成分：水分、蛋白质、脂肪、碳水化合物、无机盐、磷脂类、维生素、酶、免疫体、色素、气体及动物所需要的各种微量成分。从化学角度看，乳是各种物质的混合物，但实际上，它是一种复杂的具有胶体特性的生物学液体。所以，乳是一种复杂的分散系，在分散剂水中，有以分子及离子状态分散在其中的乳糖及盐类；有成乳浊液及悬浮状态分散在其中的蛋白质；还有一部分以乳浊液及悬浮状态分散在乳中的脂肪。这些分散在分散剂水中的物质，如脂肪、蛋白质、乳糖、无机盐等被称为分散相或分散质。

根据分散在分散剂中分散质的粒子直径将分散系分为三种：

1. 溶液：其中粒子直径小于 1nm；
2. 胶体：其中粒子直径在 1～100nm 之间；
3. 浊液：其中粒子直径大于 100nm。

一、呈乳浊液与悬浮液状态分散在乳中的物质

上面提到的分散质的状态很多，这里我们假定牛乳中的分散质都是球状的。用肉眼或在显微镜下看见的直径大于 100nm 的粒子称为浊液。而属于这一类的又可分为两种：

（一）悬浊液

分散质是液体的浊液称为悬浊液。如在水中加入油并剧烈搅拌。牛乳中的脂肪成微小的球状分散在牛乳中，脂肪粒子直径平均为 300nm 左右，可以在显微镜下明显看到，所以牛乳中的脂肪粒子即为悬浊液的分散质。

（二）乳浊液

分散质为固体的浊液称为乳浊液。如将黏土加入水中并剧烈搅拌。用显微镜观察时，可以明显看到固体粒子。又如将牛乳或稀奶油进行低温冷藏，则最初是液体的脂肪凝固成固体，这也就是乳浊液的代表。用稀奶油制造奶油时，需将稀奶油在 5℃ 左右进行成熟，使稀奶油中的脂肪从液体状态变成固体状态。在制造奶油时，是一项重要的操作过程。

二、呈乳浊态与悬浮态分散在乳中的物质

上面提过，粒子直径在 1～100nm 之间的分散系称之为胶体。胶体中的分散质称为胶粒，这种粒子在普通的显微镜下不能看到，只能在电子显微镜下可以明显地看到粒子的存在状况，乳中属于胶体的有以下两种：

（一）乳胶体

分散质是液体或者即使分散质是固体,但粒子周围包有液体被膜,这时称为乳胶体。分散在牛乳中的酪蛋白颗粒,其粒子大小大部分为 5～15nm,乳白蛋白的粒子为 1.5～5nm,乳球蛋白的粒子为 2～3nm,这些蛋白质都以乳胶体状态分散。

（二）悬浮液

分散质是固体的属于这一类。牛乳中二磷酸盐、三磷酸盐等磷酸盐的一部分,即以悬胶体状态分散于水中。此外,Hammarstan 等认为酪蛋白在牛乳中与钙结合形成酪蛋白钙,按理也是以悬浮状态存在。但以分散状态而论,酪蛋白远较乳白蛋白不稳定,本来以悬浮态或者接近于这种状态的酪蛋白,由于受了分散剂——水的亲和性及乳白蛋白保护胶体的作用,于是就成为不稳定的乳胶态分散于乳中。

三、呈分子或离子状态（溶质）分散在乳中的物质

凡粒子直径在 1nm 以下,形成分子或离子状态存在的分散系称为溶液。牛乳中以分子或离子状态存在的溶质有磷酸盐的一部分和无机盐类、柠檬酸盐、乳糖等。总之,牛乳是一种复杂的分散系,其中有以乳浊液及悬浮液存在的脂肪粒子,也有以胶体状态存在的蛋白质,以及以分子及离子状态存在的盐类和乳糖。乳糖和盐类即使用电子显微镜也很难看到,同时不能用过滤、静置、离心分离等方法分离出来。胶体状态的蛋白质,也不能简单使用过滤或离心法分离出来,仅可用超速离心法（20000r/min 以上）分离。而脂肪可用静置及离心等方法分离出来。不同直径粒子的特性如表 2－1 所示。

表 2－1　不同直径粒子的特性

0.1nm	1nm	10nm	100nm	1μm	10μm	100μm	1mm
超显微镜领域				显微镜领域			
粒子能通过普通滤纸				粒子不能通过普通滤纸			
真溶液	胶体			乳浊液及悬浮液			

所以乳的组成是复杂的分散系,各成分之间互相联系也互相制约。

因此我们必须要掌握其中的规律,利用这些规律为乳品生产服务。如乳的加工及乳的检验等。另外,加工奶油和干酪时,必须破坏这种胶体,而生产鲜乳或炼乳时,必须保持这种胶体。

第二节　牛乳中各种成分的含量

一、一些国家牛乳的基本组成

正常的乳牛,各种成分的含量大致是稳定的,因此我们可以根据这一标准来辨别乳的好

15

坏。但当受到各种因素的影响时,其含量在一定范围内波动,其中脂肪变动最大,蛋白质次之,乳糖含量通常变化很小。在乳品加工过程中,过去认为脂肪是最重要的,因此,在收购新鲜乳时往往用脂肪做标准,同时一些主要乳制品的质量标准液往往突出脂肪的含量。但牛奶的营养价值和质量的好坏,更主要的取决于干物质,所以有些国家在收购新鲜乳时也用干物质或无脂干物质作为质量标准。牛乳的基本组成如表2-2所示。

表2-2 一些国家牛乳的基本组成 单位:%

水分	总干物质	无脂干物质	蛋白质	脂肪	乳糖	灰分	备注
87.0	13.0	9.0	3.3	4.0	5.0	0.7	中国(北京地区)
88.0	12.0	8.5	3.2	3.5	4.6	0.7	中国(四川地区)
87.2	12.8	9.1	3.5	3.7	4.9	0.7	美国(1963年)
87.68	12.32	8.55	3.36	3.77	4.48	0.71	苏联(1967年)
88.47	11.53	8.26	2.89	3.27	—	—	日本(1970年全国平均)
87.76	12.24	9.0	3.5	3.4	4.6	0.75	法国(平均)
87.32	12.68	8.91	3.4	3.75	4.7	0.75	英国(平均)
87.9	12.10	8.60	3.25	3.5	4.6	0.75	国际上牛乳的代表组成(荷兰牛)

二、不同品种牛乳组成的差异

牛乳的化学组成受品种、个体、年龄、泌乳期、饲料、季节、气温、榨乳及牛体健康状况等多种因素影响而有所变动。关于饲料、季节、气温、泌乳期和牛体健康状况对乳成分的影响,另行介绍。表2-3是牛乳品种对乳成分的影响。

表2-3 不同品种牛乳组成的差异 单位:%

品种	水分	总干物质	无脂干物质	脂肪	蛋白质	乳糖	灰分
荷兰牛	88.72	12.28	8.87	3.41	3.32	4.87	0.68
短角牛	87.43	12.57	8.94	3.63	3.32	4.89	0.73
瑞士褐牛	86.87	13.13	9.28	3.85	3.48	5.08	0.72
爱尔夏牛	86.97	13.03	9.00	4.03	3.51	4.81	0.68
娟姗牛	85.47	14.53	9.48	5.05	3.78	5.00	0.70
更姗牛	84.35	14.65	9.60	5.05	3.90	4.96	0.74

三、正常牛乳的主要成分及含量

牛乳中的成分受各种因素而影响,但正常牛乳基本稳定。现将正常牛乳的主要成分及含量如表2-4所示。

表 2-4 正常牛乳的主要成分及含量

成　分	牛乳中的含量/(g/L)	成　分	牛乳中的含量/(g/L)
1. 水分	860~880	重碳酸盐	0.20
2. 乳浊相中的脂质	30~50	硫酸盐	0.10
乳脂肪(甘油三酸酯)		乳酸盐	0.02
磷脂质	0.30	c) 水溶性维生素类	0.0004
甾醇	0.10	维生素 E_1	
类胡萝卜素	$(0.10~0.60) \times 10^{-8}$	维生素 E_2	0.0015
维生素 A	0.10~0.50	维生素 B_3	0.0002~0.0012
维生素 D	0.40×10^{-6}	维生素 B_6	0.0007
维生素 E	1.0×10^{-8}	泛酸	0.003
3. 悬浮相中的蛋白质	25	生物素	50×10^{-6}
酪蛋白(α、β、γ)		叶酸	1.0×10^{-6}
β-乳球蛋白	3	胆碱(合计)	1.50
α-乳白蛋白	0.7	维生素 B_{12}	7.0×10^{-6}
血清白蛋白	0.3	肌醇	0.180
免疫性球蛋白	0.3	维生素 C	0.020
其他的白蛋白、球蛋白	1.3	d) 计蛋白 N、维生素态 N (N 计算)	0.250
拟球蛋白	0.3	液氮 N	
脂肪球膜蛋白质	0.2	氨基酸 N	0.002~0.012
酶类	—	尿素态 N	0.0035
4. 可溶性物质		肌醇肌肝态 N	0.100
a) 碳水化合物	45~50	尿酸	0.015
乳糖		乳清酸	0.007
葡萄糖	0.050	马尿酸	0.050~0.100
b) 无机和有机离子及盐类	1.25	尿蓝母	0.030~0.060
钙*		e) 气体	0.0003~0.002
镁*	0.10	二氧化碳	
钠	0.50	氧气	0.100
钾	1.50	氮气	0.0075
磷酸盐(以 PO_4^{3-} 计算)*	2.10	f) 其他	0.015
柠檬酸盐(以柠檬酸计算)*	2.10	5. 微量元素	0.10
氯化物	1.00	Rb、Li、Ba、Sr、Mn、Al 等	

四、牛乳加工处理后的名称

乳汁经加工处理后,就有各种不同的名称。例如将牛乳中含脂肪较多的部分分离出来即称为稀奶油;剩余部分称为脱脂乳。将稀奶油中的脂肪取出制成奶油后,剩余部分称为酪乳。

此外将乳中的脂肪及蛋白质中的酪蛋白部分凝固后称为生酪,或称凝块,其他剩余部分称为乳清。从脱脂乳中分离出来的酪蛋白部分也同样称为生酪或凝块。从生酪可制成干酪。牛乳加工处理后的名称如图 2-1 所示。

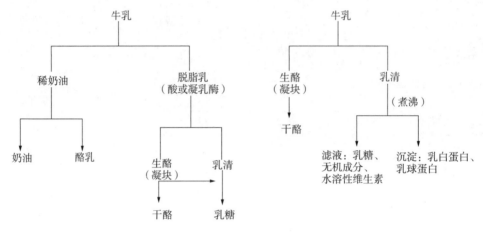

图 2-1 牛乳加工处理后的名称

第三节 牛乳成分的化学性质

乳是多种成分的混合物,主要成分是水分、乳糖、乳脂肪、蛋白质和矿物质,微量成分是维生素、酶类、色素、磷脂以及气体。乳中除去水分和气体外,剩余的物质称为干物质(DS)或乳的总固形物含量。干物质中去除脂肪的部分,是非脂乳固体。其成分受奶牛品种、遗传、饲料、饲养条件、季节、泌乳期以及奶牛年龄和健康条件等因素的影响。牛乳中主要成分的含量见表 2-5。

表 2-5 牛乳中主要成分的含量

成　　分	成分含量/L^{-1}	成　　分	成分含量/L^{-1}
1. 水分	860～880g	3. 悬浊相中的蛋白质	
2. 乳浊相中的脂质		酪蛋白(α,β,γ)	25g
乳脂肪(甘油三酸酯)	30～50g	β-乳球蛋白	3g
磷脂质	0.30g	α-乳白蛋白	0.7g
固醇类	0.10g	血清白蛋白	0.3g
类胡萝卜素	0.10～0.60mg	免疫性球蛋白	0.3g
维生素 A	0.10～0.50mg	其他的白蛋白、球蛋白	1.3g
维生素 D	0.4μg	拟球蛋白	0.3g
维生素 E	1.0mg	脂肪球膜蛋白	0.2g

表2－5 （续）

成 分	成分含量/L^{-1}	成 分	成分含量/L^{-1}
酶类	—	生物素	50μg
4.可溶性物质		叶酸	1.0μg
（1）碳水化合物		胆碱	150mg
乳糖	45～50g	维生素 B$_{12}$	7.0μg
葡萄糖	50mg	肌醇	180mg
（2）无机、有机离子或盐		维生素 C	20mg
钙	1.25g	（4）非蛋白维生素态氮（以 N 计）	250mg
镁	0.10g	氨态氮	2～12mg
钠	0.50g	氨基氮	3.5mg
钾	1.50g	尿素态氮	100mg
磷酸盐（以 PO$_4^{3-}$ 计）	2.10g	肌酸、肌肌酐态氮	15mg
柠檬酸盐（以柠檬酸计）	2.00g	尿酸	7mg
氯化物	1.00g	乳清酸（维生素 B$_{13}$）	50～100mg
重碳酸盐	0.20g	马尿酸	30～60mg
硫酸盐	0.10g	尿靛素	0.3～2.0mg
乳酸盐	0.02g	（5）气体	
（3）水溶性维生素		二氧化碳	100mg
维生素 B$_1$	0.4mg	氧	7.5g
维生素 B$_2$	1.5mg	氮	15.0mg
烟酸	0.2～1.2mg	（6）其他	0.10g
维生素 B$_6$	0.7mg	5. 微量元素（Li、Ba、Sr、Mn、Al 等）	—
泛酸	3.0mg		

一、水分

水分（moisture）是乳的主要成分之一，占87%～89%，乳中部分有机物和无机盐呈溶解状态存在于水中。由于分散介质水的存在，才使乳中各种成分得以构成均匀稳定的流体。乳以及乳制品中的水分可分为自由水、结合水、膨胀水和结晶水。自由水是乳中主要水分，即一般的常水，具有常水的性质，而结合水、膨胀水和结晶水则不同，在乳中具有特别的性质和作用。

1. 结合水

结合水约占2%～3%，以氢键和蛋白质的亲水基或与乳糖及某些盐类结合存在，无溶解其他物质的特性，在通常水结冰的温度下并不结冰。

在奶粉生产中任何时候也不能得到绝对无水的产品，总要保留一部分结合水。其原因在于：存在于带电荷的胶体颗粒表面的结合水分子，由于水分子的极性，形成向水的单分子层，在单分子层上又吸附着一些微水滴，于是逐渐形成一层新的结合水。水层在加厚时胶粒愈来愈不能支持,结果围绕着微粒形成一层疏松的、扩散性的水层。外水层与胶体表面连接很弱,因此温度高时,容易和胶体分离,但内层结合水很难除去。因此在乳干燥过程中,想除去存留的多余水分,只有通过加热至150~160℃或者长时间保持在100~105℃的恒温时才能达到目的。但是奶粉受长时间高温处理后,乳成分受到破坏,乳糖焦化,蛋白质变性,脂肪氧化,这种奶粉就不能再食用。

2. 膨胀水

膨胀水存在于凝胶粒结构的亲水性胶体内,由于胶粒膨胀程度不同,膨胀水的含量也就各异,而影响膨胀程度的主要因素为中性盐类、酸度、温度以及凝胶的挤压程度。

当制造熔化干酪时,由于柠檬酸盐及酒石酸盐形成阳离子促进膨胀,而在乳酸菌发酵剂中及干酪成熟时则获得乳酸的阴离子所致。高浓度食盐能抑制凝胶的膨胀,这广泛地应用于干酪生产中。酸度对酪蛋白凝胶的膨胀有很大的影响,这表现在酸稀奶油、酸凝乳及其他乳制品的制造中。温度对蛋白质凝胶的膨胀也有影响,即温度提高膨胀程度减小。凝胶的挤压(也称胶体脱水收缩作用)在酸乳制品及干酪生产中具有很大的意义。例如酸牛乳的质量随胶体脱水收缩的程度而异,当分离出酸牛乳总容积的5%以上乳清时便成为废品。凝乳的质量也决定于其中的含水量,即决定于凝块所分离出来的水量。干酪成熟的特性及干酪的类型,很大程度上取决于干酪凝块及干酪颗粒的胶体脱水收缩。

3. 结晶水

结晶水存在于结晶性化合物中。当生产奶粉、炼乳以及乳糖等产品而使乳糖结晶时,我们就可以发现含结晶水的乳制品,即乳糖中含有1分子的结晶水($C_{12}H_{22}O_{11} \cdot H_2O$)。

二、干物质

将牛乳干燥到恒重时所得到的残余物叫做乳的总固形物(total solids,TS),正常乳中除水以外的乳的总固形物含量为11%~13%。总固形物也称为干物质或全乳固体,又分为脂肪(F)和非脂乳固体(SNF),即:TS = F + SNF。

乳中干物质的数量随乳成分的百分含量而变,特别是乳脂肪含量不太稳定,对乳干物质含量影响较大,因此在实际中常用非脂乳固体(无脂干物质)作为指标。

根据弗莱希曼确定的乳的相对密度、含脂率和干物质含量之间存在着一定关系的结论,可用式(2-1)近似地计算出干物质的含量。

$$T = 0.25L + 1.2F \pm K \tag{2-1}$$

式中:

T——干物质含量,%;

L——15℃/15℃相对密度乳稠计的读数;

F——脂肪含量,%;

K——校正系数(通常为0.14)。

三、乳中的气体

刚挤出的牛奶每100mL中大约含有7mL的气体,其中主要是CO_2,其次是N_2,O_2的含量最少,所以乳品的生产中的原料乳不能用刚挤出的乳检测其酸度和密度。牛乳在放置及处理时会与空气接触,因空气中的氧气和氮气会溶入牛乳中,使氮、氧含量增加,二氧化碳含量减少。

因氧气含量增加会使维生素与脂肪氧化,故牛乳应在密闭容器及管路内输送、贮存以及处理。

四、乳脂肪

乳脂肪(milk fat)是指采用罗兹－哥特里法测得的脂质,是牛乳的主要成分之一,具有良好的风味,在牛乳中的平均含量为3%～5%,是中性脂肪,易于消化,吸收快,可提供能量,对牛乳风味起重要作用。乳脂肪不溶于水,是以脂肪球状态分散于乳浆中。

(一)乳脂肪的化学组成

乳脂肪是由一个分子的甘油和三个分子相同或不相同的脂肪酸形成甘油三酸酯的混合物,典型的乳脂肪的化学组成如图2-2所示。

$$CH_2OCOC_{15}H_{31}$$
$$|$$
$$CHOCOC_3H_7$$
$$|$$
$$CH_2OCO(CH_2)_7CH = CH(CH_2)_7CH_3$$

图2-2 乳脂肪的组成

牛乳中脂肪酸的组成见表2-6。

表2-6 牛乳脂肪酸的组成

脂肪酸	质量分数/%	脂肪酸	质量分数/%
丁酸	4.06	豆酸	12.95
己酸	3.29	十二碳烯酸	0.12
辛酸	2.00	十四碳烯酸	3.65
癸酸	4.59	十六碳烯酸	5.12
月桂酸	5.42	油酸	18.57
软脂酸	23.07	亚油酸	1.9
硬脂酸	7.61	十八碳烯三酸	1.53
癸烯酸	0.62		

组成乳脂肪的脂肪酸受饲料、环境、营养、季节等因素的影响而变化,特别是饲料会影响乳中脂肪酸的组成。例如当乳牛的饲料影响不充分时,其为了产乳而降低了自身脂肪量,就会使牛乳中挥发性脂肪酸含量降低,不挥发性脂肪酸含量则升高,且增加了脂肪酸的不饱和度。通常情况下,夏季放牧期不饱和脂肪酸含量升高,而冬季舍饲期饱和脂肪酸的含量则增加,所以夏季加工的奶油其熔点较低、质地较软。

牛乳脂肪具有反刍动物脂肪的特点,其脂肪酸的组成明显的与一般脂肪酸的组成不同,牛乳脂肪的脂肪酸种类多于一般脂肪的。已经发现的牛乳脂肪酸多达100余种,从理论上讲可构成216000种甘油酯,但实际上很大的脂肪酸含量低于0.1%,其总量仅相当于全脂肪量的1%,而实际检出的甘油酯种类也有限。乳脂肪的脂肪酸组成与一般的脂肪相比,其中水溶性挥发性脂肪酸含量特别高,这是乳脂肪风味良好及易于消化的重要原因。

（二）乳脂肪的结构

乳脂肪被一层薄膜完整的包裹形成乳脂肪球,在电子显微镜下观察乳脂肪球为圆球形或椭圆球形,表面被一层 5～10nm 厚的膜所覆盖,其球径为 0.1～20μm,平均球径为 3～4μm,每 1mL 牛奶中,大约有 15 亿～30 亿个脂肪球均匀分散在乳浆中,如图 2-3 所示。乳脂肪球的大小因奶牛的品种、泌乳期、饲料及健康状况而异,脂肪含量高的品种的脂肪球要比脂肪含量低的品种的大,随泌乳期的延续,脂肪球变小。脂肪球的大小对牛奶的加工出口有着重要的影响。

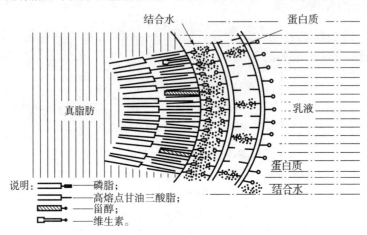

图 2-3 乳脂肪的结构

乳脂肪球膜的构成相对复杂,主要由蛋白质、磷脂、甘油三酯、胆甾醇、维生素 A、金属及一些酶构成,同时还含有盐类和少量的结合水。其中起主导作用的是卵磷脂-蛋白质配合物,它们有层次的定向排列在脂肪球与乳浆的界面上,使脂肪球能稳定地存在于乳中。磷脂的亲水基结合着蛋白质朝向乳液并与大量的水结合,构成了膜的外层,可使脂肪球在乳中保持乳浊液的稳定性。脂肪球膜在机械搅拌或化学物质作用下,遭到破坏后,可自行修复,可利用这点来测定乳中的含脂率和生产奶油。

（三）乳脂肪的理化性质

1. 乳脂肪的理化常数

乳脂肪的组成与结构决定了乳脂肪的理化常数(表 2-7),其中较重要的是溶解性挥发脂肪酸、碘值、皂化值、波伦斯克值等。

表 2-7 乳脂肪的理化常数

项目	指标	项目	指标
相对密度(15℃)	0.935～0.943	碘值/(g/100g)	26～36(30 左右)
熔点/℃	28～38	赖克特-迈斯尔值	21～26
凝固点/℃	15～25	波伦斯克值	1.3～3.5
折射率(n_D^{25})	1.4590～1.4620	酸值	0.4～3.5
皂化值/(mgKOH/g)	218～235	丁酸值	16～24

其中皂化值是指每皂化 1g 脂肪酸所消耗的 NaOH 的毫克数;碘值是指在 100g 脂肪中,使其不饱和脂肪酸变成饱和脂肪酸所需的碘的毫克数;水溶性挥发性脂肪酸值即赖克特 – 迈斯尔值,是指从 5g 脂肪中蒸馏出的溶解性挥发性脂肪酸所消耗的 0.1mol/L KOH 的毫升数;波伦斯克值是指非水溶性挥发性脂肪酸值,即中和 5g 脂肪中挥发出的不溶于水的挥发性脂肪酸所需 0.1mol/L KOH 的毫升数。

总之,乳脂肪的理化特点是水溶性脂肪酸值高、碘值低、挥发性脂肪酸多、不饱和脂肪酸少、低级脂肪酸多、皂化值比一般脂肪高。

2. 乳脂肪的化学性质

(1)脂肪的自动氧化

因脂肪中不饱和脂肪酸含量多,与空气接触易发生自动氧化,形成氢过氧化物。该化合物不稳定,经一定的积累后会慢慢分解,进而产生脂肪氧化味。氧、光、金属(Cu、Fe)、热均能催化脂肪自动氧化。

(2)水解

乳脂肪易在解脂酶及微生物作用下发生水解,使酸度升高,产生低级脂肪酸可导致牛乳产生不愉快的刺激性气味,即所谓的脂肪分解味。但是通过添加特别的解脂酶和微生物可产生独特风味的干酪产品。

(四)乳脂肪的特点

1. 乳脂肪中短链低级挥发性脂肪酸含量为 14% 左右,其中水溶性挥发脂肪酸含量高达 8%(如丁酸、己酸、辛酸等),而其他动植物油中只有 1%,因此乳脂肪具有特殊的香味和柔软质地。

2. 乳脂肪在 5℃ 以下呈固态,11℃ 以上呈半固态,超过 28 ~ 38℃ 呈液态。

3. 乳脂肪易受光、空气中的氧、热、金属(Cu、Fe)等作用而氧化,产生脂肪氧化味。

4. 乳脂肪易在解脂酶及微生物作用下发生水解,使其酸度升高。因乳脂肪含低级脂肪酸较多,特别是含有酪酸(丁酸),故即使轻度的水解也会产生特别的刺激性气味,即脂肪分解味。

5. 乳脂肪易吸收周围环境中的其他气味,如饲料味、牛舍味、香脂味及柴油味等。

五、磷脂类及甾醇

除了乳脂肪外,牛乳中还含有少量的磷脂以及微量的甾醇和游离的脂肪酸。这三种成分总称为类脂质。

(一)磷脂

磷脂(phosphatide)含量占脂类的 1%,其化学组成与脂肪相近,是由甘油、脂肪酸、磷酸和含氮物组成,在乳中含量为 0.072% ~ 0.086%。乳中含有三种磷脂,即卵磷脂、脑磷脂、神经磷脂。乳中 60% 的磷脂都存在于脂肪球中,主要是卵磷脂,可与脂肪球蛋白形成脂肪球的磷脂蛋白膜,使乳趋于稳定的乳浊液状态。

牛乳经离心分离出稀奶油时,约有 70% 的磷脂被转移到稀奶油中。稀奶油再经搅拌制造奶油时,大部分磷脂又被转移到酪乳中,因此,酪乳是富含磷脂的产品,可作为再制乳、冰淇淋以及婴儿乳粉类的乳化剂和营养剂。

磷脂在动物机体磷代谢方面。特别是对婴儿脑的发育有着重要的作用,一定量的磷脂可形成一定的风味。此外,磷脂还是理想的营养剂和乳化剂。根据磷脂具有的亲水亲油性的特点,可应用在乳粉颗粒表面喷涂卵磷脂的工艺生产速溶奶粉。卵磷脂在细菌性酶作用下会形成具有鱼腥味的三甲胺而被破坏。

(二)甾醇

乳中甾醇(sterol)含量很低(每 100mL 牛乳中含 7~17mg),大部分存在于脂肪球膜上。乳脂肪中甾醇的主要部分是胆固醇。牛乳中 85%~95% 的胆固醇是以游离形式存在的,只有少量的与脂肪酸(一般是长链脂肪酸)结合形成胆固醇酯。甾醇在生理上具有重大意义,有些甾醇(如麦角甾醇)经紫外线照射后具有维生素的特性。只是乳经过照射后会引起脂肪的氧化,故没有广泛的应用。

六、碳水化合物

乳中所特有的碳水化合物是乳糖,乳糖在动植物的组织中几乎不存在。牛乳中 99.8% 的碳水化合物是乳糖,还有少量的葡萄糖、果糖、半乳糖。乳糖在马乳中含量最多约为 7.6%,人乳中含量为 6%~8%,牛乳中的乳糖含量为 4.5%~5.0%,甜度相当于蔗糖的 1/6~1/5。乳糖在乳中呈全部溶解状态。

(一)乳糖的结构

乳糖(lactose)是 D-葡萄糖与 D-半乳糖以 β-1,4 键结合的双糖,又称 1,4-半乳糖苷葡萄糖。因其分子中有醛基,属于还原糖。由于 D-葡萄糖分子中游离苷羟基的位置不同,乳糖有 α-乳糖(α-lactose)和 β-乳糖(β-lactose)两种异构体,其分子式为 $C_{12}H_{22}O_{11}$,其结构乳图 2-4 所示,所以实际上乳糖共有三种形态,即 α-乳糖水合物、α-乳糖无水物和 β-乳糖。一般常见的是 α-乳糖水合物。

乳糖水溶液在 93.5℃ 以下的温度结晶时即生成 α-乳糖水合物,在常温下最稳定。其他两种乳糖在 93.5℃ 以下若有少量水存在,就会变为 α-乳糖水合物。如果在 93.5℃ 以上的温度结晶时可获得 β-乳糖,它在 93.5℃ 以上最稳定。α-乳糖水合物加热到 125℃ 或真空中加热到 65℃ 以上就会失去结晶水变为 α-乳糖无水物,它最不稳定,吸湿性很强,稍微有点水分存在下,就会变为 α-乳糖水合物。乳糖异构体性质的比较见表 2-8。

表 2-8 乳糖异构体的特性

项目	α-乳糖水合物	α-乳糖无水物	β-乳糖无水物
制法	乳糖浓缩液在 93.5℃ 以下结晶	α-乳糖含水物减压加热或无水乙醇处理	乳糖浓缩液在 93.5℃ 以上结晶
熔点/℃	201.6	222.8	252.2
比旋光度 $[\alpha]_D^{25}$	+86.0	+86.0	+35.5
溶解度/(g/100mL,20℃)	8	—	55
甜味	较弱		较强
晶形	单斜晶三棱形	针状三棱形	金刚石形、针状三棱形

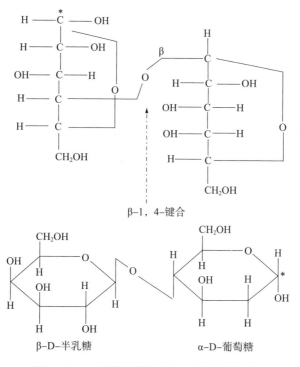

β-1，4-键合

β-D-半乳糖 α-D-葡萄糖

图 2－4　α－乳糖的结构式（＊为游离苷羟基）

（二）乳糖的溶解度

乳糖的溶解度较蔗糖、麦芽糖小，且 α－型与 β－型的溶解度也不同，见表 2－9。

表 2－9　乳糖在不同温度下的溶解度

温度/℃	最初溶解度/（g/100mL）		最终溶解度/（g/100g）
	α－乳糖水合物	β－乳糖	
0	5.0	45.1	11.9
15.0	7.1	—	16.9
25.0	8.6	—	21.6
39.0	12.6	—	31.5
49.0	17.8	75.0	42.4
59.1	—	—	59.1
63.9	—	—	64.2
64.0	26.2	—	65.8
73.5	—	85.0	84.5
79.1	—	—	98.4
87.2	—	—	122.5
88.2	55.7	—	127.3
89.0	—	94.7	139.2
100.0	—	—	157.6

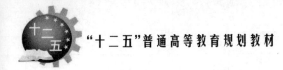

乳糖的溶解度包括以下三种：

1. 最初溶解度

将乳糖加入水中后，即刻有一部分溶解于水，达到饱和状态时的溶解度，也称为最初溶解度，主要是 α－乳糖水合物的溶解度，是乳糖的特性之一。初溶解度较低，其受水温的影响较小。

2. 最终溶解度

向乳糖溶液中加入乳糖并搅拌，在一定温度下乳糖不再溶解，达到了某一温度下的饱和点就是乳糖的终溶解度。是 α－乳糖及 β－乳糖两种型态平衡时的溶解度。

3. 过饱和溶解度

将饱和乳糖溶液冷却到饱和温度以下，会得到过饱和乳糖溶液，若此时冷却操作缓慢，就无乳糖结晶析出，形成过饱和溶液，此时的溶解度叫做过饱和溶解度。

若继续冷却直达一低的温度，就开始有 α－乳糖水合物析出，这打破了 α－乳糖和 β－乳糖间的平衡，这时 β－乳糖向 α－乳糖转化，再析出结晶以达到新的平衡，这种结晶的析出一直持续到相当于这个温度的饱和状态为止。

（三）乳糖的水解

乳糖被酸水解作用与蔗糖葡萄糖相比更为稳定，一般在乳糖中加入 7mL 2% 的硫酸溶液，或每克糖加 10% 的硫酸溶液 100mL，加热 0.5～1.0h，或在室温下加浓盐酸才能完全加水分解而生产 1 分子的葡萄糖和 1 分子的半乳糖。

乳糖在消化器官内经乳糖酶作用而水解后才能被吸收。乳糖酶（lactase）能将乳糖分解成单糖，乳糖分解成单糖后再由酵母作用生产乙醇（如牛乳酒、马乳酒）；也可以由细菌作用生成乳酸、乙酸、丙酸以及二氧化碳等，这种作用在乳品工业上有很大的意义。

（四）乳糖的营养与不适症

1. 乳糖的营养

乳糖具有重要营养特性，乳糖水解后产生的半乳糖是形成脑神经中重要成分糖脂质的主要来源，它能促进脑苷和黏多糖类的生成，对婴儿的智力发育十分重要。同时又因乳糖水解较为困难，故一部分被送至大肠中，在肠内因乳酸菌的作用形成乳酸而抑制其他细菌的繁殖，所以对防止婴儿下痢也有很大的作用。

乳糖还与钙的代谢有密切关系。科研人员曾通过白鼠试验得出如下结论：若在钙中加乳糖，可以使钙的吸收率增加。同时血清中所含的钙也显著增加，所以乳糖与钙的吸收有密切的关系。此外，乳糖对防止肝脏脂肪的沉积也有重要作用。

2. 乳糖的不耐症

乳糖对于初生婴儿是很适宜的糖类。但随着年龄的增长，人体消化道内缺少乳糖酶，不能吸收和分解乳糖，饮用牛乳后会出现呕吐、腹胀、腹泻等不适症，称为乳糖不适症。乳糖不适症在亚洲人中较为常见。在乳品加工中，利用乳糖酶将乳中的乳糖分解为葡萄糖和半乳糖；或利用乳酸菌将其转化为乳酸，不仅可以预防乳糖不适症，还可以提高乳糖的消化吸收率，改善制品口味。

(五)乳中其他的碳水化合物

乳中除了乳糖,还含有少量的其他碳水化合物。例如在常乳中含有极少量的葡萄糖(4.08 ~ 7.58mg/100mL),而在初乳中可达15mg/100mL,分娩后经过10天左右恢复到常乳中的数值。这种葡萄糖并非乳糖水解产生的,而是从血液中直接转移至乳腺内。除葡萄糖以外,乳中还含有约2mg/100mL的半乳糖及微量的果糖、低聚糖(oligosaccharide)、己糖胺(hexosamine),其他糖类的存在尚未被证实。

七、乳蛋白质

乳蛋白质(milk protein)是乳中最重要的营养成分,也是人类膳食蛋白质的重要来源,是主要的含氮物质。乳蛋白质不是单一的蛋白质,它是由共约20种以上的氨基酸组成的多种蛋白质的复杂物质,是典型的全价蛋白,包括酪蛋白、乳清蛋白以及少量的脂肪球膜蛋白,乳清蛋白中有对热不稳定的乳白蛋白和乳球蛋白,还有对热稳定的小分子蛋白质和胨。乳蛋白质的分类及相关性质见表2-10。

表2-10 牛乳中主要蛋白质的种类和性质

传统分类	现代分类		占脱脂乳中蛋白质的含量/%	等电点	相对分子质量	遗传变异体
酪蛋白	α_s - 酪蛋白		45 ~ 55	4.1	23 000	α_s - 变异体 A、B、C、D、α_{s2}、α_{s3}、α_{s4}、α_{s5}
	κ - 酪蛋白		8 ~ 15	4.1	1900	变异体 A、B,变异体 A1、A2、A3、B、C、D、B2
	β - 酪蛋白		25 ~ 35	4.5	24 100	变异体 A1、A2、A3
	γ - 酪蛋白		3 ~ 7	5.8 ~ 6.0	30 650	成分 R、S、TS
乳白蛋白	α - 乳白蛋白		2 ~ 5	5.1	14 437	变异体 A、B
	血清白蛋白		0.7 ~ 1.3	4.7	69 000	A1、A2 对立遗传子型
乳球蛋白	β - 乳球蛋白		7 ~ 12	5.3	36 000	变异体 A、ADr、B、BDr、C、D
	免疫球蛋白	IgG_1	1 ~ 2	—	150 000 ~ 170 000	—
		IgG_2	0.2 ~ 0.5	—	—	—
		IgG_M	0.1 ~ 0.2	—	1 000 000	—
		IgG_A	0.05 ~ 0.1	—	300 000 ~ 500 000	—
小分子蛋白、胨	—		2 ~ 6	3.3 ~ 3.7	—	含有糖蛋白质的复合成分

(一)酪蛋白

1. 酪蛋白的组成

酪蛋白(casein)是指在20℃时用酸将脱脂乳pH调至4.6时沉淀的一类蛋白质,占乳蛋白总量的80% ~ 82%。酪蛋白不是单一的蛋白质,而是以含磷蛋白质为主体的几种蛋白质的复合体。可根据含磷量的不同分为 α - 酪蛋白、β - 酪蛋白、γ - 酪蛋白、κ - 酪蛋白。其中 α - 酪蛋白含磷特别多,故亦可称为磷蛋白;皱胃酶的凝固与磷有关,γ - 酪蛋白含磷很少,所以几乎不能被皱胃酶所凝固。

α－酪蛋白可以区分为钙可溶性和钙不溶性两部分。钙不溶性的 α－酪蛋白主要的成分称 α_{s_1}－酪蛋白,约占总酪蛋白的40%其他还有 α_{s_2}－酪蛋白、α_{s_3}－酪蛋白、α_{s_4}－酪蛋白、α_{s_5}－酪蛋白;钙可溶性的 α－酪蛋白分为 κ－酪蛋白和 γ－酪蛋白,κ－酪蛋白约占总酪蛋白的15%,对酪蛋白的性质起很大作用,具有稳定 Ca^{2+}、保护胶体体系的作用。

β－酪蛋白有 A1、A2、A3、B、C、D 等。除了这些主要酪蛋白外,还有 γ－A、γ－B、R、S、TS 等。通常将酪蛋白分为:α－(60%)、β－(25%)、γ－(10%)、δ－(5%)四种成分;δ－酪蛋白不受凝乳酶的凝固作用,故乳经酶凝固后留存在乳清中。

2. 酪蛋白的存在形式

牛乳中酪蛋白与磷酸钙形成"酪蛋白酸钙－磷酸钙复合体",以胶束状态存在,其中含酪蛋白钙95.2%、磷酸钙4.8%,组成如表2－11所示。

表2－11   酪蛋白复合物的组成

成分	含量/%	成分	含量/%
酪蛋白($N\times6.4$)	93.4	钾	0.26
钙	2.98	有机磷(以 PO_4^{3-} 计)	2.26
镁	0.11	无机磷(以 PO_4^{3-} 计)	2.94
钠	0.11	柠檬酸	0.4

酪蛋白酸钙－磷酸钙复合体的胶粒呈球形,电子显微镜下观察其直径为 30～300nm,一般情况下 80～120nm 的居多。每毫升乳中含有 5×10^{22}～15×10^{22} 个酪蛋白胶粒。

3. 酪蛋白胶粒的结构模式

酪蛋白胶粒的模型目前别广泛接受的有亚胶粒模型、Holt 模型和双结合模型。

(1)亚胶粒模型

如图2－5所示的酪蛋白胶束,是由许多亚酪蛋白胶束(图2－6)混合而成。亚酪蛋白胶束直径为 10～15nm,不同的酪蛋白胶束含有的 α_s－酪蛋白、β－酪蛋白和 κ－酪蛋白也不是均匀一致的。亚胶粒模型与电子显微镜观察到的酪蛋白胶粒结构很相似,同时也很好地说明了胶粒的散射特性,但亚胶粒模型未能说明这些胶粒是如何形成的,为什么位于内部的胶粒不含 κ－酪蛋白,而外围的亚胶粒则富含 κ－酪蛋白。

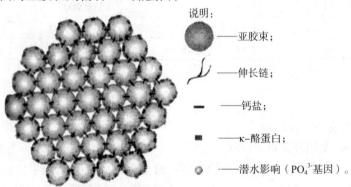

说明:
—— 亚胶束;
—— 伸长链;
—— 钙盐;
—— κ-酪蛋白;
—— 潜水影响(PO_4^{3-}基因)。

图2－5   酪蛋白胶束的亚胶粒模型

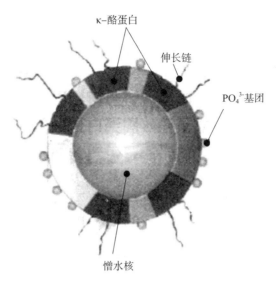

图 2-6 亚酪蛋白胶束的结构图

（2）Holt 模型

该模型认为酪蛋白胶粒是由酪蛋白分子缠结在一起形成一个网状凝胶结构,在该结构中,胶体磷酸钙微簇对胶粒结构起稳定作用,它与钙敏感性酪蛋白中的磷酸丝氨酸簇结合在一起,形成内部完整的结构,胶粒的表面是 κ-酪蛋白突出的 C 端,形成毛发层。该模型不足之处在于没有说明限制酪蛋白胶粒增长的内在机制。酪蛋白胶粒的 Holt 模型见图 2-7。

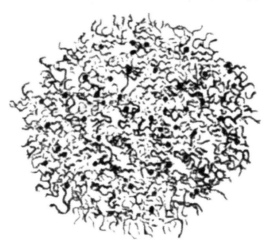

图 2-7 酪蛋白胶粒的 Holt 模型

（3）双结合模型

该模型中,胶粒的集结和生长是通过聚合过程实现的。在聚合过程中,有两个不同的结合形式,一个是酪蛋白疏水区的交互作用,另一个是磷酸钙微簇的键桥作用。该模型的基础是酪蛋白分子自身缔合作用。其模型图见 2-8。

Holt 模型和双结合模型都保留了亚胶粒的两个关键特征:一是胶体磷酸钙的结合作用,二是 κ-酪蛋白主要位于胶粒表面,而双结合模型能更好地解释胶粒地方集结和生长机制,特别是胶粒形成的停止机制。

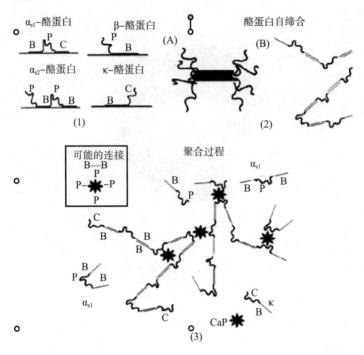

注:(1)部分聚合网络。酪蛋白分子通过磷酸钙微簇连接,酪蛋白通过疏水相互作用位置交联,通过 κ - 酪蛋白链终止。(2)β - 酪蛋白(A)和 α_{s_1} - 酪蛋白(B)基于其疏水区域自联作用形成聚合物的结构。β - 酪蛋白形成像去污剂样胶束,而 α_{s_1} - 酪蛋白分子形成链聚合物。(3)疏水表面吸附酪蛋白采用构象图解形式(疏水区域 B 通过杆结构表示,不意味着任何刚性形式;亲水区域包含磷酸丝氨酸簇 P,κ - 酪蛋白亲水酪蛋白巨肽 C;CaP 代表磷酸钙微簇)。

图 2-8 酪蛋白胶粒双结合模型

4. 酪蛋白的性质

纯酪蛋白白色无味,无臭,不溶于水、醇及有机溶剂而溶于碱液,是一种两性电解质,但其分子中酸性氨基酸的含量远多于碱性氨基酸的含量。故具有明显的酸性。

(1)酪蛋白与酸碱的反应

酪蛋白具有两相,能形成两相离子:$NH_3^+ - R - COO^-$

当其余酸发生反应时,酪蛋白本身具有碱的作用。于是酪蛋白与酸结合生产酸性酪蛋白,重新溶解。

$$R \overset{NH_3^+}{\underset{COO^-}{<}} + H^+(HSO_4^-) \longrightarrow R \overset{NH_3^+}{\underset{COOH}{<}} + (HSO_4^-)$$

这种溶解作用,随酸的性质而不同,加入弱酸时,溶解作用缓慢进行,若加入大量的强酸,则溶解迅速。当酪蛋白与碱作用时,酪蛋白则具有酸的作用,酪蛋白与碱作用生成一种盐,形成一种近乎透明的溶液。

$$R \overset{NH_3^+}{\underset{COO^-}{<}} + OH^-(Na^+) \longrightarrow R \overset{NH_3OH}{\underset{COO^-}{<}} + Na^+$$

综上所述,酪蛋白在酸性介质中具有碱的作用而带正电荷,在碱性介质中因具有酸的作用而带负电荷。牛奶的 pH 在 6.6 左右,也就是接近 pI 时的碱性方面,因此酪蛋白具有酸的作用,而与牛乳中的钙结合,从而以酪蛋白钙的形式存在于乳中。

(2)酪蛋白的凝固性质

①酪蛋白的酸凝固。酪蛋白在普通牛乳显示出酸性,与牛乳中的碱性基(主要是钙)结合形成酪蛋白酸钙,存在于乳中。此时若加入酸,酪蛋白酸钙中的钙被酸夺取,渐渐地产生游离酪蛋白,达到等电点时,钙完全被分离,游离的酪蛋白凝固而沉淀。即发生下述反应:

酪蛋白酸钙 – 磷酸钙复合体中钙被酸取代的情况因加酸的程度不同而不同,当牛乳中加酸后的 pH 达到 5.2 时,磷酸钙先行分离,酪蛋白开始沉淀,继续加酸至 pH 达 4.6 时,钙又从酪蛋白钙中分离,游离的酪蛋白完全沉淀,如图 2 – 9 所示,在加酸凝固时,酸只和酪蛋白酸钙 – 磷酸钙作用,故除酪蛋白外,白蛋白、球蛋白都不起作用。

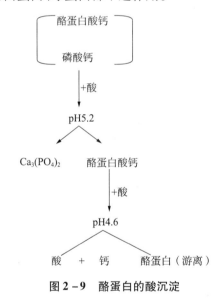

图 2 – 9 酪蛋白的酸沉淀

因牛乳在乳酸菌的作用下使乳糖生产乳酸,乳酸可将酪蛋白酸钙中的钙分离形成乳酸钙,同时生成游离的酪蛋白而沉淀。

因乳酸能使酪蛋白形成硬的凝块,且稀乳酸与稀盐酸均不溶解酪蛋白,所以乳酸是最适于沉淀酪蛋白的酸。

②酪蛋白的皱胃酶凝固。犊牛第四胃中含有一种能使乳汁凝固的酶,叫做皱胃酶,它可使乳汁凝固,并发挥收缩排出乳清的作用。

其凝乳原理为:皱胃酶与酪蛋白的专一性结合使牛乳凝固。皱胃酶对酪蛋白的凝固可分成两个过程:一是酪蛋白在皱胃酶的作用下,形成副酪蛋白(para – casein),该过程称为酶性变化;二是产生的副酪蛋白在游离钙的存在下,在副酪蛋白间形成"钙桥",使酪蛋白微粒发生团聚作用形成凝胶体,此过程称为非酶变化。这两个过程的发生使酪蛋白酶凝固与酸凝固不同,酶凝固时钙和磷酸盐并不从酪蛋白微球中游离出来。实际操作中,在室温以上温度时,皱胃酶凝乳过程的两个阶段有重叠现象,无法明显区分开。随着作用时间的延长,皱胃酶会使酪蛋白水解,就牛乳凝固而言,此现象可忽略,但在干酪成熟过程中这一过程很重要。

③酪蛋白的钙凝固。已知酪蛋白是以酪蛋白酸钙–磷酸钙的复合体存在于乳中。钙和磷的含量直接影响酪蛋白微粒的大小,大的微粒含较多的钙和磷。由于乳汁中钙和磷呈平衡状态存在,所以鲜乳中的酪蛋白微粒具有一定的稳定性。当向乳中加氯化钙时,就会打破平衡状态,因此加热使酪蛋白发生凝固。

在乳汁中加入 0.005mol/L 氯化钙,经加热后酪蛋白就会发生凝固,且加热温度愈高,乳凝固所需的氯化钙的量愈少。

乳汁在加热时,加入氯化钙不仅能使酪蛋白完全分离,也能使乳清蛋白凝固分离。在这方面利用氯化钙沉淀乳蛋白质,明显优于其他方法。如每升乳中加入 1～1.25g 氯化钙,加热至95℃时,乳汁中蛋白质总含量的97%可以被沉淀而利用。其中,对乳清醇利用程度比酸凝固法高约5%,比皱胃酶凝固法高10%,如表 2–12 所示。

表 2–12　用各种方法凝固乳蛋白质的沉淀收率

指标	脱脂乳	皱胃酶乳	乳清	
			酸乳清	钙乳清
蛋白质氮含量/(mg/100mL)	477	64	44	23
乳蛋白的沉淀收率/%	100	85.5	90.2	94.9

此外,利用氯化钙沉淀所得的蛋白质,通常都含有大量的钙和磷,如表 2–13 所示。所以钙凝固法不论在脱脂乳的蛋白质综合利用方面,还是在有价值的矿物质(钙和磷)利用方面,都优越于目前生产食品用酪蛋白所采用的酸凝固法和皱胃酶凝固法。

表 2–13　酪蛋白中钙和磷的含量　　　　　单位:%

沉淀方法	钙含量	磷含量
乳酸	1.3	0.88
皱胃酶	1.99	1.24
氯化钙	2.66	1.49

(3)酪蛋白与醛反应

酪蛋白可与醛基反应,性质因所处环境不同而异。当酪蛋白在弱酸介质中与甲醛反应,会形成亚甲基桥,可将两个分子的酪蛋白连接起来。

$$2R—NH_2 + HCHO \longrightarrow R—NH—CH_2—NH—R + H_2O$$

在上述反应式中,1g 酪蛋白约可连接 12mg 甲醛,所得的亚甲基蛋白质不溶于酸、碱溶液,不腐败,也不能被酶分解。

酪蛋白在碱性介质中与甲醛反应,则生成亚甲基衍生物。

$$2R—NH_2 + HCHO \longrightarrow R—NH = CH_2 + H_2O$$

在该反应中,1g 酪蛋白约需 24mg 甲醛。

以上两种反应被广泛应用于塑料工业、生产人造纤维及检验乳样的保存。

(4)酪蛋白与糖反应

自然界中的葡萄糖、醛糖、转化糖等于酪蛋白作用后变成氨基糖而产生芳香味。如面包芳香酒就有此作用。该作用也可用于生产色素,可使食品具有一种颜色如黑色素。

酪蛋白与乳糖的反应,在乳品工业中具有特殊的指导意义。乳品(如乳粉、乳蛋白粉等)在长期贮存过程中,乳糖与酪蛋白发生反应,产生颜色、风味及改变营养价值(表2-14)。在氧存在时,则能加速该变化,因此乳粉的贮存应保持真空状态。此外,湿度亦能加速这种过程。工业用干酪素因洗涤不干净,贮存条件不佳,同样也会发生这种变化。炼乳罐头也同样有这种过程,尤其是含转化糖多时变化更剧烈。有人证明,经贮存5年的高温杀菌炼乳,因酪蛋白与乳糖的反应,发现该产品变暗失去有价值的氨基酸,如失去17%赖氨酸、17%组氨酸、10%精氨酸。因这三种氨基酸是无法补偿的,所以发生这种情况时,不仅使颜色、风味变劣,营养价值也有极大的损失。

表2-14　含有乳糖、葡萄糖和转化糖的食用酪蛋白颜色的变化

样品特征	含水率/%	贮存前	颜色变化		溶液特征
			37℃恒温箱中贮存60天以后	室温条件下贮存2年后	
洗涤过的酪蛋白	8.71	淡黄色	没变化	淡黄色	液体
含2.31%乳糖的酪蛋白	8.72	淡黄色	黄色	黄色	胶状(黏稠)
含3%葡萄糖的酪蛋白	7.81	淡黄色	深褐色	深褐色	凝胶状
含3%转化糖的酪蛋白	7.94	淡黄色	褐色	褐色	非常黏稠

(二)乳清蛋白

乳清蛋白是指除酪蛋白外剩余的蛋白质,约占乳蛋白质的18%~20%。其中氨基酸含量平衡,赖氨酸含量较高,易消化吸收,含有多种活性成分,可提高重制干酪凝胶性。与酪蛋白不同的是,乳清蛋白的粒子水结合能力强,分散度高,在乳中呈典型的高分子溶液状态,甚至在等电点时仍能保持分散状态,可分为对热稳定部分和对热不稳定部分。乳清蛋白用电泳分析分离的蛋白质见表2-15。

表2-15　乳清蛋白中各成分的比例

成分	电泳法:占乳清蛋白的比例/%	Rowland法	
		100mL乳中各成分含量/g	占乳清蛋白的比例/%
总乳清蛋白质	100	0.546	100
免疫球蛋白	13	0.083	15.2
乳白蛋白	68.1	0.361	66.1
α-乳白蛋白	19.7	—	—
β-乳白蛋白	43.7	—	—
血清蛋白	4.7	—	—
多肽	18.9	0.102	18.7
成分3	4.6	—	—
成分5	8.6	—	—
成分8	5.7	—	—

1. 对热不稳定的乳清蛋白

对热不稳定的乳清蛋白是指乳清 pH4.6~4.7 时,煮沸 20min,发生沉淀的一类蛋白质,约占乳清蛋白的 81%。对热不稳定的乳清蛋白包括乳白蛋白和乳球蛋白两类。

(1)乳白蛋白

乳白蛋白是指中性乳清蛋白中加入饱和硫酸铵或饱和硫酸镁进行盐析时,呈溶解状态而不析出的蛋白质,约占乳清蛋白的 68%。主要包括 α-乳白蛋白(α-lactalbumin)、血清白蛋白。乳白蛋白以 1.5~5μm 直径的微粒分散于乳中,对酪蛋白起保护作用。这类蛋白质常温下不能用酸凝固,但在弱酸性条件下加温就能凝固。与酪蛋白不同的是该类蛋白质不含磷,含硫量是酪蛋白的 2.5 倍,且不能被皱胃酶凝固,加热时易暴露出 SH——S—键,甚至产生硫化氢,使乳或乳制品出现蒸煮味。乳白蛋白属于全价蛋白,在初乳中含量高达 10%~12%,而在常乳中仅有 0.5%。

①α-乳白蛋白。α-乳白蛋白是最主要的乳白蛋白,约占乳清蛋白的 19.7%。等电点为 4.1~4.8,相对分子质量为 15 100。将氯化铁加入乳清中,铁与白蛋白结合成絮状析出,然后通过离子交换交换出去铁,可制成纯结晶的 α-乳白蛋白。α-乳白蛋白含的必需氨基酸比酪蛋白少,但其中有些氨基酸较酪蛋白高,乳胱氨酸比酪蛋白含量高得多(6.4:0.43)。因此可以说明乳中各种蛋白有互补作用,所以乳白蛋白是全价蛋白,不能被皱胃酶凝固。

②血清白蛋白。乳中来自于血清的乳蛋白称为血清白蛋白(serum albumin),其理化特性与 α-乳白蛋白近似,等电点为 4.7,相对分子质量为 65 000。血清白蛋白约占乳清蛋白的 4.7%,在乳房炎等异常乳中此成分含量增高。

(2)乳球蛋白

乳球蛋白是指在中性乳清中加饱和硫酸铵或硫酸镁盐析时,析出且呈不溶解状态的乳清蛋白。约占乳清蛋白的 13%,包括 β-乳球蛋白和免疫球蛋白。

①β-乳球蛋白。乳中仅含 0.2%~0.4% 的 β-乳球蛋白(β-lactoglobulin),约占乳清蛋白的 43.6%,而其在初乳中含量较多。以二聚体形式存在于乳中,等电点位 4.5~5.5(平均为 5.2)相对分子质量为 35 500 或 36 566,在等电点时加热至 75℃即沉淀,皱胃酶不能使其凝固。

β-乳球蛋白因加热后与 α-乳白蛋白一起沉淀,所以过去将其包括在白蛋白中,但实际上它具有球蛋白的特性。传统分离结晶的 β-乳球蛋白方法是用盐酸将乳中酪蛋白去除,调乳清 pH 至 6.0,加硫酸铵使其半饱和,来除去其他球蛋白,过滤后加硫酸铵至饱和状态,滤出沉淀的蛋白,在将此蛋白溶于水,在 pH5.2 情况下长时间透析(因 β-乳球蛋白不溶于水,而乳白蛋白溶于水),即可分离出纯的 β-乳球蛋白。

②免疫球蛋白。免疫球蛋白是指在乳中具有抗原作用的球蛋白(immunogloblin),包括 IgG(IgG₁、IgG₂)、IgM、IgA,其相对分子质量为 180 000~900 000,是乳蛋白中分子质量最高的一种蛋白质。乳中其含量仅为 0.1%,占乳清蛋白的 5%~10%,初乳中含量高达 2%~15%,免疫球蛋白在患病牛乳中含量增高。

2. 对热稳定的乳清蛋白

pH4.6~4.7 时,将乳清蛋白煮沸 20min,仍溶解于乳中的乳清蛋白为热稳定性乳清蛋白。它们主要是小分子蛋白和胨类,约占乳清蛋白的 19%。

(三)脂肪球膜蛋白

乳中除含酪蛋白和乳清蛋白外,还有一些吸附于脂肪球表面的蛋白质,它们与磷脂质以

1 分子磷脂质约与 2 分子蛋白质结合在一起构成脂肪球膜,称为脂肪球膜蛋白,组成见表 2 - 16。脂肪球膜蛋白包括蛋白质、碱性磷酸酶和黄嘌呤氧化酶等,这些物质可用洗涤和搅拌稀奶油的方法分离出来。100g 乳脂肪含脂肪球膜蛋白质 0.4 ~ 0.8g。脂肪球膜蛋白因含卵磷脂也称为磷脂蛋白。

表 2 - 16　脂肪球膜蛋白的组成

样品号	水分	脂肪	灰分	氮	硫	磷
Ⅰ	7.61	4.33	2.17	12.34	1.34	0.64
Ⅱ	8.5	5.22	3.22	12.34	2.04	0.3

脂肪球膜蛋白含有大量的硫,对热较为敏感,牛乳中 70 ~ 75℃ 瞬间加热,—SH 就会游离出,产生蒸煮味。脂肪球膜蛋白中的卵磷脂易在细菌性酶作用下形成带有鱼腥味的三甲胺而被破坏。同时,也易受细菌性酶的作用而产生分解现象,是奶油贮存过程风味变劣的原因之一。在加工奶油时,大部分脂肪球膜物质集中于酪乳中,故酪乳不仅含有蛋白质,还含有丰富的卵磷脂,因此酪乳是最好制成酪乳粉作为食品乳化剂而加以利用。

(四)其他蛋白及非蛋白质氮

除上述几种特殊蛋白质外,乳中还含有数量很少的其他蛋白质和酶蛋白,如乳中含有少量的酒精可溶性蛋白,以及与纤维蛋白相类似的蛋白质等。

乳中含氮物还有非蛋白态的氮化物,约占总氮的 5%。其中包括氨基酸、尿素、尿酸、肌酐及叶绿素等。这些含氮物是活体蛋白质代谢的产物,从乳腺细胞中进入到乳中。乳中约含 23mg/100mL 的游离态的氨基酸,其中包括酪氨酸、胱氨酸和色氨酸。叶绿素来自于饲料。

八、乳中的酶

乳中的酶来自于乳腺和微生物代谢产物。来自于乳腺的酶存在于乳的不同部位,在分离酶时可按不同部分将其分离。乳中的酶种类很多,主要分为三大类:

水解酶:酯酶、蛋白酶、磷酸酶、淀粉酶、半乳糖酶、溶菌酶等。

氧化还原酶:过氧化氢酶、过氧化物酶、黄嘌呤氧化酶、醛缩酶等。

还原酶:还原酶、氧化酶等。

其中对乳制品加工处理、质量评价、贮存运输有直接影响的是水解酶和氧化还原酶两大类。

(一)水解酶

1. 脂酶

将脂肪分解为甘油及脂肪酸的酶称为脂酶。由乳腺进入乳中的脂酶数量较少,微生物是脂酶的主要来源。乳中的脂酶包括两种,一种是吸附于脂肪球膜上的膜脂酶,它在末乳中含量高。在乳房炎等一些异常乳中也含有膜脂酶。另一种是与酪蛋白结合的乳浆脂酶,通过搅拌、均质、加温等处理,乳浆脂酶被激活并吸附于脂肪球上,会促使脂肪分解。对于常乳,影响较大的就是脂酶。

脂酶的主要作用是分级乳脂肪产生游离的脂肪酸,使脂肪带有分解臭,这是乳制品特别是奶油常见的缺陷之一。脂酶经80℃,20s加热可完全钝化。增高乳脂肪的含量可以使脂酶有很高的耐热性,在来源、种类、所处环境、加工条件等不同时脂酶耐热性也有所改变。乳脂肪对脂酶热稳定性有保护作用,热处理时,乳的脂肪率增高则脂酶的钝化程度降低。在62~65℃保持30min低温长时间加热,脂酶依然存在。为了抑制脂酶的活性,在奶油生产中一般采用不低于80~95℃的高温或UHT处理,同时要控制原料乳的质量,避免使用异常乳,并尽量减少微生物的污染。

2. 磷酸酶

磷酸酶在自然界中种类很多,能水解复杂的有机磷酸酯,乳中的磷酸酶主要是碱性磷酸酶(吸附于脂肪球膜上),还有少量的酸性磷酸酶(存在于乳清中)。碱性磷酸酶是乳中原有酶,其含量因乳牛个体、泌乳期、健康状况而异,经62.8℃、30min或72℃、15s加热后钝化,该条件与液态乳的巴氏杀菌所条件基本相同,故可利用这种性质检验巴氏杀菌是否彻底。该试验灵敏度很高,即使乳中混入5%的原来乳也能被检出,这就是著名的磷酸酶试验。

近年发现,牛乳经82~180℃数秒至数分钟加热,在5~40℃条件下贮藏后,对热稳定的活化因子已钝化。牛乳经62.8℃或72℃加热,不会破坏抑制因子,所以能抑制磷酸酶恢复活性;若经82~180℃加热,就会破坏抑制因子,对热稳定的活化因子则不受影响,从而使磷酸酶重新被激活。故高温短时处理的巴氏杀菌牛乳装瓶后,应立即在4℃下冷藏。

3. 蛋白酶

牛乳中的蛋白酶存在于 α–酪蛋白中,具有强的耐热性,经80℃加热10min钝化,其作用的最适 pH 为 8.0,能使乳蛋白质凝固,可将蛋白质分解生成氨基酸。

4. 乳糖酶

乳糖酶能将乳中的乳糖分解成葡萄糖和半乳糖,具有催化作用,在 pH5.0~7.5 时反应较弱。研究证明一些成人和婴儿因缺乏乳糖酶,会产生对乳糖吸收不完全的症状,从而引起下痢,服用乳糖酶则有良好的效果。

(二)氧化还原酶

1. 过氧化氢酶

乳中的过氧化氢酶主要来自于白细胞的细胞成分,在常乳中含量很低,但在初乳和乳房炎乳中含量较多。故可将其作为检验乳房炎的手段之一,过氧化氢酶经75℃加热20min可完全钝化。

2. 过氧化物酶

过氧化物酶是最早在乳中发现的酶,是乳原有的酶,主要来自白细胞的细胞成分,其数量与细菌无关,在乳中含量受乳牛的品种、饲料、季节、泌乳期等因素影响,是最耐热的酶类之一。它能促使过氧化氢分解产生活泼的新生态氧,从而使乳中的多元酚、芳香胺及某些化合物氧化。

过氧化物酶作用的最适宜温度是25℃,最适 pH 为 6.8,其钝化条件为70℃,15min;75℃,25min;80℃,2.5s。经85℃加热10s的牛乳,在20℃贮存24h或37℃贮存4h后,亦能发现已经钝化的过氧化物酶又重新活化的现象。乳酸菌不分泌过氧化物酶。因此,可通过测定过氧化物酶的活性来判断乳是否经过热处理及热处理的程度。此外,酸败的乳中过氧化物酶的活性会钝化,故这种乳不能因其过氧化物酶活性低就判断该乳为新鲜合格的乳。

3. 还原酶

最主要的还原酶是脱氢酶,是微生物的代谢产物之一,不是乳的原有酶。还原酶可以使甲烯蓝还原为无色,随着乳中细菌数的增加而增加,根据这一原理可判断牛乳的新鲜程度,称为还原酶试验。

九、乳中的维生素

牛乳中含有几乎所有已知的维生素,尤其是维生素 B_2 含量很丰富,但维生素 D 含量较少,婴儿食用时应强化。乳中维生素的含量受如饲料、季节、加工处理、运输、贮存等多种因素的影响。乳中维生素分为脂溶性维生素(如维生素 A、维生素 D、维生素 E、维生素 K)和水溶性维生素(如维生素 B_1、维生素 B_2、维生素 B_6、维生素 B_{12}、叶酸、维生素 C)。牛乳中维生素的含量见表 2-17。

表 2-17 牛乳中维生素的含量　　单位:mg/L

维生素	平均	范围
维生素 A	1560.00	1190~1760
维生素 D	—	—
硫胺素	0.44	0.20~2.80
核黄素	1.75	0.81~2.58
维生素 B_3	0.94	0.30~2.00
维生素 B_6	0.64	0.22~1.90
泛酸	3.46	2.60~4.90
生物素	0.03	0.012~0.060
叶酸	0.00	0.0004~0.0062
维生素 B_{12}	0.00	0.0024~0.0074
维生素 C	21.10	16.5~27.5
胆碱	121.00	43~218
肌醇	110.00	60~180

(一)脂溶性维生素

1. 维生素 A

维生素 A 又称视黄醇,纯的维生素 A 是一种黄色三棱形的晶体,熔点为 62~64℃,不溶于水,易溶于酒精、乙醚、油脂中,氧化后即失去作用,在人及动物的肝脏中形成,极易受氧气、强光、紫外线的破坏,对热的稳定性很好。在 110~118℃,加热 15min,牛乳中的维生素 A 会被破坏。

牛乳中维生素 A 的含量是胡萝卜素的 2 倍。100g 乳中维生素 A 的含量为 20~290IU,平均为 140IU。饮食中维生素 A 的限量为:婴儿 1500IU/d;成人 5000IU/d。

2. 维生素 D

维生素 D 一般以维生素 D 原的状态存在于食物中,经日光或紫外线照射后产生维生素 D。

其含量在乳中变动很大。

牛乳中维生素D主要存在于脂肪球中,其含量与饲料、乳牛品种、饲养管理及泌乳期等直接有关。维生素D在牛乳中含量非常少,为3.3~59.2IU/L,平均为20~33IU/L。初乳中含量很高,其含量在夏季比冬季高2~7倍,脱脂乳制品中不含维生素D。维生素D很稳定,耐高温、不易氧化,通常的价格、贮存不会引起它的损失。维生素D在小肠中会促进钙、磷的吸收,与副甲状腺内分泌素及血中磷酸酶等合作,还能调节钙、磷的代谢和骨骼组织中造骨细胞的钙化活力。维生素D的限量为400IU/d。

3. 维生素E

化学上称生育酚,有抗氧化作用,是一种重要的天然抗氧化剂。有 α -、β -、γ - 及 δ - 四种。乳是膳食维生素E的良好来源之一,其在初乳中的含量是常乳的4~5倍。乳中维生素E是以 α - 生育酚的状态存在,其数量为0.6mg/L。维生素E较稳定,在煮沸、干燥、贮存等过程不会被破坏,但易被氧化,对金属及紫外线较敏感。

(二)水溶性维生素

1. 维生素 B_1

维生素 B_1 又称硫胺素,是糖代谢中辅酶的主要成分。其含量随季节而变化,秋季含量较高。在活体内易被磷酸结合,乳中的维生素 B_1 则以游离态及磷酸化合态存在。维生素 B_1 是 B族维生素中最不稳定的,其稳定性取决于pH、离子强度、缓冲体系等。牛乳中维生素 B_1 的含量约为0.3mg/L,山羊乳中含维生素 B_1 比牛乳多,平均为4.07mg/L。

2. 维生素 B_2

又称核黄素,使乳清呈现一种美丽的黄绿色,对酸性条件稳定,能被碱性条件破坏,在阳光照射下易分解。维生素 B_2 一部分以游离的水溶液状态存在,大部分与磷酸及蛋白质结合而形成氧化酶,与维生素 B_1 一起将糖氧化分解,且与呼吸氧化有关。此外,也与激素的作用及视力有关。其在乳中含量为1~2mg/L,初乳中含量较高为3.5~7.8mg/L,泌乳末期为0.8~1.8mg/L。山羊乳中其含量较高,平均为3.78mg/L。

3. 维生素 B_6(吡哆素)

维生素 B_6 是体内很多酶的辅酶,由吡哆醛、吡哆胺及痕量的磷酸吡哆醛组成,对热稳定,见光易发生降解。对人类贫血、冻疮、浮肿、荨麻疹等的营养障碍有密切关系,同时对蛋白质有直接的作用,还对酵母、乳酸菌及其他微生物的繁殖有促进作用。维生素 B_6 以游离状态与蛋白质结合存在,易溶于乙醇。其在牛乳中含量较高,约为2.3mg/L,其中游离态的为1.8mg/L,结合态的为0.5mg/L。成人每天需要量为2~4mg/L。

4. 维生素 B_{12}

又称钴胺素,是一种粉红色针状结晶,对热抵抗性很高,遇强光或紫外线不稳定,在强酸、强碱作用下极易分解而失效,在pH4.5~5.0的水溶液中稳定。乳及乳清中含量为0.002~0.01mg/L。

5. 维生素C

维生素C(抗坏血酸)是所有维生素中最不稳定的一种,加热、干燥、氧化、煮沸等均能使其分解而被破坏,是一种很强的抗氧化剂,是机体新陈代谢不可缺少的物质。母牛体内能合成维生素C的量为5~28mg,平均20mg。绵羊乳中含维生素C为109mg/L;马乳中含200mg/L;山羊乳中含84mg/L。

6.叶酸

叶酸又称维生素 M,干酪杆菌因子,为各种细胞生长所必须,可被酸、碱水解,日光分解,在牛乳中以游离型和蛋白结合型存在。除对贫血有治疗效果外,对乳酸菌的繁殖有很多作用。牛乳中含量为 0.004mg/L;初乳中含量为常乳的数倍。

牛乳中维生素对热稳定性不同,维生素 A、D、B_2、B_{12}、B_6等对热稳定,维生素 C、B_1热稳定性差。在加工乳过程中,维生素会遭到一定程度的破坏而损失。发酵法生产的乳酸因微生物的合成,而能使一些维生素的含量增高,所以乳酸是一类维生素含量丰富的营养食品。在干酪及奶油加工中,脂溶性维生素可得到充分利用,水溶性维生素则主要残留于酪乳、乳清及脱脂乳中。

十、乳中的无机物和盐类

(一)无机物

无机物也成矿物质,一般以灰分的含量来表示牛乳中无机物的量。一般其在牛乳中的含量为 0.3% ~ 1.21% ,平均为 0.7% 左右。乳中主要的无机物有磷、钙、镁、氯、钠、钾、铁、硫等,此外还含有近 20 种微量元素,包括锰、铜、碘、锌、铝、氟、溴等。这些无机物大部分构成盐类而存在,一部分与蛋白质结合或吸附在脂肪球膜上。牛乳中矿物质元素含量如表 2 – 18 所示。

表 2 – 18 牛乳中矿物质元素的含量

元素	K	Ca	Na	Mg	P	Cl	S
含量/（mg/100g）	138	125	58	14.00	96.00	104.0	30

乳中钙是最重要的无机物,钙含量丰富,较人乳多 3 ~ 4 倍,因此牛乳在婴儿胃内所形成的蛋白凝块较为坚硬,不易消化。为了消除可溶性钙盐的不良影响,可采用离子交换法,将牛乳中 50% 的钙除去,可使乳凝块变得很柔软,和人乳凝块近似。在乳品加工中若缺钙会对乳的工艺特性产生不良的影响,特别是不利于干酪的制造。

(二)乳中的盐类

乳中的矿物质大部分与有机酸和无机酸结合,以可溶性的盐类存在。其中最主要的是无机磷酸盐和有机柠檬酸盐,但其中一部分以不溶性胶体状态分散于乳中,另一部分则以蛋白质状态存在。乳中盐类的含量与分布如表 2 – 19 所示。

表 2 – 19 乳中的盐类含量与分布

成分	平均含量/（mg/L）	变化范围/（mg/L）	分布 乳清/%	胶粒/%
总钙	1200	1000 ~ 1400	381(33.5)	761(66.5)
镁	110	100 ~ 150	74(67)	36(33)
钠	500	350 ~ 600	460(92)	40(8)

表 2 - 19　（续）

成分	平均含量/(mg/L)	变化范围/(mg/L)	分布	
			乳清/%	胶粒/%
钾	1480	1350 ~ 1550	1370(92)	110(8)
总磷	848	750 ~ 1100	377(43)	471(57)
柠檬酸盐(以柠檬酸计)	1660	—	1560(94)	100(6)
氯化物	1063	800 ~ 1400	1065(100)	0(0)
碳酸盐(以 CO_2 计)	200	—	—	—
硫酸盐	100	—	—	—

　　乳中的盐类对乳的热稳定性、凝乳酶的凝固性质、理化性质和乳制品的品质及贮藏等影响很大。钾、钠及氯能完全解离成阳离子或阴离子而存在于乳清中。钙盐、镁盐除可溶性的部分外,不溶性的部分以胶体状态存在。此外,因牛乳在一般的 pH 下,乳蛋白质特别是酪蛋白呈阴离子性质,故能与阳离子结合而形成酪蛋白酸钙和酪蛋白酸镁。所以,牛乳中的盐类可分为可溶性盐和不溶性盐两类。可溶性盐又分为离子性盐和非解离性盐。牛乳中盐类的溶解性与非溶解性的分布,随温度、pH、浓度、稀释度而变化。

十一、其他农畜乳的化学组成和特性

　　在乳及乳制品加工方面除利用牛乳外,有很多地区还利用山羊乳、水牛乳、马乳、牦牛乳、绵羊乳等作为乳制品的原料,它们的化学成分见表 2 - 20。

表 2 - 20　各种农畜乳及人乳的平均化学组成

乳的名称	干物质/%	脂肪/%	蛋白质/%	酪蛋白/%	乳糖/%	矿物质/%	相对密度	酸度°T
山羊乳	13.90	4.40	4.10	3.30	4.40	0.8	1.031	17.0
马　乳	10.50	2.60	1.90	1.30	6.40	0.3	1.032	—
水牛乳(中国)	18.59	7.47	7.10	5.61	4.15	0.8	1.031	17.0
牦牛乳	18.40	7.80	5.00	—	5.00			
绵羊乳	18.50	7.20	5.70	4.30	—	0.9	1.034	25.0
人　乳	13.50	4.50	1.00	6.30	6.30	0.3	1.031	—

(一)山羊乳

　　山羊乳为纯白色有特殊气味的乳,按其成分与营养价值而论,接近牛乳。山羊在一个泌乳期中平均产乳 100 ~ 160kg,饲养条件良好时,可达 700 ~ 800kg,有的山羊产乳量可以达到 1700kg。

　　山羊乳的特点是:干物质含量比牛乳高,脂肪球比较小(脂肪球直径为 $2\mu m$,牛乳的为 $3\mu m$),蛋白质的凝块也较软,故易消化吸收。一般全部消化牛乳需 60h,而山羊乳仅需 24h。此外,山羊乳富含丰富的维生素 A,几乎不含胡萝卜素,因此制成的奶油色浅,冬季为白色。生产其他产品时除略带膻味外,其余性质与牛乳相似。

（二）马乳

马乳的外观比较稀薄带青白色,味甜。因脂肪球微细,稀奶油不易上浮。几乎呈碱性,pH为 6.83~7.42。其成分最接近人乳,故很多少数民族喜欢饮用马乳。马乳的乳糖含量为 6%~8%,所以一些少数民族多利用其制造酸乳制品及马奶酒。

（三）水牛乳

水牛乳产量虽然较低,但奶中所含蛋白质、氨基酸,乳脂、维生素、微量元素等均高于黑白花牛奶。据国家有关科研部门测定,水牛奶质十分优良,可称得上是奶中极品,其价值相当于黑白花牛奶的两倍,最适宜儿童生长发育和抗衰老的锌、铁、钙含量特别高,氨基酸、维生素含量非常丰富,是老幼皆宜的营养食品。作为商业上极有价值的成分,水牛乳的脂肪、蛋白质、乳糖的含量是黑白花牛奶的数倍,矿物质和维生素含量也是黑白花牛奶和人乳的数十倍。

总固形物是乳品的一个重要指标,代表总营养含量的多少。据专家研究,水牛乳的干物质含量是 18.9%,分别比黑白花牛奶及人乳高 19% 和 27%;蛋白质和脂肪含量分别是黑白花牛奶和人乳的 1.5~3 倍。水牛奶乳化特性好,100kg 的水牛乳可生产 25kg 干酪,而相同量的黑白花牛奶只能生产 12.5kg 干酪。

此外,水牛乳矿物质含量和维生素含量也都优于黑白花奶牛和人乳,铁和维生素 A 的含量分别是黑白花牛奶的约 80 倍和 40 倍,并被认为是最好的补钙、补磷食品之一。

水牛适应于热带气候,在良好的条件下,一个泌乳期平均可产乳 1200~1500kg。其脂肪率为 8.7%,脂肪球大小为 3.5~7.5μm,其脂肪常数接近牛乳,因此利用水牛乳制成的奶油除缺乏色素外,具有与牛乳制成奶油相同的性质,夏季和冬季奶油均呈白色。

（四）绵羊乳

绵羊乳为黄白色,有特殊气味,含有比山羊乳更高的脂肪及蛋白质,稀奶油的分离较为困难,用酪蛋白凝固时,需较多的皱胃酶。呈两性反应,碱性较强,pH 为 6.41。其产量随品种、饲养条件、季节等而异,一个泌乳期平均产乳 100~150kg,最高产乳量为 700kg。

（五）牦牛乳

牦牛乳来自雪域高原,是真正的绿色有机食品,其产量是传统奶牛牛乳的 1/10,味道浓郁,营养成分非常高。

牦牛乳含有人体所需的 18 种必需氨基酸及丰富的维生素、微量元素、乳铁蛋白及溶菌酶等,硒、铁、锌等微量元素的含量也非常丰富,牦牛乳所含的必需氨基酸比普通牛乳高 15%,钙和维生素 A 的含量也比普通牛奶分别高 17% 和 6%,且含有抗氧、抗疲劳的生物活性因子,使高度疲劳群体能够迅速恢复体力。

牦牛乳中含有大量的免疫球蛋白、乳铁蛋白,能有效增强人体的免疫力和提高人体血液携氧能力等多重功效。其中免疫球蛋白高于牛初乳。此外,牦牛乳中还含有大量的普通牛奶没有的"神奇因子"——共轭亚油酸(CLA),该成分具有抗氧化、降低动物和人体胆固醇、甘油三酯和低密度脂蛋白水平,防止糖尿病、抗动脉粥样硬化、提高骨骼密度等多种重要生理功能,对减肥和改善肌肉组织有重要的作用。

第四节　影响原料乳品质的因素

正常的牛乳,各种成分的含量大致是稳定的,但当受到各种因素的影响时,其含量在一定范围内有所变动,其中脂肪变动最大,蛋白质次之,乳糖含量通常变化很小。影响牛乳各种成分的因素主要有品种、地区、泌乳期、乳牛年龄、挤奶、季节、乳牛健康状况、气温及乳牛饥、渴、运动等。

一、品种对牛乳成分含量的影响

不同品种、个体和体重均影响乳牛产乳量。不同品种乳牛的产乳量和乳脂率有很大的差异。如表2-21所示,在众多的乳牛品种当中,荷斯坦乳牛是产乳量较高的品种,但其乳脂率相对较低,乳脂率以更赛牛、娟姗牛最高。同一品种内的不同个体,其产乳量和乳脂率也有差异。如荷斯坦乳牛的产乳量一般在3000～12000kg之间,乳脂率为2.6%～6.0%,中国黑白花乳牛与荷斯坦乳牛形体相似,干物质含量较低,但产乳量较高,平均305d(一个泌乳期)产乳量可达7000kg以上。产乳量最高的是以色列乳牛,一个泌乳期最高可达18965kg。体重大的个体其绝对产乳量比体重小者要高,在一定限度内,体重每增加100kg,产乳量提高1000kg。但并不是体重越大产乳量越高,通常情况下,母牛体重在550～650kg为宜。

表2-21　不同品种乳牛的平均组成　　　　　　　单位:%

品种	干物质	脂肪	蛋白质	乳糖	灰分
荷斯坦乳牛	12.50	3.55	3.43	4.86	0.68
短角牛	12.57	3.63	3.32	4.89	0.73
瑞士牛	13.13	3.85	3.48	5.08	0.72
更赛牛	14.65	5.05	3.90	4.96	0.74
娟姗牛	14.53	5.05	3.78	5.00	0.70

二、地区对牛乳成分含量的影响

国家和地区不同,虽然品种相同,但由于饲养管理条件各异,所产乳汁的一般化学组成也不尽相同,见表2-22。

表2-22　不同国家和地区牛乳一般化学组成　　　　　　单位:%

国家和地区	水分	全乳固体	非脂乳固体	脂肪	乳糖	灰分
中国(北京)	87.00	13.00	9.00	4.00	5.00	0.70
中国(四川)	38.00	12.00	8.50	3.50	4.60	0.70
(四川红原牦牛)	83.39	16.61	10.34	6.27	4.93	0.71
美国	87.20	12.80	9.10	3.70	4.90	0.70
前苏联	87.68	12.32	8.55	3.77	4.48	0.71
英国	87.32	12.68	8.91	3.40	4.70	0.75

表 2 – 22 　（续）　　　　　　　　　　　　　　单位:%

国家和地区	水分	全乳固体	非脂乳固体	脂肪	乳糖	灰分
德国	87.76	12.24	9.00	3.50	4.60	0.75
日本	88.47	11.53	8.11	3.42	4.54	0.70
荷兰	87.90	12.10	8.60	3.25	4.60	0.75

三、泌乳期对牛乳成分含量的影响

乳牛在牛犊出生后不久就开始分泌乳汁以满足小牛生长发育的需要,一头乳牛一年持续泌乳的时间大约为 250 ~ 300d 左右,这段时间称为泌乳期。在乳牛下次分娩前的 6 ~ 9 周一般要停止榨乳,这段时间称为干乳期。乳牛再次分娩后又开始了新一轮的泌乳期。乳牛产犊后 1.5 ~ 2 个月之间产乳量最大,其后逐渐减少,到第 9 个月开始显著降低,到第 10 个月月末、第 11 个月月初即达干乳期。但这是指乳牛要按时进行配种或通过人工授精,使其怀胎和能按时产犊的正常情况而言。

在泌乳期间随着泌乳的进程,由于时期、生理或其他因素的影响,乳的成分发生变化。

(一) 初乳

初乳指乳牛产犊后一周以内所产的乳,色泽呈黄色,具有浓厚感、富黏性,其理化特点是干物质含量高(蛋白质、脂肪含量高,乳糖含量较常乳低),尤以对热不稳定的乳清蛋白含量高,初乳含有丰富的维生素,灰分也较常乳高,可溶性盐类中铁、铜、锰含量比常乳高,此外酸度、相对密度均比常乳高,冰点较常乳低。

(二) 常乳

产犊 7d 后至干乳期开始之前所产的乳称为常乳。常乳的成分及性质基本上趋于稳定,为乳制品的加工原料乳。

(三) 末乳

干乳期前一周左右所产的乳,又称老乳。其成分除脂肪外,均较常乳高,有苦而微咸的味道,解脂酶多,常有脂肪氧化味。

四、乳牛年龄对牛乳成分含量的影响

乳畜的泌乳量及乳汁成分含量都随乳畜年龄的增长而异,乳牛从第二胎至第七胎次泌乳期间,泌乳量逐渐增加,第七胎达到高峰。而含脂率和非脂乳固体在初产期最高,以后胎次逐渐下降。

五、饲料对牛乳成分含量的影响

饲养状况改变则脂肪含量最易改变,且变化幅度最大。长期营养不良,不仅产乳量下降,而且无脂干物质和蛋白质含量也减少。甚至就连受饲料影响较小的乳糖和无机盐类,如果长期热量供给不足也会使乳中的乳糖下降并影响盐类平衡,如限制粗饲料,过量给予精饲料会使

乳脂率降低,但非脂乳固体并不受影响。

乳牛饲料的营养价值对产乳量起着重要作用。乳牛在怀孕时给予必要的营养,使其贮存足够的能量、矿物质等,以备产乳时利用。产乳阶段按其产乳量、乳成分以及体重科学合理地进行饲养,是提高产乳量的关键。这里要强调的是,应根据产乳量给予平衡日粮或全价的配合饲料。如配合不当,一方面影响牛群或个体牛产乳量,更主要的是浪费了饲料,降低了养牛的经济效益。实际生产中由于对过去和目前的产乳量及乳中成分不清或日粮特别是全价料配合不当,常常出现以下两种情况:

1. 饲养水平低于乳牛或乳牛群的产乳水平。在营养不充分的情况下,乳牛利用营养的顺序首先是维持生命,其次是用于生产(生长或泌乳),第三才是繁殖后代。高产乳牛最易发生繁殖障碍,因为产乳消耗营养特别是能量过多。

2. 饲养水平高于产乳水平,造成饲料浪费,同时牛喂得过肥,引起难产以及母牛、犊牛的死亡。由于繁殖障碍使得空怀时间延长。由于牛肥胖,泌乳早期胃口不佳,影响了产乳量。

以上两种情况的解决方法就是精确地测定牛群平均产乳量,以此作为制定合理日粮的依据。我国农村养乳牛比较粗放,粗料只有秸秆,精料则是玉米、棉子饼,喂得不科学。如经过合理搭配,或喂以配合饲料后,产乳量明显的提高。

六、挤奶对牛乳成分含量的影响

挤奶是饲养乳牛的一项很重要的技术工作,也是影响乳牛产乳量的重要因素之一,合理正确的挤奶方法可以提高乳牛的产乳量,错误的挤奶方法不仅不能提高乳牛的产乳量,甚至能损坏乳头,对乳牛造成伤害。挤奶方法有人工挤奶和机械挤奶两种方式。人工挤奶在小型牧场和个体农户的牧场较多采用。机械挤奶利用真空原理将牛乳从乳房中吸出,一般挤乳设施有三种,管道式挤乳、挤乳台和桶式挤乳系统,前两种均适合大型乳牛场,后者适合于拴系式饲养条件的小乳牛场和专业户。

挤乳机主要由三部分组成:真空泵、脉动器以及挤乳机组。挤乳过程一般包括挤乳前的准备、开机、挤乳、设备的清洗等环节。

日挤乳次数对产乳量也有很大影响。一般每日 2 次挤乳或 3 次挤乳,有时也有 4 次挤乳的。在国外由于劳工费用高,故多采用 2 次挤乳。在我国普遍实行 3 次挤乳,3 次挤奶乳比 2 次挤乳可多产乳 10% ~ 25%,4 次挤乳又可增加 5% ~ 15% 的乳量。有时因个体而有差异。总之,挤 1 次乳是不适合的,等于在逐渐停乳,使奶牛产乳减少。但如果奶牛健康状况差时,应该给它更多的休息时间,不宜 4 次挤乳,以 3 次或 3 次以下挤乳为好。

七、季节对牛乳成分含量的影响

在我国目前条件下,乳牛最适宜的产犊季节是冬季和春季。此期温度合适,无蚊虫叮咬,利于乳牛体内激素分泌,使乳牛在分娩后很快达到泌乳期,提高产乳量。实践证明,在 1、2、3、12 月份产犊的乳牛全期产乳量较高,在 7、8 月份产犊的乳牛全期产乳量较低。

八、乳牛健康状况对牛乳成分含量的影响

乳牛的健康状况对于乳的产量和品质均有影响。患病时往往引起乳量减低和乳汁成分的变化,这种变化的程度决定于疾病的性质,最普遍的乳牛疾病为乳房炎,乳牛患病后的第二天

开始,乳汁成分即发生显著变化。其变化的情况如表 2 – 23 所示。

表 2 – 23 患乳房炎乳牛所产乳汁的变化

乳房健康	化学成分						反应
	干物质	脂肪	蛋白质	糖分	矿物质	氯	
健康乳	轻度乳房炎						碱性反应弱
	12.9	4.2	3.3	4.7	0.74	0.095	
病畜乳	16.5	6.0	5.1	3.2	0.90	0.170	碱性反应强
健康乳	严重乳房炎						碱性反应弱
	11.8	3.2	3.9	3.3	0.86	0.127	
病畜乳	6.7	0.1	5.4	0.2	1.14	0.343	碱性反应强

从表可以看到,凡患乳房炎的乳,氯的含量显著提高,但糖分急剧减低。因此,糖分与氯的比例显著增高,我们即可以根据这一点来检查乳房炎的乳。

此外,当乳牛患肺结核而侵入乳房时,乳汁也发生显著的变化。

九、气温对牛乳成分含量的影响

乳牛对温度的适应范围是 0 ~ 20℃,最适宜的温度是 10 ~ 16℃。当环境温度升高至 25℃,产乳量与脂肪含量均有下降,而温度超过 30℃,产乳量减少更加明显,这时脂肪含量有所增加。这是因为温度高导致乳牛呼吸频率加快、食欲不振、自身消耗增加。相对而言,乳牛不惧冷,当环境温度下降到零下 13℃时,产乳量才开始下降。所以在夏季,要做好乳牛的防暑降温工作。冬季保证供应足够的青贮饲料和多汁饲料,适当增加蛋白质饲料。

十、乳牛饥、渴、运动对牛乳成分含量的影响

乳牛在饥饿状态下,乳量将减少,而且乳中非脂乳固体(尤其乳糖)减少更为显著,乳脂量一时有所增加,但时间久了也要减少。乳牛长时间干渴所产乳汁的组成将降至标准以下,这种现象荷兰乳牛更易出现。

<h1 style="text-align:center">第五节 乳的物理性质</h1>

乳与乳制品的研究主体是牛乳,乳品工艺是通过各种加工工艺和不同的处理条件,研究并利用其变化规律,以有效生产各种乳制品,故牛乳的理化性质对于乳与乳制品的生产至关重要,对于它们的熟悉和了解,将有助于设备的设计、工艺流程的设定和工艺条件的确立,同时也有助于选择和创造新工艺、新技术和研制开发新产品。

乳的物理特性,包括乳的色泽、气味、比重、黏度、冰点、沸点、比热、表面张力、折射率、导电性以及乳的反应等许多内容,现分述如下。

一、牛乳的色泽

新鲜乳一般呈乳白色或稍带淡黄色。乳白色是乳的基本色调,这是酪蛋白胶粒及脂肪球

对光不规则反射的结果。脂溶性的胡萝卜素和叶黄素使乳略带淡黄色,水溶性核黄素使乳清呈荧光性黄绿色。胡萝卜素是一种天然色素,主要来源于青饲料中,它溶于脂肪而不溶于水,是牛乳带有微黄色的原因。牛乳分离出稀奶油或由稀奶油制成奶油时,胡萝卜素即随脂肪进入稀奶油或奶油中,因此使稀奶油略带黄色。冬季饲料中胡萝卜素含量低,所以生产的奶油颜色也较浅。牛乳中胡萝卜素含量的多少与牛的品种也有很大的关系。

二、乳的滋味与气味

乳中的挥发性脂肪酸及其他挥发性物质,是构成牛乳滋、气味的主要成分。这种牛乳特有的香味随温度的高低而有差异,即乳经加热后香味强烈,冷却后即减弱。牛乳除了原有香味之外,很容易吸收外界的各种气体。因此,牛乳的风味可分正常风味和异常风味。

(一)正常风味

正常乳牛分泌的乳均有奶香味,且具有独特的风味,这些都属于正常味道。正常风味的乳中含有适量的甲硫醚[$(CH_3)_2S$]、丙酮、醛类、酪酸以及其他的微量游离脂肪酸。根据气相色谱分析结果,新鲜乳中的挥发性脂肪酸以乙酸与甲酸含量较多,而丙酸、酪酸、戊酸、癸酸、辛酸含量较少。此外,羰基化合物,如乙醛、丙酮、甲醛等均与乳风味有关。

新鲜纯净的乳稍带甜味,这是因为乳中含有乳糖的缘故。乳中除甜味之外,因其含有氯离子而稍带咸味。常乳中的咸味因受乳糖、脂肪、蛋白质等影响,故不易察觉,而异常乳如乳房炎乳,因氯的含量较高,固有浓厚的咸味。乳中的苦味来自 Mg^{2+}、Ca^{2+},而酸味由柠檬酸及磷酸所产生。

(二)异常风味

牛乳的异常风味,受个体、饲料以及各种外界因素所影响。大致有以下几种:

1. 生理异常风味

(1)过度乳牛味。由于脂肪没有完全代谢,使牛乳中的酮类物质过分增加而引起。

(2)饲料味。主要因冬、春季节牧草减少而进行人工饲养时产生。产生饲料味的饲料,主要为各种青贮料、卷心菜和甜菜等。

(3)杂草味。主要由大蒜、韭菜、猪杂草、甘菊等产生。

2. 脂肪分解体

主要由于乳脂肪被脂酶水解,脂肪中含有较多的低级挥发性脂肪酸而产生。其中主要分解为丁酸。此外,癸酸、月桂酸等碳数为偶数的脂肪酸也与脂肪分解味有关。

3. 氧化味

由乳脂肪氧化而产生的不良风味。产生氧化味的主要因素有:重金属、抗坏血酸、光线、氧、贮存温度以及饲料、牛乳处理方法的季节等,其中尤以铜的影响较大。为防止氧化味,可加入乙二胺四乙酸(EDTA)的钠盐使其与铜螯合。此外,抗坏血酸对氧化味的影响很复杂,也与铜有关。如把抗坏血酸增加3倍或全部破坏,均可防止发生氧化味。另外,光线所诱发的氧化味与核黄素有关。

4. 日光味

牛乳在阳光下照射10min后,可检出日光味,这是由于乳清蛋白受阳光照射而产生。日光味类似焦臭味和羽毛烧焦味。日光味的强度与维生素 B_2 和色氨酸的破坏有关,而日光味的成分为乳蛋白质和维生素 B_2 的复合体。

5. 蒸煮味

蒸煮味的产生主要是乳清蛋白中的 β - 乳球蛋白因加热而产生巯基所致。例如牛乳在 $76 \sim 78℃$ 、3min 加热,或在 $70 \sim 72℃$ 、30min 加热,均可使牛乳产生蒸煮味。

6. 苦味

牛乳长时间冷藏时,往往产生苦味,其原因为:低温菌或某种酵母使牛乳产生肽化合物,或者是解脂酶使牛乳产生游离脂肪酸所成。

7. 酸败味

主要由于乳发酵过度或受非纯正的产酸菌污染所致。这会造成牛乳、稀奶油、奶油、冰淇淋以及发酵乳等产生较浓烈的酸败味。

牛乳的异常风味,除上述这些之外,由于杂菌的污染,有时会产生麦芽味、不洁味和水果味等;或由于对机械设备清洗不严格,往往产生石蜡味、肥皂味和消毒剂味等;或因与水产品放在一起而带有鱼腥味;或消毒过高会使乳糖焦化而呈焦糖味等。

三、乳的氢离子浓度和酸度

刚挤出的新鲜乳是偏酸性的,这是因为乳蛋白分子中含有较多的酸性氨基酸和自由的羧基,而且受磷酸盐等酸性物质的影响。这种酸度称为固有酸度或自然酸度。正常乳的自然酸度为 $16 \sim 18°T$。自然酸度主要由乳中的蛋白质、柠檬酸盐、磷酸盐及 CO_2 等酸性物质所构成,其中,$2 \sim 4°T$ 来源于蛋白质,$2°T$ 来源于 CO_2,$10 \sim 12°T$ 来源于磷酸盐和柠檬酸盐。挤出后的乳在微生物的作用下发生乳酸发酵,导致乳的酸度逐渐升高,这部分酸度称为发酵酸度。固有酸度和发酵酸度之和称为总酸度,简称酸度。一般以标准碱液用滴定法测定的滴定酸度表示。

滴定酸度亦有多种测定方法及其表示形式。我国滴定酸度用吉尔涅尔度(°T)或乳酸百分率(乳酸%)表示。滴定酸度可以及时反映出乳酸产生的程度,所以生产中广泛地采用滴定酸度来间接掌握乳的新鲜度。酸度可以衡量乳的新鲜程度,同时乳的酸度越高其热稳定表现越低(见表 2 - 24),因此测定乳的酸度对生产具有重要意义。

表 2 - 24 乳的酸度与乳的凝固温度

乳的酸度/°T	凝固条件	乳的酸度/°T	凝固条件
18	煮沸时不凝固	40	加热至63℃时凝固
20	煮沸时不凝固	50	加热至40℃时凝固
26	煮沸时能凝固	60	22℃时自行凝固
28	煮沸时凝固	65	16℃时自行凝固
30	加热至77℃时凝固		

(一)吉尔涅尔度(°T)

以酚酞为指示剂,中和100mL牛乳所消耗的0.1mol/L氢氧化钠溶液的体积数(mL)。生产中为了节省原料,通常取10mL牛乳,用20mL蒸馏水稀释,加入酚酞指示剂,以0.1mol/L氢

氧化钠滴定,到滴定终点时所消耗的氢氧化钠体积(mL)乘以10,即为此牛乳的吉尔涅尔度。

(二)乳酸度(乳酸%)

用乳酸量表示的酸度。按上述方法测定后用式(2-2)计算:

$$乳酸(\%) = \frac{0.1mol/L\ NaOH\ 毫升数 \times 0.009}{(乳样毫升数 \times 比重)或乳样重量(g)} \times 100\% \qquad (2-2)$$

若以乳酸百分率计,牛乳自然酸度为 0.15% ~ 0.18%,其中,来源于 CO_2 占 0.01% ~ 0.08%,来源于酪蛋白占 0.05% ~ 0.08%,来源于柠檬酸盐占 0.01%,其余来源于磷酸盐部分。

(三)苏克斯列特-格恩克尔度(°SH)

德国采用苏克斯列特-格恩克尔度(°SH)表示乳的酸度,该方法与°T 度法相同,只是所用的 NaOH 浓度不同,°SH 度所用的 NaOH 溶液为 0.25mol/L。乳酸度(乳酸%)可按式(2-3)与苏克斯列特-格恩克尔度(°SH)度换算:

$$乳酸(\%) = 0.0225 \times °SH \qquad (2-3)$$

(四)乳的 pH

牛乳的氢离子浓度随其所含的 CO_2、新鲜度、细菌的繁殖情况、乳房的健康程度而异。根据氢离子浓度的高低,可鉴定乳品质的优劣或乳房有无疾病等。为了方便起见,氢离子浓度都用 pH 表示,正常新鲜牛乳的 pH 为 6.4 ~ 6.8,一般酸败乳或初乳的 pH 在 6.4 以下,乳房炎乳或低酸度乳 pH 在 6.8 以上。

pH 反映了乳中处于电离状态的所谓的活性氢离子浓度,但测定滴定酸度时氢氧离子不仅和活性氢离子相作用,也和在滴定过程中电离出来的氢离子相作用。乳挤出后由于微生物的作用,使乳糖分解为乳酸。乳酸是一种电离程度小的弱酸,而且乳是一个缓冲体系,其蛋白质、磷酸盐、柠檬酸盐等物质具有缓冲作用,可使乳酸保持相对稳定的活性氢离子浓度,所以在一定范围内,虽然产生了乳酸,但乳的 pH 并不相应地发生明显的规律性变动。

四、相对密度和比重

密度是指在一定温度下单位体积物质的质量。乳的密度系指乳在 20℃时的质量与同体积水在 4℃时的质量之比。正常乳的密度平均为 $D_4^{20} = 1.030$。我国乳品厂都采用这一标准。

比重(相对密度)是指某物质的质量与同温度、同体积水的质量之比。乳的比重(相对密度)指乳在 15℃时的质量与同容积水在 15℃时的质量之比。正常乳的比重以 15℃为标准,平均为 $d_{15}^{15} = 1.032$。

在同等温度下,比重和密度的绝对值相差甚微,乳的密度较比重小 0.0019。乳品生产中常以 0.002 的差数进行换算。乳的密度随温度而变化,温度降低,乳密度增高;温度升高,乳密度降低。在 10 ~ 25℃内,温度每变化 1℃,乳的密度就相差 0.0002(牛乳乳汁计读数为 0.2)。

乳的相对密度在挤乳后 1h 内最低,其后逐渐上升,最后可大约升高 0.001。这是由于气体的逸散、蛋白质的水和作用及脂肪的凝固使容积发生变化的结果。因此,不宜在挤乳后立即测试相对密度。

乳及其乳制品的相对密度是不同的,如表 2-25 所示。乳的密度是其中所含各种成分的总和,乳中各种成分的密度如表 2 – 26 所示。

表 2 – 25　常见乳制品的密度

乳与乳制品	密度 ρ/(g/mL)	乳与乳制品	密度 ρ/(g/mL)
生鲜乳	1.026 ~ 1.034	炼乳(脂肪 7.5%)	1.055 ~ 1.065
脱脂乳	1.032 ~ 1.038	奶油	0.855 ~ 0.960
纯饮用乳	1.027 ~ 1.033	鲜干酪	1.056 ~ 1.060
酪乳	1.025 ~ 1.029	乳粉	1.270 ~ 1.460
乳清	1.020 ~ 1.026	脱脂乳粉	1.440 ~ 1.460
稀奶油(脂肪 70%)	0.985 ~ 0.995	全脂乳粉	1.270 ~ 1.320
稀奶油(脂肪 50%)	0.975 ~ 0.985		

表 2 – 26　乳中各种成分的密度

乳中的成分	密度 ρ/(g/mL)		乳中的成分	密度 ρ/(g/mL)	
	范围	平均		范围	平均
乳脂肪	0.918 ~ 0.927	0.925	无脂干物质	1.5980 ~ 1.6330	1.6150
乳糖	1.5925 ~ 1.6628	1.6103	柠檬酸	1.5530 ~ 1.6680	1.6105
乳蛋白质	1.335 ~ 1.4480	1.3908	干物质	1.2969 ~ 1.4500	1.3730
盐类	2.6170 ~ 3.0980	2.8570			

　　乳中的无脂干物质比水重,因此乳无脂干物质越多密度越高。初乳的无脂干物质多,所以密度为 1.038 ~ 1.040g/mL。干物质实际上表明乳的营养物质,常乳中含有 11% ~ 13%,除干燥时水和随水蒸气挥发的物质外,干物质中含有乳的全部成分。在生产中计算制品的生产率时,都需要用到干物质(或无脂干物质)。乳的比重、含脂率和干物质含量之间存在着一定的对比关系。根据这三个数值之间的关系,按式(2 – 4)即可计算出干物质和无脂干物质的含量。

$$T = 0.25L + 1.2F + 0.14 \tag{2 – 4}$$

式中:

　　T——乳固体含量,%;

　　L——乳稠汁(15℃/15℃)读数;

　　F——乳脂肪含量,%。

　　然而,这种方法还有许多问题,这主要与乳中固体脂肪比例以及蛋白质水化程度有关。乳脂肪的体积膨胀系数较大,因此,乳脂肪的物理状态对式(2 – 4)的影响较大。乳中干物质的数量随乳成分的百分含量而变,尤其是乳脂肪,在乳中的变化比较大,从而影响乳的干物质。因此在实际工作中常用无脂干物质作为标准。无脂干物质(SNF)可以根据计算出来的干物质质量减去脂肪质量求得。在乳制品生产进行标准化时,常常利用这个数值。

五、黏度

　　牛乳的主要流变特性表现为牛顿流体、非牛顿流体、凝胶等。表示这些特性的物理参数常为黏度、硬度、弹性等。

20℃时牛乳的黏度为0.0015~0.002Pa·s,牛乳的黏度与溶解成分和胶体分散成分均有关系,蛋白质和脂肪含量是影响牛乳黏度的主要因素。牛乳的黏度和温度成反比。牛乳在不同温度下的黏度变化如表2-27所示。

表2-27　牛乳在不同温度下的黏度变化　　　　　单位:×10⁻³Pa·s

温度/℃	0	5	10	15	20	25	30	35	40
全乳	3.44	2.64	2.64	2.31	1.99	1.70	1.49	1.34	1.23
脱脂乳	—	3.98	2.47	2.10	1.79	1.54	1.33	1.13	1.04

从表中可以看出,全乳的黏度比脱脂乳大。在一般正常的牛乳成分范围内,非脂乳固体含量一定时,随着含脂率增高,该牛乳的黏度也增高。当含脂率一定时,随着非脂乳固体含量的增加,该牛乳的黏度也增高。初乳、末乳、病牛乳的黏度比正常高。

黏度在乳品加工方面有重要的意义。在乳品加工中,黏度是一个经常遇到的问题,如均质乳的生产,甜炼乳的生产、生产乳粉、稀奶油等的生产上都会遇到黏度问题。均质时随着压力的增高,均质乳的黏度也直线上升,此还受温度的影响,60℃左右均质者,黏度上升更加显著。甜炼乳加工黏度过高产品可能会变稠,黏度过低可能出现脂肪分离及糖沉淀。在生产乳粉时,牛乳的黏度对喷雾干燥有很大的影响,如黏度过高,可能妨碍喷雾,产生雾化不完全及水分蒸发不良等现象。

六、表面张力

液体的表面张力就是使表面分子维持聚集的力量。当液体表面不受作用时,则呈球状。这种现象起因于液体分子间的引力,故能以沿着液体表面的一种张力来表示,这种力被称为表面张力。牛乳表面张力在20℃时为0.04~0.06N/m(牛顿/米),如表2-28所示。

表2-28　牛乳及其副产品的表面张力

品名	表面张力/(N/m)	品名	表面张力/(N/m)
干酪乳清	0.051~0.052	25%稀奶油	0.042~0.045
脱脂乳	0.052~0.0525	酪乳(为发酵)	0.039~0.040
全乳	0.046~0.0475		

牛乳的表面张力与泡沫或乳浊液的形成,微生物的发育,热处理,均质作用以及风味等有密切关系。牛乳的表面张力随温度的变化而改变,温度升高则其表面张力降低;还随牛乳中含脂率的变化而变动,含脂率高则其表面张力降低,牛乳进行均质处理,脂肪球表面增大,表面活性物质吸附于脂肪球界面处,从而增加了表面张力。温度和脂肪含量对表面张力的影响如表2-29所示。但是如果不先将脂酶经热处理而使其钝化时,进行均质处理则会使脂酶活性增强,生成游离脂肪酸,反而使表面张力降低。

表2-29　温度和脂肪含量对表面张力的影响　　　　　单位:N/m

温度/℃	脂肪含量/%				
	0.04	2~4	10	20	45
20	0.0510	0.0467	0.0462	0.0451	0.0446

表 2 - 29 （续）　　　　　　　　　　　　　　　　　　　单位：N/m

温度/℃	脂肪含量/%				
	0.04	2 ~ 4	10	20	45
10	0.0514	0.0490	0.0475	0.0475	0.0485
5	0.0516	0.0504	0.0490	0.0487	0.0498
1	0.0530	—	—	—	—

表面张力和牛乳和乳制品的泡沫有关。制造冰淇淋或制造搅打发泡稀奶油时，一般都希望有一个浓厚而稳定的牛乳泡沫形成；反之，在净乳、分离稀奶油时，在运输过程中，就不希望形成牛乳泡沫。在杀菌时也不希望产生泡沫，因为泡沫中的细菌不易被杀死，从而降低了杀菌效果。

测定表面张力的目的是为了鉴别乳中是否混有其他添加物、探究泡沫或乳浊液的形成性能、微生物的繁殖、牛的品种和表面张力的关系以及热处理、均质对便面张力的影响。但由于牛乳表面张力的重现性比较困难，因此在生产上未能普遍应用。

七、牛乳的比热

牛乳的比热即将牛乳温度升高1℃所吸收的热量单位为 kJ/（kg·℃）。牛乳的比热容大约为 3.89kJ/（kg·℃）。

牛乳的比热容随其所含脂肪含量及温度的变化而异。在 14 ~ 16℃ 的范围内，乳脂肪的一部分或全部还处于固态，加热的热能一部分要消耗在脂肪熔化的潜热上，在此温度范围内，其脂肪含量越多，使温度上升1℃所需的热量就越大，比热容也就越大。在其他温度范围内，因其脂肪本身的比热容小，故脂肪含量越高，乳的比热容越小。表 2 - 30 中列出了乳和乳制品在各个温度范围内的比热容。

表 2 - 30　乳和乳制品在各个温度范围内的比热容

种类	脂肪含量/%	比热容/[kJ/（kg·℃）]		
		15 ~ 18℃	32 ~ 35℃	35 ~ 40℃
脱脂乳	—	0.946	0.035	0.928
全脂乳	3.5	0.941	0.926	0.917
稀奶油	18	1.032	0.905	0.826
稀奶油	25	1.108	0.894	0.822
稀奶油	33	1.136	0.851	0.773
稀奶油	40	1.147	0.814	0.720

乳和乳制品的比热容在乳品生产过程中有很重要的意义，常用于加热量和制冷量的计算。

八、乳的冰点和沸点

牛乳的冰点，普通为 -0.565 ~ -0.525℃，平均为 -0.540℃。

溶质存在于溶液中时，能使冰点下降。牛乳中由于存在乳糖及可溶性盐类，故使冰点降至

0℃以下。脂肪和冰点无关,蛋白质也无太大影响。牛乳变酸时,则冰点下降;酸度达 0.15% 以上后,每上升 0.01%,冰点下降 0.003℃。

正常的牛乳其乳糖及盐类的含量变化较小,因此冰点也很稳定。当在牛乳中加入水时,冰点即发生变化,因此可以根据冰点的变动来检查大致的加水量。如果在牛乳中掺入 10% 的水,其冰点约上升 0.054℃。将测得的冰点代入式(2-5)即可算出加水量。

$$W = \frac{T - T'}{T} \times 100\% \qquad (2-5)$$

式中:

　　W——加水量,%;

　　T——正常乳的冰点;

　　T'——被检乳的冰点。

以上计算对新鲜乳牛有效,但酸败的牛乳冰点会降低。另外,贮存与杀菌对冰点也有影响。所以测定冰点必须是酸度在 20°T 以内。

牛乳的沸点理论上比水高 0.15℃,而实际上在 101kPa(1 个标准大气压)下为 100.17℃ 左右,其变化范围为 100~101℃。沸点受其固体物质含量的影响,总固形物含量高,沸点也会稍上升。浓度过程中沸点上升,浓缩到原体积的一半时,沸点上升到 101℃。牛乳及各种浓缩乳的沸点和相对密度如表 2-31 所示。

表 2-31　牛乳及各种浓缩乳的沸点和相对密度

种类	沸点 101kPa/℃	相对密度(15.5℃)
纯水	100.00	1.00
全乳	100.17	1.032
稀奶油	100.24	—
无糖炼乳	100.44	1.0660
加糖炼乳	103.2	1.0385
全乳	100.5	1.0913

九、电导

牛乳并不是电的良导体,因牛乳中溶有盐类,因此具有导电性。通常电导率依乳中离子数量而定,但离子数量决定于乳的盐类及离子形成物质。因此乳中盐类受到任何破坏,都会影响电导率。乳中与电导率关系最密切的离子有 Na^+、K^+、Cl^- 等。正常牛乳的电导率在 25℃ 时为 0.004~0.005S/cm。

脱脂乳中由于妨碍离子运动的脂肪已被除去,因此电导率比全乳增加。将牛乳煮沸时,由于 CO_2 消失,而且磷酸钙沉淀,因此电导率减低。当牛乳酸败产生乳酸,或患乳房疾病而使牛乳中食盐含量增加时,电导率增加。一般电导率超过 0.006S/cm,即可认为是病牛乳,故可利用电导率来检验乳房炎乳。

泌乳期间由于乳成分的改变,乳的电导率也发生变化。泌乳前半期的电导率[(39~42)× 10^{-4}S/cm]低于泌乳末期[(42~55)× 10^{-4}S/cm],初乳的电导率特低。牛乳、山羊乳、绵羊乳的平均电导率如表 2-32 所示。

表 2-32　牛乳、山羊乳、绵羊乳的平均电导率

名称	电导率(平均数)	名称	电导率(平均数)
牛乳	43.8×10^{-4}	绵羊乳	50.4×10^{-4}
山羊乳	49.0×10^{-4}		

乳在蒸发过程中,干物质浓度增加一定限度以内时,电导率增高。即干物质浓度在 36% ~ 40% 以内时电导率增高,此后又逐渐下降。因此,在生产商可以利用电导率来检查乳的蒸发程度及调节真空蒸发器的运行。

十、折射率

牛乳的折射率比水大,这是因为乳中含有许多固体物质,其中主要受无脂干物质的影响。通常乳的折射率为 1.3470 ~ 1.3515。初乳的折射率较常乳高(约 1.3720),此后则随泌乳期的延续逐渐降低。乳清的折射率为 1.3430 ~ 1.3442。乳清的折射率决定于乳糖含量,即乳糖含量越高,折射率越低。整个泌乳期间乳清折射率的差异不大。因此可以根据折射率来确定乳的正常状态及乳中乳糖的含量,但此时所用的乳清需要氯化钙将蛋白质除去。

乳的折射率也受乳牛品种、泌乳期、饲料及疾病等的影响。

 复习思考题

1. 乳中各成分的化学性质。
2. 影响乳品质的因素。
3. 乳的物理性质包括哪些?

第三章　乳中的微生物

第一节　乳中微生物的种类和来源

一、乳中主要微生物的种类及其性质

牛乳营养丰富,不仅是人类最好的食品之一,同时也是微生物生长最好的培养基之一。因此,乳和乳制品在加工过程中很容易被微生物污染。这些微生物有细菌、酵母菌、霉菌以及其他微生物,其中细菌在牛乳贮藏与加工中的意义最为重要。

牛乳中的微生物,根据其在乳基质中所起的作用一般分为三类:污染菌、致病菌和有益菌。污染菌从广义上讲是指一切侵入牛乳中的微生物,狭义上讲是指引起乳与乳制品腐败变质的有害微生物,如低温细菌、蛋白分解菌、脂肪分解菌、产酸菌、大肠杆菌等。致病菌是可引起机体发生病变,对人畜健康有害的病原微生物,当它存在于乳中时,可以传播人畜的各种流行病,如溶血性链球菌、布鲁氏菌、乳房炎链球菌、沙门氏菌及痢疾杆菌等。有益菌是对乳品生产有益的微生物,它们可以使我们得到所希望的乳制品,例如在干酪、酸奶及酸性奶油的生产中,乳酸菌有重要作用;酵母菌是生产牛乳酒、马乳酒不可缺少的微生物;青霉菌可在生产干酪时产生特殊的风味物质。因此,了解乳中微生物的种类和特性,对于防止污染菌、致病菌的侵入以及利用合适的有益菌生产优质发酵乳制品,具有重要意义。

下面将对乳中存在的各类微生物予一详细介绍。

1. 乳酸菌

乳酸菌不是分类学上的名词,一般将分解乳糖产生乳酸的细菌称为乳酸菌。乳酸菌可分为同型发酵的乳酸菌和异型发酵的乳酸菌。发酵乳糖只能产生乳酸的乳酸菌是同型发酵乳酸菌,而发酵乳糖产生乳酸并同时产生酒精、乙酸、二氧化碳及氢等产物的乳酸菌是异型发酵乳酸菌。乳及乳制品中常见的乳酸菌种类很多,下面对部分种类予以介绍。

(1)乳链球菌

乳链球菌是链球菌属的代表菌种,其某些菌株是制备奶油发酵剂、干酪发酵剂和一些发酵乳制品所需发酵剂的重要菌种。该菌株在健康奶牛乳房中不存在,但在牛乳中能分离出来,可能是来自毛、粪以及挤乳桶等。牛乳凝固的原因菌90%属于这种菌。

乳链球菌呈椭圆形,直径 $0.5 \sim 1 \mu m$,一般呈双球或短链球状,个别的有时呈长链球状。无运动性,不形成芽孢,革兰氏阳性,兼性厌氧。最适生长温度 $30 \sim 35 ℃$,可耐受4%的食盐水和pH9.2的环境。致死条件为 $62.8℃$、$30min$。

(2)嗜热链球菌

嗜热链球菌是制备酸牛奶以及某些干酪时使用的菌株。菌株呈椭圆形,直径 $0.7 \sim 0.9 \mu m$,一般为双球或短链球状,革兰氏阳性,生长温度 $40 \sim 45℃$,可耐 $60 \sim 65℃$、$30min$ 的低温长时间杀菌。无运动性,不形成孢子,革兰氏阳性,兼性厌氧。

（3）乳脂链球菌

乳脂链球菌常用于制备奶油、干酪的发酵剂,有时与乳链球菌共同培养以制备菌种发酵剂。菌体呈球形或椭圆形,直径为 $0.6 \sim 1.0 \mu m$,短链球状,无运动性,不形成芽孢,革兰氏阳性,兼性厌氧。生长温度 $30 \, ℃$, $40 \, ℃$ 停止生长,不能耐受 4% 的食盐水和 $pH9.2$ 的环境。乳脂链球菌产酸快,但不耐酸,在 $20 \sim 30 \, ℃$ 的凝固乳中只能存活数日。

（4）粪链球菌

粪链球菌存在于动物的肠道粪便以及腐败物中,在乳及乳制品中也时有发现。与大肠杆菌同为食品污染的指标菌。粪链球菌也可用于发酵乳制品中。菌体呈椭圆型,直径 $0.5 \sim 1.0 \mu m$,一般为双球或短链球状。个别菌株有运动性,革兰氏阳性,生长温度 $10 \sim 40 \, ℃$,有的菌株可耐 $62.8 \, ℃$ 的温度,有的甚至耐 $90 \, ℃$ 的高温。可分解葡萄糖、果糖、蔗糖、乳糖、半乳糖和麦芽糖等。在乳中产酸能力不强。个别菌株能使柠檬酸发酵生成醋酸、甲酸、乳酸和二氧化碳。

（5）戊糖明串珠菌

该菌又称乳明串珠菌。菌体呈圆球形或透镜状, $(0.5 \sim 0.7) \mu m \times (0.7 \sim 1.2) \mu m$,成对或短链。生长温度范围为 $10 \sim 40 \, ℃$,最适温度为 $25 \sim 30 \, ℃$,在 $60 \, ℃$ 加热 $30min$ 仍存活。可发酵葡萄糖和乳糖。可将蔗糖转变为葡萄糖,但其活力不及肠膜明串珠菌强。主要存在于水果、蔬菜、乳及乳制品中。可用于制造干酪及其他乳制品。

（6）嗜柠檬酸明串珠菌

菌体呈球形或透镜状,直径 $0.8 \sim 1.2 \mu m$,一般呈长链,无运动性,革兰氏阳性。生长温度范围为 $10 \sim 30 \, ℃$,最适温度为 $18 \sim 25 \, ℃$ 。能发酵糖的种类很少,一般不发酵蔗糖,当有可发酵的碳水化合物时,能分解柠檬酸盐,形成乙酸盐、丙酮酸盐和二氧化碳;丙酮酸盐可进一步转变为乙酰甲基甲醇和丁二酮。可用于制造干酪及其他发酵乳制品。

（7）葡聚糖明串珠菌

葡聚糖明串珠菌在牛乳中产酸能力较弱,活性比嗜柠檬酸明串珠菌强,产香能力差。除产生乳酸外,同时还产生挥发性酸类及气体。常用于干酪、奶油发酵剂。

（8）保加利亚乳杆菌

保加利亚乳杆菌在分类学上现在已归入德式乳杆菌保加利亚亚种。这是了解最早的乳酸菌,菌体呈棒状,有时呈长、大链状。大小为 $(0.8 \sim 1.2) \mu m \times (2 \sim 20) \mu m$,用美兰染色在菌体内可见到异染颗粒。不形成芽孢,革兰氏阳性。同型乳酸发酵,在乳中以 $37 \, ℃$ 培养 $6 \sim 8h$,酸度约为 0.7% , $24h$ 可达 2% , $3 \sim 4d$ 可达 3% 。生长最适温度为 $37 \sim 42 \, ℃$, $20 \, ℃$ 不能生长, $60 \, ℃$ 以上可杀死。能发酵葡萄糖、半乳糖和乳糖,不能发酵蔗糖和麦芽糖。其产酸在乳酸菌中是最高的,可使牛乳凝固。分解蛋白质生成氨基酸的能力很强,能使牛乳及稀奶油变黏稠。保加利亚乳杆菌是生产酸乳的主要菌种,并可用于生产酸乳饮料或用乳清生产乳酸等。

（9）干酪乳杆菌

该菌是一种短的或长的杆菌,菌体呈细长杆状,大小为 $(0.8 \sim 2) \mu m \times 4 \mu m$,菌端常平直,多能形成链状。无运动性,不形成芽孢,革兰氏阳性,微好气性。干酪乳杆菌在发酵乳糖形成乳酸的过程中同时分解蛋白质产生香味物质,干酪乳杆菌是干酪成熟中必要的菌株。生长最高酸度条件为含乳酸 $1.5\% \sim 1.8\%$,适温是 $30 \, ℃$,但 $10 \, ℃$ 以下也能生长。该菌常用于制造干酪和乳酸。

（10）嗜酸乳杆菌

菌体呈细杆状,圆端,大小为 $(0.6 \sim 0.9) \mu m \times (1.5 \sim 6.0) \mu m$ 。单个、成对或呈短链。不

运动。生长最适温度为37℃,最高温度可达43~48℃,15℃不生长。在pH5~7均可生长,最适pH为5.5~6.0。嗜酸乳杆菌的耐酸性很强,但凝固牛乳的作用弱,37℃、2~3d才能使牛乳凝固。在肠道内分解乳糖、麦芽糖、淀粉类生成乳酸,有抑制肠道菌群的作用,因而可以起到正常作用。这种菌主要存在于动物的肠道中,可以从幼儿及成年人的粪便中分离出来。是制作发酵乳制品的有用菌种。

(11)瑞士乳杆菌

菌体杆状,大小为$(0.6~1.0)\mu m \times (2.0~6.0)\mu m$。单个或成链,用美兰染色无异染颗粒。最适温度为40~42℃,15℃不生长,最高生长温度50~53℃。同型乳酸发酵。需要复合培养基,在乳中生长良好,产生2%以上的乳酸。在含有乳清、马铃薯汁、肝和胡萝卜浸提液、酪蛋白消化液和酵母浸膏的培养基上生长良好。可以从酸奶、干酪等发酵乳制品中分离。可用于制造干酪。

(12)双歧杆菌

双歧杆菌是1899年国外学者从母乳喂养的婴儿的粪便中分离出的一种厌氧革兰氏阳性杆菌。双歧杆菌菌体呈Y字形、V字形、弯曲状、刮勺状等形态,其典型的特征是有分叉的杆菌,无芽孢、荚膜及鞭毛,无运动性、专性厌氧。最适生长温度37~41℃,最低生长温度25~28℃,最高生长温度43~45℃。能发酵糖,产生醋酸和乳酸,以醋酸为主。双歧杆菌对糖类的分解代谢途径不同于其他乳酸菌的同型或异型发酵,而是经由特殊的双歧支路即双歧发酵,最后生成醋酸和乳酸,二者比例为1.5:1。双歧杆菌对人体有健康作用,能维护肠道正常菌群平衡,抑制病原菌的生长;抗肿瘤;在肠道内合成维生素、氨基酸和提高机体对钙离子的吸收;降低血液中胆固醇水平,防治高血压;改善乳制品的耐乳糖性,提高消化率;增强人体免疫机能等功能。双歧杆菌是制备发酵乳制品、益生菌制剂的有用菌种。

2. 大肠菌群

大肠菌群是指革兰氏阴性、氧化酶阴性、不产芽孢的棒杆菌,好氧,在含胆汁盐的琼脂培养基中能生长,37℃发酵乳糖48h可以产酸、产气的一类细菌。它包括肠杆菌科的埃希氏菌属、肠杆菌属和柠檬酸菌属等。在乳品工业中,为了确信大肠菌群的存在,可以在MacConkey肉汤汤中培养72h,若产酸、产气,则可证实大肠菌群的存在。为了检验巴氏杀菌的效果,一般在巴氏杀菌乳、奶油和其他乳制品中检测是否残留大肠菌群和磷酸酶。若两者都显阳性,则说明巴氏杀菌操作不当;若大肠菌群结果为阳性,而磷酸酶的结果为阴性,则说明巴氏杀菌后产品被污染了。

(1)大肠埃希氏菌

为革兰氏阴性的短杆菌。单个或成双。不形成芽孢。运动或不运动。不产生β-羟基丁酮。甲基红阳性。分解葡萄糖产生等量的二氧化碳和氢气。可以进行混合酸发酵,将葡萄糖和其他的碳水化合物发酵生成乳酸、乙酸和甲酸。在酸性环境中,甲酸水解酶将部分甲酸分解成等摩尔的二氧化碳和氢气。大肠埃希氏菌在导致食品腐败时会伴随产气。

有的大肠埃希氏菌的质粒会产生有毒和特别的抗菌素(大肠菌素)。大肠埃希氏菌一般定殖在温血动物肠道的末端,因而常直接或通过粪便间接污染牛乳。只要条件适宜,大肠埃希氏菌就会污染牛乳和乳制品,导致胀罐和发臭。一些有荚膜的大肠埃希氏菌会导致牛乳变稠,它们是淡炼乳胀罐、奶油变味、干酪产气的原因菌。

63℃、30min条件下可杀死。生长适温35~37℃,1~4℃以下不能生长。污染源主要是牛粪便、牛体和挤乳员的手。对大肠埃希氏菌的检测,是衡量企业管理的最重要项目,同时也是生产工艺污染调查的重要指标。

（2）产气肠杆菌

产气肠杆菌是类似于埃希氏菌的一种短杆菌，主要存在于土壤、不清洁水体、杀菌器具和杀菌不彻底的乳中，菌体为短杆状，单个、成双或呈短链状，无运动性，不形成芽孢，革兰氏阴性。好氧或兼性厌氧。生长适温30℃左右。一般60℃、30min条件下可杀死。

产气肠杆菌是异常发酵和炼乳胀罐的主要原因，也是造成牛乳和稀奶油出现粘稠现象的原因菌。它们主要来源于粪便、土壤、蔬菜和水等，可以污染牛乳。某些有荚膜的产气肠杆菌可以引起牛乳变稠。

3. 丙酸菌

丙酸菌的菌体形态与乳酸菌相似。无运动性，革兰氏阳性。可以分为不产色素与产色素（褐色）的。丙酸菌能发酵乳糖，生成丙酸、丁酸、乙酸和二氧化碳等。广泛存在于牛乳和干酪中，可使干酪产生气孔和特殊的风味。最适生长温度为15～40℃。

4. 丁酸菌

丁酸菌是能分解碳水化合物产生丁酸、二氧化碳和氢气的丁酸发酵菌。种类非常多。在牛乳中繁殖的丁酸菌一般无运动性，厌氧，例如产气荚膜杆菌，菌体呈单个或两个相连接，形态有时呈链状，无运动性，形成芽孢，革兰氏阳性，厌氧，最适生长温度35～37℃。

丁酸菌的污染源是牛粪及含有牛粪的土壤和水源，所以奶牛在饲用质量不良的青贮料的舍饲期，所产的牛乳含丁酸菌较多，而在放牧季节被丁酸菌污染的机会很少。

5. 假单胞菌

假单胞菌在自然界中广泛存在。能产生各种荧光色素，能发酵葡萄糖。该属多数能使乳与乳制品蛋白质分解而变质。如荧光极性鞭毛杆菌除了能使牛乳胨化外，还能分解脂肪，使牛乳产生酸败。这类菌是对食品发生腐败变质的菌种之一，生长快且大多数在低温条件下生长良好（最适温度为20℃左右），大部分对防腐剂有抵抗力。其生长弱点是需较多水分，在盐、糖作用下可以降低其活力，加热易被杀死。

（1）恶臭假单胞菌

4℃能生长，但42℃不能生长，最适生长温度25～30℃。营养多样化，严格好氧。

（2）荧光假单胞菌

荧光假单胞菌在培养物中产生扩散性的荧光色素，尤其是在缺铁的培养基中。根据产生的色素不同，反硝化的不同，能否利用蔗糖合成果聚糖和能否利用多种碳水化合物作为碳源，可以将它们分为四种生物型（Ⅰ、Ⅱ、Ⅲ和Ⅳ）和一些混杂的菌株。

荧光假单胞菌与鸡蛋、生肉、鱼和牛奶等食物的腐败有关，特别是在消费前进行冷藏的食物。这类菌能使牛乳胨化，并且生物型Ⅰ能分解脂肪，使牛乳产生酸败。最适生长温度为25～30℃，大多数在4℃或4℃以下生长，在41℃不生长。营养多样化，严格好氧。

（3）腐败假单胞菌

腐败假单胞菌能从水体和土壤中分离到，是鱼、牛乳和乳制品的腐败菌，如奶油表面的污点。能产生不能扩散的红褐色或粉红色色素。4℃能生长，最适生长温度是21℃，但37℃不能生长。兼性厌氧，在乳中或其他培养基中能迅速产生磷酸酶。

（4）绿针假单胞菌

绿针假单胞菌在培养基中产生可溶性的荧光色素，尤其是在缺铁的培养基上。有解脂作用,营养多样化,单个菌株能利用 65~80 种不同的碳源进行生长。除了在含有硝酸盐的培养基上外,其生长都是专性好氧。所有菌株都能在 4℃生长,生长最适温度为 30℃。

牛乳和乳制品中的假单胞菌除了上述 4 种外,还有类黄假单胞菌、臭味假单胞菌和霉实假单胞菌等。

6. 微球菌

微球菌科包括微球菌属、葡萄球菌属和动性球菌属,其中前两个菌属可能会出现在牛乳和乳制品中。微球菌细胞球形,直径为 0.5~3.5μm,革兰氏阳性,通常不运动。好氧或兼性厌氧。

(1)藤黄微球菌

藤黄微球菌一般出现在土壤、水体和人与动物的皮肤上,无致病性。菌落为黄色、黄绿色或橙色。有的菌株形成一种能扩散到培养基内的紫色色素。有些菌株需要较复杂的培养基,严格好氧。大多数菌株在 10℃可以生长,有的在 45℃可以生长,最适生长温度是 30℃。

(2)变异微球菌

变异微球菌通常出现在牛乳及乳制品、哺乳动物的表皮、灰尘和土壤中,非致病性。菌落黄色光滑、凸起、有规则边缘,产生有光泽的深黄色色素。在半乳糖、乳糖、麦芽糖、蔗糖中产酸,但产酸是可变的,有时水解脂肪类和酪朊。不被溶菌酶或溶葡萄球菌素溶解。严格好氧。大多数在 10℃生长,但在 45℃不能生长,最适生长温度是 22~37℃。

7. 不动杆菌和类似莫拉氏菌

不动杆菌属的菌株营养多样化,无特殊的营养需要,平时行腐生生活。30~32℃下生长良好,以嗜温菌或嗜冷菌出现在牛乳中。虽然不是所有有荚膜的菌都会引起牛乳变黏稠,但黏乳糖不动杆菌被认为是造成牛乳变黏稠的菌源之一。

莫拉氏菌是包括人体在内的温血动物的致病菌,它们对营养的要求较挑剔。类似莫拉氏菌在 37℃生长或不生长,可以从食品、甚至冷藏的牛乳和乳制品中分离到。

8. 芽孢菌

芽孢菌为革兰氏阳性菌,形成典型的内生芽孢,是芽孢菌科菌群的总称。一般可发酵许多糖类,多数为产气性,广泛存在于自然界,常寄生于死物上,有的具有致病性,由土壤、水、尘埃等而污染牛乳及乳制品。能引起牛奶变质的芽孢菌种类很多。

(1)芽孢杆菌属

芽孢杆菌属的菌株可按芽孢的形状和菌的大小区分,枯草芽孢杆菌是其代表菌种。枯草芽孢杆菌好氧,在自然界中广泛分布,经常从干草、谷类、皮毛和青草等散落到牛奶中,所以常常从牛奶中检出。菌体大小为(0.7~0.8)μm×(2~3)μm,单个或呈链状,有运动性,革兰氏阳性,能形成芽孢,生长温度为 28~50℃,适温为 28~40℃,最高生长温度可达 55℃。枯草芽孢杆菌分解蛋白能力强,可使牛乳胨化,一般不分解乳糖,可发酵葡萄糖、蔗糖,能利用柠檬酸。牛乳在好气性芽孢杆菌的作用下会出现异臭和苦味。芽孢杆菌对干燥、高温等有抗性,即使在恶劣的生存环境中也可以生存较长的时期。

虽然芽孢杆菌也有可能致病,但除炭疽芽孢杆菌之外的其他菌种都不是医学上关注的病原菌。炭疽芽孢杆菌是该属中致病性最强的菌种。在正常情况下,即使在发展中国家,炭疽病的发病率也很低,但它仍被认为是畜牧动物重要的疾病。

蜡状芽孢杆菌与炭疽芽孢杆菌的亲缘关系最近,也是该属仅次于炭疽芽孢杆菌的第二主要病原菌。人和哺乳动物都会出现轻重程度不同的感染。蜡状芽孢杆菌会引起两类食物感染症状,即呕吐和腹泻。

其他的芽孢杆菌等也会导致乳及乳制品污染,例如地衣芽孢杆菌、短小芽孢杆菌、凝结芽孢杆菌、短芽孢杆菌、环状芽孢杆菌、多黏芽孢杆菌、浸麻芽孢杆菌、坚强芽孢杆菌、蜂房芽孢杆菌、嗜热脂肪芽孢杆菌、泛酸芽孢杆菌、巴氏芽孢杆菌、苦味芽孢杆菌、嗜乳芽孢杆菌、面包芽孢杆菌和简单芽孢杆菌等。

地衣芽孢杆菌的耐盐性高,10%食盐浓度中也能生长,可从干酪中分离出来。短小芽孢杆菌也可从干酪和污染乳中分离出来。凝结芽孢杆菌存在于牛乳、稀奶油、干酪和青贮饲料中,它和短芽孢杆菌、环状芽孢杆菌等可使牛乳酸败。多黏芽孢杆菌可使牛乳凝固并产气。在牛乳和干酪中常常有浸麻芽孢杆菌、短芽孢杆菌、环状芽孢杆菌、坚强芽孢杆菌、蜂房芽孢杆菌、嗜热脂肪芽孢杆菌、泛酸芽孢杆菌和巴氏芽孢杆菌。从淡炼乳中可检出苦味芽孢杆菌、嗜乳芽孢杆菌、面包芽孢杆菌和简单芽孢杆菌等。

（2）梭状芽孢杆菌属

梭状芽孢杆菌属是可发酵许多糖,生成丁酸等各种酸的芽孢杆菌。与乳制品有关的菌多为严格厌氧菌,是干酪成熟后期形成气孔缺陷的原因菌。创伤梭菌、丙酮丁醇梭菌、金黄丁酸梭菌、产气荚膜梭菌、费新尼亚梭菌、肖氏梭菌、败毒梭菌等会出现在乳制品中。

干酪成熟后期造成气孔缺陷的原因就是丁酸菌,代表菌株是丁酸梭菌。在乳酸菌繁殖产酸到达一定程度时,这些丁酸菌就停止生长,并开始显示其活性。在产气的同时,还产生丁酸并进行酒精发酵,在这些发酵过程中还伴随着甲酸、乙酸、丙酸等有机酸和丁醇、戊醇的产生。

创伤梭菌、丁酸梭菌、金黄丁酸梭菌、产气荚膜梭菌和费新尼亚梭菌使牛乳变酸、早期凝固并常常猛烈发酵;拜氏梭菌和红色梭菌使牛乳变酸;乳清酸梭菌、直肠梭菌、类产气荚膜梭菌和酪丁酸梭菌使牛乳变酸或不变酸;戈氏梭菌使牛乳凝固和胨化;双酶梭菌、索氏梭菌、泥渣梭菌、芒氏梭菌、生孢梭菌和肉毒梭菌等使牛乳胨化;肖氏梭菌和败毒梭菌等能使牛乳缓慢凝固。

肉毒梭菌产生的 E、B 和 F 型毒素,产气荚膜梭菌产生的致死毒素,都不会被蛋白酶水解;其他许多梭菌毒素是以原毒素形式生成的,只有在蛋白水解酶的激活下才会有毒性。来自土壤的产气荚膜梭菌会抑制肉毒梭菌的 E、B 和 F 型菌株,但失去毒性的 E 菌株不会被其抑制。

肉毒梭菌可生成强力的外毒素,是肉制品及肉类罐头引起中毒的原因菌。其类似菌种有:类肉毒梭菌、破伤风梭菌、肖氏梭菌、败毒梭菌、溶血梭菌及诺尔梭菌等。牛乳一旦感染这些菌,将带来严重的后果。

丁酸梭菌发酵糖类生成酒精、有机酸并产气,广泛存在于自然界,特别是附着在酸性发酵饲料上,会导致瑞士干酪的异常气孔缺陷。它的生长适温是 $30 \sim 40 \, \mathrm{^\circ C}$,$15 \, \mathrm{^\circ C}$ 停止生长。酪丁酸梭菌可使干酪产生丁酸发酵,发酵时能利用乳酸菌盐。

己酸梭菌是能生成己酸和乙酸的特殊菌种,可以从干酪中分离,能消化牛乳但不发酵乳糖。丙酮丁醇梭菌和丁酸梭菌等在乳清中易生长,可生成多种维生素,是工业上的重要菌种。

（3）芽孢乳杆菌属

菊糖芽孢乳杆菌是芽孢乳杆菌属的代表菌,它能将乳糖发酵生成酸。偶尔也会出现在牛乳和乳制品中。

9. 致病菌

(1) 葡萄球菌

葡萄球菌依据菌落的颜色可分为金黄色、白色和柠檬色葡萄球菌,是常见的致病菌。葡萄球菌是革兰氏阳性球菌,菌体直径为 0.4 ~ 1.2μm,平均为 0.8μm。

葡萄球菌属于需氧和兼性厌氧细菌,其生长温度在 10 ~ 45℃ 范围内,以 28 ~ 38℃ 生长较好,最适温度是 37℃;最适 pH 为 7.4,在 pH4.5 ~ 9.8 之间均可生长。此外,葡萄球菌具有耐盐性,在 10% ~ 15% 氯化钠溶液中仍可生长。葡萄球菌在含糖、牛乳、血清的培养基上,20℃ 条件下产生色素最好。

经葡萄球菌污染的乳品等食品,当条件适合时细菌的生长代谢产物中即含有毒素,人们食用后即可引起食物中毒。金黄色葡萄球菌的致病力最强。但总体上葡萄球菌中具有致病能力的还是少数。

葡萄球菌形态为圆球状,菌体排列有单个的、成对的或堆积成一小丛的。无运动性,也不形成芽孢和荚膜。

葡萄球菌广泛存在于自然界,如人的皮肤、空气、土壤以及其他物体上。葡萄球菌能分解许多碳水化合物并产酸,还能使牛乳中乳蛋白发生胨化。

葡萄球菌中最具代表性的是金黄色葡萄球菌,它们最初是从伤口的脓汁中分离的,见于鼻膜、毛囊、温血动物的皮肤和会阴。潜伏的金黄色葡萄球菌可引起各种病和中毒,如溃疡、脓肿、脑膜炎、骨髓炎、伤口的化脓和食物中毒等。虽然某些抵抗抗菌素菌株和来源于牛的菌株通常是黄色的,但绝大多数的菌落是橙色。菌落的色素极不稳定,随生长条件不同而变化。金黄色葡萄球菌能产生对热稳定的肠毒素(煮沸 30min 仍有活性),这是导致食物污染的原因。摄入肠毒素后 2 ~ 6h,动物就会出现呕吐、黄色病和腹泻等症状,24 ~ 48h 后恢复。

表皮葡萄球菌是原发的病原菌和继发的侵染菌。菌落通常是白色或黄色,偶尔呈橙黄色,罕见紫色。

腐生葡萄球菌通常从空气、土壤、乳制品中和动物尸体表面分离到,一般不致病。菌落光滑、凸起、有规则和稍不规则的边缘,通常是白色,偶尔为黄色或橙黄色。

(2) 链球菌

链球菌细胞圆形或卵圆形,成双、呈四联球状或呈不同长度的链状。革兰氏阳性,极少运动,兼性厌氧。无芽孢,大多数无荚膜。

根据链球菌在血液琼脂上的生长特征,可分为五种:a) 溶血性链球菌,此菌对人的致病性最强,是大多数链球菌疾病的病原菌,在血液琼脂培养基上菌落周围能出现溶血环(红血球被溶解);b) 草绿色链球菌,它们的毒性很小,可形成灰绿色菌落;c) 非溶血性链球菌,对人没有致病性;d) 厌气链球菌,对人没有致病性;f) 黏液链球菌。

与葡萄球菌一样,链球菌是抵抗力较强的细菌。把链球菌的悬浮液加热至 70℃,其中某些链球菌在 1h 左右才能死亡。链球菌具有很强的耐低温能力,对消毒药液也具有相当强的抵抗能力。

链球菌能形成很多外毒素,如溶血毒素(溶血性链球菌形成此毒素最多)、杀白血球素和纤维溶解素(溶解人体血液纤维)等。

链球菌能引起人的各种不同病变,并且经常伴有化脓的特征。链球菌可感染一切组织和器官。链球菌与葡萄球菌的不同之处是链球菌经常沿淋巴或血液传播,所以经常引起相当严重的败血症。链球菌可通过微小的皮肤及黏膜创伤或当人体抵抗力下降时侵入机体而引起化脓症，如小脓肿、疖、痈、蜂窝组织炎、淋巴腺炎和丹毒等症状。

链球菌的营养条件复杂，最适生长温度是37℃。

常见的链球菌如下：

①酿脓链球菌

酿脓链球菌来源于人体的口腔、咽喉、呼吸道、血液、外伤和炎症的渗出液，是猩红热的致病菌。菌落无色素，黏液状，有或无光泽。一般是球形或卵圆形，直径为0.5~1.0μm。短链或中等长度的链。在肉汤培养基中也会成对或呈长链状。

②停乳链球菌

在患有乳腺炎的母牛乳房及其产的乳中可分离到停乳链球菌，其菌落形态与酿脓链球菌相似。能产生纤维蛋白溶酶，它能分解牛的纤维蛋白，但不能作用于人体的纤维蛋白。Edward七叶灵结晶紫血琼脂试验是引发乳腺炎致病链球菌的选择性试验。乳房链球菌发酵七叶灵会产生黑色菌落，而停乳链球菌和无乳链球菌则产生无色的菌落。

③无乳链球菌

从患有乳腺炎的母牛的乳房组织及其产的乳中可分离到无乳链球菌。一些菌株产黄色、橙黄色或砖红色色素，淀粉和厌氧条件能增强色素的形成。它们只能在营养复杂的培养基中生活。

④少酸链球菌

少酸链球菌一般出现在母牛的阴道，偶尔出现在小牛的皮肤和原料乳中。只能在营养条件复杂的培养基中生活。最适生长温度为37℃。

⑤类马链球菌

类马链球菌从正常和患病的人和动物的上呼吸道中分离到，有时与丹毒和分娩发烧有关。菌落形态与酿脓链球菌相似。

⑥兽疫链球菌

兽疫链球菌存在于血液、感染流出物和患病动物的伤口，引起母牛和猪的败血病，但不是人体致病菌。其菌落形态与酿脓链球菌相似。不产纤维素溶解酶，是该菌的特点。

（3）沙门氏菌

大多数沙门氏菌可以在不含特殊生长因子的合成培养基上生长，能利用柠檬酸盐作为碳源。除了伤寒沙门氏菌不产气外，大多数菌株都产气。

由于大多数菌株都产生内毒素，所以对人体和其他动物有致病作用，例如伤寒沙门氏菌引发伤寒（败血症），鼠伤寒沙门氏菌引发肠炎。它们可以通过粪便污染牛奶。20世纪50年代，全球就爆发了由都柏林沙门氏菌和鼠伤寒沙门氏菌污染了牛乳而造成大规模食物污染的事件。

沙门氏菌或严格寄生在特异的宿主体内（营养缺陷型），或者大量出现在动物体内。伤寒沙门氏菌、甲型副伤寒沙门氏菌和仙台沙门氏菌等寄生于人体的沙门氏菌，会引起伤寒综合症。它们对动物不具有感染性，是通过粪便污染的水和食物在人与人之间传播的，在卫生状况差的发展中国家发病率较高。其他种类的沙门氏菌只能寄生在某类动物体内，如绵羊流产沙门氏菌只寄生在绵羊体内，是引起母绵羊流产的最主要病原菌；而猪伤寒沙门氏菌和鸡伤寒沙门氏菌分别只能感染猪和鸡。

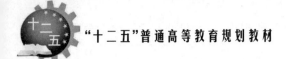

有些类型的沙门氏菌广泛分布,如鼠伤寒沙门氏菌是污染食品的主要致病菌。只有当摄入的沙门氏菌达到一定数量($10^8 \sim 10^{10}$个/mL)时才会出现急性症状。有的病人康复后,沙门氏菌仍然寄生在其体内,有的沙门氏菌可以残留在患者体内长达几周、几个月甚至几年。用于治疗伤寒的抗菌素,如氯霉素、噻吩霉素等不能治愈携带状态。

牛乳中存在的沙门氏菌主要有肠炎沙门氏菌、鼠伤寒沙门氏菌、伤寒沙门氏菌和副伤寒沙门氏菌,它们都能产生耐热性的内毒素,引起食物中毒。肠炎沙门氏菌会导致胃肠炎,鼠伤寒沙门氏菌、伤寒沙门氏菌会导致肠伤寒,而副伤寒沙门氏菌会导致副伤寒。

(4)志贺氏菌

志贺氏菌主要从食品和水体中分离得到。人和动物只要摄入微量的志贺氏菌就会患病。当人体感染志贺氏菌后,一般只在直肠和大肠中受杆菌类痢疾的损伤。若严重感染,回肠末端也可能受损伤。较为典型的感染症状是皮肤上急性溃烂发炎,但志贺氏菌分布的部位很浅,很少会侵入到表皮深层。

(5)布鲁氏菌

布鲁氏菌呈球状或短杆,大小为$0.3 \sim 0.5\mu m$,无芽孢,无荚膜。专性好氧,革兰氏阴性,不运动,呼吸代谢。易自然突变,菌落类型有光滑型(S)、粗糙型(R)、中间型(I)和黏型(M)四种。生长需要加入二氧化碳。

布鲁氏菌对外界抵抗力很强,例如在$11 \sim 13℃$条件下,能在被动物粪便污染的土壤中生活$3 \sim 4$个月,在自来水中存活三个月,在羊毛中存活三个月。布鲁氏菌在高温下迅速死亡,如在$60℃$仅能耐$10 \sim 15min$,煮沸时即死亡。它们对消毒液(例如1%漂白粉液和3%石炭酸)的抵抗力很弱。

布鲁氏菌对非常多的动物具有致病性。当它们殖落于口腔黏膜、眼膜、皮肤、生殖器官和小的创伤破损处,经常导致细菌血症等感染。怀孕动物感染布鲁氏菌后,经常会导致胎儿和胎盘感染,并引起流产。该菌可能会定殖到泌乳组织中,并分泌到牛乳中。它们可以生存在粒性白血球和单核细胞内。在自然宿主中,它们很少是致命的,一般较温和;只有在怀孕动物中,它们才会表现急性症状。

在实验中,所有布鲁氏菌都能侵染豚鼠、小鼠和小兔,但不同菌种之间的致病性不同。以豚鼠为例,布鲁氏菌的致病力依次是:马耳他布鲁氏菌、猪布鲁氏菌、流产布鲁氏菌、木鼠布鲁氏菌、狗布鲁氏菌和羊布鲁氏菌。

更多的菌株在其感染部位会发生机体脓肿,然后是持续期不同的细菌血症。该处的淋巴结合变大,变得有粒子感,而且持续变明显。这种变化只会发生在肝脾,有时也会发生在其他器官,尤其睾丸和表皮。马耳他布鲁氏菌和猪布鲁氏菌有时会引发致命的感染,其他布鲁氏菌一般不产生致命的疾病,而且它们引发的感染都可以在几周到6个月内康复。

流产布鲁氏菌通常对牛是致病的,引起流产,同时也感染包括人在内的其他动物。菌落不产色素、光滑、圆形凸起、边缘完整。绝大多数菌株在蛋白胨培养基中生长弱,加入胰酶、尤其是加入1%~5%的血清后可促进生长。$20 \sim 40℃$可以生长,最适生长温度是$37℃$。

马耳他布鲁氏菌通常对山羊和绵羊是致病的,但也感染人和牛等其他动物。菌落特征与流产布鲁氏菌相似。$20 \sim 40℃$可以生长,最适生长温度是$37℃$。

(6)结核杆菌

结核杆菌菌体长$1 \sim 4\mu m$,形态多样,常呈现长短不一、粗细不匀。有直形的和弯形的,有肥厚的,也有颗粒状的。结核杆菌不产芽孢,也没有荚膜,因菌体内有很多蜡质,所以不易染色。它们具有抗酒精和碱性的特点。结核杆菌在普通肉汤培养基中不能生长,只能在凝固鸡蛋培养基或甘油马铃薯培养基上生长,生长温度以38℃最好。结核杆菌需氧,生长缓慢,需经6周时间。

结核杆菌对高温紫外线非常敏感。5%石炭酸用于杀灭痰中的结核杆菌需经24h。煮沸5~10min即可杀死。污染结核杆菌的牛奶需经65~70℃加热30min可杀死。

在自然条件下,结核杆菌除能感染人类外,还能感染牛和羊。作用于人类的结核杆菌只能对人类产生致病性。幼儿若食用消毒不彻底的带结核杆菌的牛奶,易引起结核病症。

(7)李斯特氏菌

李斯特氏菌属为革兰氏阳性、两端钝圆、兼性厌氧、稍弯曲的无芽孢短杆菌。本属以单核细胞增多症李斯特氏菌为代表的具有致病性菌株和以无害李斯特氏菌为代表的非致病性菌株组成,其中单核细胞增多症李斯特氏菌侵害人和家畜中枢神经,引起脑膜炎,也能导致怀孕母畜乳房炎和流产,以血液中单核细胞增多为主要特征。

本菌广泛分布于河水、污泥、劣质青贮饲料、牛乳及乳制品中。有些健康动物往往携带该菌并经粪便排出污染环境。可在冷藏的牛乳中生长,但生长缓慢。牛乳中的污染主要来自被带菌乳牛粪便污染的挤乳设备或劣质青贮饲料以及不洁清洗用水。

10. 酵母菌

在牛乳及其制品中,酵母菌通常不能很好地生长繁殖。然而,当在发酵变酸的牛乳制品中添加果汁、果肉、蜂蜜、巧克力等物质时,会很容易导致食品的腐败变质。原因是这类食品含有大量的葡萄糖、果糖以及较低的pH,最适合酵母菌的繁殖。需要指出的是:酵母菌多数是在产品包装贮藏过程形成二次污染时进入乳制品的,其结果就是使乳制品发生变质,引起胀包、絮状沉淀及异常气味等。

酵母菌也被用于生产一些乳制品,如在表面成熟的软质和半硬质干酪以及传统的发酵乳制品,如开菲尔乳和马乳酒等。酵母菌在这些制品中主要是发酵糖类形成乙醇和二氧化碳,对产品芳香味的形成有一定的作用。

乳与乳制品中的酵母菌主要有脆壁酵母、毕赤酵母、德巴利氏酵母、圆酵母及假丝酵母等。脆壁酵母能将乳糖分解成酒精和二氧化碳,是制造牛乳酒的重要菌种,也用于乳清发酵制造酒精。毕赤酵母能使酒精饮料表面生成一层干燥皮膜,又称产膜酵母,存在于酸凝乳和酸奶油中。德巴利氏酵母多存在于干酪和乳房炎牛乳中。圆酵母是无孢子酵母的代表,能发酵乳糖,使被污染的乳与乳制品产生酵母味道,并使干酪和炼乳罐头膨胀。假丝酵母的氧化分解能力很强,能使乳酸分解形成二氧化碳和水。假丝酵母的酒精发酵能力也很强,因此也用于开菲尔的制造和酒精发酵。

下面对部分种类予以介绍:

(1)假丝酵母属

假丝酵母的细胞圆形、卵形或长形。无性繁殖为多边芽殖,形成假菌丝,有的菌有真菌丝。可生成厚垣孢子、无节孢子、子囊孢子或掷孢子,未发现有性繁殖。不产色素,很多种具有酒精发酵能力,有的种能利用农副产品或碳氢化合物生产蛋白质,供食用或饲料用,而有的种能致病。

①解脂假丝酵母

在葡萄糖-酵母汁-蛋白胨液体培养基中25℃培养3d,形成的菌体细胞卵形到长形,大

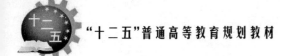

小为 $(3 \sim 5)\mu m \times (5 \sim 11)\mu m$ 或长形 $20\mu m$，有菌醭产生，管底有菌体沉淀。麦芽汁琼脂斜面培养形成乳白色菌落，黏湿，无光泽。有些菌株的菌落有皱褶或表面菌丝状，边缘不整齐。在加盖玻片的玉米粉琼脂培养基上可见假菌丝或具横隔的真菌丝，真菌丝顶端或中间可见单个或成双的芽生孢子，有时芽生孢子轮生，有时呈假菌丝状。在乳品工业中，可在稀奶油、奶油、人造奶油等乳制品中分离到，常产生脂肪分解臭而使制品品质变劣，因而属于有害的酵母。但因脂肪分解能力强，在制造青纹干酪时常用到此菌。

②假热带假丝酵母

亦称乳脂圆酵母，酒精发酵能力强，与脆壁酵母一样可在乳酒生产中利用。细胞呈卵形，较脆壁酵母大。可使稀奶油形成产气发酵、酸度增高或形成泡沫等缺陷，对牛乳也同样引起产气发酵，但不产生胨化，在青纹干酪中检出率相当高。

③克柔氏假丝酵母

氧化作用强，而且与发酵剂中乳酸菌有共生能力，可使由乳酸菌生成的乳酸分离以保持发酵剂的活性，可与发酵剂混合使用。

④浓缩乳假丝酵母

以前称浓缩乳球拟酵母。可从甜炼乳中分离到。在葡萄糖 - 酵母汁 - 蛋白胨液体培养基中 25℃ 培养 3d，细胞呈卵圆形，不发酵乳糖，可利用硝酸盐。

（2）毕赤酵母属

毕赤酵母的细胞具不同形状，多芽殖，多数种形成假菌丝。子囊孢子球形、帽形或星形，常有一油滴在其中。子囊孢子表面光滑，有的孢子壁外层有痣点。每囊 1 ~ 4 个孢子，子囊容易破裂放出孢子。对正癸烷、十六烷的氧化力较强。可用于生产蛋白质，有的种能产生麦角固醇、苹果酸及磷酸甘露聚糖。该属酵母是饮料酒类的污染菌，常在酒的表面生成白色干燥的菌醭，为产膜酵母。一般对糖的发酵力弱，也有的是完全不发酵的。与乳与乳制品有关的菌种主要有从酸牛乳和发酵酪乳分离的膜醭毕赤酵母，还有从乳房炎乳分离的粉状毕赤酵母。

（3）脆壁酵母

与乳业有关的一些菌种多能发酵乳糖，胞壁酵母为其代表菌种。直径 $1.8 \sim 5.9\mu m$，卵形，麦芽汁琼脂斜面培养形成有光泽的白色菌落，从乳糖生成酒精和二氧化碳，然后使牛乳凝固并残留气泡。最适温度 37℃，5℃ 或 43℃ 不生长。最适 pH 为 $4.8 \sim 5.2$。从牛乳酒、马乳酒、意大利干酪等乳制品中分离，是乳酒发酵剂中重要的菌种，从乳清制酒也利用此菌。

（4）德巴利氏酵母

德巴利氏酵母的细胞有形成接合子囊孢子的性质，孢子为球状，形成瘤状膜。可从干酪、酸奶及其他食品中分离得到汉逊德巴利氏酵母。汉逊德巴利氏酵母对软干酪的成熟有一定的作用，同时也是影响酸奶保存的污染菌之一。麦芽汁琼脂上 25℃ 培养 2d 后，细胞球形至短的卵圆形，呈单个、成对或短链。无性繁殖为多边芽殖。玻璃片培养时，一般不形成假菌丝，即使有也不发达，偶尔可形成发达假菌丝。子囊孢子球形，外壁有痣点。通常每个子囊产生一个或多个子囊孢子，产生 2 个子囊孢子的情况少见。子囊孢子不释放。不发酵乳糖，部分菌株可利用乳糖，不利用硝酸盐。此外，从干酪中可分离到球形德巴利氏酵母，从乳房炎乳中分离到新德巴利氏酵母等。

11. 霉菌

乳与乳制品中的霉菌主要有毛霉、曲霉、根霉和青霉。霉菌的大多数属于有害菌，如污染奶油和干酪表面的霉菌。娄地青霉和沙门柏干酪青霉等在干酪生产方面属于有用的霉菌。

下面对部分种类予以介绍。

(1) 毛霉

毛霉是一种较低等的真菌，多为腐生，少寄生。分布于土壤、肥料中，也常见于水果、蔬菜以及各种淀粉性食物和谷物上引起霉腐变质。能产生发达的菌丝，菌丝一般为白色，不具有隔膜，不产生假根，是单细胞真菌。以孢囊孢子方式进行无性繁殖，孢子囊黑色或褐色，表面光滑。有性繁殖则产生接合孢子。毛霉的菌丝体在基质上或基质内能广泛延伸，无假根和匍匐枝，孢子梗直接由菌体生出，一般单生，分枝较少或不分枝。

毛霉能糖化淀粉并能生成少量乙醇，产生蛋白酶，有分解大豆蛋白的能力，有的能产生脂肪酶、果胶酶、凝乳酶，对甾醇化合物有转化作用。其生长温度为 $20 \sim 25℃$。在乳及乳制品中特别是干酪中常见，多数菌种为有害菌，会导致其表面污染或腐败变质。

① 大毛霉

大毛霉孢子囊柄具直立性，3cm 以上，接合孢子为黑褐色球形，可生成羟基丁酮。从干酪中可分离，类似总状毛霉易在干酪成熟室中生长，故需注意防止污染。

② 鲁氏毛霉

孢子梗呈假轴状分枝，能产蛋白酶。该菌还能产生乳酸、琥珀酸及甘油等，但产量较低，在马铃薯培养基上菌落呈黄色，在米饭上略带红色，可导致乳及乳制品表面污染或腐败变质。

③ 总状毛霉

毛霉中分布最广的一种。几乎在各种土壤中、生霉的材料上、空气中和各种粪便上都能找到。菌丛灰白色，菌丝直立，稍短，孢囊梗总状分枝。孢子囊球形，黄褐色；接合孢子球形，有粗糙的突起，形成大量的厚垣孢子，菌丝体、孢囊梗甚至囊轴上都有，形状、大小不一，光滑，无色或黄色。总状毛霉能产生 3 - 羟基丁酮，并对甾族化合物有转化作用。在乳和乳制品中作用与大毛霉相似。

(2) 曲霉

曲霉广泛分布在谷物、空气、土壤和各种有机物品上。生长在花生和大米上的曲霉，有的能产生对人体有害的真菌毒素，如黄曲霉毒素 B_1 能导致癌症，有的则引起水果、蔬菜、粮食霉腐。对乳和乳制品多为有害菌，少部分可用于干酪生产。

曲霉菌丝有隔膜，为多细胞霉菌。在幼小而活力旺盛时，菌丝体产生大量的分生孢子梗。分生孢子梗顶端膨大成为顶囊，一般呈球形。顶囊表面长满一层或两层辐射状小梗（初生小梗与次生小梗）。最上层小梗瓶状，顶端着生成串的球形分生孢子。以上几部分结构合称为"孢子穗"。孢子呈绿、黄、橙、褐、黑等颜色，分生孢子梗生于足细胞上，并通过足细胞与营养菌丝相连。曲霉孢子穗的形态，包括分生孢子梗的长度、顶囊的形状、小梗着生是单轮还是双轮、分生孢子的形状、大小、表面结构及颜色等，都是菌种鉴定的依据。

① 黑曲霉

黑曲霉群在自然界中分布极为广泛，在各种基质上普遍存在。菌丛黑褐色，顶囊大球形，小梗双层，自顶囊全面着生，分生孢子为球形，呈黑、黑褐或褐紫色，平滑或粗糙。对紫外线及臭氧的耐性强，有的菌系能形成菌核，某些菌系还可转化甾族化合物。可用来测定锰、铜、钼、锌等微量元素和作为霉腐试验菌。干酪成熟中污染时会使干酪表面变黑、变质,对奶油也会产生变色。

②匍匐曲霉

匍匐曲霉是加糖炼乳形成"纽扣"状凝块缺陷的原因菌。"纽扣"状凝块是匍匐曲霉的菌丝体与酪蛋白所形成,呈白色或褐色,一般多在炼乳凝缩后冷却的操作中污染,封罐后开始繁殖。同样引起"纽扣"状凝块缺陷的原因菌还有灰绿曲霉和烟曲霉,这些霉菌可从乳房炎乳中检出,也是造成曲霉症的原因菌,对人体有害。

③米曲霉

米曲霉群菌丛一般为黄绿色,后变为黄褐色。分生孢子梗放射形,顶囊球形或瓶形,小梗一般为单层,分生孢子为球形,平滑,少数有刺,分生孢子梗长达2mm,粗糙。培养适温37℃。含有多种酶类。在乳品工业中已利用米曲霉强大的蛋白分解能力,成功制成特殊的干酪-米曲霉干酪。

④黄曲霉

黄曲霉群菌落生长较快,最初黄色,后变为黄绿色,老熟后呈褐色。分生孢子梗疏松呈放射状,继而变为疏松柱形。分生孢子梗粗糙,顶囊烧瓶形或近球形,小梗单层、双层或单双层同时存在于一个顶囊上。分生孢子为球形或梨性,粗糙,有些菌系产生带褐色的菌核。培养适温37℃。产生α-淀粉酶的能力较黑曲霉强,蛋白质分解力次于米曲霉。黄曲霉中的某些菌系能产生黄曲霉毒素,以B_1的毒性和致癌性最强。如果乳牛摄入含有黄曲霉毒素B_1的饲料,会将其在体内转化为黄曲霉毒素M_1并分泌到牛乳中,从而对人类带来危害。另外,干酪等乳制品也易受霉菌污染而生长产生毒素。但用青霉菌催熟的干酪比其他种类干酪受到黄曲霉毒素危害的可能性更小,这是因为在成熟过程中,黄曲霉被接种的青霉菌压制而不能生长。

(3)根霉

根霉与毛霉有很多特征相似,主要区别在于根霉有假根和匍匐菌丝。匍匐菌丝呈弧形,在培养基表面水平生长。匍匐菌丝着生孢子囊梗的部位,接触培养基处的菌丝伸入培养基内呈分枝状生长,犹如树根,故称假根,是根霉的重要特征。其有性繁殖产生接合孢子,无性繁殖形成孢囊孢子。根霉菌菌丝体为白色,无隔膜,单细胞,气生性强,在培养基上交织成疏松的絮状菌落,生长迅速,可蔓延覆盖整个表面。在自然界分布很广,空气、土壤以及各器皿表面都存在,并常出现于淀粉质食品上,可导致乳及乳制品表面污染和腐败变质。常见的根霉有匍枝根霉(即黑根霉,俗称面包酶)、米根霉等。

①黑根霉

形成灰色、黑色菌落是其代表性特征,雌雄异株。可污染许多食品的表面,奶油和干酪表面也时常出现,造成污染。

②米根霉

是酒药和酒曲中的重要霉菌之一。在土壤、空气及其他物质上亦常见。菌落疏松或稠密,最初白色,后变为灰褐色至黑褐色,匍匐枝爬行,无色。假根发达,指状或根状分枝。囊托楔形,菌丝形成厚垣孢子,未见接合孢子。最适温度37℃,41℃亦能生长。能糖化淀粉、转化蔗糖,产生乳酸、反丁烯二酸及微量酒精。产L(+)乳酸能力强,达70%左右,时常出现在奶油和干酪表面,造成污染。

（4）青霉

青霉是产生青霉素的重要菌种。广泛分布于空气、土壤和各种食物上,常生长在腐烂的柑橘皮上呈青绿色。在乳品工业中主要用于干酪加工制造,但也有不少青霉是乳品的有害菌。

青霉菌的营养菌丝体无色、淡色或具鲜明颜色。有横隔,分生孢子梗亦有横隔,光滑或粗糙,基部无足细胞,顶端不形成膨大的顶囊,而是形成扫帚状的分枝,称帚状枝。小梗顶端串生分生孢子,分生孢子为球形、椭圆形或短柱形,光滑或粗糙。大部分生长时呈蓝绿色。有少数种产生闭囊壳,内形成子囊和子囊孢子,亦有少数菌种产生菌核。根据帚状体分支方式不同,将青霉分为4个类群:单轮生青霉群,帚状枝由单轮小梗构成;对称二轮生青霉群,帚状枝二列分枝,左右对称;多轮生青霉群,帚状枝多次分枝且对称;不对称生青霉群,帚状枝呈两次或两次以上分枝,左右不对称。

①娄地青霉

菌落外缘不规则,分生孢子梗表面粗糙,蛋白分解力强,其蛋白酶的最适 pH 为 5.0 ~ 6.3,也生成脂酶,有能利用脂肪酸的性质,娄地青霉为制造罗奎福特干酪和青纹干酪的有用霉菌。草酸青霉为娄地青霉的类似菌,也在青纹干酪中利用。

②沙门柏干酪青霉

菌落从中心由白色渐变为灰绿色,属不对称生青霉群,是卡门培尔干酪使用的霉菌发酵剂中的重要菌种。在干酪凝块入模压榨成型时侵入内部,引起蛋白分解,随着成熟的进行,增加可溶性氮和氨的生成而赋予特异的风味。沙西干酪青霉为类似菌种,同样可在卡门培尔干酪的制造中使用。

③其他有关的青霉

灰绿青霉是使卡门培尔干酪产生异常的有害菌;频青霉与挪威产甘美罗斯干酪的成熟有关;污染脱脂乳粉的点青霉、黄青霉和圆弧青霉等;以及从意大利干酪中分离到的韦氏青霉等。

（5）地霉

地霉的代表菌为白地霉,其菌落平面扩散,组织轻软,乳白色。菌丝生长到一定阶段时,断裂成圆柱状的裂生孢子。菌体生长最适宜的温度为 28℃。白地霉常出现在酸败乳、酸性奶油以及干酪表面,形成白色菌膜,其分解乳酸为水和二氧化碳的能力较强,能产生脂肪分解酶,使制品产生酵母样臭味,在奶油或干酪上还能形成黏性物质,导致酸败。

12. 噬菌体

噬菌体是一种侵害细菌的病毒,所以也叫细菌病毒,简称噬菌体。噬菌体有蝌蚪形、球形和杆形,绝大多数为蝌蚪形,长度为 100 ~ 200nm。

噬菌体对乳品工业生产有很大危害性,乳制品生产上应用的菌种一旦被特定的噬菌体污染就会造成很大损失。因为菌种被噬菌体污染后,其发酵作用将很快停止,不再继续积累发酵产物,菌种也将迅速消溶。目前,对已被噬菌体污染的发酵菌液还无法阻止噬菌体的溶菌作用,只能采取预防措施。

在乳业上重要的噬菌体主要是乳酸菌噬菌体,代表性的噬菌体有:

（1）乳酸链球菌噬菌体

其头部直径约70nm,尾长 150 ~ 160nm,全长 220 ~ 230nm。当它感染乳酸菌时,在 60 ~ 80min 内引起溶菌。一般可用 500mg/kg 次氯酸溶液或 65 ~ 88℃加热 30min 杀灭。在 pH3 和 pH11 的条件下,这类噬菌体仍保持活性。

（2）乳脂链球菌噬菌体

其形态特征与乳酸链球菌噬菌体相似,但特别对乳脂链球菌有溶菌作用。这个噬菌体通常可在干酪发酵剂或发酵槽中检出。

（3）嗜热链球菌噬菌体

可从瑞士干酪乳清或酸牛乳中检出。这种噬菌体对乳酸链球菌和乳脂链球菌不溶解。

（4）乳杆菌的噬菌体

已从瑞士干酪发酵剂分离出乳酸乳杆菌的噬菌体、阿拉伯糖乳杆菌噬菌体及嗜酸乳杆菌噬菌体等。在乳业中以往对乳杆菌噬菌体的重视程度远不如链球菌噬菌体,但现在由于发酵乳及活性乳酸菌饮料工业的迅速发展,乳杆菌的噬菌体为相关产品的生产制造了新的问题,已越来越引起重视。

二、乳中微生物的来源

生鲜牛乳中微生物含量随季节、牧场环境、乳牛个体等因素发生较大变化。生鲜牛乳中的微生物主要来源于下列途径:

1. 乳房内的微生物

从乳牛乳房挤出的鲜乳并不是无菌的。一般在健康乳牛的乳房内,总是有一些细菌存在,但仅限于极少数几种细菌,其中以小球菌属和链球菌属最为常见。乳房内的细菌主要存在于乳头管及其分支处,在乳腺组织内无菌或含有很少细菌。乳头前端因容易被外界细菌侵入,细菌在乳管中常能形成菌块栓塞,所以在最先挤出的少量乳液中会含有较多的细菌。

2. 挤乳过程中微生物的污染

（1）饲料、粪便和尘埃

饲料、牛的粪便和土壤都可直接或间接地污染乳液。饲料和粪便中含有大量的微生物,特别是粪便中含有大量的细菌。牛舍地面干燥时,残留在地面上干燥的饲料和粪便细屑会成为尘埃散布在空气中,使整个牛舍污染。一般在清洁牛舍的空气中含有的微生物并不多。进行牛舍管理时,在一系列的喂养饲料、洗刷牛体、收拾牛舍等过程中,牛舍中尘埃和微生物的数量会剧烈增加。因此,牧场中的乳业人员应习惯挤乳后再进行饲喂。

（2）乳房和贮乳桶的清洗消毒程度

在挤乳前,乳房和乳头应先经清洗消毒。有时,由于清洗消毒不充分,会导致乳液被污染。贮乳桶在使用后如不及时进行清洗消毒,残留在乳液中的微生物会大量增殖并形成乳垢附着于桶壁。鲜乳因被乳垢污染而造成乳液中微生物含量增多的情况,是经常发生的。

（3）乳牛体表微生物

牛体皮肤表面,由于暴露于空气中就有与尘埃接触的机会,因此,牛的皮肤表面总要污染一定数量的微生物。在被粪便和饲料污染后,体表微生物的数量更是显著增加,因此很容易造成乳液的污染。

（4）挤乳人员及管理人员

挤乳工人或其他管理人员也会把微生物带入乳液。比如,在挤乳前,工人的手如未经严格的清洗和消毒,工作衣帽不够清洁,就可能将微生物带入乳液。

3. 挤乳后微生物的污染和繁殖

乳液挤出后,应进行过滤并及时冷却,使乳温下降至10℃以下。在此过程中乳液所接触的乳桶、过滤器和空气等,都有可能使其再污染微生物。在乳的运输过程中无冷藏的条件下,一些未装满乳液的贮乳桶不断地振荡,乳液的振荡就相当于通气和搅拌的作用,会加速微生物的繁殖。

第二节 鲜乳中微生物的性状

一、刚挤出的鲜乳中微生物性状

刚挤出的鲜奶,微生物性状随着奶牛的健康状况、泌乳期、乳房状况及畜舍的卫生状况等而异。通常,以无菌处理方式从健康奶牛挤出的牛奶,微生物数量为 500 ~ 1000cfu(菌落形成单位)/mL。在同一次挤奶中,最初挤出的奶菌数最高,随着挤奶的进行,菌数越来越少,详细情况如表 3 – 1 所示。

表 3 – 1 同一次挤奶中不同阶段鲜奶的细菌数　　　　　　单位:个/mL

不同地区的牛奶	夏季			冬季	
	最初挤出的	中间挤出的	最后挤出的	最初挤出的	中间挤出的
甲地区	3280	100	85	16500	1430
乙地区	21000	1400	330	5800	50
丙地区	16300	1900	580	5700	540

从表 3 – 1 可以看出,最初挤出的牛奶,细菌数特别多。因此,最初挤出的一两把奶应该予以分别处理,这样对提高鲜奶的质量有良好的效果。

二、乳房炎乳微生物性状

乳房炎是在乳房组织内产生炎症而引起的疾病,主要由细菌所引起。引起乳房炎的主要病原菌,大约有 60% 为葡萄球菌,20% 为链球菌,10% 为混合型,其余 10% 为其他细菌。葡萄球菌中约有一半为溶血性葡萄球菌。

乳房炎乳中,血清白蛋白、免疫球蛋白、细胞数、钠、氯、pH 和电导率等均有增加的趋势,乳量、脂肪、无脂乳固体、酪蛋白、β – 乳球蛋白、α – 乳白蛋白、乳糖、酸度、相对密度、磷、钙、钾和柠檬酸等均有减少的倾向。因此,凡是乳糖含量在 3.5% 以上,酪蛋白氮与总氮之比在 78% 以下,pH 在 6.8 以上,体细胞数在 50 万个/mL 以上,氯含量超过 0.14% 的乳很可能是乳房炎乳。

三、鲜乳保存期间微生物的变化

1. 鲜乳在室温贮藏中微生物的变化

鲜乳在消毒前都有一定数量的、不同种类的微生物存在。如果将鲜奶放置在室温(10 ~ 21℃)中,微生物就会在鲜奶中生长,逐渐使其变质。室温下,鲜乳中微生物的生长可以分为五个阶段:抑菌期、乳链球菌期、乳酸杆菌期、真菌期和胨化菌期。下面对这五个阶段分别予以介绍:

(1)抑菌期

在新鲜的乳液中,均含有多种抗菌性物质,它们能对乳中存在的微生物具有杀菌或抑制作用。在含菌少的鲜乳中,其作用可持续 36 h(在 13 ~ 14℃的温度下);在污染严重的乳液中,其作用可持续 18 h 左右。在这期间,乳液含菌数不会增高,若温度升高,则抗菌性物质的杀菌或抑菌作用增强,但持续时间就会缩短。因此,鲜乳放置在室温环境中,在一定的时间内并不会出现变质的现象。

（2）乳链球菌期

鲜乳过了抑菌期后,抗菌物质减少或消失后,存在乳中的微生物即迅速繁殖,可明显看到细菌的繁殖占绝对优势。这些细菌主要是乳链球菌、乳酸杆菌、大肠杆菌和一些蛋白质分解菌等,其中尤以乳链球菌生长繁殖特别旺盛,使乳糖分解,产生乳酸,牛乳的酸度不断升高。如有大肠杆菌增殖时,将有产气现象出现。由于酸度不断地上升,就抑制了其他腐败细菌的活动。当酸度达到一定限度时(pH 值 4.5),乳链球菌本身就会受到抑制,不再继续繁殖,反而会逐渐减少,这时期就有乳液凝块出现。

（3）乳酸杆菌期

当乳酸链球菌在乳液中繁殖,乳液的 pH 值下降至 6 左右时,乳酸杆菌的活动力逐渐增强。当 pH 值继续下降至 4.5 以下时,由于乳酸杆菌耐酸力较强,尚能继续繁殖并产酸,在这阶段,乳液中可出现大量凝乳块,并有大量乳清析出。

（4）真菌期

当酸度继续升高至 pH 值为 3～3.5 时,绝大多数微生物被抑制甚至死亡,仅酵母和霉菌尚能适应高酸性的环境,并能利用乳酸及其他一些有机酸。由于酸的被利用,乳液的酸度就会逐渐降低,使乳液的 pH 值不断上升接近中性。

（5）胨化菌期

经过上述几个阶段的微生物活动后,乳液中的乳糖含量已大量被消耗,残余量已很少,在乳中仅是蛋白质和脂肪尚有较多的量存在。因此,适于能分解蛋白质的细菌和能分解脂肪的细菌在其中生长繁殖,这样就造成了乳凝块被消化,乳液 pH 值逐步提高,向碱性转化,并有腐败的臭味产生。这时的腐败菌大多为芽孢杆菌属、假单胞菌属以及变形杆菌属中的一些细菌。

2. 鲜乳在冷藏中微生物的变化

生鲜牛乳在未消毒即冷藏保存的条件下,一般的嗜温微生物在低温环境中被抑制;而低温微生物却能够增殖,但生长速度非常缓慢。低温中,牛乳中较为常见的微生物有:假单胞菌、醋酸杆菌、产碱杆菌、无色杆菌和黄杆菌等,还有一部分乳酸菌、微球菌、酵母菌和霉菌。

冷藏乳的变质主要指脂肪的分解。多数假单胞菌属中的细菌,均具有产生脂肪酶的特性,所产的脂肪酶在低温时活性非常强并具有耐热性,即使在加热消毒后的牛乳中,残留脂肪酶还有活性。

冷藏牛乳中可经常见到低温细菌促使牛乳中蛋白分解的现象,特别是产碱杆菌属和假单胞菌属中的许多细菌,它们可使牛乳胨化。

第三节　微生物的生长引起的乳品变质

乳是微生物的最好培养基,故牛乳被微生物污染后如果不及时处理,乳中的微生物就会大量繁殖,分解糖、蛋白质和脂肪等产生酸性产物、色素、气体,有碍产品风味及卫生的小分子产物及毒素,从而导致乳出现酸凝固、色泽异常、风味异常等腐败变质现象,降低了乳品的品质与卫生状况,甚至使其失去食用价值。因此,在乳品工业生产中要严加控制微生物污染和繁殖。乳品变质种类及相关微生物见表 3-2。

表 3 – 2　乳及乳制品的变质类型与相关微生物

乳制品类型	变质类型	微生物种类
鲜乳与市售乳	变酸及酸凝固	乳球菌、乳杆菌属、大肠菌群、微球菌属、微杆菌属、链球菌属
	蛋白质分解	假单胞菌属、芽孢杆菌属、变形杆菌属、无色杆菌属、黄杆菌属、产碱杆菌属、微球菌属等
	脂肪分解	假单胞菌、无色杆菌、黄杆菌属、芽孢杆菌、微球菌属
	产气	大肠菌群、梭状芽孢杆菌、芽孢杆菌、酵母菌、丙酸菌
	变色	类蓝假单胞菌、类黄假单胞菌、荧光假单胞菌、黏质沙雷氏菌、红酵母、玫瑰红微球菌、黄色杆菌
	变黏稠	黏乳产碱杆菌、肠杆菌、乳酸菌、微球菌等
	产碱	产碱杆菌属、荧光假单孢菌
	变味	蛋白分解菌产生腐败味、脂肪分解菌产生酸败味、球拟酵母(变苦)、大肠菌群(粪臭味)、变形杆菌(鱼腥臭)
酸奶	产酸缓慢、不凝乳	菌种退化、噬菌体污染,抑菌物质残留
	产气、异常味	大肠菌群、酵母、芽孢杆菌
干酪	膨胀	成熟初期膨胀,大肠菌群成熟后期膨胀,酵母菌、丁酸梭菌
	表面变质	液化:酵母、短杆菌、霉菌、蛋白分解菌
		软化:酵母、霉菌
	表面色斑	烟曲霉(黑斑)、干酪丝内孢霉(红点)、扩展短杆菌(棕红色斑)、植物乳杆菌(铁锈斑)
	霉变产毒	交链孢霉、曲霉、枝孢霉、丛梗孢霉、地霉、毛霉和青霉
	变苦	成熟菌种过度分解蛋白、酵母、液化链球菌、乳房链球菌
淡炼乳	凝块、苦味	枯草杆菌、凝结芽孢杆菌、蜡样芽孢杆菌
	膨听	厌氧性梭状芽孢杆菌
甜炼乳	膨听	炼乳球拟酵母、球似贺酵母、丁酸梭菌、乳酸菌、葡萄球菌
	黏稠	芽孢杆菌、微球菌、葡萄球菌、链球菌、乳杆菌
	纽扣状物	葡萄曲霉、灰绿曲霉、烟煤色串孢霉、黑丛梗孢霉、青霉等
奶油	表面腐败酸败	腐败假单胞菌、荧光假单胞菌、梅实假单胞菌、沙雷氏菌酸腐节卵孢霉
	变色	紫色色杆菌、玫瑰色微球菌、产黑假单胞菌
	发霉	枝孢霉、单孢枝霉、交链孢霉、曲霉、毛霉、根霉等

 复习思考题

1. 乳中主要微生物的种类。
2. 鲜乳保存期间微生物的变化。
3. 乳与乳制品的变质类型及相关微生物。

第四章 乳制品生产常用的加工处理

第一节 乳的离心分离

对原料奶进行部分或全部分离,是乳制品加工中的重要操作。牛奶分离有重力分离和离心力分离两种方法。由于离心分离具有分离速度高,分离效果好,便于实现自动控制和连续生产等特点,生产中均使用离心分离机进行牛奶的分离。

一、碟式分离机的分类

牛奶中使用的分离机为碟式分离机,按其进料和排液操作中的压力状态不同,可以分为开放式、半封闭式和封闭式三种类型。开放式也称敞开式,进料和出料均在常压重力条件下进行;半封闭式一般采用常压重力进料,封闭式压力出料;封闭式是指在分离过程中,牛奶的进入以及分离的稀奶油和脱脂乳的排出均在封闭条件下形成一定压力排出。

一般尽可能选用封闭式离心机,以适应食品加工的卫生要求和实现连续化生产。

碟式分离机的转鼓如图4-1所示,转鼓内装有许多互相保持一定间距的锥形碟片,使液体在叶片间形成薄层流动而进行分离。在碟片中部开有一些小孔,称为"中性孔"。物料从中心管加入,由底部分配到碟片层的"中性孔"位置,分别进入各碟片之间,形成薄层分离。密度小的稀奶油在内侧,沿碟片上表面向中心流动,由稀奶油出口排出;重的脱脂乳则在外侧,沿碟片下表面流向四周,经脱脂奶出口排除出。少量的杂质颗粒沉积于转鼓内壁,定期排出。

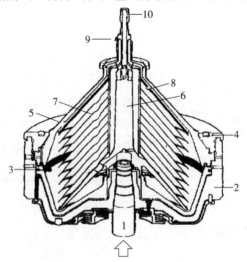

1——通过空心轴进料;2——转筒主体;3——沉积物的空间;4——锁定换;5——转筒上罩;
6——分布器;7——转盘塔;8——顶部转盘;9——脱脂牛奶出口;10——奶油出口。

图4-1 封闭式离心分离机碟片组合示意图

二、影响牛奶分离效果的因素

1. 转速:分离机转速越快,则分离效果越好。但转速的提高受到分离机械和材料强度的限制,一般控制在 7000r/min 以下。

2. 牛奶流量:进入分离机中牛奶的流量应低于分离机的生产能力。若流量过大,分离效果差,造成脱脂不完全影响稀奶油的得率。

3. 脂肪球大小:脂肪球直径越大,分离效果越好,但设计或选用分离机时应考虑需要分离的大量的小脂肪球。目前可以分离出的最小脂肪球直径为 1μm 左右。

4. 牛奶的清洁度:牛奶中的杂质会在分离时沉积在转鼓的四周内壁上,使转鼓的有效容积减小,影响分离的效果。因此,应注意分离前的净化和分离中的定时清洗。

5. 牛奶的温度:牛奶的温度提高,黏度降低,脂肪球和脱脂奶的密度差大,有利于提高分离效果。但温度过高,会引起蛋白质凝固或起泡。一般,奶温控制在 35 ~ 40℃,封闭式分离机可高达 50℃。

6. 碟片的结构:碟片的最大直径与最小直径之差和碟片的仰角,对分离效果影响很大。一般碟片平均半径与高度的比值为 0.45 ~ 0.70,仰角以 45° ~ 60° 为佳。

7. 稀奶油含脂率:稀奶油含脂率根据生产质量要求可以调节。稀奶油含脂率低时,密度大,易分离获得;含脂率高时,密度小,分离难度大一些。

三、牛奶分离机的操作要点

1. 要严格控制进料量,进料量不能超过生产能力,否则将影响分离效果。

2. 采用空载启动,即在分离机达到规定转速后,再开始进料,以减少启动负荷。

3. 牛奶分离前应预热,并经过滤净化,避免碟片堵塞,影响分离。

4. 分离过程中应注意观察脱脂奶和稀奶油的质量,及时取样测定。一般脱脂乳中残留的脂肪含量应在 0.01% ~ 0.05% 以下。

5. 在分离机的稀奶油出口处,有一调节器,内有一细小的调节螺钉,向里旋入,减少稀奶油回转内侧半径,可得密度小、含脂率高的稀奶油;向外旋转则得密度大、含脂率低的稀奶油。

第二节　乳的真空脱气

一、脱气目的

牛乳刚被挤出后含 5.5% ~ 7% 的气体,经过贮存、运输和收购后,一般其气体含量在 10% 以上,而且绝大多数为非结合的分散气体。这些气体对牛乳加工的破坏作用主要有:影响牛乳计量的分离效率、影响牛乳标准化的准确度、影像奶油的产量、促使脂肪球聚合、促使游离脂肪吸附于奶油包装的内层、促使发酵乳中的乳清析出。

脱除牛乳气可以消除这些气体的有害作用。

二、脱气方法

根据目的,脱气可在牛乳处理的不同阶段进行。首先,在乳槽车上安装脱气设备,以避免

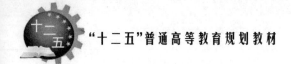

泵送牛乳时影响流量计的准确度。其次,在乳品厂收乳间流量计之前安装脱气设备。但是上述两种方法对乳中细小的分散气泡不起作用,因此在进一步处理牛乳的过程中,还应使用真空脱气罐,以除去细小的分散气泡和溶解氧。

生产上将牛乳预热至68℃后,泵入真空脱气罐,在此牛乳温度立刻降到60℃,这时牛乳中空气和部分牛乳蒸发到罐顶部,遇到罐冷凝器后,蒸发的牛乳冷凝回到罐底部,而空气及一些非冷凝气体(异味)由真空泵抽吸除去。

第三节 乳的热处理

一、乳的热杀菌设备

1.冷热缸

储槽式热换器又称冷热缸。中小乳品、食品厂,用于液体物料的加热、冷却和保温。以配有搅拌器的开启式冷热缸为例,由内胆、夹套、保温层、外包皮、减速器、搅拌桨、温度计等组成。内胆用不锈钢制造,外壳采用优质碳素钢,外敷玻璃棉及镀锌铁皮层。内胆与外壳间为传热夹层,当夹层内通入蒸汽或热水时,可对贮存在内胆中的物料进行升温或保温。底部排水口与疏水器衔接,以排出冷凝水。如用做冷却降温时,载冷体(冰水或冷水)则由底部进口管进入,经热交换后由上部溢流管排出。传热夹层与压力表及安全阀相通,便于观察调节蒸汽压力,并保证操作安全。内胆中装有锚式搅拌器及挡板;可搅拌物料,上下翻动,以提高物料与器壁的热交换作用,达到均匀加热或冷却的目的。内胆中插有温度计,可观察物料温度。行星齿轮减速器安装于中间盖板上,输出轴与搅拌轴的连接应用快卸式结构,便于装拆清洗。容器的后盖连接于中间板上,既便于开启又易于卸除,放料旋塞安装在容器的最低位置,四只支脚能调节高度,以调节水平位置,保证容器内的物料能全放尽。该设备的优点是结构简单,操作方便,清洗检修容易,一般要配置2~3台,以便轮流周转。冷热缸示意图如图4-2所示。

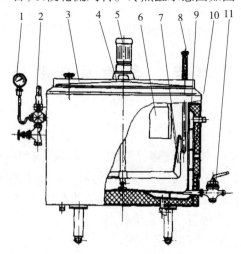

1——压力表;2——弹簧安全阀;3——缸盖;4——电动机底座;5——电动机和行星减速器;
6——挡板;7——锚式搅拌器;8——温度计;9——内胆;10——夹套;11——放料旋塞。

图4-2 冷热缸

2. 板式换热器

（1）板式换热器结构

板式杀菌设备是一种间接式杀菌设备，其关键部件是板式换热器，主要应用于乳品、果汁饮料、清凉饮料以及啤酒等食品的高温短时（HTST）和超高温（UHT）杀菌。

板式换热器的结构如图4-3所示。传热板[1]悬挂在导杆[2]上，前端为固定板[3]，旋紧后支架[4]上的压紧螺杆[6]后，可使压紧板[5]与各传热板[1]叠合在一起。板与板之间有橡胶垫圈[7]，以保证密封并使两板间有一定空隙。压紧后所有板块上的角孔形成流体的通道，冷流体与热流体就在传热板两边流动，进行热交换，金属片面积大，流动的液层又薄，热效果很好。拆卸时仅需松开压紧螺杆[6]，使压紧板[5]与传热板[1]沿着导杆[2]移动，即可进行清洗和维修。

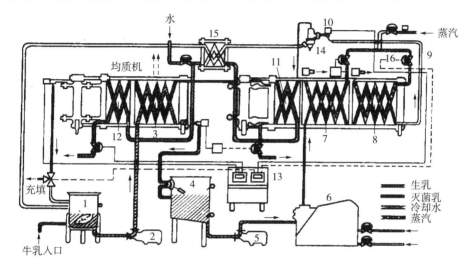

1——传热板；2——导杆；3——前支架（固定板）；4——后支架；5——压紧板；6——压紧螺杆；7——板框橡胶垫；
8——连接管；9——上角孔；10——分界板；11——圆环橡胶垫；12——下角孔；13，14，15——连接管。

图4-3 板式换热器组合结构示意图

（2）板式换热器的优缺点

优点：板式换热器具有传热效率高，结构紧凑，占地面积小、操作灵活、应用范围广、热损失小、安装拆卸方便、使用寿命长等特点，在相同压力的情况下，其传热系数是列管换热器的3~5倍，占地面积为列管换热器的1/3，金属消耗量只有列管换热器的2/3，两种介质的传热平均温差可以小至1℃，热回收效率可达99%以上，因些板式换热器是一种高效、节能、节约材料、节约投资的先进热交换设备。

缺点：密封圈容易老化、变形，需经常更换；密封圈容易从波纹片上脱落；承受的压力有限，承压不高。

3. 板式杀菌设备

板式杀菌设备的工作流程，如图4-4所示。

板式杀菌设备的工作流程如下：

（1）CIP自动清洗整机；

（2）原料牛奶由储奶罐流入平衡槽[1]；

（3）通过泵[2]将原料奶送至热回收段[3]，与杀菌后的产品进行热交换，使其温度加热到85℃

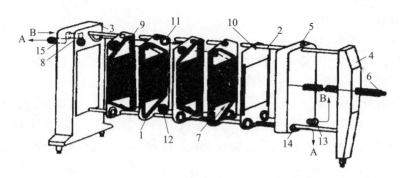

1——平衡槽;2,5——牛乳泵;3——热交换器回收段;4——保持槽;6——均质机;7——第一加热段;
8——第二加热段;9——贮液管;10——温度计;11——第一冷却段;12——最终冷却段;
13——控制盘;14——分流阀;15——水冷却部;16——灭菌温度调节蒸汽阀。

图4-4 APV超高温瞬时板式杀菌装置系统

左右,进入温度保持槽[4]内,稳定约5min,使牛奶对热产生稳定作用以及除臭;

(4)由泵[5]将牛奶送入均质机[6]进行均质。其后进入第一加热段[7]、第二加热段[8]进行杀菌。杀菌加热第一段蒸汽压力为20~30kPa,加热到85℃,第二段蒸汽压为250~450kPa,牛奶瞬时可达135~150℃,保持2s钟后,被送至分流阀[14];

(5)由仪表自动控制的分流阀,将已经达到杀菌温度的产品送至第一冷却段[11],将未达到杀菌温度的牛奶送至水冷却器[15],将其降温后回流到平衡槽[1]中;

(6)杀菌奶在第一冷却段冷却后再流入热回收段[3]和最终冷却部[12],在冷水或冰水冷却段中冷却,使温度降至4℃流出装罐。

二、加热对乳性质的影响

几乎所有液体乳和乳制品的生产都需要热处理。热处理的主要目的是杀死微生物和使酶失活,同时还会产生一些化学变化。牛乳由于加热而发生变化是加工的极其重要的问题,其中蛋白质的变化尤为重要,因此对于各种乳制品质量都有很大的关系。

1. 一般的变化

(1)形成薄膜

牛乳在40℃以上加热时,表面生成薄膜。这是由于蛋白质在空气与液体的界面形成不可逆的沉淀物。随着加热时间的延长和温度的提高,从液面不断蒸发出水分,因而促进凝固物的形成而且厚度也逐渐增加。这种凝固物中,包含干物质70%以上的脂肪和20%~25%的蛋白质,蛋白质中以乳白蛋白占多数。为防止薄膜的形成,可在加热时进行搅拌或减少从液面蒸发水分。

(2)褐变

牛乳长时间的加热则产生褐变(特别是高温处理时)。褐变的原因一般认为由于具有氨基(NH_2-)的化合物(主要为酪蛋白)和具有羟基的($-C=O$)糖(乳糖)之间产生反应形成褐色物质。这种反应称之为美拉德(Maillard)反应。由于乳糖经高温加热产生焦糖化也形成褐色物质。除此之外,牛乳中所含有的微量的尿素也认为是反应的重要原因。褐变反应的程度随温度、酸度及糖的种类而异,温度和酸度越高,棕色化愈严重。糖的还原力愈强(葡萄糖、转化糖),棕色化也愈严重,这一点在生产加糖炼乳和乳粉时关系很大。例如生产炼乳时使用含转化糖高的砂糖或混用葡萄糖时则产生严重的褐变。添加0.01%左右的L-半胱氨酸,对于抑制褐变反应具有一定的效果。

（3）蒸煮味

牛乳加热后会产生或轻或重的蒸煮味,蒸煮味的程度随加工处理的程度而异。例如牛乳经74℃加热15min后,则开始产生明显地蒸煮味。这主要是由于β-乳球蛋白和脂肪球膜蛋白的热变性而产生巯基(-SH),甚至产生挥发性的硫化物和硫化氢(H_2S)。蒸煮味的程度随温度而异,如表4-1所示。

表4-1　不同加热温度下牛乳的蒸煮味

加热温度	风味	加热温度	风味
未加热	正常	76.7℃,瞬间	蒸煮味 +
62.8℃,30min	正常	82.2℃,瞬间	蒸煮味 + +
58.3℃,瞬间	正常	89.9℃,瞬间	蒸煮味 + + +

2.各种成分的变化

（1）乳清蛋白的变化

占乳清蛋白质大部分的白蛋白和球蛋白对热都不稳定。牛乳以62~63℃ 30min杀菌时产生蛋白变性现象。例如以61.7℃ 30min杀菌处理后,约有9%的白蛋白和5%的球蛋白发生凝固。牛乳加热使白蛋白和球蛋白完全变性的条件为80℃ 60min、90℃ 30min、95℃ 10~15min、100℃ 10min。

前面已经提到,牛乳用80℃左右加热后则产生蒸煮味,且与牛乳中产生的巯基有关,这种巯基几乎全部来自乳清蛋白,并且主要由β-乳球蛋白所产生。

（2）酪蛋白的变化

正常牛乳的酪蛋白,在低于100℃的温度加热时化学性质不会受影响,140℃时开始凝固。100℃长时间加热或在120℃加热时产生褐变,这在前面已经提到,100℃以下的温度加热,化学性质虽然没有变化,但对物理性质却有明显影响。经63℃将牛乳加热后,加酸生成的凝块比生乳凝固所产生的凝块来的小,而且柔软;用皱胃酶凝固时,随加热温度的提高,凝乳时间延长,而且凝块也比较柔软。用100℃处理时尤为显著。

（3）乳糖的变化

乳糖在100℃以上的温度长时间加热则产生乳酸、醋酸、蚁酸等。离子平衡显著变化,此外也产生褐变,低于100℃短时间加热时,乳糖的化学性质基本没有变化。

（4）脂肪的变化

牛乳即使以100℃以上的温度加热,脂肪也不起化学变化,但是一些球蛋白上浮,促使形成脂肪球间的凝聚体。因此高温加热后,牛乳、稀奶油就不容易分离。但经62~63℃30min加热并立即冷却,不致产生这种现象。

（5）无机成分的变化

牛乳加热时受影响的无机成分主要为钙和磷。在63℃以上的温度加热时,由于可溶性的钙和磷成为不溶性的磷酸钙[$Ca_3(PO_4)_2$]而沉淀,也就是钙与磷的胶体性质起了变化导致可溶性的钙与磷减少。

第四节　冷冻对乳的影响

刚挤下的乳的温度约为36℃左右,是微生物繁殖最适宜的温度,如不及时冷却,混入乳中的微生物就迅速繁殖,使乳的酸度增高,凝固变质,风味变差。故新挤出的乳,经净化后须迅速冷却到4℃左右以抑制乳中微生物的繁殖。但是,一定的冷却温度会对牛乳的化学性质造成影响。

一、冷冻对蛋白质的影响

牛乳的冷冻加工主要指冷冻升华干燥和冷冻保存的加工方法。牛乳冷冻保存时,如在-5℃温度下保存5周以上或在-10℃的温度下保存10周以上,解冻后酪蛋白产生凝固沉淀,即酪蛋白产生的不稳定现象。冷冻乳中蛋白质的不稳定现象表现为,在冻结初期,把牛乳融化后出现脆弱的羽毛状沉淀,其成分为酪蛋白酸钙。这种沉淀物用机械搅拌或加热易使其分散。随着不稳定现象的加深,形成用机械搅拌后或加热也不再分散的沉淀物。酪蛋白的不稳定现象主要受牛乳中盐类的浓度(尤其是胶体钙)、乳糖的结晶、冷冻前牛乳的加热和解冻速度等所影响。不溶解的酪蛋白,其中 Ca 与 P 的含量几乎和冷冻前相同。因此,可以认为酪蛋白胶粒从原来的状态变成不溶解状态。乳中酪蛋白胶体的稳定性与 Ca 的含量有密切关系。Ca 的含量越高,则稳定性越差。为提高牛乳冻结时酪蛋白的稳定性,可以除去乳中的一部分 Ca,也可添加六偏磷酸钠(每升浓缩乳中加 2g)或四磷酸钠。也可添加蔗糖来增加酪蛋白复合物的稳定性。对于融化冻结乳时的温度,以在82℃水浴锅中融化效果最好。在对初乳制品及酪蛋白磷酸肽等进行冷冻升华干燥时,需要采用薄层速冻的方法,可以完全避免酪蛋白的不稳定现象。

二、冷冻对脂肪的影响

牛乳冻结时,由于脂肪球膜的结构发生变化,脂肪乳化产生不稳定现象,以致失去乳化能力,并使大小不等的脂肪团块浮于表面。牛乳在静止状态下冻结时,由于稀奶油上浮,使上层脂肪浓度增高。因而牛乳解冻后可以看出浓淡层。但含脂率25%～30%的稀奶油,由于脂肪浓度高,黏度也高,脂肪球分布均匀,因此,各层之间没有差别。此外,均质处理后的牛乳,脂肪球的直径在1μm以下,同时黏度也稍有增加,脂肪不容易上浮。冷冻使牛乳脂肪乳化状态破坏的原因为:首先由于冻结产生冰的结晶,由这些碎片汇集成大块时,脂肪球受冰结晶机械作用的压迫和碰撞形成多三角形,相互结成蜂窝状团块。此外,脂肪球膜随着解冻而失去水分,物理性质发生变化而失去弹性。同时脂肪球内部的脂肪形成结晶而产生挤压作用,将液体释放从脂肪内挤出而破坏了球膜,因此乳化状态也被破坏。防止乳化状态不稳定的方法很多,最好的方法是在冷冻前进行均质处理(60℃,22.54～24.50MPa)。

三、不良风味的出现和细菌的变化

冷冻保存的牛乳,经常出现氧化味、金属味及鱼腥味。这主要是由于处理时混入了铜离子,促使不饱和脂肪酸的氧化,产生不饱和的羰基化合物所致。发生这种情况时,可添加抗氧化剂加以防治。

在牛乳冷冻保存时,细菌几乎没有增加。可添加抗氧化剂加以防治与非冻结乳相近似。

第五节 乳的均质

均质是指通过强烈的机械作用,对脂肪球进行机械处理,使它们呈较小的脂肪球均匀分散在乳中。自然状态的牛乳,其脂肪球直径大小不均匀,变动于 $1 \sim 10 \mu m$ 之间,一般为 $2 \sim 5 \mu m$。如经均质,脂肪球直径可控制在 $1 \mu m$ 左右,这时乳脂肪的表面积增大,浮力下降,减少颗粒的沉淀。另一方面,经均质后的牛乳脂肪球直径减小,易于消化吸收。图 4 – 5 所示为均质前后乳中脂肪球的变化均质前后乳中脂肪球的变化。

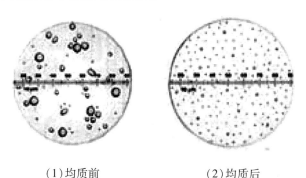

(1)均质前   (2)均质后

图 4 – 5 均质前后乳中脂肪球的变化均质前后乳中脂肪球的变化

均质使牛乳蛋白质的物理性状发生变化。均质使得脂肪球数目增加,扩大了脂肪球的表面积,其结果是使脂肪球表面吸附的酪蛋白量增加,均质乳比未均质乳在凝乳反应时,凝固得更快更均匀。

一、均质原理

均质作用是由三个因素协调作用而产生的(见图 4 – 6):①牛乳以高速度通过均质头中的窄缝对脂肪球产生巨大的剪切力,此力使脂肪球变形、伸长和粉碎;②牛乳液体在间隙中加速的同时,静压能下降,可能降至脂肪的蒸汽压以下,这就产生了气穴现象,使脂肪产生非常强的爆破力;③当脂肪球以高速冲击均质环时会产生进一步的剪切力。

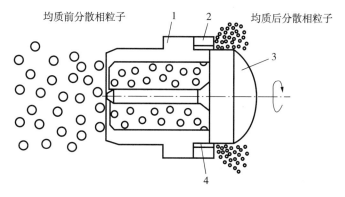

均质前分散相粒子   均质后分散相粒子

1——阀座;2——均质环;3——阀芯;4——隙缝。

图 4 – 6 均质工作原理图

在均质过程中,脂肪球的变化经历三个阶段:①原来的脂肪球破碎;②吸收成膜物质构成新的脂肪球膜;③分散成新的小脂肪球。脂肪球被打碎之后,在新的脂肪球膜形成之前,许多脂肪球都得不到保护,很容易相互碰撞,重新结合到一起,形成大颗粒。所以,为了达到较好的均质效果,必须创造条件,使吸收成膜速度大于脂肪球之间的相互碰撞速度。

二、均质的作用

均质的作用主要体现为以下三个方面,即防止脂肪分离以便吸附于脂肪球表面的酪蛋白量增加而改进黏度,提高蛋白质的可消化性和增加成品光泽。

(1)降低乳脂肪的分离程度

经过均质处理,可以将脂肪球结合形成的团块打碎,并将直径大的脂肪球破碎成直径小的脂肪球,减少脂肪球在液态物料中的浮力,从而降低乳脂肪的分离程度。将含脂率3%的原料乳在18.0~20.0MPa压力下均质后,取样标为样品A,取含脂率3.0%的原料乳标为样品B。将样品A和B分别置于250mL量筒内,并在同样的环境条件下静置,在同样时间间隔内分别从其底部吸取样品,用盖勃法测定脂肪含量,然后用式(4-1)计算不同静置时间后的脂肪分离率。

$$[(F_u - F_x)/F_0] \times 100\% \tag{4-1}$$

(2)脂肪球膜的组成成分发生变化

在牛乳中,脂肪球膜的厚度一般为5~10nm,其组成成分为:蛋白质占三分之二,磷脂占三分之一(以卵磷脂为主)。牛乳经过均质之后,在新的脂肪球膜中,酪蛋白含量增加,而磷脂含量减少。

(3)黏度的改进

乳与乳制品经过均质后,其糙度会有所增加。

(4)均质对牛乳其他方面的作用

在均质过程中与均质之后,由于脂肪球膜已经破碎,所以,脂肪酶与酪蛋白结合在一起,很容易进入脂肪球内,对脂肪产生作用,导致腐败味的产生。为了防止这一现象的发生,在均质之前必须将脂肪酶破坏掉。有时在均质之后会出现鱼腥味,其主要原因是脂肪球膜破裂时,释放出卵磷脂,当某些微生物(如假单胞菌属)对其发生作用时,就会产生鱼腥味。均质可以减少乳中的重金属味及天然油脂味。均质从营养生理学的角度来看,具有一定的意义,即脂肪与蛋白质的吸收性有所增加。

三、影响均质效果的因素

(1)乳脂肪含量

乳脂肪含量越高,均质后脂肪表面积越大,需要吸附在球表面的蛋白越多,而且修补球膜的时间越长,小脂肪球在修补过程中重新结合在一起的概率就越大,越容易发生脂肪球的聚结,所以,当其他条件不变时,乳脂率越高,均质效果越差。一般乳脂率超过12%时,其均质效果很差。

在高脂率物料的均质物质过程中,新形成的脂肪球能聚结为或大或小的集聚体,它既不是脂肪闭块,也不是松散的絮凝,因为它们不能被缓和的搅拌所破裂。集聚体对热是稳定的。当同时添加钙螯合剂和适当的表面活性剂时,集聚体分解为各自独立的球,这表明球是由酪蛋白粒保持在一起的。尤其是表面活性剂相对不足时,两个脂肪球很容易在其表面共用一个或多个酪蛋白胶束。而且积聚着均质压力的升高或均质温度的降低而增加,但当均质温度超过90℃时,则集聚有增加的趋向。另外,乳经预热后,乳清蛋白的变性也可能会加速积聚过程的发生。

（2）均质机类型

一、二级均质后脂肪球的分布情况是不同的。在相同的均质压力下不同类型的均质阀会带来不同的均质效果，乳经过二段式二级均质机比一级均质机效果好。通常一级均质可用于低脂产品和高黏度产品的生产。另外，其他一些机器如高速搅拌器也能具备均质效果，但耗能高，效率低，均值效果差。

（3）均质温度

均质温度太低，脂肪球也有可能发生再聚集现象，所以均质前应将乳进行预热。

（4）均质压力

均质压力越大，脂肪球直径越小，均质效果越好。均质后直径 D 的计算方法见式（4-2）：

$$D = d - 12/P \tag{4-2}$$

式中：

d——脂肪球直径单位为微米，μm；

P——施加的压力单位为兆帕，MPa；

12——系数。

四、乳的均质设备

1. 均质机及工作原理

均质机是由一个高压泵和均质阀组成。操作原理是在一个适合的均质压力下，料液通过窄小的均质伐阀而获得很高的速度，这导致了剧烈的湍流，形成的小涡流中产生了较高的料液流速梯度引起压力波动，这会打散许多颗粒，尤其是液滴。均质后的脂肪形成细小的球体，新形成的表面膜主要由胶体酪蛋白和乳清蛋白质组成，其中一些酪蛋白胶束存在于层内，而大多数或多或少延伸出来形成胶束断层或次级胶束层。因均质后脂肪球的大部分表面被酪蛋白覆盖（大约90%，在还原乳中占100%），使脂肪球具有像酪蛋白胶束一样的性质。任何使酪蛋白胶束凝聚的反应因素如凝乳、酸化或高温加热都将使均质后脂肪球凝集。

2. 均质机分类

按工作原理和构造，均质机可分为机械式、喷射式、离心式和超声波式以及搅拌乳化机，其中以机械式均质机应用最多。机械式均质机是主要采用剪切力使料液中的微粒或液滴破碎和混合的机械设备，它又可分为胶体磨和均质机。

3. 高压均质机

高压均质机以高压往复泵为动力传递及物料输送机构，将物料输送至工作阀（一级均质阀及二级乳化阀）部分。要处理物料在通过工作阀的过程中，在高压下产生强烈的剪切、撞击和空穴作用，从而使液态物质或以液体为载体的固体颗粒得到超微细化。

工作阀原理示意图及颗粒细化原理简介如图4-7所示。

物料在尚未通过工作阀时，一级均质阀和二级乳化阀的阀芯和阀座在力 F_1 和 F_2 的作用下均紧密地贴合在一起。物料在通过工作阀时（见图4-8），阀芯和阀座都被物料强制地挤开一条狭缝，同时分别产生压力 P_1 和 P_2 以平衡力 F_1 和 F_2。物料在通过一级均质阀（序号1、2、3）时，压力从 P_1 突降至 P_2，也就随着这压力能的突然释放，在阀芯、阀座和冲击环这三者组成的狭小区域内产生类似爆炸效应的强烈的空穴作用，同时伴随着物料通过阀芯和阀座间的狭缝产生的剪切作用以及与冲击环撞击产生的高速撞击作用，如此强烈地综合作用，从而使颗粒得到超微细化。一般来说,P_2 的压力(即乳化压力)调得很低,二级乳化阀的作用主要是使已经细化的颗粒分布得更加均匀一些。据美国 Gaulin 公司的资料介绍,绝大部分情况下,单单使用一级均质阀即可获得理想的效果。

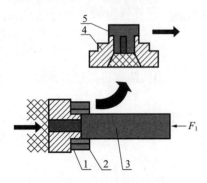

图 4-7　物料被输送至工作阀进口
(尚未通过工作阀)

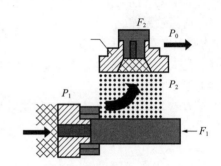

图 4-8　物料源源不断地通过一级均质阀和
二级乳化阀

(1)高压均质机的特点

相对于离心式分散乳化设备(如胶体磨、高剪切混合乳化机等),高压均质机的特点是:细化作用更为强烈。这是因为工作阀的阀芯和阀座之间在初始位是紧密贴合的,只是在工作时被料液强制挤出了一条狭缝;而离心式乳化设备的转定子之间为满足高速旋转并且不产生过多的热量,必然有较大的间隙(相对均质阀而言);同时,由于均质机的传动机构是容积式往复泵,所以从理论上说,均质压力可以无限地提高,而压力越高,细化效果就越好。均质机的细化作用主要是利用了物料间的相互作用,所以物料的发热量较小,因而能保持物料的性能基本不变;均质机能定量输送物料,因为它依靠往复泵送料;均质机耗能较大;均质机的易损情况较多,维护工作量较大,特别在压力很高的情况下;均质机不适合于黏度很高的情况。

(2)均质机的清洗消毒

在炼乳及冰淇淋等乳制品生产工艺中,通常要采用均质设备。

所有均质机在生产前,应彻底地进行清洗消毒,在生产中,每周至少进行 1~2 次彻底消毒,以防止细菌繁殖,其清洗与消毒方法,可按下列次序进行:

①将均质机头上零件全部拆下,用温水刷洗干净;

②将各零件用 65℃ 左右的碱性溶液刷洗一遍,再用温水冲洗除去碱渍;

③洗净后的零部件及机身用蒸气直接喷射一遍,以初步消毒,然后将零件装妥;

④开动电动机,将 200L 左右沸水注入均质机中,进行 10min 左右灭菌。

均质机每次使用后,应立即清洗,不得留下任何污垢及杂质,并用 90℃ 以下的热水通入机器,时间约 10min,以达到消毒目的。也有用巴氏消毒液进行消毒灭菌的保洁处理工厂。

第六节　乳的浓缩

一、乳的浓缩

乳的浓缩就是指蒸发除去乳中的部分水分的过程。乳的浓缩不同于干燥,乳经过浓缩,最终产品还是液态的乳。乳浓缩的目的主要有：

①减少干燥费用,如奶粉和乳清粉等；

②增加结晶,如乳糖的生产；

③减少贮藏和运输费用并提高保存质量,如浓缩乳、奶粉和炼乳；

④降低水分的活性,以增加食品的微生物及化学方面的稳定性,如炼乳；

⑤从废液中回收副产品,如从生产干酪的副产物乳清中制造乳糖和乳清粉等。

除去乳中水分的方法很多,包括高温加热浓缩、真空浓缩、膜过滤、冷冻浓缩等,目前普通的加热蒸发方法已经不再采用。

二、乳的真空浓缩

(一)真空浓缩的优点及原理

乳中的很多成分具有热敏性,蒸发温度要求低,因此一般采取真空浓缩。其优点是可以使乳的沸点降低,在低温下沸腾可避免成分损失。另外,真空浓缩热效率高而节能。

在 21~8kPa 减压条件下,采用蒸汽直接或间接法对牛乳进行加热,使其在低温条件下沸腾,乳中一部分水分气化并不断地排除。若做到这一点要具备如下条件：

①不断供给热量。在进入真空蒸发器前牛乳温度须保持在 65℃ 左右,但要维持牛乳的沸腾使水分气化,还必须不断地供给热量,这部分热量一般由锅炉产生和蒸汽供给。

②迅速排除二次蒸汽。牛乳水分气化形成的二次蒸汽如果不及时排除,又会凝结成水分,蒸发就无法进行下去。一般是采用冷凝法使二次蒸汽冷却成水排掉。这种不再利用二次蒸汽的方法叫做单效蒸发。如二次蒸汽引入另一小蒸发器作为热源利用称为双效蒸发,依此类推。

(二)浓缩引起的变化

1. 溶解物的浓缩

浓缩程度用浓缩比 Q 表示,即浓缩产物中的干物质含量对原物质中干物质含量的比例。因此,浓缩后干物质质量是浓缩前干物质质量的 $1/Q$。

在浓缩过程中,一些物质可能呈过饱和状态,并可能结晶产生沉淀。如乳中磷酸钙盐在浓缩时出现饱和状态。室温下当 $Q \approx 2.8$ 时,乳中乳糖达饱和状态。

2. 浓缩乳产品的特性

浓缩物黏度是蒸发过程中一个重要参数,黏度的增加超过干物质含量增加的比例。浓缩度通常用密度或折射指数来检测,这些参数可在浓缩过程中连续测定。

通过调节蒸汽或乳的流量可自动控制蒸发过程。乳在浓缩过程中应考虑如下产品特性：

①高温高浓度下炼乳的稠化。

②高浓度炼乳易发生美拉德反应。

③如果产品高度浓缩、温度高、温差大、液体流动速度慢,易发生结垢。预热可明显减小在温段处的结垢,设备的结垢大大影响了结垢速度和清洗的难易；清洗成分随设备加热面积增加而增加,因此也就是随着多效蒸发器效数的增加而增加。

④细菌可能在较高温度下生长,它主要对末效有意义。

⑤泡沫主要是脱脂乳在相当低的温度下产生。

⑥脂肪球的分裂,在蒸发器中尤其容易发生。

⑦乳糖的过早结晶会引起设备快速结垢,这在低温高浓缩的乳清中更易发生。

三、超滤和反渗透

超滤是以分子大小为基础用于工业规模分离蛋白质和肽的混合物,超滤能有效地从溶液中分离高分子(蛋白质)和微粒(酪蛋白胶束、脂肪球、细胞、细菌等)。此外,当使用高压时一些超微过滤膜可被用于脱盐,可替代电渗析。

反渗透可以用于除水,因为它耗能少所以可替代蒸发。但反渗透的设备成本和保养费通常比较高。反渗透用于乳清、脱脂乳、高度污染废水,具有低温下操作并可保留大量挥发性物质的优点。缺点是经过反渗透后的乳并不能被高度浓缩,渗透液也不是纯水。

1. 乳的浓缩

对于脱脂乳的浓缩,用反渗透法可去除60%以上的水分,而用超滤法则可得到蛋白质质量分数高达80%的脱脂浓乳。同样,用反渗透法可将原料乳浓缩到固形物质量分数达25%,再经真空蒸发,可进一步提高固形物的含量。在奶酪生产中超滤浓缩已得到广泛应用。

2. 乳蛋白浓缩

超滤可以截留原料乳中几乎全部的蛋白质,而乳糖和灰分可以通过。通过全过滤即不断地在截留液中加水重复过滤,可最大限度地除去乳糖和灰分,从而制取高蛋白含量的浓缩乳蛋白。如:用超滤法可以浓缩分离免疫初乳中的抗体、制备乳铁蛋白等。

3. 回收产品

在乳品厂中,用于清洗设备的废水具有很高的生物需氧量(BOD),不能直接排放。可用反渗透进行浓缩,提高其固形物含量,减少体积,然后运往指定的排放地点。另外乳品厂超滤透过液中的BOD也很高,含有乳糖、蛋白胨、灰分,不允许直接排放,经反渗透进行浓缩后,可生产营养丰富的牲畜饮用水,如果与果汁混合还可生产营养饮料。

第七节 乳的冷处理设备和清洗设备

一、乳的冷处理设备

原料乳冷处理设备有3种:

1. 表面冷却器,其结构简单,且有利于散发混入乳中的异味,但也易于污染。

2. 片式热交换器,其占地面积小,制冷效率高。

3. 蛇管式冷热两用器,由于外面有绝缘物,可用做冷藏器使用。农村乡镇企业若限于条件,也可用天然水源致冷,如流动泵水或井水都能使桶装牛奶冷却至8~10℃。

二、乳的清洗设备

清洗与消毒是通过物理和化学的方法去除被清洗表面上的可见和不可见的杂物及有害微生物的过程。乳制品工厂清洗是为了满足食品安全的需要,维护设备的正常运转,避免出现故障。

（一）CIP 清洗

就地清洗（cleaning in place，CIP）即设备（罐体、管道、泵等）及整个生产线在无须人工拆开或打开的前提下，在闭合的回路中进行清洗；而清洗过程是在增加了湍动性和流速的条件下，对设备表面的喷淋或在管路中的循环。

为进行有效 CIP 清洗，设备清洗流程可以设计分成多个回路，以便根据需要在不同时间进行清洗，但在同一回路中必须满足以下三个条件：

①设备表面的残留物必须是同一种成分，以便可以使用同一种清洗消毒剂。

②被清洗设备表面必须是同种材料制成，至少是能与同种清洗消毒剂相溶的材料。

③整个回路的所有部件，要能同时清洗消毒。

（二）CIP 程序的选择

1. 冷管路清洗程序

①水冲洗 3～5min。

②75～80℃热碱性洗涤剂循环 10～15min（若选择氢氧化钠建议溶液浓度为 0.8%～1.2%）。

③水冲洗 3～5min。

④建议每周用 65～70℃酸液循环一次（如浓度为 0.8%～1.0% 的硝酸溶液）。

⑤90～95℃热水消毒 5min。

⑥逐步冷却 10min（储奶罐一般不需要冷却）。

2. 一般受热管路清洗程序

①水预冲洗 5～8min。

②75～80℃热碱性洗涤剂循环 15～20min（如 1%～1.5% 的氢氧化钠溶液）。

③水冲洗 5～8min。

④65～70℃酸性洗涤剂循环 15～20min（如浓度为 0.8%～1.0% 的硝酸或 2.0% 的磷酸）。

⑤水冲洗 5min。

⑥生产前一般用 90℃热水循环 15～20min，以便对管路进行杀菌。

3. 巴氏杀菌系统的清洗程序

①水预冲洗 5～8min。

②75～80℃热碱性洗涤剂循环 15～20min（如 1.2%～1.5% 的氢氧化钠溶液）。

③水冲洗 5min。

④65～70℃酸性洗涤剂循环 15～20min（如 0.8%～1.0% 的硝酸溶液或 2.0% 的磷酸溶液）。

⑤水冲洗 5min。

4. 板式 UHT 灭菌系统的清洗程序

①清水冲洗 15min。

②生产温度下的热碱性洗涤剂循环 10～15min（如 137℃，浓度为 2%～2.5% 的氢氧化钠溶液）。

③清水冲洗至中性，pH 值为 7。

④80℃的酸性洗涤剂循环 10～15min（如浓度为 1%～1.5% 的硝酸溶液）。

清水冲洗至中性。

⑤85℃的碱性洗涤剂循环 10～15min（如浓度为 2%～2.5% 的氢氧化钠溶液）。

清水冲洗至中性,pH 值为7。

5. 管式 UHT 灭菌系统的清洗程序

①清水冲洗 10min。

②生产温度下的热碱性洗涤剂循环 45～55min(如 137℃,浓度为 2%～2.5%的氢氧化钠溶液)。

③清水冲洗至中性,pH 为7。

④105℃的酸性洗涤剂循环 30～35min(如浓度为 1%～1.5%的硝酸溶液)。

⑤清水冲洗至中性。

6. 奶罐的清洗流程

①冷纯水冲洗……………………0.5min(产品回收)

②排出………………………………1min

③水洗………………………………3min

④排出………………………………1min

⑤热碱液循环………………………6min

⑥排出………………………………1min

⑦热水循环(90℃)…………………3min

⑧排出………………………………1min

(三)CIP 清洗的优点

1. 清洗成本低,水、清洗液、杀菌剂及蒸汽的消耗量少;

2. 安全可靠,设备无需拆卸,不必进入大型乳罐;

3. 清洗效果好,按设定程序进行,减少和避免了人为失误。

(四)CIP 系统设计

CIP 设备一般包括清洗液贮罐、喷洗头子、送液泵、管路管件以及程序控制装置,连同带清洗的全套设备,组成一个清洗的全套设备,组成一个清洗循环系统,根据所选定的最佳工艺条件,预先设定的最佳工艺条件,预先设定程序,输入电子计算机,进行全自动操作。不仅设备无需拆卸,效率高,而且安全可靠,有效地减少了人为失误,同时降低了生产成本。图 4-9 为就

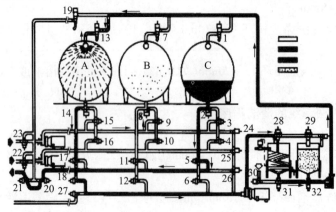

图 4-9　就地清洗系统流程图

地清洗系统流程图,图中容器 A 正在进行就地清洗,容器 B 正在泵入生产过程中的用料;容器 C 正在出料。管路上的阀门 1~32 均为自动截止阀,根据控制部门的讯号进行执行开关指令。

 复习思考题

1. 影响牛乳分离效果的因素有哪些?
2. 加热对乳性质的影响。
3. 均质的原理及影响均质效果的因素?
4. 乳浓缩的目的。
5. CIP 清洗的优点。

第四章 乳制品生产常用的加工处理

第五章　乳制品生产的辅助原料

第一节　主要辅料的种类、性质及应用

乳制品生产的主要辅助材料有水、甜味剂、稳定剂、防腐剂、香料和着色剂等。

一、水

乳制品厂用水大致可以分为以下几种类型：

1. 生产用水

生产用水用于乳品包装容器(玻璃瓶、金属罐、塑料容器等)的清洗、一般乳饮料的调配、设备及附属器具的清洗等，用量最多。

2. 生活饮用水

除生产用水之外的直接用于工艺生产的用水，如原料的清洗和加工、成品的杀菌冷却、工器具的清洗等。这种水必须达到国家规定的生活饮用水规定指标。

3. 锅炉用水

4. 冷却循环用水

由于其冷却水用量很大，工厂多进行循环利用。冷却用水的水质没有严格要求，冷却用水只要不混入饮料内，其水质就不需要达到饮用水的标准。硬水易结垢，可以考虑软化，但没有必要去除其色泽和气味等。

5. 消防用水

乳制品厂应按建筑防火要求在主厂房、辅助厂房、仓库、办公楼等及其周围设置消防给水设施。

6. 再使用水

乳制品生产过程中产生的一定量的洗瓶、洗罐废水和杀菌冷却水等，经一定的回收处理后，可用于冷却循环水的补充及清洁、卫生、盥洗、绿化等，以节约水的消耗。

二、甜味剂

甜味剂(sweetener sweetening agent)是赋予食品甜味为主要目的的食品添加剂。甜味剂有很多分类方法，按其营养价值，可分为营养性甜味剂和非营养性甜味剂两类。营养性甜味剂的特点是其本身含有热量，主要是碳水化合物。甜度与蔗糖相同的甜味剂，其热值为蔗糖热值的2%以上时为营养性甜味剂。营养性甜味剂包括蔗糖、果糖、葡萄糖、乳糖、麦芽糖、异构糖浆等及多元醇和糖苷类，如麦芽糖醇、山梨糖醇和木糖醇等。营养性甜味剂不仅能赋予食品以甜味，还具有较高的营养价值。

非营养性甜味剂的热值为蔗糖的2%以下，又称低热量或无热量甜味剂，几乎不提供热量，在食品中不占有体积，例如糖精、甜蜜素、阿斯巴甜、阿力甜、甜菊苷、甘草甜、三氯蔗糖及新陈

皮苷二氢查尔酮等。

按其甜度,甜味剂可分为大量甜味剂(bulk sweetener)和高强度甜味剂(intense sweetener)。低甜度甜味剂例如蔗糖、异构糖浆属大量甜味剂,在甜味剂中目前仍占有重要位置。甜度极高的非营养性甜味剂均为高强度甜味剂。

按其来源,甜味剂可分为天然甜味剂和合成甜味剂。天然甜味剂包括糖和糖的衍生物以及非糖天然甜味剂两类。合成甜味剂是人工合成的非营养性甜味剂,有些虽是合成但也是天然存在的,例如 D - 山梨醇等,有些则是纯合成的,例如糖精钠等。

甜味剂是目前乳制品中添加的主要调味剂之一。如糖精钠用于乳酸饮料、冰淇淋等;酸奶中除可加蔗糖外,还可加一些低热量的甜味剂,如天冬甜素等。要注意的是,蔗糖除赋予甜味外,还能提供热能,所以也可当做原料。D - 山梨醇,能赋予冰淇淋甜味和"浓厚感",防止其干燥,使之有"细腻感",同时增进维生素 C 稳定性。

三、稳定剂

食品中稳定剂包括增稠剂和乳化剂,下面对两者分别进行介绍。

(一)增稠剂(thickening agent)

增稠剂又称糊料、食品胶,用于提高食品黏度或形成凝胶的食品添加剂,是亲水性高分子化合物,具有胶体物质的性质。增稠剂可以改善食品的物理性质或组织状态,具有增黏、凝胶、乳化和稳定的作用。

增稠剂分天然增稠剂和合成增稠剂。根据组成,增稠剂可分为多糖类和多肽类物质。按其来源,增稠剂又可分为植物类(陆上植物和海藻)、动物类和微生物类三种类型。

增稠剂在乳制品加工过程中使用非常普遍。海藻酸、淀粉、阿拉伯胶等,在乳酸菌饮料、冰淇淋中起分散和稳定作用。明胶、果胶、琼脂、海藻酸钠、燕麦胶、羧甲基纤维素钠可使冰淇淋组织性状改变,外观滑润、细腻,并有一定的稠度、硬度,提高了凝结力和膨胀率,可防止砂糖结晶析出或形成粗糙的冰屑;酪蛋白和酪蛋白酸钠可应用于乳酪起稳定、强化作用。稳定剂中的柠檬酸钠和磷酸氢二钠,在稀奶油中,可防止均质时稠度过大而影响效果;在炼乳中,可避免乳中酪朊酸盐 - 磷酸盐粒子与乳浆处于不平衡状态,当在较低温度时乳会因 Ca^{2+}、Mg^{2+} 过剩而凝固,这时添加以上两种稳定剂,可起稳定作用。在炼乳生产中,浓缩前添加万分之几的乙二胺四乙酸或其钠盐也对防止甜炼乳变稠起稳定作用。

(二)乳化剂(emulsifier)

乳化剂是用来提高乳浊液稳定性的食品添加剂。乳化剂分子内具有亲水和亲油两种基团,是能显著降低表面张力的表面活性剂。乳化剂易在水和油的界面形成界面层或吸附层,将一方很好地分散于另一方,使互不相溶的两种液体形成稳定的乳浊液。

乳化剂的种类繁多,分类方法也有多种,例如按来源可分为天然乳化剂和合成乳化剂。按其溶解性可分为水溶性乳化剂和油溶性乳化剂。按其在水中是否解离成离子,可分为离子型乳化剂和非离子型乳化剂。按其在水中显示活性部分的离子可分为阳离子型乳化剂和阴离子型乳化剂。按其作用分,可分为水包油型乳化剂和油包水型乳化剂。此外还有按如下特性进行分类的:

①按亲水基团在水中所带的电荷分类;

②按亲油基团分类;

③按亲水亲油平衡值(HLB 值)分类;

④按与水相互作用时乳化剂分子的排列分类;

⑤按在不同物质中的溶解性分类;

⑥按晶体形状(晶型)分类。

乳化剂能使乳品形成稳定的乳浊液,如甘油－硬脂酸酯,用于奶油粉制造,可使微细的脂肪球与脱脂乳或干酪的蛋白质形成稳定的乳化状态,喷雾成奶油粉后,在奶油颗粒表面形成蛋白质薄壳,防止游离脂肪的大量生成,有利于成品保藏;脂肪酸甘油酯可用于冰淇淋乳化;脂肪酸蔗糖酯用于奶油和冰淇淋,可提高冰淇淋起泡性,改善舌触感,增强稳定性,并能防止冰晶析出,抑制乳浆分离;它还可用作速溶奶粉和咖啡的乳化剂;甘油－硬脂酸酯、山梨醇酐－卵磷脂等,可增强冰淇淋乳化作用。

四、防腐剂

一般来说,为了防止食品由于微生物生长引起腐败而使用的食品添加剂称为防腐剂(preservative)。它对微生物有杀灭或抑制其生长的作用,防止食品的腐败变质,因而可以提高食品的保藏期限。

防腐剂按其来源可以分为有机和无机两类。有机防腐剂主要有苯甲酸及其盐类、山梨酸及其盐类、对羟基苯甲酸酯类和丙酸盐类。无机防腐剂有二氧化硫、亚硫酸盐类等。按用途又可分为防腐剂和漂白剂。无机防腐剂兼有漂白作用。此外还有乳酸链球菌肽等肽类抗菌素。目前我国允许使用的防腐剂共 28 中。某些乳制品为了提高其保藏性,往往需要使用防腐剂,但不同种类的乳制品需要选则不同的防腐剂和合理使用量。

在乳和乳制品中防腐剂主要使用品种如下:

1. 山梨酸及其钾盐

在干酪、发酵乳及乳酸饮料中使用,对霉菌、酵母和好氧性微生物有抑制作用,但对厌氧性芽孢菌和嗜酸性乳杆菌无抑制作用。

2. 脱氢醋酸及其钠盐

在奶油、干酪中使用,除对腐败菌、病原菌有抑制作用外,还对霉菌、酵母菌有抑制作用。

五、香料

食用香料(flavoring agent)是能赋予食品以香气,同时赋予食品特殊滋味的食品添加剂。

食用香料一般是由各种天然或合成的香料合成的香料原料或其相互调和而成的调和香料。香味成分是极其复杂的,任何一种香味往往是多达十几种、几十种乃至上百种香气成分组成的,因此调香是一门科学。构成某一香味中的各种香气成分或用于制造某一香型香料所用的各种香料原料在构成香味时都是有一定作用的。调和香料一般由主香剂、顶香剂、辅香剂和保香剂 4 种基本成分组成,此外调和香料时还需使用稀释剂。

香料有很多中分类方法,主要有:

1. 按香料原料分类

可分为天然香料和合成香料。天然香料包括植物性香料和动物性香料。动物性香料仅有 4

种,即麝香、灵猫香、海狸香和龙涎香。植物性香料一般是从香料植物的不同组织用压榨、浸提和蒸馏方法提取的,包括香精油、油树脂、精油、酊、浸膏和果蔬汁加工的回收香液等。合成香料是用化学合成方法,仿照天然香气成分制造的香料,有天然等同香料和人造香料两种类型。

2. 按香料成分分类

可分为单一香料和复合香料。单一香料可以是天然香料也可以是人造香料。另外非人工复合的香料也称单一香料,例如精油等天然香料原料也属单一香料。复合香料为由各种香料原料调和而成的各种类型的调合香料。

3. 按香料形态分类

可分为水溶性香料、油溶性香料、乳化香料和粉末香料。

乳制品中雪糕和冰淇淋使用香料较为普遍。在雪糕和冰淇淋生产中使用最多的是香草型香料,以及草莓、巧克力、柠檬、橘子等水果香型香料。其用量根据产品种类和香料种类不同,一般在0.02%~0.1%。在料液温度降低到10~15℃时,或者是在料液凝冻机内搅拌开始凝冻时添加。

六、着色剂

着色剂又称为食用色素(food colour)是以食品着色为目的而使用的一类食品添加剂。着色剂可以保持或改善食品的色泽,产生美感提高感官性状,不仅能提高食品的商品价值,还能增进食欲。发色剂与着色剂不同,发色剂是促进食品自身发色能力或为稳定食品原有色素而使用的食品添加剂,发色剂本身一般是无色的。

着色剂按其来源可以分为合成色素和天然色素,按其性状可分为水溶性色素和脂溶性色素。

合成色素是用人工化学合成方法制得的色素,包括无机色素和有机色素共25中,其中无使用标准的合成色素有4种,即β-胡萝卜素、降胭脂树钠和钾、叶绿素铁。合成焦油色素为有机色素,按其化学结构可分为偶氮类色素和非偶氮类色素。偶氮类色素又分为水溶性和油溶性两类,其中油溶性偶氮色素不溶于水,而且进入人体后不易排出体外,毒性较大,故现在世界各国基本不用油溶性焦油色素。

天然色素包括食品原料中所含的天然物及其合成品,此外还包括天然物质或色素变化而成的天然衍生体,以及从日常生活中不能食用的食品、植物和昆虫等中提取的色素。原来是天然的现用合成法制造的有β-胡萝卜素和核黄素。天然β-胡萝卜素价值高,但不稳定,且常混入不纯物,因此一般用合成法制造。

一般来说,天然色素安全,色泽自然,有些还具有一定的营养价值或药理作用。人工合成色素价廉,水溶性好,着色力强,色泽艳丽且均匀、稳定,有一定毒性。

着色剂在乳制品中的使用也比较多。天然色素,如β-胡萝卜素等,可赋予奶油很好的淡黄色,又是维生素原,具有一定的营养价值。其他植物类色素,如胭脂树橙(安那妥),可用于干酪和冰淇淋着色。

第二节 辅料的质量标准和卫生要求

一、水的质量标准和卫生要求

水是乳制品生产的重要原料之一,水质的优劣直接影响产品的质量。

(一)生产用水

生产用水不仅要符合饮用水标准,有时还要求用软化水,需要去除其中溶解的盐类。在清洗工序,水中的金属离子有时会在附属设备的表面或瓶底生成不应有的附属物,或在热交换器的表面结垢,因此容器设备的清洗用水的硬度应控制在 50mg/L 以下,Fe^{2+} 等金属离子的含量必须符合城市自来水的标准规定。

(二)生活饮用水质量标准和卫生要求

生活饮用水必须符合国家规定的《生活饮用水卫生标准》(GB 5749,见表 5 – 1)。城、乡自来水厂均需达到国家标准后才能供水。

表 5 – 1　生活饮用水卫生标准 (GB 5749)

	项目	指标
感官性状和一般化学指标	色度(铂钴色度单位)	色度不超过 15 度,并不得呈现其他异色
	浑浊度(NTU – 散射浊度单位)	不超过 1 度,水源与净水技术条件限制时为 3 度
	臭和味	无异臭、异味
	肉眼可见物	不得含有
	pH(pH 单位)	不小于 6.5 且不大于 8.5
	铝/(mg/L)	0.2
	铁/(mg/L)	0.3
	锰/(mg/L)	0.1
	铜/(mg/L)	1.0
	锌/(mg/L)	1.0
	氯化物/(mg/L)	250
	硫酸盐/(mg/L)	250
	溶解性总固体/(mg/L)	1000
	总硬度(以 $CaCO_3$ 计)/(mg/L)	450
	耗氧量(CODMn 法,以 O_2 计)/(mg/L)	3
	水源限制,原水耗氧量 >6mg/L 时为	5
	挥发酚类(以苯酚计)/(mg/L)	0.002
	阴离子合成洗涤剂/(mg/L)	0.3
毒理学指标	砷/(mg/L)	0.01
	镉/(mg/L)	0.005
	铬/(六价)/(mg/L)	0.05
	铅/(mg/L)	0.01
	汞/(mg/L)	0.001
	硒/(mg/L)	0.01

表 5 - 1 （续）

项目	指标
氰化物/（mg/L）	0.05
氟化物/（mg/L）	1.0
硝酸盐/（以 N 计）/（mg/L）	10
地下水源限制时为	20
三氯甲烷/（mg/L）	0.06
四氯化碳/（mg/L）	0.002
溴酸盐（使用臭氧时）/（mg/L）	0.01
甲醛（使用臭氧时）/（mg/L）	0.9
亚氯酸盐（使用二氧化氯消毒时）/（mg/L）	0.7
氯酸盐（使用复合二氧化氯消毒时）/（mg/L）	0.7

毒理学指标（左侧跨行标题）

微生物指标	项目	指标
	总大肠菌群（MPN/100mL 或 CFU/100mL）	不得检出
	耐热大肠菌群（MPN/100mL 或 CFU/100mL）	不得检出
	大肠埃希氏菌（MPN/100mL 或 CFU/100mL）	不得检出
	菌落总数（CFU/mL）	100
放射性指标	总 α 放射性（Bq/L）	0.5
	总 β 放射性（Bq/L）	1

（三）乳饮料用水标准

乳饮料用水除了符合我国《生活饮用水卫生标准》外，根据乳饮料工艺用水要求还应符合《软饮料用水标准》（如表 5 - 2 所示）。此外，乳饮料企业还可按其产品要求，提出高于《软饮料用水标准》的企业标准。

表 5 - 2　软饮料用水标准

项目名称	指标	项目名称	指标
浊度/度	<2	高锰酸钾消耗量/（mg/L）	<10
色度/度	<5	总碱度（以 CaCO₃计）/（mg/L）	<50
味及臭气	无味、无臭	游离氯/（mg/L）	<0.1
总固形物/（mg/L）	<500	细菌总数/（个/mL）	<100
总硬度（以 CaCO₃计）/（mg/L）	<100	大肠菌群/（个/L）	<3
铁（以 Fe 计）/（mg/L）	<0.1	致病菌	不得检出
锰（以 Mn 计）/（mg/L）	<0.1		

（四）锅炉用水

锅炉用水水质标准如表 5 - 3 所示。

表5-3 低压锅炉水质标准

项目		给水			锅水		
额定蒸汽压力/MPa		≤1.0	>1.0 ≤1.6	>1.6 ≤2.5	≤1.0	>1.0 ≤1.6	>1.6 ≤2.5
悬浮物含量/(mg/L)		≤5			—	—	—
总硬度/(mmol/L)		≤0.03			—	—	—
总碱度/(mmol/L)	无过热器	—	—	—	6~26	6~24	6~16
	有过热器					≤14	≤12
pH(25℃)		≥7			—	—	—
溶解氧含量/(mg/L)		≤0.1	≤0.1	≤0.5	—	—	—
SO_3^{2-}含量/(mg/L)		—			—	10~30	10~30
PO_4^{3-}/(mg/L)		—			—	10~30	10~30
相对碱度($\frac{游离NaOH}{溶解固形物}$)		—	—	—	—	<0.2	<0.2
含油量/(mg/L)		—	≤2	—	—	—	—

(五)冷却循环用水

冷却用水的水质没有严格要求,冷却用水只要不混入饮料内,其水质就不需要达到饮用水的标准。硬水易结垢,可以考虑软化,但没有必要去除其色泽和气味等。具体如表5-4所示。

表5-4 循环、冷却水的水质标准

项目	单位	要求和使用条件	允许值
悬浮物	mg/L	根据生产工艺要求确定	≤20
		换热设备为板式、翅片管式、螺旋板式	≤10
pH	mg/L	根据药剂配方确定	7.0~9.2
甲基橙碱度	mg/L	根据药剂配方及工况条件确定	≤500
Ca^{2+}	mg/L	根据药剂配方及工况条件确定	30~200
Fe^{2+}	mg/L	—	<0.5
Cl^-	mg/L	碳钢换热设备	≤1000
		不锈钢换热设备	≤300
		[SO_4^{2-}]与[Cl^-]之和	≤1500
SO_4^{2-}	mg/L	对系统中混凝土材质的要求按现行《岩土工程勘察规范》GB50021的规定执行	—

表5-4 （续）

项目	单位	要求和使用条件	允许值
硅酸	mg/L	—	≤175
		[Mg^{2+}]与[SiO_2]的乘积	<15000
游离氯	mg/L	在回水总管处	0.5~1.0
石油类	mg/L	—	<5
		炼油企业	<10

注:①甲基橙碱度以 $CaCO_3$ 计。

②硅酸以 SiO_2 计。

③Mg^{2+} 以 $CaCO_3$ 计。

（六）消防用水

乳制品厂应按建筑防火要求在主厂房、辅助厂房、仓库、办公楼等及其周围设置消防给水设施。

二、白砂糖的质量标准及卫生要求

白砂糖是乳制品生产过程中重要的辅料之一,其质量标准及卫生要求应符合国家标准 GB 317—2006《白砂糖》的要求。现将该国家标准中有关内容介绍如下:

1. 级别

白砂糖分为精制、优级、一级和二级共四个级别。

2. 感官要求

(1)晶粒均匀,粒度在下列某一范围内应不少于80%:

——粗粒:0.80mm~2.50mm;

——大粒:0.63mm~1.60mm;

——中粒:0.45mm~1.25mm;

——小粒:0.28mm~0.80mm;

——细粒:0.14mm~0.45mm。

(2)晶粒或其水溶液味甜、无异味。

(3)干燥松散、洁白、有光泽,无明显黑点。

3. 理化指标

白砂糖的各项理化指标见表5-5。

表5-5 白砂糖的各项理化指标

项目		指标			
		精制	优级	一级	二级
蔗糖分/%	≥	99.8	99.7	99.6	99.5
还原糖分/%	≤	0.03	0.04	0.10	0.15
电导灰分/%	≤	0.02	0.04	0.10	0.13

表 5-5 （续）

项目	指标			
	精制	优级	一级	二级
干燥失重/% ≤	0.05	0.06	0.07	0.10
色值/IU ≤	25	60	150	240
混浊度/MAU ≤	30	80	160	220
不溶于水杂质/（mg/kg） ≤	10	20	40	60

4. 卫生要求

（1）二氧化硫

白砂糖的二氧化硫指标见表 5-6。

表 5-6　白砂糖的二氧化硫指标

项目	指标			
	精制	优级	一级	二级
二氧化硫（以 SO_2 计）/（mg/kg） ≤	6	15	30	30

（2）其他指标

白砂糖的砷、铅、菌落总数、大肠菌群、致病菌、酵母菌、霉菌、螨等项目的指标应符合 GB 13104《食糖卫生标准》的要求。

三、食品添加剂的质量标准及卫生要求

乳及乳制品富含人体所需的各种营养成分，是一类理想的保健食品。但在生产中为了改善乳品的品质和色、香、味以及为了防腐和加工工艺的需要，我们往往要添加一些化学或天然的物质，也就是食品添加剂。

目前应用于乳及乳制品中的主要食品添加剂有防腐剂、抗氧化剂、稳定剂、调味剂、强化剂、发酵剂、酶制剂、中和剂、着色剂和香料等。这些食品添加剂在乳制品的使用规范应符合国家标准 GB 2760《食品安全国家标准　食品添加剂使用标准》中的相关规定。

第三节　乳制品生产的包装材料

一、包装材料的种类、特性及应用

（一）食品包装材料的种类、特性及应用

商品包装在商品流通和销售过程中的重要意义已受到人们的公认。在科学蓬勃发展的今天，人们更加不断寻求新型的包装材料，以满足不同商品在不同流通过程中的需要。

包装材料的研究与开发很受包装企业和有关部门的重视，因此，包装材料产业发展十分迅速。包装材料的种类与适用食品包装范围见表 5-7。

表 5 - 7　食品包装材料种类与适用范围

包装材料	包装容器类型	适用范围
竹、木包装材料	箱、桶、盒	水果、干果(蜜饯、果脯类)、酒类等外包装
纸及纸板材料	牛皮纸袋、纸盒、纸箱、瓦楞纸箱、复合纸罐、纤维硬纸桶	水果、糖果、糕点、肉制品、酱制品、水产制品
棉麻袋材料	布袋、麻袋	粮食、花生、黄豆、白砂糖、面粉等
金属材料	桶、盒、罐	茶叶、植物油、饼干、饮料、干果等
玻璃陶瓷	桶、瓶、罐等容器	调味品、饮料、腌制品、酒类等
塑料材料	聚乙烯、聚丙烯、聚苯乙烯、聚氯乙烯、聚偏二氯乙烯、聚酯等制成的袋与瓶	各类加工小食品、糕点、矿泉水、白糖、粮食、饮料等
复合材料	塑料与纸、铝箔复合制成的袋	肉制品、防潮防氧化食品等

(二)乳制品包装材料的种类、特性及应用

目前,乳及乳制品包装按照乳制品种类不同,包装材料也不尽相同。

1. 液态奶包装

①巴氏杀菌奶包装:玻璃瓶是巴氏奶常见的包装容器,可反复使用。回收的玻璃瓶经过清洗、灭菌消毒处理,在自动灌装机上充填灌装,铝箔或浸蜡纸板封瓶。

复合纸盒是目前已比较盛行的鲜乳包装,也可采用多层塑料袋包装,如铝箔与 PE 薄膜复合制成的"自立袋"。

②超高温灭菌奶包装:经高温短时和超高温瞬时灭菌(HTST 和 UHT)的鲜乳,采用多层复合材料随即进行无菌包装,常温下可贮存半年到一年,并有效保存了鲜乳中的风味和营养成分。

③酸奶的包装:主要采用玻璃瓶,也可采用铝箔复合材料热合密封的塑料热成型杯及屋顶形纸盒无菌包装。

2. 粉末乳制品的包装

奶粉制品保存的要点是防止受潮和氧化,阻止细菌的繁殖,避免紫外光的照射,包装一般采用防潮包装材料,如涂铝 BOPP/PE、K 涂纸/AI/PE、BOPP AI/PE、纸/PVDC/PE 等复合材料,也可采用真空充氮包装,如使用金属罐充氮包装等。

3. 干酪、奶油包装

①干酪:干酪包装主要是防止发霉和酸败,其次是保持水分以维持其组织柔韧且免于失重。干酪在熔融状态下进行包装,抽真空并充氮气,这样保存时间较长,但要求包装材料能够耐高温,避免熔融乳酪注入时变性。用聚丙烯片材压制成型的硬盒耐高温性能好,在 120℃以上时能保持强度,适用于干酪的熔融灌装。

新鲜干酪和干酪的软包装要用复合材料,常用的有:PT/PVDE/PE、PET/PE、BOPP/PVDE/PE、NY/PVDE/PE 以及复合铝箔和涂塑纸制品,多采用真空包装。短时间存放的干酪可用单层薄膜包装,价格便宜,常用的有 PE、PT、EVA、PP,多采用热收缩包装。

②奶油:奶油中脂肪含量很高,极易发生氧化变质,也很容易吸收周围环境中的异味,要求包装材料有优良的阻气性,不透氧、不透香气、不串味,其次是耐油。奶油一般的包装可采用羊

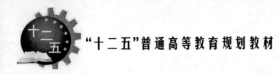

皮纸、防油纸、铝箔/硫酸纸或铝箔/防油纸复合材料进行包裹。要求较高的采用涂塑纸板或铝箔复合材料制成的小盒,PVC、PS、ABS 等片材热成型盒,共挤塑料盒和纸/塑复合材料盒等包装,以 Al/PE 复合材料封口。

(三)乳制品包装的要求

根据乳制品的特性,结合现代营销观念,乳制品包装的要求可归纳如下。

1. 防污染、保安全　这是食品包装最基本的要求

乳制品营养丰富而且平衡,是微生物理想的培养基,极易受微生物侵染而变质。合适的加工方法,结合有效的包装可以防止微生物的侵染,同时杜绝有毒、有害物质的污染,保证产品的卫生安全。

2. 保护制品的营养成分及组织状态

通过合理的包装可保证制品营养成分及组织状态的相对稳定。乳中的脂肪是乳制品独特的风味来源,很容易发生氧化反应而变味,多种因素可促进这一变化,如热、光和金属离子等,合理的包装可有效延缓这一反应;乳中的维生素和生物活性成分很容易受光、热和氧的影响而失去活性,通过避光保存,可保护乳制品的营养价值。此外,密封包装可防止奶粉吸潮或内容物的水分蒸发,还可阻断外来物的污染。凝固型酸奶的包装要具备防震功能。冰淇淋的包装要防止组织变形。

3. 方便消费者

从产品的开启到食用说明,从营养成分到贮藏期限,所有包装上的说明及标示都是为了使消费者食用更方便,更放心。如易拉罐的拉扣、利乐包上的吸管插孔、适合远足的超高温灭菌乳,任何一种包装上的更新都显示着这一发展趋势。

4. 方便批发、零售

制品从生产者到消费者手中必须经过这一途径,所有的包装,包括包装材料、包装规格等,必须适合批发和零售的要求。

5. 具有一定商业价值

现代包装从包装设计初始即将其产品定位、市场估测列为调查的一项重要内容。首先,产品的包装可展示其内容物的档次,高档的制品其包装也精美,给人卫生可靠的感觉,但价格也高;其次,产品的包装要赢得消费者的好感,从颜色、图案等方面吸引消费者注意,增强其市场竞争能力,起到一个很好的广告效应。

6. 满足环保要求

由于越来越严重的环境污染,现代包装开始关注环保要求。用后的包装材料应能重新利用,或能采用适当的方法销毁,或能自然降解,不会对环境带来污染。如爱克林手提包装袋,可在阳光照射下降解。

二、包装的质量及卫生要求

1. 食品包装材料的主要卫生指标

食品包装材料的卫生指标主要包括:蒸发残渣(乙酸、乙醇、正己烷)、高锰酸钾消耗量、重金属、残留毒素等。

在食品容器、包装材料的卫生标准中,均以各种液体来浸泡,然后测定这些液体的有关成分的迁移量。溶剂的选择以食品容器、包装材料接触食品的种类而定,按照不同物理状态下,一般用化学物质,如蒸馏水(代表中性食品)、4% 乙(醋)酸(代表酸性食品)、8% ~60% 乙醇(代表含有酒精的食品)、正己烷(代表油脂食品);浸泡后的蒸馏水溶剂中的高锰酸钾消耗量或叫做耗氧量(代表向食品中迁移的总有机物质及不溶性物质的量);脱色试验;其他根据易造成食品污染的砷、氟、重金属(铅、镉、锑、锗、钴、铬、锌)、有机物单体残留物、裂解物(氯乙烯、苯乙烯、酚类、丁腈胶、甲醛)、助剂、老化物等有害元素的测定。蒸发残渣代表向食品中迁移的总可溶性及不溶性物质的量,它反映食品包装袋在使用过程中接触到液体时析出残渣、重金属、荧光性物质、残留毒素的可能性。

如果用这样的食品包装盛装食品,食品就会受到不同程度的污染,人们食用后毒素就会进入人体,长期沉积在内脏器官,引起慢性中毒。特别是人体中过量的重金属会减弱人体免疫功能,损伤神经、造血和生殖系统,尤其是对处于成长期的儿童和青少年的身体和智力发育产生阻碍减缓甚至不可逆转的毒副作用。

2. 食品包装材料和容器的卫生标准

食品包装用材料及容器的卫生与安全性直接关系到食品的卫生安全。美国 FDA 把食品包装用材料及容器作为食品添加剂,控制其卫生和安全性。我国历来重视食品包装材料及容器的卫生和安全,为此制定了一系列完备的国家标准,包括纸、塑料、涂覆材料等。食品包装用材料及容器的卫生标准见表5-8。

表5-8 食品包装用材料及容器的卫生标准

材料种类	标准代号	标准名称
纸	GB 11680—1989	食品包装用原纸卫生标准
塑料	GB 4803—1994	食品容器、包装材料用聚氯乙烯树脂卫生标准
	GB 9681—1988	食品包装用聚氯乙烯成型品卫生标准
	GB 9683—1988	复合食品包装袋卫生标准
	GB 9687—1988	食品包装用乙烯成型品卫生标准
	GB 9688—1988	食品包装用聚丙烯成型品卫生标准
	GB 9689—1988	食品包装用聚苯乙烯成型品卫生标准
	GB 9690—2008	食品包装用三聚氰胺成型品卫生标准
	GB 9691—1988	食品包装用聚乙烯树脂卫生标准
	GB 9692—1988	食品包装用聚苯乙烯树脂卫生标准
	GB 9693—1988	食品包装用聚丙烯树脂卫生标准
	GB 13113—1991	食品容器及包装材料用聚对苯二甲酸乙二醇酯成型品卫生标准
	GB 13114—1991	食品容器及包装材料用聚对苯二甲酸乙二醇酯树脂卫生标准
	GB 13115—1991	食品容器及包装材料用不饱和聚酯树脂及其玻璃钢制品卫生标准
	GB 13116—1991	食品容器及包装材料用聚碳酸酯树脂卫生标准
	GB 14942—1994	食品容器、包装材料用聚碳酸酯成型品卫生标准
	GB 14944—1994	食品包装材料用聚氯乙烯瓶盖垫片及粒料卫生标准
	GB 9683—1988	复合食品包装袋卫生标准

表5-8 （续）

材料种类	标准代号	标准名称
涂覆材料	GB 4805—1994	食品罐头内壁环氧酚醛涂料卫生标准
	GB 7105—1986	食品容器过氯乙烯内壁涂料卫生标准
	GB 9680—1988	食品容器漆酚涂料卫生标准
	GB 9682—1988	食品罐头内壁脱模涂料卫生标准
	GB 9686—2012	食品安全国家标准 食品容器内壁环氧聚酰胺树脂涂料
	GB 11676—2012	有机硅防粘涂料
	GB 11677—2012	食品安全国家标准 易拉罐内壁水基改性环氧树脂涂料
	GB 11678—1989	食品容器内壁聚四氟乙烯涂料卫生标准
其他	GB 4804—1984	搪瓷食具容器卫生标准
	GB 9684—2011	食品安全国家标准 不锈钢制品
	GB 11333—1989	铝制食具容器卫生标准
	GB 13121—1991	陶瓷食具容器卫生标准
	GB 14147—1993	陶瓷包装容器铅、镉溶出量允许极限
	GB 4806.1—1994	食品用橡胶制品卫生标准
	GB 9685—2008	食品容器、包装材料用添加剂使用卫生标准
	GB 14967—1994	胶原蛋白肠衣卫生标准

为严格和规范执行国家有关食品包装材料和容器的卫生标准，有国家质量监督检验检疫总局、卫生部、国家标准化管理委员会批准实施的包装用材料及容器相关国家标准，见表5-9。

表5-9 中国食品包装用材料及容器卫生标准分析方法标准

材料种类	标准代号	标准名称
纸	GB/T 5009.78—2003	食品包装用原纸卫生标准的分析方法
塑料	GB/T 4615—2008	聚氯乙烯树脂 残留氯乙烯单体含量的测定 气相色谱法
	GB/T 5009.122—2003	食品容器、包装材料用聚氯乙烯树脂及成型品中残留1,1-二氯乙烷的测定
	GB/T 5009.67—1996	食品包装用聚氯乙烯成型品卫生标准的分析方法
	GB/T 5009.71—2003	食品包装用聚丙烯树脂卫生标准的分析方法
	GB/T 5009.60—2003	食品包装用聚乙烯、聚苯乙烯、聚丙烯成型品卫生标准的分析方法
	GB/T 5009.61—2003	食品包装用三聚氰胺成型品卫生标准的分析方法
	GB/T 5009.58—2003	食品包装用聚乙烯树脂卫生标准的分析方法
	GB/T 5009.59—2003	食品包装用聚苯乙烯树脂卫生标准的分析方法
	GB/T 5009.71—2003	食品包装用聚丙烯树脂卫生标准的分析方法
	GB/T 5009.98—2003	食品容器及包装材料用不饱和聚酯树脂及其玻璃钢制品卫生标准分析方法
	GB/T 5009.99—2003	食品容器及包装材料用聚碳酸酯树脂卫生标准的分析方法

表 5 – 9（续）

材料种类	标准代号	标准名称
塑料	GB/T 5009.100—2003	食品包装用发泡聚苯乙烯成型品卫生标准的分析方法
	GB/T 5009.125—2003	尼龙6树脂及成型品中己内酰胺的测定
	GB/T 5009.119—2003	复合食品包装袋中二氨基甲苯的测定
涂覆材料	GB/T 5009.69—2008	食品罐头内壁环氧酚醛涂料卫生标准的分析方法
	GB/T 5009.68—2003	食品容器内壁过氯乙烯涂料卫生标准的分析方法
	GB/T 5009.70—2003	食品容器内壁聚酰胺环氧树脂涂料卫生标准的分析方法
	GB/T 5009.80—2003	食品容器内壁聚四氟乙烯涂料卫生标准的分析方法
金属	GB/T 5009.72—2003	铝制食具容器卫生标准的分析方法
	GB/T 5009.81—2003	不锈钢食具容器卫生标准的分析方法
其他	GB/T 5009.62—2003	陶瓷制食具容器卫生标准的分析方法
	GB/T 5009.64—2003	食品用橡胶垫片（圈）卫生标准的分析方法

3. 食品包装材料中不得使用的有毒有害物质

提供安全卫生的包装食品是人们对食品厂商的最基本要求。食品包装各个环节的安全与卫生问题,可大致从3个方面去考察:包装材料本身的安全性与卫生性,包装后食品的安全性与卫生性及包装废弃物对环境的安全性。

包装材料的安全与卫生问题主要来自包装材料内部的有毒、有害成分对包装食品的迁移和溶入。我国规定不得使用酚醛树脂用于制作食具、容器、生产管道、输送带等直接接触食品的包装材料;氯丁胶一般不得用于制作食品用橡胶制品,氧化铅、六甲四胺、芳胺类、ot – 巯基咪唑啉、ot – 巯醇基苯并噻唑(促进剂 M)、二硫化二甲并噻唑(促进剂 DM)、乙苯 – β – 萘胺(防老剂 J)、对苯二胺类、苯乙烯代苯酚、防老剂 124 等不得在食品用橡胶制品中使用;我国规定在食品工业中使用的橡胶制品的着色剂应是氧化铁、钛白粉。因此在外观上规定用红、白两种色泽的橡胶为食品工业用,强调黑色的橡胶制品为非食品工业用;容器内壁涂料不得使用极毒或高毒的助剂。陶瓷器、搪瓷食具、金属、玻璃食具容器原料不得使用有害金属,金属食具原料混有铅、镉等有害金属或其他化学毒物,国内曾发生用镀锌铁皮容器制作饮料,饮用后发生食品中毒,国家规定白铁皮不准用于食品机械部分,食品工业中应用的大部分为黑铁皮;在高档玻璃器皿中如高脚酒杯往往添加铅化合物,这是玻璃器皿中较突出的卫生问题;不得使用废旧回收纸作为制纸原料,因为废旧回收纸虽然经过脱色只是将油墨颜料脱去,而铅、镉、多氯联苯等仍可留在纸浆中;在食品包装用纸中严禁使用荧光增白剂,使用食品包装级石蜡,注意玻璃纸软化剂问题,应符合 GB 11680《食品包装用原纸卫生标准》要求;复合薄膜食品包装袋采用聚氨酯型黏合剂,带来甲苯二异氰酸酯(TDI),在食品蒸煮时,会迁移至食品中并水解生成具有致癌性的 2,4 – 二氨基甲苯(TDA),应符合 GB 9683《复合食品包装袋卫生标准》;食品中的微生物超标有的也是由于不合格的包装材料、容器引起的,尤其是质量不卫生安全的纸包装用品、皮革、天然橡胶、木材等材料容易造成食品尤其是液体食品发生霉菌(真菌)污染问题。

包装材料的安全与卫生直接影响包装食品的安全与卫生,为此世界各国对食品包装的安全与卫生制定了系统的标准与法规,用于解决和控制食品包装的安全卫生及环保问题。

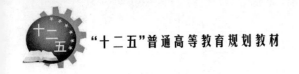

三、乳的包装设备

(一)牛奶软袋无菌包装自动线

牛奶无菌包装系统形式多样,但就其本质不外乎包装容器性状的不同,包装材料的不同和灌装前是否预成形。以下主要介绍无菌纸包装系统、吹塑成形无菌包装。

无菌纸包装广泛应用于液态乳制品、植物蛋白饮料、酒类产品以及水等的加工。纸包装系统主要分为两种类型,即包装过程中成形和预成形两种情况。

1. 纸卷成形包装系统

纸卷成形包装系统是目前使用最广泛的包装系统。包装材料由纸卷连续供给包装机,经过一系列成形过程进行灌装、封合和切割。纸卷成形包装系统主要分为两大类,即敞开式无菌包装系统和封闭式无菌包装系统。

(1)敞开式无菌包装系统

敞开式无菌包装系统的包装容量有 200mL、250mL、500mL 和 1000mL 等,包装速度一般为 3600 包/h 和 4500 包/h 两种形式。

(2)封闭式无菌包装系统

封闭式无菌包装系统最大的改进之处在于建立了无菌室,包装纸的灭菌是在无菌室内的双氧水水浴槽内进行的,并且不需要润滑剂,从而提高了无菌操作的安全性。这种系统的另一改进之处是增加了自动接纸装置并且包装速度有了进一步的提高。封闭式包装系统的包装体积范围较广,从 100~1500mL,包装速度最低为 5000 包/h,最高为 18000 包/h。

2. 预成形纸包装系统

预成形纸包装系统目前在市场上也占有一定的比例,但份额较少。这种系统纸盒是经预先纵封的,每个纸盒上压有折叠线。运输时,纸盒平展叠放在箱子里,可直接装入包装机。若进行无菌运输操作,封合前要不断地向盒内喷入乙烯气体以进行预杀菌。预成形无菌灌装机的第一功能区域是对包装盒内表面进行灭菌。灭菌时,首先向包装盒内喷洒双氧水膜。喷洒双氧水膜的方法有两种:一是直接喷洒含润湿剂的 30% 的双氧水,这时包装盒静止于喷头之下;另一种是向包装盒内喷入双氧水蒸汽和热空气,双氧水蒸汽冷凝于内表面上。

3. 吹塑成形瓶装无菌包装系统

吹塑瓶作为玻璃瓶的替代,具有成本低、瓶壁薄、传热速度快、可避免热胀冷缩的不利影响的优点。从经济和易于成形的角度考虑,聚乙烯和聚丙烯广泛用于液态乳制品的包装中。但这种材料避光、隔绝氧气能力差,会给长货架期的液态乳制品带来氧化问题,因此可以在材料中加入色素来避免这一缺陷。但此举不为消费者所接受。随着材料和吹塑技术的发展,采用多层复合材料制瓶,虽然其成本较高,但具有良好的避光性和阻氧性。使用这种包装可大大改善长货架期产品的保存性。目前市场上广泛使用的聚酯瓶就是采用了这种材料的包装。绝大部分聚酯瓶均用于保持灭菌而非无菌包装。

采用吹塑瓶的无菌灌装系统有三种类型:①包装瓶灭菌——无菌条件下灌装、封合;②无菌吹塑——无菌条件下灌装、封合;③无菌吹塑同时进行灌装、封合。

(二)TBA/19 利乐无菌包装机结构及灌装工作原理

当今世界盛行的无菌包装牛奶,使用超高温(UHT)瞬时灭菌和多层纸、塑、铝复合的纸盒,来密封包装牛奶,或称之为无菌砖,以求达到牛奶在常温下能保持6个月的保质期。这种包装特别安全,特别适合于在没有冷链运输、冷藏销售条件下的地区,特别适合于即饮即开的消费方式。国际上较典型的无菌砖有利乐公司(Tetra Pak)、国际纸业公司(International Paper)、PKL公司的康美盒。

下面以 TBA/19 利乐无菌包装机为例,介绍一下它的结构和灌装工作原理。

1. TBA/19 利乐无菌包装机各部结构

①机器左侧结构。如图5-1所示,机器左侧结构有:阀门板柜[1],横封夹爪驱动装置[2],夹爪机械系统[3],终端输送驱动装置[4],电气控制系统[6],机器上部结构[5]详见图5-3。

②机器右侧结构。如图5-2所示,机器右侧结构有:机器的控制屏幕[1],用来实现机器的工艺控制和工作状态显示;纵封贴条(LS)附帖器(SA)[2];包装材料自动送进箱(纸仓)[3]。

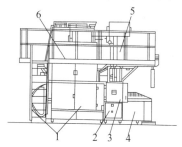 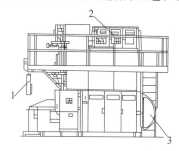

1——阀门板柜;2——横封夹爪驱动装置;

3——夹爪机械系统;4——终端输送驱动装置;

5——机器上部结构;6——电气控制系统。

图5-1 TBA/19 利乐无菌包装机左侧结构示意图

1——控制屏幕;

2——纵封贴条(LS)附帖器(SA);

3——包装材料自动送进箱(纸仓)。

图5-2 TBA/19 利乐无菌包装机右侧结构示意图

③机器上部结构。机器上部是灌装机得主要功能部分,如图5-3所示。机器上部结构有:无菌空气喷射器(气刀)[1],包装纸扎光辊[2],上灌注管[3],双氧水浴槽[4],光电管(电眼)[5],液位浮子(浮筒)[6],产品阀[7],产品管[8],无菌空气管[9],清洗排放管(CIP)[10],液位检测器[11]是用来监测包装材料液位高度是否足够的液位传感器。

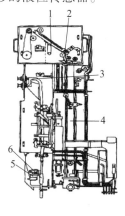 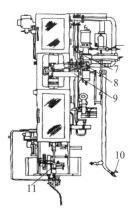

1——无菌空气喷射器(气刀);2——包装纸扎光辊;3——上灌注管;4——双氧水浴槽;

5——光电管(电眼);6——液位浮子(浮筒);7——产品阀;8——产品管;9——无菌空气管;

10——清洗排放管(CIP);11——液位检测器。

图5-3 TBA/19 利乐无菌包装机上部结构示意图

2. TBA/19 利乐无菌包装机工作原理

如图 5 – 4 所示为 TBA/19 利乐无菌包装机工作原理,其过程如下。

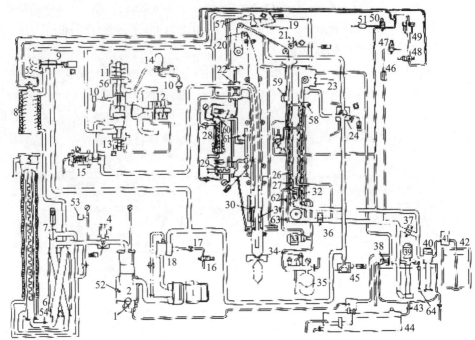

1——水环式压缩机;2——水分离器;3——浮球;4——真空阀;5——超高温加热器;6——热交换器;7——热交换阀;
8——双氧水雾化器;9——空气进入阀;10——疏水器;11——蒸汽阀(C 阀);12——产品阀(A 阀);13——无菌空气阀(B 阀);
14——蒸汽过滤器;15——液位调节阀;16——密封水电磁阀;17——恒流阀;18——洗擦器;19——气刀;20——上部送纸电机;
21——挤压滚轮;22——灌注管;23——膜片阀;24——吸气阀;25——上部双氧水循环阀;26——双氧水槽;27——水槽;
28——纵封加热器;29——纵封暂停加热器;30——产品液位探测器;31——浮筒;32——水槽水加热器;33——水循环泵;
34——安全阀;35——压力缓冲罐;36——双氧水槽灌注/排放阀;37——双氧水槽排放阀;38——安全盖(双氧水);
39——双氧水泵;40——过滤器(双氧水);41——泵;42——双氧水桶;43——双氧水罐;44——双氧水稀释槽;45——补气阀;
46——过滤器;47——双氧水杯灌注阀;48——双氧水杯喷雾阀;49——喷雾杯;50——压缩空气阀(喷雾用);
51——无菌空气过滤器;52——液位探测传感器(水);53——无菌空气压力开关;54——超高温加热器温度监测器;
55——预杀菌温度监测器;56——蒸汽温度监测器;57——气刀温度监测器;58——双氧水槽水液位传感器;
59——双氧水槽双氧水液位传感器;60——生产状态纵封温度监测器;61——封管状态纵封温度监测器;
62——双氧水槽水温度监测器;63——双氧水罐双氧水温度监测器;64——双氧水罐双氧水液位浮子。

图 5 – 4 TBA/19 利乐无菌包装机工作原理

(1)第一次预热。为提高机器的灭菌效率,首先要对机器的关键部位进行预热。在灌装开始前,要经过三次预热才能进行灭菌和灌装。第一次预热时,产品阀(A 阀)[12] 的右腔进入压缩空气,将 A 阀阀芯推至左极限位置,使 A 阀关闭;无菌空气阀(B 阀)[13] 的阀芯在弹簧的作用下处于上极限位置,使 B 阀关闭;蒸汽阀(C 阀)[11] 的阀芯在 B 阀上腔压缩空气的作用下处于下极限位置,使 C 阀打开。热蒸汽经过蒸汽过滤器[14] 进入 C 阀上腔,对无菌产品阀整体预热。预热温度为 360℃以上,冷凝的蒸汽由疏水器[10] 排出。此时要求产品液位调节阀[15] 的左腔进入压力为 0.1MPa 的压缩空气。将液位调节阀[15] 的阀芯右移,打开通道为第二次预热做好准备。在此同时,对包装材料的自动拼接系统加热,循环水泵[33] 开始工作,封条附帖器和纵封加热器[28] 开始工作，水环式压缩机[1]处于工作状态。双氧水槽水液位传感器[58]和双氧水槽双氧水液位传感器[59]均处于工作状态，以确保此时双氧水的浓度和液位高度。

（2）第二次预热。无菌空气阀（B阀）[13]的上腔通入压缩空气克服弹簧力将阀芯下移，打开B阀通道。密封水电磁阀[16]工作，水环式压缩机[1]工作，热交换器[6]工作，超高温加热器[5]工作，将水分离器[2]送来的压缩空气加热。空气进入阀[9]工作使其阀芯处于右位，液位调节阀[15]左腔的压缩空气的压力增加至0.2MPa，将其阀芯开口全部打开，此时经超高温加热器[5]加热的压缩空气经过双氧水雾化器[8]之后分为两路，一路为B阀下腔至B阀上腔至液位调节阀[15]至下中心灌注管[22]对灌注系统预热；另一路为无菌空气喷射器（气刀）[19]至纵封加热器[28]至纵封暂停加热器[29]至上中心灌注管对纵封系统预热。此时，纵封加热器[28]、纵封暂停加热器[29]均处于给电工作状态。

（3）封管。为确保机器灭菌可靠和产品的安全灌装，只有包装纸管密封可靠才能构成封闭式空间。当封管状态纵封温度监测器[61]发现纵封情况不好或双氧水喷雾不成功时，纵封加热器[28]工作，对纸管进行纵封，同时横封系统工作，对纸管进行横封，以确保纸管形成封闭空间。

（4）第三次预热。第三次预热是机器灭菌前的最后一次预热，是对喷雾系统的预热。热交换阀[7]的活塞杆处于下位，打开空气通往超高温加热器的通道，双氧水杯喷雾阀[48]的电磁铁通电，喷雾杯[49]处于通路双氧水杯灌注阀[47]的电磁铁断电，使双氧水灌注断路。喷雾用的压缩空气阀[50]的电磁铁通电，压缩空气至喷雾杯处于通路。此时，空气进入阀[9]处于左位，超高温加热器[5]的加热温度为270℃，加热后的压缩空气通过双氧水雾化器[8]至空气进入阀[9]进入洗擦器[18]回到水环式压缩机[1]的进气口。为了补偿压缩空气的压力损失，密封水电磁阀[16]工作，水通过恒流阀[17]进入洗擦器[18]。此时，由水分离器[2]分离出来的水的液位由液位探测传感器[52]监控，当水到达一定液位时，液位探测传感器[52]发出信号，打开浮球[3]，分离出来的水进入双氧水稀释槽[44]。

预热空气通过无菌空气过滤器[51]和压缩空气阀[50]分为两路，一路进入喷雾杯[49]至双氧水杯喷雾阀[48]，回到双氧水雾化器[8]，另一路直接回到双氧水雾化器[8]。至此完成了对喷雾系统的预热。

（5）喷雾。喷雾是将压缩后的雾状双氧水喷入无菌室，以达到构成封闭式无菌环境的目的。喷雾过程总共持续时间为40s，在此之前要对喷雾杯[49]充填125mL体积分数为35%的双氧水溶液，充填时间为11s左右。喷雾时空气进入阀[9]的阀芯处于右位，雾化后且带有压力的双氧水热空气通过空气进入阀[9]后分为两路，一路进入无菌空气阀（B阀）至液位调节阀[15]至中心灌注管的下灌注口，进入包装纸管；另一路通过气刀[19]对无菌室喷雾的同时，进入纵封加热器[28]和纵封暂停加热器[29]至中心灌注管的上灌注口，进入包装纸管。至此完成了对无菌室和包装纸管的灭菌过程。

在无菌室内，冷凝的双氧水热蒸汽流入双氧水槽，同时吸气阀[24]工作，将多余的双氧水蒸汽吸入洗擦器[18]的进口。

（6）静止。为保证充分的灭菌效果，灌装机要有一个正在灭菌的持续时间即静止过程，静止时间为60s。此时，空气进入阀[9]的阀芯处于左位，关闭了双氧水压缩空气进入气刀[19]和中心灌注管的通道，但双氧水杯喷雾阀[48]、喷雾用压缩空气阀[50]等双氧水喷雾系统的组件仍处于工作状态。

（7）干燥。干燥的目的是将残留在灌装系统中的双氧水蒸汽全部清理干净，以保证产品的安全灌装。干燥阶段大约需要20min的时间。此时，空气进入阀[9]的阀芯处于右位，由超过温加热器[5]加热后的干燥空气进入双氧水雾化器[8]至空气进入阀[9]以后，依次进入气刀[19]、无菌室、无菌空气阀（B阀）[13]、液位调节阀[15]、中心灌注管的上下出口，最后进入包装纸管、纵封加热器[28]、纵封暂停加热器[29]，并对上述部位进行干燥。纵封加热器[28]和纵封暂停加热器[29]同时通电，保持干燥状态，待干燥至 18min 时，无菌空气阀(B 阀)[13]的阀芯上移，准备生产。

(8)准备生产。准备生产是为产品灌装作好准备。此时，无菌空气阀(B 阀)[13]的阀芯处于上位，蒸汽阀(C 阀)[11]的阀芯处于下位，产品阀(A 阀)[12]的阀芯处于左位，液位调节阀[15]的阀芯处于右位，即打开状态，等待产品进入。产品从产品阀(A 阀)的进口进入 A 阀右腔，等待 A 阀的阀芯右移。

(9)生产。生产即产品的灌装过程。产品阀(A 阀)[12]的阀芯右移，蒸汽阀(C 阀)[11]的阀芯上移。产品通过 A 阀的进口进入 APV 阀，再通过液位调节阀[15]进入中心灌注管，分别从中心灌注管的上、下口进入包装纸管。此时，纵封加热器[28]、纵封暂停加热器[29]、产品液位探测器[30]、浮筒[31]均处于工作状态，以保证液位的高度和纵封可靠。当液态物料达到设定的液位高度时，纸管横封系统对包装纸管进行横封和割离，即完成一次灌装过程。

在此之前，图案校正系统和打印日期系统已经开始工作，以保证包装盒上的图案和生产日期的准确位置。

在生产过程中，双氧水槽灌注/排放阀[36]、双氧水槽排放阀[37]关闭，双氧水罐[43]内的双氧水被双氧水泵[39]泵入双氧水槽[26]，以便对包装纸灭菌处理；挤压滚轮[21]开始工作，挤出残留在包装纸上的双氧水；空气进入阀[9]的阀芯处于右位，通过双氧水雾化器[8]的无菌热空气被气刀[19]喷在包装纸上，以吹干包装纸上的双氧水蒸气。

(10)正常停机(暂停)。当灌装结束后的停机是正常停机，此时可对灌装机进行中间清洗。产品阀(A 阀)[12]的阀芯左移，关闭灌装系统通道；横封夹爪系统停止工作 30s；纵封系统、气刀[19]和挤压滚轮[21]均应复位。当机器需要临时暂停时，只需令产品阀(A 阀)[12]的阀芯左移，关闭灌装系统通道即可。

(11)排气。在机器停止工作时，必须将管道内的压缩空气排空，才能安全地打开无菌室门。排气时产品阀(A 阀)[12]的阀芯左移，关闭灌装系统通道；蒸汽阀(C 阀)[11]的阀芯下移，关闭蒸汽通道；无菌空气阀(B 阀)[13]的阀芯上移，关闭无菌空气通道，即 APV 阀处于完全停止工作状态。纵封系统、超高温加热器[5]均停止工作。排气 5min 后，关闭水环式压缩机[1]、打开真空阀[4]，最后打开无菌室门。

(12)清洗。工作结束后要对机器进行清洗，以清除管道内的残存物。清洗分为中间清洗和最终清洗(亦称就地清洗)。清洗时，蒸汽阀(C 阀)[11]的阀芯下移，关闭蒸汽通道；产品阀(A 阀)[12]的阀芯左移，关闭产品灌装通道；无菌空气阀(B 阀)[13]的阀芯下移，打开清洗通道。清洗泵和清洗剂泵泵出的清洗剂从 B 阀的下腔入口进入 APV 阀，通过 B 阀上腔、C 阀下腔、A 阀左腔，进入液位调节阀[15]后，对产品灌注管进行清洗。此时包装纸管下部无需横封，清洗剂由产品中心灌注管经包装纸管下方排出。

 复习思考题

1. 乳制品生产中有哪些主要辅助原料？
2. 乳制品生产中对水有哪些质量要求？
3. 乳制品的包装材料有哪些类型？
4. TBA/19 利乐无菌包装机的灌装工作原理。

第六章 鲜乳的处理

第一节 鲜乳的质量标准和初步加工

一、鲜乳的验收

(一)鲜乳的验收标准

制造优质乳制品,必须选用优质原料乳。我国生鲜乳收购的质量标准中对感官指标、理化指标及微生物指标有明确的规定,该标准适合于收购生鲜乳时的检验和评级。

1.感官指标

正常牛乳为乳白色或微带黄色,不得含有肉眼可见的异物,不得有红色、绿色或其他异色。不得有苦味、咸味、涩味和饲料味、青贮味、霉味等其他异常气味。

2.理化指标

理化指标只有合格指标,不再分级。我国农业部颁布的标准规定原料乳验收时的理化指标见表6-1。

表6-1 鲜奶理化指标

项目	指标	项目	指标
密度(20℃/4℃),≥	1.0280	杂质度/(mg/L),≤	4
脂肪/%,≥	3.10	六六六/(mg/kg),≤	0.1
酸度(以乳酸度表示)/%≤	0.162	DDT/(mg/kg),≤	0.1
蛋白质/%,≥	2.95	汞(以 Hg 计)/(mg/L),≤	0.01

3.细菌指标

细菌指标有两种,均可采用。采用平皿培养法计算细菌总数时,按每毫升菌落总数指标进行评级,按表6-2中细菌总数分级指标进行评级;采用美蓝还原褪色法,按表6-2中美蓝褪色时间分级标准进行评级。

表6-2 鲜乳的细菌指标

分级	平板菌落总数分级指标/(万个/mL)	美蓝褪色时间分级指标
Ⅰ	≤50	≥4h
Ⅱ	≤100	≥2.5h
Ⅲ	≤200	≥1.5h
Ⅳ	≤400	≥40min

此外,许多乳品收购单位还规定有下述情况之一者不得收购:

①产犊前 15d 内的末乳和产犊后 7d 的初乳;

②牛乳颜色有变化,呈红色、绿色或显著黄色者;

③牛乳有肉眼可见杂质者;

④牛乳中有凝块或絮状沉淀者;

⑤牛乳中有畜舍味、苦味、霉味、臭味、涩味、煮沸味及其他异味者;

⑥用抗生素或其他对牛乳有影响的药物治疗期间,母牛所产的乳和停药后 3d 内的乳;

⑦添加有防腐剂、抗生素和其他任何有碍食品卫生的乳;

⑧酸度超过 20°T,个别特殊者,可使用不高于 22°T 的鲜乳。

(二)鲜乳的验收

鲜乳的质量好坏会直接影响到乳制品的风味、保藏性能等品质。验收原料乳时,必须对原料乳的嗅觉、味觉、外观、尘埃、温度、酸度、相对密度、脂肪率和细菌数等严格检验后进行分级。

1. 取样

鲜乳的取样一般由乳品厂检验中心的指定人员进行,奶车押运人员监督。取样前应在奶槽内连续打靶 20 次上下,均匀后取样,并记录奶槽车押运员、罐号、时间,同时检验奶槽车的卫生。

2. 感官检验

感官检验的主要项目有:色泽、组织状态、滋气味等。即对鲜乳进行嗅觉、味觉、外观、尘埃、杂质等的鉴定。

正常牛乳为乳白色或微带黄色,不得含有肉眼可见的异物,不得有红色、绿色或其他异色。不得有苦味、咸味、涩味和饲料喂、青贮味、霉味等其他异常气味;具有良好的流动性,不得呈黏稠状。

具体检验方法是打开贮乳器或奶槽车的盖后,立即嗅鲜乳的气味,然后观察色泽,有无杂质、发黏或凝块,是否有脂肪分离,最后,试样含入口中,遍及整个口腔的各个部位,鉴定是否存在异味。

3. 理化检验

(1)相对密度测定。相对密度是作为评定鲜乳成分是否正常的重要指标之一,正常鲜乳的相对密度在 1.028 ~ 1.032 范围内。但不能只凭这一项来判断,必须再结合脂肪、干物质及风味的检验,来判断鲜乳是否经过脱脂或是否加水。我国鲜乳的密度测定采用"乳脂计",即乳专用密度计。

(2)酒精试验检验。酒精试验是为观察鲜乳的抗热性而广泛使用的一种方法。乳中的酪蛋白以胶粒形式存在,胶粒具有亲水性而在周围形成结合水层。酒精具有脱水作用,浓度越大脱水作用就越强。新鲜牛乳对酒精的作用表现相对稳定;而不新鲜的牛乳,其中蛋白质胶粒已成不稳定状态,当受到酒精的脱水作用时,结合水层极易被破坏,则加速其聚沉。此法可检验出鲜乳的酸度,以及盐类平衡不良乳、初乳、末乳、冻结乳及乳房炎乳等。

酒精试验与酒精浓度有关,其方法是:用 68%、70% 或 72% 的中性酒精与原料乳等量混合,摇匀,无絮片的牛乳为酒精试验阴性,表示其酸度较低;而出现絮片的牛乳为酒精试验阳性,表示其酸度较高。操作时可用吸管吸取 2mL 乳样于干燥、干净平皿中,吸取等量酒精,加入皿内,边加边转动平皿,使酒精与乳样充分混合。注意勿使局部酒精浓度过高而发生凝聚。酒精试验结果可判断出鲜乳的酸度,如表6-3所示。

表6-3 酒精浓度与酸度关系

酒精浓度/%	不出现絮状物的酸度/%
68	20°T 以下
70	19°T 以下
72	18°T 以下

正常牛乳的滴定酸度不高于18°T,一般不会出现凝块。但是影响乳中蛋白质稳定性的因素较多,如乳中钙盐增高时,在酒精试验中也会由于酪蛋白胶粒脱去水合层,使钙盐容易和酪蛋白结合,形成酪蛋白酸钙沉淀。

新鲜牛乳的滴定酸度为16~18°T。为了合理利用原料乳和保证乳制品质量,用于制造淡炼乳和超高温灭菌乳的原料乳可用75%酒精试验;用于制造甜炼乳的原料乳,用72%酒精试验;用于制造奶粉的原料乳,用68%酒精试验(酸度不超过20°T)。酸度不超过22°T的原料乳尚可用于制造奶油,但其风味较差,只能供制造工业用的干酪素、乳糖等。

(3)滴定酸度。正常牛乳的酸度随乳牛的品种、饲料、挤乳和泌乳期的不同而略有差异,但一般在16~18°T。如果牛乳挤出后放置时间过长,由于微生物的作用,会使乳的酸度升高。如果牛患乳房炎,可使牛乳酸度降低。因此,测定乳的酸度可判断乳的新鲜程度。

滴定酸度就是用相应的碱中和鲜乳中的酸性物质,根据碱的用量确定鲜乳的酸度和热稳定性。一般采用吉尔涅尔度的测定方法。该法测定酸度虽然准确,但在现场收购时受到现场实验室条件限制,故常采用酒精试验法来判断鲜乳的酸度。

(4)煮沸试验。牛乳的酸度越高,其稳定性越差。在加热的条件下高酸度易产生乳蛋白质的凝固。因此,可用煮沸试验来验证原料乳中蛋白质的稳定性,判断其酸度的高低,测定原料乳在超高温杀菌中的稳定性。

具体方法是用移液管吸取5mL待测乳样,置于干净试管中,将试管放置于沸水中或在酒精灯上煮沸5min,取出后迅速冷却,倒入培养皿中检查是否有颗粒,同时看试管是否有挂壁现象。

(5)乳成分的测定。近年来随着分析仪器的发展,乳品检测方法出现了很多高效率的检测仪器。如采用光学法来测定乳脂肪、乳蛋白、乳糖及总干物质,并已开发使用各种微波仪器。

①微波干燥法测定总干物质(TMS 检验)。通过2450MHz的微波干燥牛乳,并自动称重、记录乳总干物质的质量。其特点是速度快,测定准确,便于指导生产。

②红外线牛乳全成分测定。通过红外分光光度计,自动测出牛乳中的脂肪、蛋白质、乳糖3种成分。该法测定速度快,但设备造价高。

4. 卫生检验

我国原料乳生产现场的检验以感官检验为主,辅以部分理化检验,一般不作微生物检验。但在加工以前,或原料乳量大而对其质量有疑问者,可定量采样后,在实验室中进一步检验其他理化指标及细菌总数和体细胞数,以确定原料乳的质量和等级。如果是加工发酵乳制品的原料乳,必须做抗生素检验。

(1)细菌检验。细菌检验的方法很多。有美蓝还原试验、细菌总数测定、直接镜检法等方法。

①美蓝还原试验。乳中的还原酶是细菌活动的产物,乳的细菌污染越严重,还原酶的数量越多。美蓝还原试验是用来判断原料乳新鲜程度的一种色素还原实验。新鲜乳中加入美蓝(亚甲基蓝)后染为蓝色,如乳中污染有大量微生物,则产生还原酶使颜色逐渐变浅,直至无色。通过测定颜色的变化速度,可以间接地推断出鲜乳中的细菌数。

具体检验操作:无菌操作吸取乳样5mL,注入灭菌试管中,加入0.25%美蓝试液0.25mL,塞紧棉塞,混匀,置于37℃水浴,每隔10~15min观察试管内容物的褪色情况。褪色时间越快说明污染越严重。

该法除可以迅速地间接查明细菌数外,对白细胞及其他细胞的还原作用也敏感。因此,还可以检验异常乳(乳房炎乳、初乳及末乳)。

②稀释倾注平板法。平板培养计数是取样稀释后,接种于琼脂培养基上,培养24h后计数,测定样品的细菌总数。该法可测定样品中的活菌数,但所需时间较长。

③直接镜检法(费里德氏法)。利用显微镜直接观察确定鲜乳中微生物数量的一种方法。取一定量的乳样,在载玻片上涂抹一定面积,经过干燥、染色,镜检观察细菌数,根据显微镜视野面积,推断出鲜乳中的细菌总数,而非活菌数。直接镜检法比平板培养法更能迅速判断结果,通过观察细菌的形态,还能推断细菌数增多的原因。

(2)体细胞数检验。正常乳中的体细胞多数来源于上皮组织的单核细胞,如有明显的多核细胞出现,可断定为异常乳,常用的方法有直接镜检法(同细菌检验)或加利福尼亚细胞数测定法(GMT)。GMT法是根据细胞表面活性剂的表面张力,细胞在遇到表面活性剂时,会收缩凝固。细胞越多,凝聚状态越强,出现的凝集片越多。

(3)抗生素检验。牧场用抗生素治疗如牛的各种疾病,特别是乳房炎乳,有时用抗生素直接注射乳房部位进行治疗。经抗生素治疗过的乳牛,其乳中在一定时间内仍然残存抗生素。抗生素会引发人的过敏等不良症状,因此要做抗生素的检验。常用的检验方法有:

①TTC试验。如果鲜乳中有抗生素的残留,在备检乳样中,接种细菌进行培养,细菌不能增殖,此时加入的指示剂TTC保持原有的无色状态(未经过还原)。反之,如果无抗生素残留,试验菌就会增加,使TTC还原,被检试样变成红色。即被检样保持鲜乳的颜色为阳性;被检乳变成红色为阴性。

TTC试剂是将1g氯化三苯四氮唑溶于25mL灭菌蒸馏水中制成的。操作时先吸取9mL乳样注入试管甲中,另两个试管乙、丙注入不含抗生素的灭菌脱脂乳9mL作为对照。将试管甲置于90℃恒温水浴5min,灭菌后冷却至37℃。向试管甲和乙中加入试验菌(嗜热链球菌)1mL,充分混合,然后将试管甲、乙、丙三管置于37℃恒温水浴2h。取出试管并向3个试管各加入0.3mL的TTC试剂,混合后置于恒温箱中37℃培养约30min,观察试管中颜色变化。若甲管和乙管同时出现红色,表明无抗生素存在;若甲管颜色无变化,表明有抗生素存在。

②滤纸圆法。将指示菌(芽孢杆菌)接种到琼脂平板培养基上,然后用灭菌镊子将浸过被检乳样的滤纸片放在平板培养基上,将平皿倒置于55℃恒温培养箱中培养2.5~5.0h。若被检乳样中有抗生素残留,会向纸片的四周扩散,阻止指示菌的生长,在纸片的周围形成透明的阻止带(抑菌环),根据组织带的直径,可判断抗生素的残留量。

③SNAP抗生素残留检测系统。国际上采用SNAP抗生素残留检测系统,10min内用肉眼观察或用SNAP读数仪判断结果。SNAP快速检测法是利用当前应用最广、发展最快的酶联免疫法测(ELISA)技术。它是将特异性抗体和固定化酶结合在一起,将待测抗原的溶液和一定

量的酶标记抗原共同孵育,洗涤后加入酶的底物。由于被结合的酶标记抗原的量,可由酶催化底物反应所产生的有色物量进行推算,待测溶液中的抗原越多,被结合的酶标记抗原就越少,从而根据有色产物量的变化,通过对有色底物吸光度值的比较,可以求出未知抗原的量。

检测方法:加乳样于样品管中,摇匀,加热样品管和检测板 5min 后,将样品加于检测板上的样品孔中,当激活的圆环开始退却时,按 SNAP 键,反应 4min 后由读数仪读取并打印结果。检测读数小于 1.05 时判断为阴性,大于 1.05 时判断为阳性。

SNAP 快速检测法是应用酶联免疫特异性强、敏感度高的方法,将酶化学反应的高敏性和抗原抗体免疫反应的特异性结合起来,为检测牛乳中抗生素的残留提供了一个精确稳定、快速简便的检测方法。但完全检测一个样品需要许多不同试剂,成本较高。

(4)三聚氰胺的检测。其检测方法按照《原料乳中三聚氰胺快速检测　液相色谱法》(GB/T 22400—2008)执行。

(三)鲜乳的以质论价

通常在牛场仅对牛乳的质量作一般的评价,在到达乳品厂后通过若干试验对其他成分和卫生质量进行测定。某些测定结果与付给奶牛户的货款有直接的关系。提供的牛奶质量越差,奶牛户的受益越小。运用经济杠杆,实行"以质论价、优质优价、等外不收"的政策和办法,可以鼓励奶农自觉改善饲养管理,注意安全卫生,提高鲜乳质量。

目前我国各地收购站对鲜乳质量的检测,层次不一,大体上分四种情况:

①检测含杂、相对密度、酸碱度,以确定等级;

②以"脂"论价,除检测相对密度和酸碱度外,使用乳脂测定仪检测牛乳的含脂率,按含脂率高低划分等级计价;

③除脂肪外,并检测非脂乳固体(蛋白质、乳糖等)的含量,计算出总干物质含量,定出标准乳价,分别加权计算,列出数据变动计价表,作为分级计价的依据;

④除对上述理化指标进行检测外,并进行细菌总数、体细胞数等生物指标及药物残留的检验,分级计价,严重超标者拒收。

目前我国属第一种者仍为数不少;第二种正大量推广;第三种已经在一部分大城市郊区试行;第四种仅在少数地方或企业试行。

二、乳的过滤及净化

原料乳验收后必须经过净化,其目的是去除机械杂质并减少微生物数量。一般采用过滤净化和离心净化的方法。

(一)乳的过滤

所谓过滤就是将液体微粒的混合物,通过多孔质的材料(过滤材料)将其分开的操作。在牛乳方面除了用于除去鲜乳的杂质和液体乳制品生产过程中的凝固物等以外,也应用于尘坶试验。过滤方法,有常压(自然)过滤、吸滤(减压过滤)和加压过滤等。由于牛乳是一种胶体,因此多用滤孔比较粗的纱布、滤纸、金属绸或人造纤维等作为过滤材料,并用吸滤或加压过滤等方法,也可采用膜技术(如微滤)去除杂质。

常压过滤时,滤液是以低速通过滤渣的微粒层和由滤材形成的毛细管群的层流;滤液流量与过

滤压力成正比,与滤液的黏度及过滤阻力成反比。加压或减压过滤时,由于滤液的液流不正规,滤材的负荷加大,致使圈状组织变形,显示出复杂的过滤特性。膜技术的应用则可使过滤能长时间连续地进行。牛乳过滤时温度和干物质含量尤其是胶体的分散状况会使过滤性能受到影响。

在牧场中,乳及时过滤具有很大的意义。在没有严格遵守卫生条件下挤奶时,乳容易被大量粪屑、饲料、垫草、牛毛和蚊蝇等所污染。因此挤下的乳必须及时进行过滤。

过去在牧场中,乳及时过滤方法是用纱布过滤。将消毒过的纱布折成 3 ~ 4 层,结扎在乳桶口上,挤奶员将挤下的乳经称重后倒入扎有纱布的奶桶中,即可达到过滤的目的。用纱布过滤时,必须保持纱布的清洁,否则不仅失去过滤的作用,反而会使过滤出来的杂质与微生物重新侵入乳中,成为微生物污染的来源之一(见表 6 - 4)。所以,在牧场中要求纱布的一个过滤面不超过 50kg 乳,使用后的纱布,应立即用温水清洗,并用 0.5% 的碱水洗涤,然后再用清洁的水冲洗,最后煮沸 10 ~ 20min 杀菌,并存放在清洁干燥处备用。目前牧场中一般采用尼龙或其他类化纤滤布过滤,既干净,又容易清洗、耐用,过滤效果好。

表 6 - 4　过滤用纱布的清洗程度与乳中细菌数的关系

纱布的处理情况	乳中的细菌(个/mL)	纱布的处理情况	乳中的细菌(个/mL)
清洁的纱布	6000	不清洁的纱布	92000

凡是将乳从一个地方送到另一个地方,从一个工序到另一个工序,或者由一个容器送到另一个容器时,都应该进行过滤。过滤的方法,除用纱布过滤外,也可以用过滤器进行过滤。有一种管式过滤(见图 6 - 1),设备简单,并备有冷却器,过滤后,可以马上进行冷却,适用于收奶站和小规模工厂的收奶间用。要求过滤器具、介质必须清洁卫生,及时清洗灭菌。滤布或滤筒通常在连续过滤 5000 ~ 10000L 牛乳后,就应进行更换、清洗和灭菌。一般连续生产都设有两个过滤器交替使用。

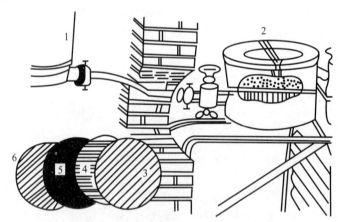

1——贮乳槽;2——过滤器;3——冷却器;4——滤过棉;5——金属网板;6——带孔夹板。

图 6 - 1　管式过滤器

(二)乳的净化

原料乳经过数次过滤后,虽然除去了大部分的杂质,但是,由于乳中污染了很多极为微小的机械杂质和细菌细胞,难以用一般的过滤方法除去。为了达到最高的纯净度,一般采用离心净乳机净化。离心净乳就是利用乳在分离钵内受到强大离心力的作用,将肉眼不可见的杂质去除,使乳达到净化目的一种方法。

现代乳品工厂,多采用离心净乳机。离心净乳机由一组装在转鼓内的圆锥形碟片组成,其结构原理如图6-2所示。依靠电机驱动,碟片高速旋转,牛乳在离心力作用下达到圆盘的边缘。牛乳中的杂质、尘土及一些体细胞等不溶性物质因密度较大,被甩到污泥室,从而达到净化的目的。

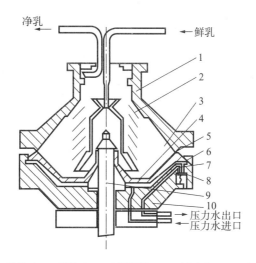

净乳 ← 鲜乳

1——转鼓;2——碟片;3——环形间隙;4——活动底;5——密封圈;
6——压力水室;7——压力水管道;8——阀门;9——转轴;10——转鼓底。

图6-2 离心净乳机的结构原理

净乳机构造和分离机相似,但内部分离碟片和牛乳排出口有所不同。专用净乳机设有牛乳出口和排渣口,分离碟片的直径较小,同时每个碟片的间隙较大,杯盘上没有孔,而且物料为上进上出,不需加热。而分离机的物料是下进上出,预热后分离。但普通的净乳机,在运转2~3h后需停车排渣,故目前大型工厂采用自动排渣净乳机或三用分离机(奶油分离、净乳、标准化),对提高乳的质量和产量起了重要的作用。

净乳机的净化原理为:乳在分离钵内受强大离心力的作用,将大量的机械杂质留在分离钵内壁上,而乳被净化。净化后的乳最好直接加工,如要短期贮藏时,必须及时进行冷却,以保持乳的新鲜度。乳净化时的要求:

1. 原料乳的温度。乳温在脂肪溶点左右为好,即30~32℃。如果在低温情况下(4~10℃)净化,则会因乳脂肪的黏度增大而影响流动性和尘埃的分离。根据乳品生产工艺的设置,也可采用40℃或60℃的温度净化,净化之后应该直接进入加工段,而不应该在冷藏。

2. 进料量。根据离心净乳机的工作原理,乳进入机内的量越少,在分离钵内的乳层则越薄,净化效果则越好。一般进料量比额定数减少10%~15%。

3. 事先过滤。原料乳在进入分离机之前要先进行较好的过滤,去除大的杂质。一些大的杂质进入分离机内可使分离钵之间的缝隙加大,从而使乳层加厚,使乳净化不完全,影响净乳效果。

三、乳的冷却、贮存及运输

(一)乳的冷却

1. 冷却的意义

将乳迅速冷却是获得优质原料乳的必要条件。刚挤下的乳,温度约在 36℃ 左右,是微生物发育、繁殖最适温度,如果不及时冷却,乳中的微生物大量繁殖,使酸度迅速增高,导致乳的质量降低,甚至使乳凝固变质(表 6-5)。所以为了保证乳挤出后的新鲜度,挤出后的乳应迅速冷却以抑制乳中微生物的繁殖,保持乳的新鲜度。

表 6-5　乳的冷却与乳中细菌数的关系　　　　　　　　　　　单位:个/mL

贮存时间	冷却乳	未冷却的乳
刚挤出的乳	11500	11500
3h 以后	11500	18500
6h 以后	6000	102000
12h 以后	7800	114000
24h 以后	62000	1300000

前面已经提到,乳中含有能抑制微生物繁殖的抗菌物质——乳抑菌素(lactenin),使乳本身具有抗菌特性,能够抑制细菌的发育和繁殖,但这种抗菌特性延续时间的长短,随着乳温的高低和乳的细菌污染程度而异。新挤出的乳,迅速冷却到低温,可以使抗菌特性保持相当长的时间,如表 6-6 所示。

表 6-6　牛乳的贮存温度与抗菌期的关系

牛乳的贮存温度/℃	抗菌期/h	牛乳的贮存温度/℃	抗菌期/h
37	2 以内	5	36 以内
30	3 以内	0	48 以内
25	6 以内	-10	240 以内
10	24 以内	-25	720 以内

另外,抗菌特性与细菌污染程度的关系,如表 6-7 所示。

表 6-7　抗菌特性与细菌污染程度的关系

乳温/℃	抗菌特性的作用时间/h		乳温/℃	抗菌特性的作用时间/h	
	挤奶时严格遵守卫生制度的	挤奶时未严格遵守挤奶制度的		挤奶时严格遵守卫生制度的	挤奶时未严格遵守挤奶制度的
37	3.0	2.0	16	12.7	7.6
30	5.0	2.3	13	36.0	19.0

从表 6-7 可见挤奶时严格遵守卫生制度的重要性。因此,挤乳时严格遵守卫生制度和将挤出的乳迅速进行冷却,是保证鲜乳较长时间保持新鲜状态的必要条件。

2. 冷却的要求

刚挤出的乳马上降至10℃以下,就可以抑制微生物的繁殖;若降至2℃~3℃时,几乎不繁殖;不马上加工的原料乳应降至5℃下贮藏。

3. 冷却的方法

乳的冷却方法和设备很多,下面介绍几种简易的方法。

(1)水池冷却法。最普通而简易的方法是将装乳的奶桶放在水池中,用冰水或冷水进行冷却。

用水池冷却时,可使乳冷却到比冷却用水的温度高3~4℃左右。在北方由于地下水温低,即使在夏天也在10℃以下,直接用地下水即可达到冷却的目的。在南方为了使乳冷却到较低的温度,可在池水中加入冰块。

为了加速冷却,需经常进行搅拌,并按照水温进行排水和换水。池中水量应为冷却乳量的4倍。每隔3天应将水池彻底洗净后,再用石灰溶液洗涤一次。挤下的乳应随时进行冷却,不要将所有的乳挤完后才将奶桶浸在水池中。

水池冷却的缺点是:冷却缓慢,消耗水量较多,劳动强度大,不易管理。

(2)表面冷却器冷却法。这种冷却器是由金属排管组成(见图6-3)。乳从上部分配槽底部的细孔流出,形成薄层,流过冷却器的表面再流入贮乳槽中,冷剂(冷水或冷盐水)从冷却器的下部自下而上通过冷却器的每根排管,以降低沿冷却器表面流下的乳的温度。

这种冷却器,构造简单,价格低廉,冷却效率也比较高,适于小规模加工厂及奶牛场使用。

(3)浸没式冷却器冷却法。这是一种小型轻便灵巧的冷却器,可以插入贮乳槽或奶桶中以冷却牛乳(见图6-4)。

图6-3 表面冷却器

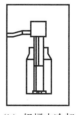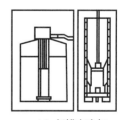

(a) 奶桶外冷却　　　(b) 奶桶内冷却　　　(c) 奶罐内冷却

图6-4 浸没式冷却器

浸没式冷却器中带有离心式搅拌器,可以调节搅拌速度,并带有自动控制开关,可以定时自动进行搅拌,故可使牛乳均匀冷却,并防止稀奶油上浮,适合奶站和较大规模的奶牛场。

在较大规模的奶牛场冷却牛乳时,为了提高冷却器效率,节约制冷机的动力消耗,在使用浸没式冷却器以前,最好能先用片式预冷器使牛乳温度降低,然后再由浸没式冷却器的制冷机来进一步冷却。预冷器如用15℃的冷水作冷剂来冷却牛乳时,则刚挤下了牛乳(36℃左右)通过片式预冷器后,可以冷却到18℃左右,然后直接流入贮乳槽内,再用浸没式冷却器进一步冷却。

(4)板式热交换器冷却法。目前许多乳品厂及奶站都用板式热交换器(见图6-5)对乳进行冷却。用冷盐水作为冷媒时,可使乳温迅速降到4℃左右。板式热交换器冷却的特点是占地面积小、组装方便、清洗拆卸容易,高效节能。

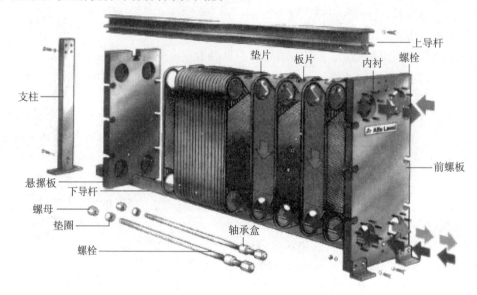

图6-5 板式热交换器

(二)乳的贮存

为了保证工厂连续生产的需要,必须有一定的原料乳贮存量。一般工厂总的贮乳量应不少于1d的处理量。

1.乳的保存性与冷却温度的关系

冷却后的乳,应尽可能保存在低温处,以防止温度升高。根据试验,如将乳冷却到18℃时,对鲜乳的保存已经有相当的作用。如冷却到13℃,则保存12h以上仍能保持其新鲜度。

由于冷却只能暂时抑制微生物的生长繁殖,当乳温逐渐升高时,微生物开始生长繁殖,所以乳在冷却后应在整个保存时间内维持在低温。在不影响质量的条件下,温度越低保存时间也就越长。

从表6-8、表6-9和图6-6可以看到,要延长牛乳的保存期,必须相应降低牛乳的冷却温度。

表6-8 乳的保存性与冷却温度的关系

乳的类型	乳的酸度/°T		
	未冷却的乳	冷却到18℃的乳	冷却到13℃的乳
刚挤出的乳	17.5	17.6	—
挤后3h	18.3	17.5	—
挤后6h	20.9	78.0	17.5
挤后9h	22.5	18.5	—
挤后12h	变酸	19.0	—

表 6 – 9　乳的贮存时间与冷却温度的关系

贮乳时间/h	6 ~ 12	12 ~ 18	18 ~ 24	24 ~ 36	36 ~ 49
应冷却的温度/℃	8 ~ 10	6 ~ 8	5 ~ 6	4 ~ 5	2 ~ 1

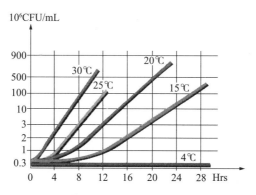

图 6 – 6　贮藏温度对原料乳中细菌生长的影响

2. 贮乳槽的要求及使用

贮存原料乳的设备,要有良好的绝热保温措施,要求贮乳经 24h 温度升高不超过 2℃ ~3℃。贮乳罐的结构见图 6 – 7。罐中配有搅拌器、液位指示计、湿度显示计、各种开口、不锈钢爬梯、视镜和灯孔等。

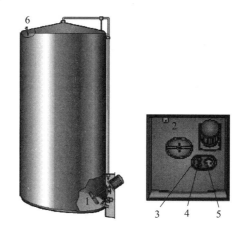

1——搅拌器;2——探孔;3——温度指示;
4——低液位电极;5——气动液位指示器;6——高液位电极。

图 6 – 7　带探孔、指示器等的奶仓

贮乳罐采用不锈钢并配有不同容量的贮乳缸,以保证贮乳时每一缸能尽量装满。贮乳罐一般有 5t、10t 和 30t 几种,现代化大规模乳品厂的贮乳罐可达 100t。10t 以下的贮乳罐多装于室内,为立式或卧式,大罐多装于室外,带保温层和防雨层,多为立式。

贮乳罐的容量应根据各厂每天牛奶总收纳量、收乳时间、运输时间及能力等因素决定。一般贮乳槽的总容量应为总收纳量的 2/3 ~1。而且每只贮乳罐的容量应与生产品种的班生产能力相适应,每班的处理量一般相当于 2 只贮乳槽的牛乳容量。贮乳罐在使用前应彻底清洗、杀

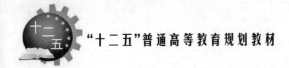

菌,待冷却后贮乳。每罐须放满,并加盖密封。如果装半罐,会加速乳温上升,不利于原料乳的贮存。贮存期间要定期开动搅拌机,24h内搅拌20min,乳脂率的变化在0.1%以下。

(三)乳的运输

乳的运输是乳品生产上重要的一环,运输不妥,往往造成很大的损失,甚至无法进行生产。目前我国乳源分散的地方,多采用乳桶运输;乳源集中的地方,采用乳槽车运输,国外发达国家还有管道式运输。

无论采用哪种运输方式,都应注意以下几点:

(1)防止乳在途中温度升高。特别在夏季,运输途中往往使温度很快升高,因此运输时间最好安排在夜间或早晨,或用隔热材料遮盖奶桶。

(2)保持清洁。运输时所用的容器必须保持清洁卫生,并加以严格杀菌;奶桶盖应有特殊的闭锁扣,盖内应有橡皮衬垫,不要用布块、油纸、纸张等作奶桶的衬热物。因为布块可成为带菌的媒介物,用油纸或其他物作衬垫时,不仅带菌,而且不容易把奶桶盖严。此外,更不允许用麦秆、稻草、青草或树叶等作衬垫。

(3)夏季必须装满盖严,以防震荡;冬季不得装得太满,避免因冻结而使容器破裂。

(4)严格执行责任制,按路程计算时间,尽量缩短中途停留时间,以免鲜乳变质。

(5)长距离运送牛乳时,最好采用乳槽车。国产乳槽车有 SPB-30 型,容量为 3100kg,乳槽为不锈钢,车后部带有离心式奶泵,装卸方便。国外有塑料乳槽车,车体轻便,价格低廉,隔热效果良好,使用极为方便。

第二节　取乳卫生

牛舍和牛体的卫生直接影响原料乳的质量,为了使原料乳符合标准要求,提高质量,必须注意以下各方面。

一、乳牛的健康和卫生对原料乳的影响

乳牛的健康与卫生,直接影响原料乳的品质。例如结核杆菌、布氏杆菌、炭疽杆菌、乳房炎链球菌、口蹄疫病毒等都是由病牛直接传入乳中。

患乳房炎的牛所分泌的乳,除了有细菌污染外,乳汁本身也有异状。例如呈弱碱性反应,氯的含量过多,酒精反应呈阳性,甚至带有盐味。因此,必须另外加以处理。此外,带有布氏杆菌及结核菌的牛乳都应该遵照兽医的规定处理,不得混入加工生产用的原料乳中。

二、牛舍内的尘埃、昆虫对原料乳的影响

挤乳时如加垫草或喂以粗饲料时,则空气中尘埃增加。因此,牛乳中尘埃及细菌数也就相应增加。据报道,在挤乳时如喂给粗饲料,细菌数将增加170%~300%。此外,在挤乳时若给以粗饲料,牛乳中即带有饲料味,因而对原料乳的质量很不利。

为了防止牛乳中尘埃及细菌数的增加,必须注意牛舍中灰土及尘埃的飞扬。此外,驱除苍蝇及昆虫,无论在挤乳卫生或者增进乳牛的健康方面都很重要。但是在撒布驱虫药剂时,必须注意勿使药品的气味进入乳中。

三、挤奶员健康对原料乳的影响

挤乳员必须身体健康,凡患有传染性、化脓性疾病以及下痢等疾病者,都不得参加挤乳。此外,还需注意挤乳员的头发、衣服、手指等的清洁,以防污染。

四、牛体的清洁对原料乳的影响

乳牛腹部很容易被土壤、牛粪、垫草等所污染,通常存在于每克土壤或牛粪中的细菌数为100万~1000万个,甚至可达10亿个菌落。因此,牛乳被这些物质污染后,细菌数迅速增加。据研究,牛乳中大肠杆菌的来源以牛体为最多。从这一点来看,为了减少或者灭绝牛乳中的大肠杆菌,在挤乳时防止牛粪的污染具有重要意义。为了防止污染,对牛体的清理是很重要的一项工作,但是如果在挤乳前临时加以整理,则溶入牛乳的皮垢等反而增多,所以必须在挤乳前1h进行清理。此外,为了促进乳汁的分泌,进行乳房按摩洗涤等工作时,也必须在挤乳前10min进行。

五、乳房卫生对原料乳的影响

即使是在理想的卫生条件下获得的乳汁,也不可能是无菌状态。在个别的乳腺腔和贮乳池以及乳头导管中,经常有少量的微生物存在,特别是在乳头导管中较多,微生物在导管黏液里形成细菌集落,在挤乳时随着乳汁一起被挤出来。尤其在第一把乳流中微生物的数量最多。故应把最初几把乳挤入专用的容器中另行处理。不应与大量的乳混合,以降低细菌数,挤乳过程中微生物的变化情况如表6－10所示。

表6－10   挤乳过程中微生物数量的变化   单位:个/mL

试验	开始挤乳	挤乳中途	挤乳中末期
Ⅰ	10000	480	360
Ⅱ	1000	743	220

在乳房外部沾污的含有大量微生物的粪屑等,在挤乳时会大量落入乳中。所以在挤乳前,应先将牛尾专用的尾夹固定在牛的右后腿上,然后用45~55℃的温水仔细洗去乳房与腹部的粪屑(一桶水不应超过3个牛的乳房),然后用清洁的毛巾擦干。关于乳房清洗程度对乳中微生物含量的影响见表6－11。

由表6－11中可以看到,从不经过清洗的乳房所挤得的乳中微生物的数量增加10倍之多。但是,有些挤乳员对仔细清洗乳房的重要意义认识不足,挤乳前只是粗枝大叶地用一桶水洗十几头牛的乳房。这样不仅没有达到清洗的目的,反而使污染更严重。

乳牛的乳房在不同的管理情况下,乳中微生物的变化如表6－11所示。

表6－11   乳牛乳房在不同管理情况下乳中微生物的数量

管理情况	细菌数/(个/mL)			
	第一个乳头	第二个乳头	第三个乳头	第四个乳头
4d缺乏适当管理的乳房	620	1650	700	4500
1d缺乏适当管理的乳房	120	250	63	125
经2d细心管理的乳房并用火棉胶封闭乳头	22	12	15	3

从表6-11可以知道,仔细管理乳房可以降低原材料乳被微生物污染的程度。

六、挤奶用具对原材料乳的影响

挤奶时如利用小口挤奶桶,则侵入牛乳中的尘埃显著减少。据报道,利用这种乳桶时,细菌数可减低1/2。

第三节 鲜乳设备的清洗杀菌

一、乳品设备的清洗杀菌

(一)清洗消毒的目的

对乳品企业来说,由于牛乳是大多数微生物生长繁殖的理想培养基,一旦原料乳或产品受到微生物的污染,就很容易在生产中造成严重的产品污染事故。因此,工厂内的各项清洗对所有乳品厂来说都具有至关重要的作用。

处理鲜乳用的一切器具和设备,用后应立即进行清洗消毒,不然很容易形成乳垢,使原料乳的细菌数大量增加。如果长期不进行彻底的清洗消毒,很容易产生黏泥状黄垢,这些黄垢大多是藤黄八叠球菌(*Sarcina lutea*)和其他耐热性细菌所形成。故清洗消毒的目的主要为:

1. 彻底除去残留乳成分,防止细菌滋生。
2. 利用洗涤剂的化学作用和洗刷机械的物理作用,除去细菌和杂质等。
3. 因清洗消毒后容器均进行干燥,故可除去细菌繁殖所必需的水分。
4. 奶桶等盛乳容器清洗消毒后,应冷却至低于细菌繁殖所需温度,以抑制细菌繁殖。

(二)清洗剂的选择

食品加工厂对清洗剂的选择,过去必须考虑清洁程度和经济效益;现在则必须考虑环境污染问题。关于清洗剂,过去多使用氢氧化钠、磷酸盐、硅酸盐等碱性清洗剂和磷酸、硝酸、盐酸、硫酸等酸性清洗剂。近年来,又在这些清洗剂中添加表面活性剂或金属螯合物,使其更容易除去污物和改善洗涤性能,以及防止奶垢沉着。有关清洗性能方面有了显著进步。碱性清洗剂虽对金属有腐蚀作用和对垫圈有不良影响,但目前仍以碱性清洗剂为主。因此对清洗剂的耐热、耐磨耗和耐药性等有必要加以充分考虑。此外,对无机清洗剂的危害问题和有机清洗剂对BOD(生物需氧量)、COD(化学需氧量)的影响均需加以注意。食品工厂采用的主要洗剂如表6-12所示。

表6-12 食品工厂采用的主要清洗剂原料

无机原料	有机原料
碱性剂:	有机整合剂:
氢氧化钠	葡萄糖酸盐
硅酸盐	氨基三醋酸盐(NTA)
磷酸盐	乙二胺四乙酸盐(EDTA)

表 6-12 （续）

无机原料	有机原料
碱性剂：	有机整合剂：
碳酸盐	柠檬酸
硫酸盐	表面活化剂：
氯化物	阴离子表面活化剂
过氧化物	LAS、AOS、AS
酸性剂：	阳离子表面活化剂
硝酸	季铵盐
盐酸	非离子性表面活化剂
硫酸	高级醇
磷酸	壬基酚

清洗剂的作用主要为乳化、润湿、松散、悬浊、洗涤、螯合、软化、溶解等。通常可为分 5 类，即碱类、磷酸盐类、润湿剂类、酸类、螯合剂类等。各种清洗剂的洗净力比较，列入表 6-13 中。

表 6-13　各种清洗剂的洗净力比较

成　分		乳化作用	碱化作用	湿润作用	扩散作用	悬浊作用	沉淀作用	对水软化作用	防止硬水沉积作用	洗涤作用	起泡作用	腐蚀作用	刺激作用
碱性剂	氢氧化钠	C	A	C	C	C	C	C	D	D	C	D	D
	偏磷酸钠	B	B	C	B	C	C	C	C	B	C	B	D
	纯碱	C	B	C	C	C	C	C	D	C	C	C	D
	三磷酸钠	B	B	C	B	B	B	A*	D	B	C	C+	C-
磷酸盐	四磷酸钠	A	C	C	A	A	A	B	B	A	C	AA	A
	三磷酸钠	A	C	C	A	A	A	A	B	A	C	AA	A
	六偏磷酸钠	A	C	C	A	A	A	B	A	A	C	AA	A
	四聚磷酸盐	B	C	C	B	B	B	A	B	A	C	AA	A
有机物	螯合剂	C	C	C	C	C	A	AA.⊙	A	A	C	AA	A
	润湿剂	AA	C	AA	A	B	B	C	C	AA	AAA	A	A
	有机酸	C	C	C	C	C	C	A⊙	AA	B	C	A	A
无机物	无机酸	C	C	C	C	C	C	A⊙	AA	C	C	D	D

注：A——强；B——普通；C——弱；D——无效果；*——沉淀；.——螯合作用；⊙——耐热性强，螯合作用。

(三)常用的清洗剂种类

我国大部分工厂现在主要还是选用 NaOH、HNO₃ 等单纯清洗剂。但是,随着国外各种专业清洗剂的进入,合成清洗剂的使用会越来越普遍。为达到某种清洗目的,用于配制清洗剂的原料很多,但重要的有以下几种。

1. 无机碱类

无机碱类最常用的有氢氧化钠(苛性钠)、正硅酸钠、硅酸钠、磷酸三钠、碳酸钠(苏打)、碳酸氢钠(小苏打)。

这些原料按最后配方要求可配成需要的碱度、缓冲性和冲洗能力。所以,若需要高碱度的清洗剂,那么混合原料中氢氧化钠和原硅酸钠的量将占很大的比例,因而会导致严重的皮肤烧伤,所以这些原料在使用时一定要加倍小心。氢氧化钠在使用时逐渐转化成碳酸盐,在缺乏足够悬浮或多价螯合剂的情况下它们最终会在设备和器皿的表面形成鳞片或结霜。

正硅酸钠、硅酸钠和磷酸三钠对清洗顽垢很有效,它们也具有缓冲和冲洗特性。由于碳酸钠和碳酸氢钠碱度低,一般用作可与皮肤接触的清洗剂。

2. 酸类

通常使用的酸有无机酸如硝酸、磷酸、氨基磺酸等,有机酸如羟基乙酸、葡萄糖酸、柠檬酸等。

这些酸在设计的配方中是用来除去碱性洗剂不能除掉的顽垢。有些乳品设备只用碱或碱性混合剂来清洗是不能达到最佳效果的,尤其是热处理设备,因此用酸洗是非常必要的。如"乳石"的除去必须用酸。因为酸能烧伤皮肤,所以处理酸性材料时要十分小心。酸一般对金属有腐蚀性,当清洗剂对设备有腐蚀的威胁时,必须添加抗腐蚀剂。

由于国内有饮用热乳的习惯,即使是 UHT 乳(特别是大包装产品)也喜欢加热后饮用。所以当使用磷酸作为清洗剂时,要注意冲洗一定要彻底,否则 PO_4^{3-} 离子的残留会导致产品出现质量问题,带来消费投诉。这是因为如果乳中有 PO_4^{3-} 离子残留,产品的理化检测值会在正常范围内,产品从表面看也处于正常的状态。可是对这样的产品进行加热后,就会出现白色沉淀,原因是正常的乳中存在平衡状态的 $Ca_3(PO_4)_2 \downarrow \Longrightarrow 3Ca^{2+} + 2PO_4^{3-}$ 的可逆反应,如产品中残留有 PO_4^{3-} 离子在加热时会促使反应向逆向移动,从而形成磷酸钙$[Ca_3(PO_4)_2]$沉淀。

3. 螯合剂

在清洗用水的硬度较高时,碱洗过程中会发生一定的化学反应。例如氢氧化钠溶液作为清洗液时发生的化学反应有:

$$Ca(HCO_3)_2 + 2NaOH \Longrightarrow CaCO_3 + Na_2CO_3 \downarrow + 2H_2O$$

$$MgSO_4 + 2NaOH \Longrightarrow Mg(OH)_2 + Na_2SO_4 \downarrow$$

$$CaSO_4 + Na_2CO_3 \Longrightarrow CaCO_3 + Na_2SO_4 \downarrow$$

使用螯合剂的作用就是防止钙、镁盐沉淀在清洗剂中形成不溶性的化合物。螯合剂能承受高温,能与四价氨基化合物共轭。有几种不同的螯合剂可供选择,选择哪一种取决于洗液的 pH。常用的螯合剂包括三聚磷酸盐、多聚磷酸盐等聚磷酸盐以及较适合作为弱碱性手工清洗液原料的 EDTA(乙二胺四乙酸)及其盐类,葡萄糖酸及其盐类。

4. 表面活性剂

表面活性剂有阴离子型、非离子型的胶体和阳离子型几种类型。阴离子表面活性剂通常是烷基磺酸钠等。阳离子表面活性剂主要是季铵化合物。阴离子表面活性剂与非离子表面活性剂最适合于作洗涤剂,而胶体与阳离子的产物通常用作消毒剂。

(四)影响清洗效果的因素

为了达到良好的清洗效果,满足微生物清洁的要求,同时考虑加工效率和加工成本。在做好清洗方式设计的同时,还需要对清洗过程的每个要素进行有效的控制,这些要素包括以下几个方面。

1.清洗剂

被清洗物体的污垢性质不同,清洗液的清洗效果也不相同,应根据清洗物体选择相应的清洗液。

2.清洗液浓度

提高清洗液浓度后可适当缩短清洗时间或弥补清洗温度的不足。但是,清洗液浓度提高后会造成清洗费用的增加,而且浓度的增高并不一定能有效地提高清洁效果,有时甚至会导致清洗时间的延长,有关其中的作用机理,目前尚不清楚。此外,为取得良好的清洁效果,除了要考虑清洗液浓度和清洗时间的影响外,还必须考虑清洗温度。

清洗过程中,为确保清洗液浓度能够维持均匀、稳定的状态,最好采用自动添加系统。若采用人工添加方式,则尽可能地保证在整个清洗循环过程中均匀地加入清洗剂,以避免产生清洗剂一次性加入后造成的在循环管路中局部清洗剂浓度过高的不均匀现象。同时,在清洗过程中要随时监控清洗液的浓度,或至少要在酸、碱排空时测定清洗液的浓度。

3.清洗时间

清洗时间受很多因素的影响,如清洗剂种类、清洗液浓度、清洗温度、产品类型、生产管线布置以及设备的设计等。清洗时间意味着人工费用增加的同时,由于停机时间的延长,也会造成生产效率下降和生产成本提高。但是,如果一味地追求缩短清洗时间,将可能会导致无法达到清洗效果。

4.清洗温度

清洗温度是指清洗循环时清洗液所保持的温度,这个温度在清洗过程中应该是保持稳定的,而且其测定点是在清洗液的回流管线上。

清洗温度的升高一般会帮助缩短清洗时间或降低清洗液浓度,但是相应的能量消耗就会增加。由于乳品工厂中的清洗主要是针对加工过程中产生在设备内表面上的乳垢,因此清洗温度一般不低于 60℃。温度的升高会提高化学反应的速度。一般来说,温度每升高 10℃,化学反应速度会提高 1.5 ~ 2.0 倍。因此,对一般的加工设备清洗而言,若使用氢氧化钠(NaOH),温度为 80 ~ 90℃;若使用硝酸(HNO_3),温度为 60 ~ 80℃。清洗 UHT 设备时,清洗温度将有明显的提高。对于复合清洗剂所应选用的清洗温度则要遵照供应商所给出的建议。

5.清洗流量

保证清洗过程中清洗液的流量实际上是为了保证清洗时的清洗液流速,这样可以使清洗过程中能够产生一定的机械作用,即通过提高流体的湍动性来提高冲击力,从而取得一定的清洗效果。提高清洗时清洗液流量可以缩短清洗时间,并补偿清洗温度不足所带来的清洗不足。但是,提高流量所带来的设备和人工费用也会随着增加。作为一般的清洗原则,清洗液流速至少应符合管路内 1.5m/s、垂直罐中 200 ~ 250L/(m^2·h)、卧式罐中 250 ~ 300L/(m^2·h)的要求。而热交换器清洗时的流速应比生产时大出 10%。

(五)清洗消毒方法

消毒杀菌是指使用消毒杀菌介质杀灭微生物,从而使微生物污染降到公共卫生要求的安全水平,或在没有公共卫生要求情况下降到一个很低的水平的过程。

1. 消毒杀菌的方法

乳品加工厂常用的消毒方法有物理法和化学法两种,应根据不同的对象选择合适的消毒方法,杀菌消毒方法见表 6 – 14。

表 6 – 14 杀菌消毒法分类

方法名称	分类	方法
加热杀菌法	火焰灭菌法	喷灯,酒精灯火焰中 20s
	干热灭菌法	135 ~ 145℃,3 ~ 5h;160 ~ 170℃,2 ~ 4h;180 ~ 200℃,0.5 ~ 1h;200℃ 以上,0.5h
	高压蒸汽灭菌法	110℃,70kPa,30min;121℃,100kPa,20min;126℃,140kPa,15min
	煮沸灭菌法	沸水中浸没煮沸 15min 以上,沸水中可加碳酸钠 1% ~ 2%
	间歇灭菌法	80 ~ 100℃ 水或蒸汽中,每 24h 加热一次,每次 30 ~ 60min,如此反复加热 3 ~ 5 次
照射杀菌法	放射性杀菌法	^{60}Co 或 ^{137}Cs 的 γ 射线
	紫外线杀菌法	200 ~ 300nm 紫外线
	高频灭菌法	915MHz 或 2450MHz 高频
化学杀菌法	气体灭菌法	环氧乙烷、冰醋酸、甲醛等气体
	药液灭菌法	乙醇、过氧化物、次氯酸钠、含碘杀菌剂、季铵盐化合物等

2. 影响消毒效果的因素

消毒作用也是一种化学反应,消毒效果与被消毒物的清洗情况、消毒剂的浓度、pH 值、温度、作用时间等几个方面均有关系。

(1)消毒剂的浓度

在通常情况下,消毒剂浓度提高,杀菌效果增加,但浓度超过可冲洗浓度标准会有消毒剂残留,污染食品。

(2)消毒剂的 pH

随着 pH 的增高,消毒效果将会减弱,当次氯酸盐的 pH 小于 5.0 时,会生成氯气,造成对人员的危害和设备的腐蚀,但 pH 大于 10.0 时杀菌效果将降低。其他含碘杀菌剂的最佳 pH 是 4.0 ~ 4.5,季铵盐化合物最佳 pH 在 7.0 ~ 9.0。

(3)作用时间

随着消毒剂作用时间的增加,杀菌效果也增强。正常情况下,消毒剂与被杀菌表面接触30s,即可杀灭 99.999% 的大肠杆菌和金黄色葡萄球菌,为充分保证杀菌效果,建议接触时间为2min。

(4)消毒剂温度

一般情况下,杀菌效果随着温度的升高而增加,但是由于含氯和含碘的消毒剂具有挥发性,并且随着温度的升高而挥发程度增大且腐蚀性强,应在常温下使用。其中含氯消毒剂的最适温度为27℃,最高温度不超过48.8℃,含碘消毒剂最高温度不超过43.3℃。

（5）被消毒物的清洗情况

在清洗和消毒过程中，清洗是首要的，否则残留的有机物对微生物起了很好的保护作用，有效的清洗是取得良好消毒效果的根本保证。清洗后的器具、设备、管道不用时应保持干燥状态，以抑制微生物的繁殖，从而降低被消毒物的污染程度。

3. 主要设备、容器的清洗和消毒

乳品加工中的一些盛装品部门采用 CIP 方法清洗、消毒（如乳桶、玻璃瓶包装物等），或由于条件限制没有采用 CIP 方法清洗、消毒（乳槽车、储乳罐等），这些器具的清洗、消毒效果的好坏也直接关系到产品质量。

（1）盛装容器的清洗和消毒

①乳桶。现在许多小型牧场和个体农场还是采用乳桶送乳，部分小加工厂也采用乳桶对加工中的产品进行周转，还有部分桶装鲜乳直接供应学校、宾馆等公共场所。乳桶经常出现的问题主要是生成黏泥状黄垢，该现象通常是受藤黄八叠球菌等耐热菌的污染所致，一般清洗程序如下：

a）38～60℃清水预冲洗；

b）60～72℃热碱清洗（如用浓度为0.2%的氢氧化钠溶液）；

c）90～95℃热清水冲洗；

d）乳桶经热水冲洗后立刻进行蒸汽消毒；

e）60℃以上热空气吹干，防止剩余水再次污染。

②贮乳桶。不能进行 CIP 处理的贮乳罐可采用以下三种方法清洗和消毒。

1）蒸气杀菌法。程序如下：

a）清水充分冲洗；

b）用温度为40～45℃，浓度为0.25%的碳酸钠溶液喷洒于罐内壁保持10min；

c）清水冲洗，除去洗液；

d）通入蒸汽20～30min，直到冷凝水出口温度达到85℃，放尽冷凝水，自然冷却至室温。

2）热水杀菌法。按上述程序经 a）、b）、c）三道工序后，在贮乳桶中注满85℃的热水保持10min。此法热能消耗大，仅适宜小型贮乳罐。

3）次氯酸钠杀菌法。程序如下：

a）将贮乳桶用清水彻底冲洗后，用0.25%碳酸钠或含其他洗剂（如铝制贮乳槽需用含硅酸钠的洗剂）的洗液清洗，液温43～46℃；

b）清水喷射清洗；

c）喷射次氯酸钠洗液，将次氯酸钠溶于0.25%碳酸钠溶液中，使有效氯含量为250～300mg/kg，喷射面积不超过1.88m²/min，喷射速度2.28L/min。每平方米需要洗液1.23L。例如喷射900L容积的贮乳槽约需32L次氯酸钠洗液，需喷射14min。

d）消毒结束后，可用消毒清水或含有5～10mg/kg有效氯的洗液冲洗罐壁。

③玻璃奶瓶。指灌装瓶装巴氏杀菌乳和酸乳所使用的玻璃瓶，用洗瓶机清洗奶瓶，洗瓶机有半机械化洗瓶机和自动洗瓶机。

1）半机械化洗瓶机。半机械化清洗设备一般要配备浸碱槽、刷瓶机和冲洗机组成流水作业线。Rannie 公司的洗瓶设备的介绍见图6-8。

浸碱槽和刷瓶机需人工配合操作。浸碱槽内装有碱液，可通蒸汽加热。空瓶装于可回转

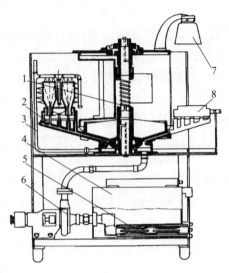

1——转轴;2—转盘;3—喷管;4—水箱;5—加热器;6—水泵;7—照明灯;8—插瓶座。

图6-8　Sterila 46型冲洗机结构示意图

的瓶格中,依靠电动机或人工推动,使空瓶在碱液中浸泡。取出后,先以清水漂洗,然后再放到刷瓶机装有的旋转的瓶刷,以人工持瓶,套于刷子上刷洗。最后放到冲洗机上,先用清水后用消毒水,沥干残留水滴后即可送到灌瓶机上灌装消毒乳。

奶瓶倒插在转盘上,转盘由电动机带动。冷热水通过水泵打入喷淋管,由喷嘴喷出对奶瓶进行内外冲淋喷洗。结构详见图6-9。

2)自动洗瓶机。自动洗瓶机系将奶瓶的输送、浸渍、喷洗、冲淋消毒等过程集装于一个整机内,奶瓶由链条带动,达到自动连续清洗的目的。

根据进出口位置的不同,可分为两种形式:一种是奶瓶的进出口放在同一端。便于车间的流程布置;另一种是奶瓶的进出口分别布置在洗瓶机的两端,有利于将清洁好的奶瓶和未清洗奶瓶分隔开,防止重受污染的危险,合乎食品卫生要求。Cherry-Burell公司的自动洗瓶机的介绍见图6-10。

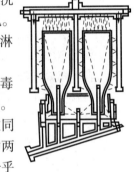

图6-9　冲淋示意图

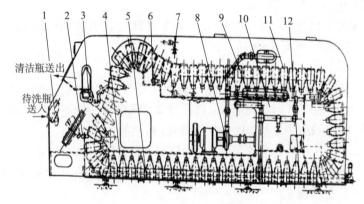

1——进瓶装置;2——预冲洗;3——出瓶运输带;4——浸渍碱液;5——蒸气加热管;6——消毒水清洗;
7——清水清洗;8——循环水泵;9——循环水冲淋;10——循环水贮槽;11——奶瓶和瓶斗;12——浸渍槽。

图6-10　自动洗瓶机工作流程图

　　奶瓶由一端的下层进瓶运输带送至进瓶处,瓶口朝下翻入带有瓶斗的输动链,先经预冲水冲洗表面污垢,然后浸渍于碱液槽内。碱液温度维持约65℃,使瓶壁油污积垢松弛,经过循环水、清水和消毒水(氯水)分别冲淋后,即可达到清洁消毒、安全卫生的要求。奶瓶在机内随带有瓶斗的传动链运行一周,仍回到前端,翻入出瓶运输带送出。

　　用洗瓶机清洗奶瓶,一般程序如下:

　　①用温度为30～35℃的水进行充分的预浸泡或冲洗;

　　②用温度为60～63℃,浓度为0.5%～1.0%的氢氧化钠溶液进行浸泡式或喷射式洗涤,浸泡时间不少于3min;

　　③清水冲洗残留在奶瓶上的碱液后,用38～40℃温水冲洗,要求每毫升温水中细菌数不超过1000个。也可用15～16℃,含有效氯250～300mg/kg的氯水冲洗消毒。奶瓶沥干后才能灌装。

　　(2)管道的清洗和消毒

　　管道的清洗和消毒通常有以下几种方法。

　　①沸水消毒法。用清水冲洗干净后,通入沸水使管内温度达到90℃以上,并保持2～3min。

　　②蒸汽消毒法。管道清洗干净后通入蒸汽,当冷凝水出口温度达82℃,即可放出冷凝水。

　　③次氯酸盐消毒法。这是乳品工业中最为常用的消毒方法。因次氯酸盐容易腐蚀金属(包括不锈钢),特别是使用软水而且pH很低时更容易腐蚀。因此,使用软水时应添加0.01%的碳酸钠,并控制氯的浓度和pH。对于彻底清洗过的管道,一般消毒剂浓度控制在150～300mg/kg,温度不超过27℃,保持0.5～2.0min,就可以达到杀菌的目的。消毒结束后须用清水冲洗至无氯味为止。

　　玻璃管道清洗的一般程序是用清水喷射冲洗后,再用热洗剂液喷射,用六偏磷酸钠溶液喷洗。用洗水冲洗后,接着用氯水杀菌,然后冲洗干净。

　　(3)导管、阀门的清洗和消毒

　　各种不锈钢导管、阀门或泵等,在使用前必须按下列步骤进行清洗消毒:

　　①水细致地洗刷;

　　②放入洗涤桶内55～60℃的热碱水中进一步洗刷;

　　③对于长的不锈钢导管,可将管子置于管架上,管内采用特制的通管毛刷通洗,管外以长柄毛刷用碱水刷洗;

　　④最后用温水洗去碱渍,浸于93～94℃热水中,保温10～15min,或采用蒸气通入管中进行消毒后备用。

　　(4)净乳、均质等设备的清洗和消毒

　　①过滤器和离心净乳机。各种过滤器均需定时拆洗,并严格消毒。对于离心净乳机压力水腔内形成的水垢,经常用1%的硝酸溶液加缓蚀剂配成的清洗剂进行除垢清洗。

　　②均质机。所有均质机在加工前,应彻底地进行清洗消毒,在加工中,每周至少进行1～2次彻底消毒,以防止细菌繁殖,其清洗与消毒方法,可按下列次序进行:

　　a)将均质机头上零件全部拆下,用温水刷洗干净;

　　b)将各零件用65℃左右的碱性溶液刷洗一遍,再用温水冲洗除去碱渍;

　　c)洗净后的零件及机身部分用蒸气直接喷射一遍,以初步消毒,然后将零件装配起来;

　　d)开动电动机,将200L左右沸水注入均质机内,进行10min左右的灭菌。均质机使用后,应立即清洗,不得留下任何污垢及杂质,并用90℃以下的热水通入机器,时间约10min,以达到消毒目的。

二、就地清洗(CIP)

20世纪80年代以来,随着加工技术的不断提高特别是灭菌手段的改进(使用板式或管式换热器)及管道式输送技术的应用,就地自动清洗被乳品企业广泛应用。

(一)就地清洗(CIP)概念

设备(罐体、管道、泵等)及整个生产线在无需人工拆开或打开的前提下,在闭合的回路中进行清洗,而清洗过程是在增加了湍动性和流速的条件下,对设备表面的喷淋或在管路中的循环,此项技术被称为就地清洗(cleaning in place,CIP)。

它的特点是清洗时不需拆卸管道和设备,清洗效率高,清洗质量高,操作安全,降低清洗劳动强度,节约清洗剂、水、蒸汽等的用量,自动化程度高。目前,CIP清洗系统在我国饮料、乳品、啤酒等企业中已得到广泛的应用。

(二)CIP程序的设定

1. 冷管路及其设备的清洗程序

乳品生产中的冷管路主要包括收乳管线、原料乳储存罐等设备。牛乳在这类设备和连接管路中由于没有受到热处理,所以相对结垢较少。因此,建议的清洗程序如下:

①水冲洗3~5min;

②用75~80℃热碱性洗涤剂循环10~15min(若选择氢氧化钠,建议溶液浓度为0.8%~1.2%);

③水冲洗3~5min;

④建议每周用65~70℃的酸被循环一次(如浓度为0.8%~1.0%的硝酸溶液);

⑤用90~95℃热水消毒5min;

⑥逐步冷却10min(储奶罐一般不需要冷却)。

2. 热管路及其设备的清洗程序

乳品生产中,由于各段热管路生产工艺目的的不同,牛乳在相应的设备和连接管路中的受热程度也就有所不同,所以要根据具体结垢情况,选择有效的清洗程序。

(1)受热设备的清洗

受热设备是指混料罐、发酵罐以及受热管道等。

①用水预冲洗5~8min。

②用75~80℃热碱性洗涤剂循环15~20min。

③用水冲洗5~8min。

④用65~70℃酸性洗涤剂循环15~20min(如浓度为0.8%~1.0%的硝酸或2.0%的磷酸)。

⑤用水冲洗5min。

⑥生产前一般用90℃热水循环15~20min,以便对管路进行杀菌。

(2)巴氏杀菌系统的清洗程序

对巴氏杀菌设备及其管路一般建议采用以下的清洗程序:

①用水预冲洗 5~8min;

②用 75~80℃热碱性洗涤剂循环 15~20min(如浓度为 1.2%~1.5%的氢氧化钠溶液);

③用水冲洗 5min;

④用 65~70℃酸性洗涤剂循环 15~20min(如浓度为 0.8%~1.0%的硝酸溶液或 2.0%的磷酸溶液);

⑤用水冲洗 5min。

3. UHT 系统的正常清洗程序

UHT 系统的正常清洗相对于其他热管路的清洗来说要复杂和困难。UHT 系统的清洗程序与产品类型、加工系统工艺参数、原材料的质量、设备的类型等有很大的关系。针对我国现有的生产工艺条件,为达到良好的清洗效果,板式 UHT 系统可采取以下的清洗程序:

①用清水冲洗 15 min;

②用生产温度下的热碱性洗涤剂循环 10~15min(如 137℃,浓度为 2.0%~2.5%的氢氧化钠溶液);

③用清水冲洗至中性,pH 为 7;

④用 80℃的酸性洗涤剂循环 10~15min(如浓度为 1.0%~1.5%的硝酸溶液);

⑤用清水冲洗至中性;

⑥用 85℃的碱性洗涤剂循环 10~15min(如浓度为 2.0%~2.5%的氢氧化钠溶液);

⑦用清水冲洗至中性,pH 为 7。

对于管式 UHT 系统,则可采用以下的清洗程序:

①用清水冲洗 10min;

②用生产温度下的热碱性洗涤剂循环 45~55min(如 137℃,浓度为 2.0%~2.5%的氢氧化钠溶液);

③用清水冲洗至中性,pH 为 7;

④用 105℃的酸性洗涤剂循环 30~35min(如浓度为 1.0%~1.5%的硝酸溶液);

⑤用清水冲洗至中性。

4. UHT 系统的中间清洗

UHT 生产过程中除了以上的正常清洗程序外,还经常使用中间清洗(aseptic intermediate cleaning,AIC)。AIC 是指生产过程中在没有失去无菌状态的情况下,对热交换器进行清洗,而后续的灌装可在无菌罐供乳的情况下正常进行的过程。采用这种清洗是为了去除加热面上沉积的脂肪、蛋白质等垢层,降低系统内压力,有效延长运转时间。AIC 清洗程序如下:

①用水顶出管道中的产品;

②用碱性清洗液(如浓度为 2.0%的氢氧化钠溶液)按"正常清洗"状态在管道内循环,但循环时要保持正常的加工流速和温度,以便维持热交换器及其管道内的无菌状态。循环时间一般为 10min,但标准是热交换器中的压力下降到设备典型的清洁状况(即水循环时的正常压降);

③当压降降到正常水平时,即认为热交换器已清洗干净。此时用清洁的水替代清洗液,随后转回产品生产。当加工系统重新建立后,调整至正常的加工温度,热交换器可接回加工的顺流工序而继续正常生产。

(三)CIP 系统设计

CIP 设备一般包括清洗液贮罐、喷洗头子、送液泵、管路管件以及程序控制装置,连同待清洗的全套设备,组成一个清洗循环系统,根据所选定的最佳工艺条件,预先设定程序,输入电子计算机,进行全自动操作。不仅设备无需拆卸,效率高,而且安全可靠,有效地减少了人为失误,同时降低了清洗成本。图 6-11 为就地清洗系统流程图,图中容器 A 正在进行就地清洗;容器 B 正在泵入加工过程中的用料;容器 C 正在出料。管路上的阀门 1~32 均为自动截止阀,根据控制部门的信号执行开关指令。

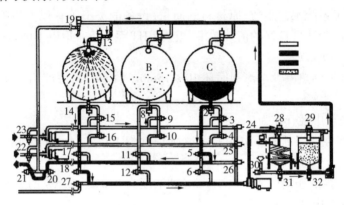

注:1~32 均为自动截止阀。

图 6-11　就地清洗系统流程图

在乳品厂中,就地清洗站包括贮存、监测和输送清洗液至各种就地清洗线路的所有必需的设备。清洗站的正确设计,取决于许多因素,例如:

①中心清洗站要支持多少个"CIP"分循环? 每个分循环中有多少个热处理设备? 多少个冷处理设备?

②整个清洗、杀菌系统的蒸汽用量是多少?

③清洗液是否要回收再利用?

④预冲洗出来的乳液是否要回收? 如何对其进行回收处理?

⑤设备要选用何种杀菌方法,是物理方法(蒸汽或热水)还是化学方法?

就地清洗一般有两种方式,即集中式清洗和分散式清洗。直到 20 世纪 50 年代末,清洗还是分散式的。乳品厂内的清洗设备紧靠加工设备附近。洗涤剂在现场由手工混合到所要求的浓度,这是一项繁琐并且危险的工作。此外,洗涤剂消耗高,洗涤费用昂贵。

在 20 世纪 60 年代和 20 世纪 70 年代间,集中式的就地清洗发展起来了。在乳品厂中建立了集中的就地清洗站,由它通过管道网向乳品厂内所有就地清洗线路供应冲洗水、加热的洗涤剂溶液和热水。用过的液体然后再由管道送回中心站,并按规定的线路流入各自的收集罐,按这种方法收集的洗涤剂可以浓缩到正确的浓度,并一直用到太脏不能再用为止,最后排掉。

集中式就地清洗在许多乳品厂中工作效果良好,但在大型厂中就地清洗站和周围的就地清洗线路之间的连接变得过长。其结果是就地清洗管道系统中会有大量的液体,且排放量也大。预洗后留在管道内的水严重地稀释了洗涤液,结果还需添加大量的浓洗涤剂,以保持正确的浓度。距离越远,清洗的费用越高。因此,在 20 世纪 70 年代末,大型的乳品厂返回到了分散的就地清洗站,每一部分由各自的就地清洗站负责。

1. 集中式就地清洗

集中式系统主要用于连接线路相对较短的小型乳品厂,如图 6－12 所示。水和洗涤剂溶液从中央站的贮存罐泵至各个就地清洗线路。洗涤剂溶液和热水在保温罐中保温,通过热交换器达到要求的温度。最终的冲洗水被收集在冲洗水罐中,并作为下次清洗程序中的预洗水。来自第一段冲洗的牛乳和水的混合物被收集在冲洗乳罐中。

洗涤剂溶液经重复使用变脏后必须排掉,贮存罐也必须进行清洗,再灌入新的溶液。每隔一定时间排空并清洗就地清洗站的水罐也很重要,避免使用污染的冲洗水,而使已经清洗干净的加工线受到污染。

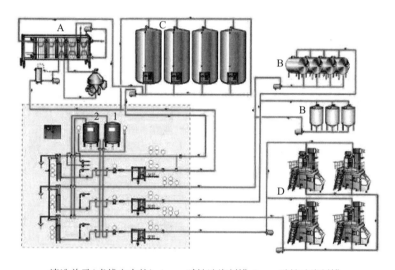

清洗单元(虚线之内的):1——碱性洗涤剂罐;2——酸性洗涤剂罐;
清洗对象:A——牛乳处理;B——罐组;C——奶仓;D——灌装机。

图 6－12　集中式就地清洗

在中小型乳品厂,可建立一个 CIP 中心站。首先从中心站中将清洗水、热的洗涤液及热水通过管道网路泵送到各个回路中去,然后再将用过的液体经管道送回中心站的各自贮罐中。用此方法能够较容易地控制清洗溶液的正确浓度,并对清洗溶液进行重复使用。

中心站一般设有供冷水、酸及碱加热的热交换器,水、酸液、碱液罐、回收罐,以及维持洗剂浓度的计量设备和废弃酸液、碱液的贮存罐。其典型设计见图 6－13。这种类型的清洗站通常自动化程度很高,各个罐都配有高、低液位监测电极。清洗溶液的回流情况可通过导电传感器来控制。导电率通常与乳品厂中使用的清洗液浓度呈比例,用水冲洗的过程中,洗涤剂溶液的浓度越来越低。低到预设的值时,转向阀将液体排掉,而不返回洗涤剂罐。就地清洗的程序由定时器控制,大型的就地清洗站可以配备多用罐,以提供必要的容量。

2. 分散式就地清洗

大型的乳品厂由于集中安装的就地清洗站和周围的就地清洗线路之间距离太长,所以分散式就地清洗是一个有吸引力的选择。这样,大型的就地清洗站就被一些分散在各组加工设备附近的小型装置所取代。图 6－14 所示的是分散式就地清洗系统的原理,也称卫星式就地清洗系统。其中仍有一个供碱液和酸性洗涤剂贮存的中心站。

131

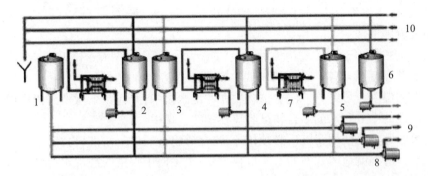

1——冷水罐;2——热水罐;3——冲洗水罐;4——碱性洗涤剂罐;5——酸性洗涤剂罐;6——冲洗乳罐;
7——用于加热的板式热交换器;8——CIP 压力泵;9——CIP 压力管线;10——CIP 返回管线。

图 6 - 13　普通的中央就地清洗站的设计

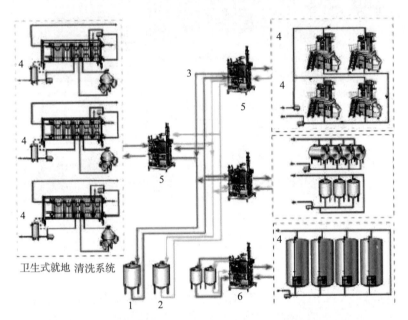

1——碱性洗涤剂贮槽;2——酸性洗涤剂贮槽;3——洗涤剂的环线;
4——被清洗对象;5——分散式就地清洗单元;6——带有自己洗涤剂贮槽的分散式就地清洗。

图 6 - 14　分散式就地清洗系统

　　碱性洗涤剂和酸性洗涤剂通过主管道分别被派送到各个就地清洗装置中,冲洗水的供应和加热(酸性洗涤剂的供给及加热)则在卫生站就地安排,图 6 - 15 为其中之一,为带有两条清洗线路,并装有 2 个循环罐和 2 个与洗涤剂和冲洗水回收罐相连的浓洗涤剂计量泵的分散式系统的 CIP 装置。

　　这些卫生站根据仔细测量,用最少液量来完成各阶段的清洗程序,即液体够装满被清洗的线路。运用一台大功率循环泵,使洗涤剂高速流过线路。最少量清洗液循环的原则有许多优点,水和蒸汽的消耗量无论瞬时的还是总的都会大大降低。第一次冲洗获得的残留牛乳浓度高,因此处理容易,蒸发费用低。分散式就地清洗比使用大量液体的集中式就地清洗对废水系统的压力要小。

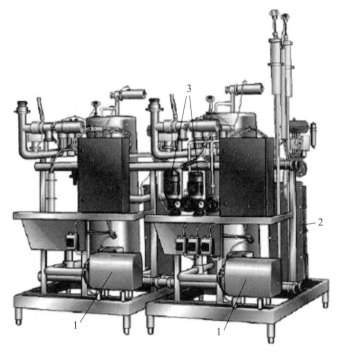

1——压力泵;2——热交换器;3——计量泵。

图 6 – 15　分散式系统的 CIP 装置

一次性使用洗涤剂的概念与分散的就地清洗一起应用,违背了集中系统中循环洗涤剂的标准作业。一次使用的概念是根据假定洗涤液的成分对一给定的线路是最合适的,在使用一次后就认为该溶液已经失去效用。虽然在某些情况下,可以在下一程序中用作预冲溶液,但主要的效用是在首次使用上。

3. 清洗喷头的类型

为获得良好的清洗效果,清洗喷头的设计和选择是十分重要的。乳品工厂常用的清洗喷头有两种,即球形喷头和涡轮旋转清洗喷头,分别如图 6 – 16 和图 6 – 17 所示。

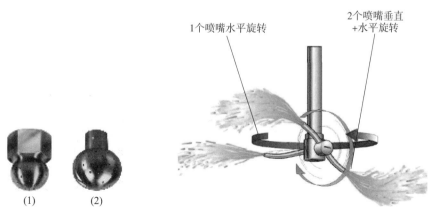

1个喷嘴水平旋转

2个喷嘴垂直
+水平旋转

(1)　　　　(2)

图 6 – 16　球形喷头　　　　图 6 – 17　涡轮旋转清洗喷头

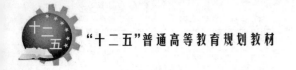

(四)CIP 清洗效果的检验评估

1. 清洗效果检验的意义

定期对清洗效果进行检验具有以下三方面的意义:

①经济清洗,控制费用;

②对可能出现的产品失败提前预警,把问题处理在事故之前;

③长期、稳定、合格的清洗效果是生产高质量产品的信心。

2. 检验过程

(1)设定标准

若使检验结果有意义,必须依据一定的标准。基本要求为:

①气味。气味清新、无异味。对于特殊的处理过程或特殊阶段容许有轻微的气味,但不影响最终产品的安全和自身品质。

②设备的视觉外观。不锈钢罐、管道、阀门等表面应光亮,无积水,表面无膜,无乳垢和其他异物(如砂砾或粉状堆积物)。同时,经过 CIP 处理后,设备的生产能力明显改变。

③微生物指标。a)涂抹法检测,涂抹面积为 $(10 \times 10)\ cm^2$。理想结果:细菌总数 $< 100 cfu/100 cm^2$;大肠杆菌 $< 1MPN/100 cm^2$;酵母菌 $< 1 cfu/100 cm^2$。b)冲洗试验:细菌总数 $< 100 cfu/100 mL$;大肠杆菌 $< 1MPN/100 mL$。

(2)评定方法

由于自动化的发展,现代的加工线中肉眼检查是很难达到目的的,必须由集中在加工线上的若干关键点,以严格的细菌监测来代替。就地清洗的结果一般用培养大肠杆菌来检查,其标准为每 $100 cm^2$ 少于 1 个大肠杆菌。如果细菌数多于这个标准,清洗结果就不合格。这些试验可以在就地清洗程序完成后,在设备的工作面上进行。对罐和管道系统中可应用此种试验,特别是当产品中检查出过多的细菌数目时进行。通常是从第一批冲洗水或从清洗后第一批通过该线的产品中取样。为了实现生产过程的全面质量控制,所有产品必须从它们的包装材料开始就进行细菌学检验。完整的质量控制,除对大肠杆菌进行检查外,还包括细菌总数的检查和感官控制(品尝味道)。

①评估频率

a)奶槽车送到乳品厂的乳接受前和奶槽车经 CIP 后。

b)贮存罐(生乳罐、半成品罐、成品罐等)一般每周检查一次。

c)板式热交换器一般每月检查一次,或按供应商要求检查。

d)净乳机、均质机、泵类 净乳机、均质机、泵类也应检查,维修时,如怀疑有卫生问题,应立即拆开检查。

e)灌装机手工清洗的部件,清洗后安装前一定要仔细检查并避免安装时的再污染。

②检测程序

a)取样人员的手应干净清洁,取样前及时消毒,取样容器应为无菌,确保取样在无菌条件下进行,取样过程中应尽可能地避免污染。

b)被取样品应通过外观检查、酸度滴定、风味等来判断是否被清洗消毒液污染。

c)热处理产品。热处理开始的产品应取样进行大肠菌群的检测,取样点包括巴氏杀菌器冷却出口、成品罐、罐装第一包装单元产品等。

d)包装的产品。罐装机是一个潜在的污染源,大部分罐装机都会有手工清洗消毒部分,这部分在安装时最易被污染的地方或消毒死角容易被再次污染,罐装的第一份产品应进行大肠杆菌检测,而且结果应呈阴性。

e)微生物检测。检查加工器具清洗消毒后的微生物状况,一般有两种方法。

涂抹法:涂抹地点是最易出现问题的地方,涂抹面积为$(10 \times 10)cm^2$,理想结果如下:细菌总数$<100cfu/100cm^2$;大肠杆菌$<1MPN/100cm^2$;酵母菌$<1cfu/100cm^2$;霉菌$<1cfu/100cm^2$。

冲洗试验:即清洗消毒后取残留的水进行微生物检测,理想效果应达到如下标准:细菌总数$<100cfu/100cm^2$;大肠杆菌$<1MPN/100cm^2$。

(3)记录并报告检测结果

化验室对每一次检验结果都要有详细的记录,遇到问题、情况时应及时将信息反馈给相关部门。

(4)采取行动

发现清洗问题后应尽快采取措施,跟踪检查是必要的。同时也建议加工和品控人员及时总结,及时发现问题,防微杜渐,把问题解决在萌芽状态。

 复习思考题

1. 原料乳的验收质量标准有哪些?
2. 原料乳如何验收?
3. 原料乳的预处理有哪些? 如何处理?
4. 名词解释:酒精试验、煮沸试验、就地清洗。
5. 影响原料乳卫生的因素有哪些?
6. 乳品设备清洗消毒的目的及常用的清洗消毒方法有哪些?
7. 简述就地清洗系统清洗程序的设计及清洗效果检验评估的方法。

第六章 鲜乳的处理

第七章　液态乳的加工

第一节　液态乳及一般生产工艺

一、液态乳的概念及种类

(一)液态乳的概念

液态乳是指以健康奶牛所产的生鲜牛乳为原料,添加(或不添加)其他营养物质,经过净化、均质、杀菌等适当的加工处理后可供消费者直接饮用的一类液态乳制品。

(二)液态乳的种类

液态乳种类繁多,目前还没有一种统一的方法对其进行合理的分类。通常采用以下几种方法进行分类。

1. 根据组成分类

根据组成,液态乳可以分为普通乳、强化乳和调味乳。

(1)普通乳

以合格的鲜乳为原料,不加任何添加剂加工而成的乳。

(2)强化乳

乳中添加各种维生素或钙、磷、铁等无机盐类,以增加营养成分,但风味和外观与普通杀菌乳无区别。

(3)调味乳

乳中添加咖啡、可可或各种果汁,其风味和外观均有别于普通乳。

2. 根据热处理方法分类

热处理是液态乳加工过程中最主要的工艺之一,根据产品在生产过程中采用的热处理方式的不同,液态乳分为巴氏杀菌乳、超巴氏杀菌乳、延长货架期乳、超高温灭菌乳、保持式灭菌乳。经不同热处理制成的液态乳产品保质期如表7-1所示。

表7-1　不同加热处理方法生产的液态乳制品的保质期

液态乳	热处理	最低温度	最少时间	保质期	流通模式	工艺要求
巴氏杀菌乳(美国)	巴氏杀菌	72℃	15s	7~14d	冷	净化灌装机
ESL乳(英国)	巴氏杀菌	90℃	5s	14~30d	冷	超净化灌装机
ESL乳(美国)	超巴氏杀菌	138℃	2s	45~60d	冷	超卫生灌装机
灌装灭菌乳	加压高温灭菌	120℃	20min	90d	室温	净化灌装机及高压灭菌锅系统

表 7-1 （续）

液态乳	热处理	最低温度	最少时间	保质期	流通模式	工艺要求
超高温灭乳	超高温瞬时	140℃	4s	90d	室温	无菌灌装生产线
	灭菌	149℃	2s			

注：ESL(Extended shelf life) 为延长货架期。

3. 根据脂肪含量分类

为了满足不同消费者的需求,常常生产不同脂肪含量的液态乳。不同国家对按脂肪分类的产品标准并不相同,我国液态乳依据产品中脂肪含量的不同,分类情况如表 7-2 所示。

表 7-2 我国液态乳的类型及脂肪质量分数

产品类型	脂肪含量/%
全脂乳	≥3.1
部分脱脂乳	1.0~2.0
脱脂乳	≤0.5
稀奶油	10~48

4. 根据营养成分或特性分类

液态乳依据营养成分或特性可分为如下几类:

①纯牛乳:以生鲜牛乳为原料,不添加任何其他食品原料,产品保持了牛乳所固有的营养成分。

②再制乳:以乳粉、奶油等为原料,加水还原而制成的与鲜乳组成、特性相似的乳产品。我国规定,再制乳必须在产品包装上予以标注。

③成分调节乳:以不低于 80% 的生牛(羊)乳或复原乳为主要原料,添加其他原料或食品添加剂或营养强化剂(维生素、矿物质、多不饱和脂肪酸等),用适当的杀菌或灭菌等工艺制成的液体产品。

④含乳饮料:在牛乳中添加水和其他调味成分而制成的含乳量在 30%~80% 的产品,根据国家标准,乳饮料中蛋白质的含量应在 1.0% 以上。

二、液态乳的一般加工工艺

液态乳产品的基本加工工艺流程如图 7-1 所示。

┌──────→热处理→均质──────┐
原料奶→预处理→冷却→贮藏→净乳、分离→标准化→均质→热处理→冷却→灌装

图 7-1 液态乳生产的一般工艺流程

第二节 巴氏杀菌乳

巴氏杀菌乳(pasteurised milk),根据 GB 19645—2010,定义为仅以生牛(羊)乳为原料,经

巴氏杀菌等工序制得的液体产品。巴氏杀菌乳是发展历史悠久的乳制品,在欧美至今仍占乳制品市场的重要份额,在我国乳品市场也占有的市场空间。根据风味不同,分为巧克力、可可等风味产品;巴氏杀菌乳因脂肪含量不同,可分为全脂乳、部分脱脂乳、脱脂乳。巴氏杀菌的目的是通过热处理尽可能地将牛乳病原性微生物的危害降至最低,同时保证产品的物理、化学和感官的变化最低。要求巴氏杀菌处理后应及时冷却、及时包装,冷藏温度一般在4~6℃,需在冷链进行配送。按杀菌工艺可将巴氏杀菌乳分为低温长时巴氏杀菌乳、高温短时巴氏杀菌乳和超巴氏杀菌乳。为了保证杀死所有的致病微生物,牛乳加热必须达到某一温度,并在此温度下持续一定时间,然后冷却。温度和时间组合决定了热处理的强度。巴氏杀菌的热处理方法见表7-3。这种产品在热处理后一定要立即进行碱性磷酸酶试验,呈阴性者方可上市销售。

表7-3 生产巴氏杀菌乳的主要热处理分类

工艺名称	温度/℃	时间
低温长时间巴氏杀菌	63	30min
高温短时间巴氏杀菌	72~75	15~20s
超巴氏杀菌	125~138	2~4s

一、巴氏杀菌乳生产工艺流程

巴氏杀菌乳的加工工艺流程如图7-2所示。根据实际生产情况可以进行适当调整。如就标准化而言,可以采用前标准化、后标准化或直接标准化;均质可以采用全部均质或部分均质。图7-3为部分均质巴氏杀菌乳的生产线示意图。需注意的是,在部分均质后,脂肪球被破坏,游离脂肪易受到脂肪酶的分解作用。因此,均质后的稀奶油应立即与脱脂乳混合并进行巴氏杀菌。

经验收合格的原料乳先通过平衡槽[1],然后通过进料泵[2]送至板式热交换器[4]。经过预热后,通过流量控制器[3]至分离机[5],以生产脱脂乳和稀奶油。其中稀奶油的脂肪含量可通过流量传感器[7]、密度传感器[8]和调节阀[9]确定并使其保持稳定,为了在保证均质效果前提下,节省投资和能源,使稀奶油通过一个较小的均质机。图7-3中稀奶油的去向包括两个分支,一是通过截止阀[10]、检查阀[11]与均质机[12]相连,以确保巴氏杀菌乳脂肪含量;二是多余的稀奶油进入稀奶油处理线。应注意的是进入均质机的稀奶油的脂肪含量不能高于10%。因此,不仅要准确计

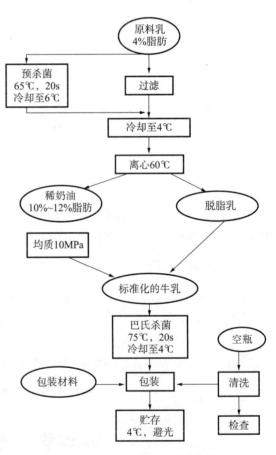

图7-2 巴氏杀菌乳工艺流程图

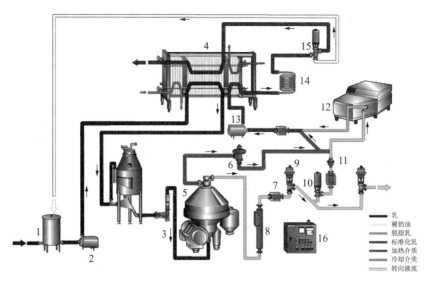

1——平衡槽;2——物料泵;3——流量控制器;4——板式换热器;5——稀奶油分离机;6——恒压阀;
7——流量传感器;8——密度传感器;9——调节阀;10——截止阀;11——检查阀;12——均质机;
13——增压泵;14——保温管;15——转换阀;16——过程控制器。

图 7 - 3 巴氏杀菌乳生产线

算均质机的处理能力,还应使脱脂乳混入稀奶油进入均质机,并保证其流速稳定。随后均质的稀奶油与多余的脱脂乳混合,使物料的脂肪含量稳定在相应产品要求含量范围内,送至板式热交换器[4] 和保温管[14]进行杀菌。然后通过转换阀[15]和增压泵[13]使杀菌后的巴氏杀菌乳在杀菌机内保持正压,以避免了因杀菌机的渗漏导致冷却介质或未杀菌的物料污染杀菌后的巴氏杀菌乳。当杀菌温度低于设定值时,温度传感器将指示转换阀[15],使物料回到平衡槽。巴氏杀菌后,杀菌乳继续通过板式热交换器的热交换段与流入的未经处理的乳进行热交换,其本身被降温,然后继续在冷却段与冷媒进行热交换,冷却后先进入缓冲罐,再进行灌装。

二、生产要求及质量控制

(一) 原料乳验收

选用优质的原料乳是生产高质量产品的前提。乳品厂收购原料乳时,需对原料乳的质量进行严格检验,包括感官指标、理化指标和卫生质量等。原料乳的要求应符合 GB 19301—2010 的要求,感官要求、理化指标和微生物限量分别如表 7 - 4、表 7 - 5、表 7 - 6 所示。

表 7 - 4 原料乳的感官要求

项目	要求	检验方法
色泽	呈乳白色或微黄色	取适量试样置于 50mL 烧杯中,在自然光下观察色泽和组织状态。闻其气味,用温开水漱口,品尝滋味
滋味、气味	具有乳固有的香味,无异味	
组织状态	呈均匀一致液体,无凝块、无沉淀、无正常视力可见异物	

表 7 - 5　原料乳的理化指标

项目		指标	检验方法
冰点[a,b]/℃		− 0.500 ~ − 0.560	GB 5413.38
相对密度/(20℃/4℃)	≥	1.027	GB 5413.33
蛋白质/(g/100g)	≥	2.8	GB 5009.5
脂肪/(g/100g)	≥	3.1	GB 5413.3
杂质度/(mg/kg)	≤	4.0	GB 5413.30
非脂乳固体/(g/kg)	≥	8.1	GB 5413.39
酸度/°T	牛乳[b]	12 ~ 18	GB 5413.34
	羊乳	6 ~ 13	—

注:[a]挤出 3h 后检测;

　　[b]仅适用于荷斯坦奶牛。

表 7 - 6　原料乳的微生物限量

项目		限量[CFU/g(mL)]	检验方法
菌落总数	≤	2×10^6	GB 4789.2

(二)原料乳的预处理

1. 脱气

牛乳刚挤出后约含 5.5% ~ 7% 的气体,而且绝大多数为非结合的分散气体,经贮存、运输和收购后,其含量还会增加。这些气体对乳品加工不利。所以,在牛乳处理的不同阶段进行脱气是非常必要的。一般除在奶槽车上和收奶间进行脱气外,还应使用真空脱气罐除去细小分散气泡和溶解氧。方法是将牛乳预热至 60℃,泵入真空泵,部分牛乳和水蒸发,空气及一些非冷凝异味气体由真空泵抽吸除去。

2. 净乳

原料乳验收后必须进行净化处理,目的在于去除混入原料乳的机械杂质,并减少乳中的微生物数量。净乳的方法分为过滤法和离心净乳法两种。过滤可以用纱布过滤,也可以用滤器过滤。过滤处理虽然可以除去大部分杂质,但是难以去除乳中污染的微小的机械杂质和细菌细胞。尚需采用离心净乳机进一步处理。离心净乳即采用机械的离心力,将肉眼不可见的杂质除去,达到净化的目的。净乳温度影响净化效果,一般在 40 ~ 60℃ 的温度下进行,在低温下净化效果不佳,主要是因为在此条件下乳脂肪的黏度增大,流动性变差,且不利于尘埃的分离。

(三)标准化

标准化的目的是为了保证产品中含有规定的脂肪含量,以满足不同消费者的需求。为了保证达到法定要求的脂肪含量,凡不符合要求的原料乳都应进行标准化再进行相应巴氏杀菌乳产品的生产。

1. 标准化方法

标准化方法主要有三种:预标准化、后标准化和直接标准化。

（1）预标准化

预标准化是指在巴氏杀菌之前把全脂乳分离成稀奶油和脱脂乳。如果原料乳的脂肪含量低于标准化乳脂率，则需将稀奶油按计算比例与原料乳在罐中混合以达到要求的含脂率；如果原料乳的脂肪含量高于标准化乳脂率，则需将脱脂乳按计算比例与原料乳在罐中混合达到要求的脂肪含量。

（2）后标准化

后标准化是在巴氏杀菌之后进行的，原理和方法与标准化相同，但是其造成二次污染的可能性较预标准化法增大。

（3）直接标准化

直接标准化又称在线标准化，是一种最适合于现代化乳制品生产的方法。该法快速、稳定、精确与分离机联合运作，单位时间内能大量地处理乳。牛乳经分离成为脱脂乳和稀奶油两部分，然后通过再混合过程，控制脱脂乳和稀奶油的混合比例，使混合后的牛乳脂肪、蛋白质等指标符合产品要求。将牛乳加热至 55～65℃，按预先设定好的脂肪含量分离出脱脂乳和稀奶油，且根据最终产品的脂肪含量，由设备自动控制回流到脱脂乳中的稀奶油的流量，多余的稀奶油会流向稀奶油巴氏杀菌机。

2. 标准化计算

乳脂肪的标准化可通过添加稀奶油或脱脂乳进行调整以达到最终产品的脂肪含量要求，如将全脂乳与脱脂乳混合，将稀奶油和全脂乳混合，将稀奶油和脱脂乳混合以及将脱脂乳和无水奶油混合等。混合的计算方法如图 7 - 4 所示。

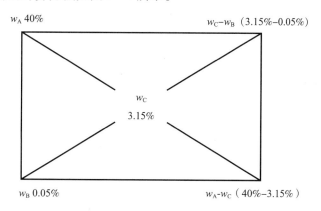

w_A = 稀奶油脂肪的质量分数 = 40%

w_B = 脱脂乳脂肪的质量分数 = 0.05%

w_C = 最终产品脂肪的质量分数 = 3.15%

m = 最终产品的质量（kg）

$w_C - w_B$ = 3.1%

$w_A - w_C$ = 36.85%

注：在一般计算中省去百分号（%）。

图 7 - 4 产品中脂肪含量计算

所以，稀奶油的需要量见式（7 - 1）。

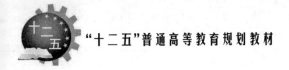

$$\frac{m \cdot (m_C - m_B)}{(m_C - m_B) + (m_A - m_C)} \qquad (7-1)$$

脱脂乳的需要量见式(7-2)。

$$\frac{m \cdot (m_A - m_C)}{(m_C - m_B) + (m_A - m_C)} \qquad (7-2)$$

(四)均质

均质的目的在于防止牛乳在贮存过程中出现脂肪上浮现象。自然状态的牛乳,其脂肪球直径大约在 $1 \sim 10 \mu m$ 之间,一般为 $2 \sim 5 \mu m$。放置一段时间后易出现凝结成块、脂肪上浮的现象,经均质处理后脂肪球直径可控制在 $1 \mu m$ 左右,这时乳脂肪的表面积增大,浮力下降。而且风味良好,口感细腻,表面张力降低,易于消化吸收。

在巴氏杀菌乳的生产中,一般均质机的位置处于杀菌的第一热回收段,在巴氏杀菌之前进行均质,以使二次污染的程度降至最低。均质前须先预热,均质温度不应太低($\geqslant 55℃$),在此温度下乳脂肪处于熔融状态,有利于提高均质效果。一般采用二段式均质,即第一段均质压力为 $15 \sim 20MPa$,第二段均质压力 $3 \sim 5MPa$。因为乳脂酶仍然存在,均质后乳应立即进行巴氏杀菌处理。

(五)杀菌

巴氏杀菌的目的首先是杀死引起人类疾病的所有致病微生物,同时杀灭牛乳中可能影响产品风味和保质期的绝大多数其他微生物以及酶类,以保证产品质量并延长产品的货架期。从杀死微生物的观点来看,牛乳的热处理强度是越强越好。但是,强烈的热处理对牛乳外观、味道和营养价值会产生不良影响。如牛乳中的蛋白质在高温下会变性;强烈的加热使牛乳味道改变,首先是出现"蒸煮味",然后是焦味。因此,时间和温度组合的选择必须考虑到杀灭微生物和保持产品质量两方面,以达到最佳效果。表7-7列出了巴氏杀菌乳常用的杀菌方法。

表7-7　巴氏杀菌乳主要的热处理方法

杀菌方法	温度/℃	时间
低温长时巴氏杀菌	63	30min
高温短时间巴氏杀菌(牛乳)	72 ~ 75	15 ~ 20s
高温短时间巴氏杀菌(稀奶油等)	>80	1 ~ 5s
超巴氏杀菌	125 ~ 138	2 ~ 4s

1. 低温长时巴氏杀菌(LTLT)

这是一种间歇式的巴氏杀菌方法,即牛乳在 $63 \sim 65℃$ 下保持 30min,达到杀菌的目的。目前,这种方法已很少使用。

2. 高温短时巴氏杀菌(HTST)

高温短时巴氏杀菌热处理方式的具体时间和温度的组合,可根据所处理的产品类型不同而有所变化。新鲜原料乳的高温短时间杀菌工艺可以采用 $72 \sim 75℃$,保持 $15 \sim 20s$ 后再冷却。用碱性磷酸酶试验检查巴氏杀菌是否达到要求,碱性磷酸酶试验呈阴性,表明巴氏杀菌完全。

3. 超巴氏杀菌(ultra pasteurization)

经 125~138℃ 杀菌 2~4s,得到的产品称为超巴氏杀菌乳。该种产品需冷藏,一般在 4~6℃ 条件下贮存和销售。

(六)冷却

乳经杀菌后,虽然绝大部分细菌都已被杀灭,但在以后各项操作中还有被污染的可能。为了抑制牛乳中细菌的生长,增加保存性,需及时冷却后灌装。经过杀菌的牛乳必须尽快冷却到 4℃,冷却速度越快越好,以抑制残留微生物的生长和繁殖。

(七)包装

包装的目的是便于保存、分送和销售。包装材料应具有以下特性:保证产品的质量及其营养价值;保证产品的卫生及清洁,对所包装的产品没有任何污染;避光、密封,有一定的抗压强度;便于运输;便于携带和开启;降低食品腐败;有一定的装饰作用。巴氏杀菌乳的包装形式主要有:玻璃瓶、聚乙烯塑料瓶、塑料袋、涂塑复合纸包装等。灌装后的乳制品及时送入冷库做销售前的暂存。冷库温度一般为 4~6℃。

(八)冷藏、运输

巴氏杀菌乳在贮存、运输和销售过程中,必须保持冷链的连续性。乳品厂至商店的运输过程及产品在商店的贮存过程是冷链的两个最薄弱环节,要特别引起重视。巴氏杀菌乳在冷藏和运输过程中的具体要求包括:①产品必须贮藏在 4℃ 以下;②巴氏杀菌乳必须在 6℃ 以下贮藏和运输;③产品应尽量在避光条件下贮藏、运输和销售;④产品应尽量在密闭条件下销售。

三、巴氏杀菌乳标准

《食品安全国家标准 巴氏杀菌乳》(GB 19645—2010)中规定的主要质量标准如下:

(一)原料要求

生乳应符合 GB 19301 的要求。

(二)感官要求

感官要求应符合表 7-8 的规定。

表 7-8 感官要求

项目	要求	检验方法
色泽	呈乳白色或微黄色	取适量试样置于 50mL 烧杯中,在自然光下观察色泽和组织状态。闻其气味,用温开水漱口,品尝滋味。
滋味、气味	具有乳固有的香味,无异味	
组织状态	呈均匀一致液体,无凝块、无沉淀、无正常视力可见异物	

(三)理化指标

理化指标应符合表 7-9 的规定。

表 7 - 9 理化指标

项目		指标	检验方法
脂肪[a]/(g/100g)	≥	3.1	GB 5413.3
蛋白质/(g/100g)			GB 5009.5
牛乳	≥	2.9	
羊乳	≥	2.8	
非脂乳固体/(g/100g)	≥	8.1	GB 5413.39
酸度/(°T)			GB 5413.34
牛乳		12 ~ 18	
羊乳		6 ~ 13	
[a]仅适用于全脂巴氏杀菌乳。			

(四)污染物限量

污染物限量应符合 GB 2762 的规定。

(五)真菌毒素限量

应符合 GB 2761 的规定。

(六)微生物限量

应符合表 7 - 10 的规定。

表 7 - 10 微生物限量

项目	采样方案[a]及限量(若非指定,均以 CFU/g 或 CFU/mL 表示)				检验方法
	n	c	m	M	
菌落总数	5	2	50000	100000	GB 4789.2
大肠菌群	5	2	1	5	GB 4789.3 平板计数法
金黄色葡萄球菌	5	0	0/25g(mL)	—	GB 4789.10 定性检验
沙门氏菌	5	0	0/25g(mL)	—	GB 4789.4
[a]样品的分析及处理按 GB 4789.1 和 GB 4789.18 执行。					

第三节 延长货架期乳(ESL 乳)

一、概述

延长货架期(extended shelf - life, ESL)液态乳简称为 ESL 乳,是在改善杀菌工艺和提高灌装设备卫生等级基础上,生产出的介于普通巴氏杀菌乳和超高温灭菌乳之间的,在冷藏条件下货架期超过 15d 的液态乳制品。ESL 乳本质上还是巴氏杀菌乳,但采取比巴氏杀菌更高的杀菌温度(即超巴氏杀菌通常温度/时间组合是 125 ~ 130℃保持 2 ~ 4s),解决了巴氏杀菌乳货架期短的问题,最大可能地避免产品在加工、包装和分销过程中的二次污染,并结合较高的生产卫生条件和优良的冷链分销系统,同时满足了消费者对液态乳制品的口感和营养价值方面的要求,增加了销售效益和提供了其他方面的优势,受到广泛关注。ESL 乳与超高温灭菌乳的区别在于超巴氏杀菌乳未达到商业无菌产品的要求,也不是无菌灌装,因此不能在常温下贮存和分销。ESL 乳的生产是一项综合的生产技术,包括对原料乳的质量要求、杀菌方式的改变、灌装、产品贮藏销售条件的合理控制等关键技术。

二、ESL 乳的基本生产工艺

生产 ESL 乳的基本生产工艺和条件包括原料乳的验收、预处理、标准化、热处理、灌装以及贮藏销售等,生产工艺如图 7 - 5 所示。

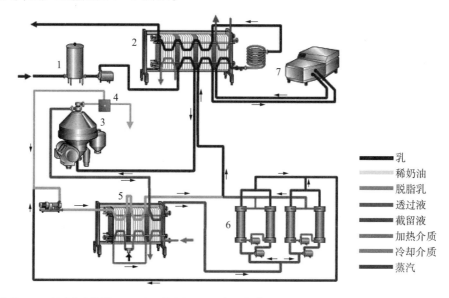

1——平衡槽;2——板式热交换器;3——离心分离机;4——标准化单元;5——板式换热器;6——微滤单元;7——均质机。

图 7 - 5 带有微滤装置的 ESL 牛乳加工工艺图

(一) 采用微滤技术与巴氏杀菌相结合生产 ESL 乳

微滤膜可以有效地截留乳中的细菌、酵母菌和霉菌,乳中的成分则可透过。随着陶瓷膜技术的发展使得微滤处理用于乳品加工成为现实。最早由帕玛拉特加拿大公司将膜过滤除菌技术用于 ESL 牛乳的生产。脱脂乳经孔径 $1.0 \sim 1.4 \mu m$ 陶瓷膜过滤,可除去乳中 99.84% ~99.90% 的细菌,将单独热处理的稀奶油与经过过滤除菌的脱脂乳混合、均质后杀菌,使乳中的酶失去活性,避免在储存过程中蛋白质分解而引起牛乳变质。首先将牛乳中的微生物浓缩到一小部分后采用较高温度的热处理,杀死可形成内生孢子的微生物,如蜡状芽孢杆菌,之后再在常规杀菌之后,与其余的乳混匀后再进行巴氏杀菌,钝化其余部分带入的微生物。该工艺将离心与微滤结合,其工艺流程图如图 7 -6 所示。这种将膜技术与其他技术相结合的复合杀菌系统降低了对牛乳的热处理强度,在保证了杀菌效果的同时,还可以保持乳原有的风味并避免蛋白质的热变性,提高了产品的质量,延长了货架期。

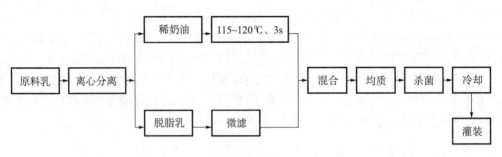

图7-6　离心与微滤结合工艺流程

(二)其他技术在 ESL 乳生产工艺的应用

1. 二氧化碳的应用

二氧化碳可以有效抑制许多引起食物腐败的微生物的生长,尤其是革兰氏阴性嗜冷菌。在牛乳中充入适量的二氧化碳,不会改变乳的风味、外观特征和乳香味。许多研究发现,嗜冷菌产生的一些胞外酶能引起乳中蛋白质和脂肪的水解,而乳中溶解的二氧化碳能够延缓蛋白质和脂肪的水解,同时能延长细菌的生长周期,并在一定程度上抑制乳中嗜冷菌的生长。

2. 乳酸链球菌肽(Nisin)的应用

Nisin 是小分子肽,具有 34 个氨基酸残基,具有高效、安全、无毒副作用、无抗药性、与其他抗生素无交叉抗性、在食品中易扩散、使用方便、无污染等诸多优点,是一种绿色的食品添加剂。Tanaka 等的研究表明,在巴氏杀菌乳中添加 Nisin 解决了由于耐热芽孢繁殖而使牛乳变质的问题,并且只用较低浓度的 Nisin 便可以使其保质期大大延长,由于 Nisin 的作用降低了热处理温度,还可以改善牛乳由于高温加热出现的不良风味。

3. 超高压杀菌的应用

超高压杀菌加工技术是指利用 100MPa 以上的压力,在常温或较低的温度下,使食品中的酶、蛋白质、核糖核酸和淀粉等物质改变活性、变性或糊化,同时杀死微生物,达到杀菌效果,而食品的天然味道、风味和营养价值不受或很少受影响,该方法具有低能耗、高效率、无毒素产生等优点。研究表明,牛乳中的多数微生物在 100MPa 以上加压处理即会死亡,且致死压力随微生物种类和实验条件的不同而有所差异。一般而言,细菌、霉菌、酵母的营养体在 300 ~ 400 MPa 压力下可被杀死,而芽孢比其他营养体具有较强的抗压性,需要更高的压力才会被杀死。尽管超高压处理装置的设备投资要比热处理装置高,但其运行费用低,耗能低,对产品营养口感等特性影响小,是未来 ESL 牛乳生产中有应用前景的杀菌方式。

第四节　超高温灭菌乳

据 GB 25190—2010 定义,超高温灭菌(UHT)乳是指以生牛(羊)乳为原料,添加或不添加复原乳,在连续流动状态下,加热到至少 132℃并保持很短时间的灭菌,再经无菌灌装等工序制成的液体产品。UHT 产品能在常温条件下贮藏和销售。灭菌乳不是无菌乳,两者之间有严格的界限。无菌乳即所谓产品绝对无菌,是一种理想状态,在实际生产中不可能获得。灭菌乳并非指产品绝对无菌,而是指产品达到商业无菌状态,即不含任何在产品贮存运输及销售期间能繁殖的微生物,不含危害公共健康的致病菌和毒素,在产品有效期内保持质量稳定和良好的商业价值,不变质。

一、超高温灭菌方式

超高温灭菌方式可以按物料与加热介质接触与否分为直接加热法和间接加热法。加热介质为蒸汽或热水。

1.直接加热法

产品进入系统后与加热介质直接接触,随之在真空缸中闪蒸冷却,最后通过间接冷却系统冷却至包装温度。直接加热系统可分为蒸汽注射系统(图7-7)和蒸汽混注系统(图7-8)两种,前者工作时蒸汽注入产品中,后者工作时产品进入充满蒸汽的罐中。

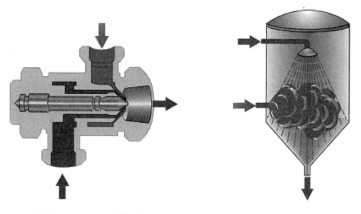

图7-7 蒸汽喷雾喷嘴　　　　　图7-8 蒸汽混注系统

直接加热法的优点是快速加热和快速冷却,最大限度地减少了超高温处理过程中可能发生的物理变化和化学变化,如产生蒸煮味、蛋白质变性、褐变等;另外,直接加热设备中有真空膨胀冷却装置可起脱臭作用,成品中残氧量低,风味较好,亦不存在加热面结垢问题。但直接加热法设备比较复杂,且需纯净的蒸汽。

2.间接加热法

间接加热法是指热量从加热介质中通过板片或管壁传送到产品中。间接加热系统分为板式换热器(图7-9)、管式换热器(图7-10)、刮板式换热器(图7-11)三种。在间接加热系统中牛乳不与加热或冷却介质接触,可以保证产品不受外界污染。

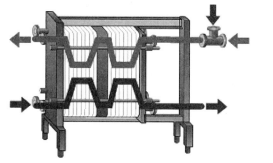

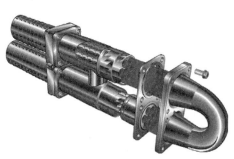

图7-9 板式换热器　　　　　　图7-10 管式换热器

图 7 – 11　刮板式换热器

　　直接加热方式中乳在超高温区所处时间极短,乳清蛋白变性程度小,成品质量好。间接加热法生产过程中传热面上可能产生一薄层沉淀物,可在无菌条件下进行 30min 清洗,再继续生产。超高温直接加热和间接加热的温度 – 时间曲线如图 7 – 12 所示。

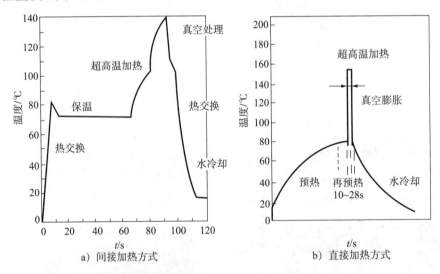

a) 间接加热方式　　　　　　　b) 直接加热方式

图 7 – 12　超高温直接加热和间接加热的温度 – 时间曲线(Walzholz,1968)

二、生产工艺技术要点

(一)原料乳质量和预处理

用于生产 UHT 乳的原料乳必须符合以下要求:首先必须具有良好的蛋白质稳定性,乳蛋白的热稳定性直接影响 UHT 系统的连续运转时间和灭菌情况,因此对灭菌乳的加工相当重要。可通过酒精试验测定乳蛋白的热稳定性,一般要求牛乳至少要在 75% 酒精试验时具有良好热稳定性。

牛乳微生物的种类及含量对灭菌乳品质的影响至关重要,原料乳必须具有很高的细菌学质量,包括细菌总数、嗜冷菌数、影响灭菌率的芽孢形成菌的数量。嗜冷菌会产生一些经灭菌处理也不会失活的耐热酶类,在产品贮存期间这些酶类引起产品滋味改变,如酸辣味,苦味,严重时会凝胶化。

(二)生产前设备杀菌

生产之前设备必须灭菌,先用水代替物料进入热交换器,水直接进入均质机、加热段、保温段、冷却段,全程保持超高温状态,设备灭菌时间为 30min 左右。

(三)灭菌、均质、冷却

原料乳经预热段预热到 75℃ 后,进入均质机均质,均质通常采用二级均质。均质后的牛乳进入加热段加热到灭菌温度(140℃ 左右),保持 4s 左右进行灭菌,然后进入热回收段进行冷却。在间接加热的超高温灭菌乳生产中,均质机位于灭菌之前;在直接加热的超高温灭菌乳生产中,均质机位于灭菌之后,因此应使用无菌均质机。

大规模连续生产中,一定时间后,传热面上可能产生薄层沉淀,影响传热的正常进行。这时,可在无菌条件下进行 30min 的中间清洗,然后继续生产,中间不用停车,生产完毕后用清洗液进行循环流动清洗。

(四)无菌灌装

无菌灌装是指将杀菌后的牛乳,在无菌条件下装入事先灭菌的容器内。经过超高温灭菌及冷却后的灭菌乳,应立即进行无菌灌装,无菌灌装系统是生产 UHT 产品不可缺少的。

无菌灌装必须符合以下要求:①包装容器和封合方法必须适合无菌灌装,并且封合后的容器在贮存和分销期间必须能阻挡微生物透过,同时包装容器应能阻止产品发生化学变化;②容器和产品接触的表面在灌装前必须经过灭菌,灭菌效果与灭菌前容器表面的污染程度有关;③灌装过程中,产品不能受到来自任何设备表面或周围环境等的污染;④若采用盖子封合,封合前必须及时灭菌;⑤封合必须在无菌区域内进行,以防止微生物污染。

无菌罐如图 7－13 所示,用于 UHT 处理乳制品的中间贮存。产品的流向以及与相应设施连接如图 7－14 所示。无菌罐的作用主要有:如果包装机中有一台意外停机,无菌罐用于停机期间产品的贮存;几种产品同时包装,首先将一个产品贮满无菌罐,足以保证整批包装,随后 UHT 设备转换生产另一种产品,并直接在包装机线上进行包装。因此,在生产线上有一个或多个无菌罐为生产计划安排提供了灵活的空间。

另一种形式产品由 UHT 设备直接进行包装,UHT 系统要求不大于 20% 的产品回流,同时适度的产品回流循环可以保

图 7－13　带有附属设备的无菌罐

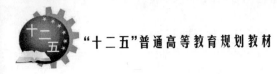

持灌装压力的稳定:如果处理的产品对热敏感,最好采用无菌罐。

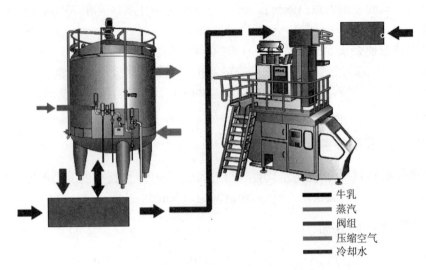

	牛乳
	蒸汽
	阀组
	压缩空气
	冷却水

图7-14 产品流向以及所供介质与无菌罐系统的连接

第五节 保持式灭菌乳的生产

按 GB 25190—2010 定义,保持式灭菌乳指以生牛(羊)乳为原料,添加或不添加复原乳,无论是否经过预热处理,在灌装并密封之后经灭菌等工序制成的液体产品。从加工工艺过程来看,物料在密闭容器中至少被加热到116℃,保持20min,经冷却后而制成产品。从成品的特性来看,经过加工处理后,产品不含有任何在贮存、运输及销售期间能繁殖的微生物及对产品品质有影响的酶类。该法常用于塑料瓶包装的纯牛乳,更多地应用于塑料瓶包装的乳饮料的生产。

一、保持式灭菌乳加工工艺流程

保持式灭菌乳加工工艺如图7-15所示。

图7-15 保持式灭菌乳加工工艺

二、灭菌方法

灭菌方式分为间歇式和连续式两种。

(一)间歇式加工

这是一种最简单的加工类型,间歇式加工通常在灭菌釜中进行,牛乳首先预热到约80℃,

再灌装于干净、经加热后的瓶(或其他容器)中,这些瓶随后封盖置于蒸汽灭菌釜中灭菌,釜内通入蒸汽加热至110~120℃,保持15~40min,冷却后取出,灭菌釜中放入下一批产品重复上述操作。该法不适合加工纯牛乳,因为加热温度或时间掌握不好,牛乳易产生褐变。当小批量生产含乳量少的乳饮料时可以采用间歇式加工。

在间歇式高压灭菌乳生产中,物料温度变化如图7-16所示。

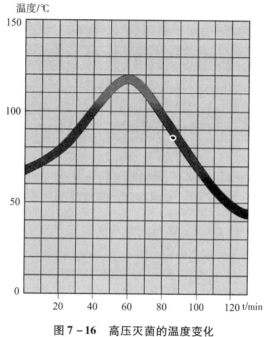

图 7-16　高压灭菌的温度变化

(二)连续式加工

生产量较大时,通常使用连续加工系统。在连续式生产中,灌装后的产品先经低温/低压条件进入相对高温/高压区域,随后进入逐步降低温度/压力的环境,最后用冰水或冷水冷却。连续加工系统分为水压立式和卧式灭菌隧道两种。

1. 水压立式灭菌

这种类型的灭菌器,通常被称为塔式灭菌器,如图7-17所示。一般包括一个中心室,通入蒸汽,在一定压力下,保持灭菌温度。在进口和出口处通过一定容积的水提供一相应的压力以保持平衡。在进口处水被加热,在出口处水被冷却,每一点都调整到瓶能接受和吸收最多热量的温度,而不致由于热力因素使玻璃瓶破裂或变形。在水压塔中,牛乳容器被缓慢地传送到有效的加热和冷却区域。水压灭菌器的循环时间约1h,其中20~30min用于通过115~125℃的灭菌段。

2. 卧式灭菌隧道

产品由传送带送入,先到预热段,预热至50~60℃,然后进入杀菌段加热至85~90℃保持25~30min进行灭菌,再到冷却段冷却至25℃以下,冷却后用热风吹干,由隧道出来进入贴标机进行贴标。

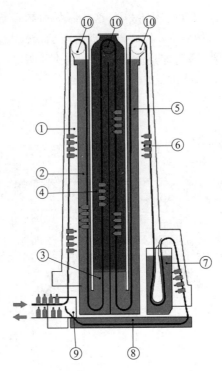

1——第1加热段;2——水封和第二加热段;3——第3加热段;
4——灭菌段;5——第一等冷却段;6——第二冷却段;7——第3冷却段;
8——第4冷却段;9——最终冷却段;10——上部的轴和轮,分别驱动。

图7-17 直立式灭菌机

三、灭菌乳在加工和贮藏过程中的质量变化

生产灭菌乳采用的高温处理,会使产品产生一系列的物理化学变化,包括产品的感官特性、营养价值、贮藏特性、商业价值等。

1. 感官特性

(1)色泽。存在不同程度的褐变,色泽较巴氏杀菌乳和UHT乳色泽深。

(2)风味。产品具有焦香味,灭菌不当时,常带有蒸煮味或焦糊味。

(3)脂肪上浮。产品经长时间贮藏,常伴有脂肪上浮现象,严重时,会形成稀奶油层。

(4)沉淀。产品中的沉积物与加热的程度以及牛乳中钙离子的比例有关,并与牛乳的pH、牛乳的质量和均质压力成反比。UHT乳比保持式灭菌乳的沉淀物要少。

(5)老化胶凝作用。产品在储藏过程中有时会发生老化胶凝作用,该过程是一个不可逆的过程,最终会使产品变成凝胶状,老化胶凝过程与原料乳品质、热处理强度等因素有关。

2. 蛋白质

乳清蛋白会发生变性(80%～90%),并在酪蛋白胶粒表面与κ-酪蛋白形成复合物,酪蛋白胶粒发生一定的分解,形成单个的酪蛋白;蛋白质在贮藏过程中会发生水解、聚合、非蛋白态氮增加,并会形成乳糖基赖氨酸和果糖基赖氨酸,造成赖氨酸损失。

3. 矿物质

由于在加工过程中形成磷酸盐沉淀,可溶性钙和镁的量会降低。

4. 乳糖

乳糖会因剧烈热处理而发生美拉德反应,异构化形成乳果糖。

5. 凝乳酶凝乳时间

在 UHT 和保持式灭菌过程中凝乳酶凝乳时间增加,而 UHT 乳在贮藏过程中凝乳酶凝乳时间减少。

6. 其他

UHT 乳在贮藏过程中对酒精敏感性增加;而保持式灭菌乳在贮藏过程中没有变化。UHT 乳在贮藏过程中对钙的敏感性显著增加;而保持式灭菌乳在贮藏过程中也会存在一定程度的增加。UHT 乳和保持式灭菌乳在贮藏过程中会发生脂肪氧化分解(耐热性或重新激活的脂酶引起)。

第六节 再制乳的加工

一、再制乳的概念及特点

再制乳(recombined milk),指的是将乳粉、奶油等乳产品加水还原,添加或不添加其他营养成分或物质,经加工制成的与鲜乳组成特性相似的液态乳制品。再制乳也可以用来生产酸乳、炼乳等其他乳制品。

再制乳的生产克服了自然乳品生产的季节性、区域性等限制,保证了淡季乳与乳制品的供应,并可调剂缺乳地区鲜乳的供应。目前世界乳粉总产量的 1/3 用于再制乳制品的加工。

再制乳所用的主要原料为乳粉和奶油等乳制品,保质期较长,而且其重量只有鲜乳重量的 1/7 左右。因此,可以节省大量的贮存和运输费用。另外,还可以根据人类的营养需要,添加各种营养成分,增加营养价值,改进产品的适口性。

二、再制乳的加工工艺

再制乳的生产线如图 7-18 所示。水加热到 40℃,然后经计量器泵入混合罐[7] 中,当达到罐容积的 30% 时,开启循环泵[5],水由旁路管道从混合罐到水粉混合器料斗形成真空,把斗内乳粉吸下,使水与粉混合。混合罐中的搅拌器与循环泵同时启动,促使水粉混合,同时水连续流进罐中。当所有的乳粉加入后,停止搅拌器和循环泵,根据规定要求,静置一段时间,促进乳粉成分的水合。此时将已溶化好的无水奶油加入贮罐[1] 中,然后用泵经称量器[3] 加入混合罐中,重新开动搅拌器,使乳脂在脱脂乳中分散开来。用泵把混合后的乳从罐中吸出,经过双联过滤器,除去机械杂质,在热交换器[10] 中加热到 60~65℃,泵入均质机[12],经均质后的再制乳经热交换器进行巴氏杀菌,并进行冷却,泵入缓冲罐[13] 或直接灌装,或与巴氏杀菌鲜乳混合再灌装。

如果使用脱气罐,考虑到脱气过程中的热损失,把过滤后的乳加热到比均质温度高 7~8℃,脱气后进行均质。

有时奶油添加采用管道式混合法,即经熔化后的奶油,通过一台精确的计量泵,连续地按比例与另一管中流过的脱脂乳相混合,再经管道混合器进行充分混合后,均质、灭菌、冷却后灌装。

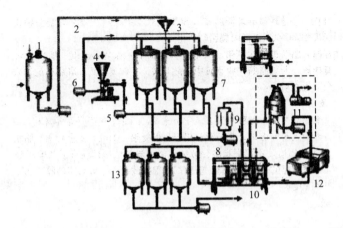

1——脂肪贮罐;2——脂肪保温管;3——脂肪计量斗;4——水粉混合器;5——循环泵;6——增压泵;7——混料罐;
8——排料泵;9——过滤器;10——板式热交换器;11——真空脱气罐;12——均质机;13——贮罐。

图 7 - 18　再制乳生产线

再制乳的加工工艺流程如图 7 - 19 所示。

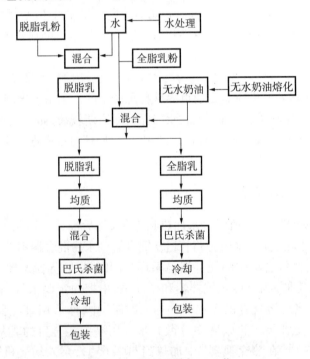

图 7 - 19　再制乳的加工工艺

三、质量控制

(一)原料质量要求

1. 脱脂乳粉

用于生产再制乳的乳粉品质,对于产品的加工与储藏特性至关重要。因此,要严格控制脱脂奶粉的质量。加工不同的再制乳产品要求经过不同热处理的脱脂乳粉。用于再制乳的乳粉通常分为三类，即高热、中热和低热乳粉。低热乳粉生产中原料乳的热处理条件为92℃，保温15s，中热乳粉是73~75℃，保温1~3min；高温乳粉是80~85℃，保温30min。再制乳生产中所用脱脂乳粉的标准和技术指标如表7-11和表7-12。在再制乳生产中，使用低热和中热脱脂乳粉与乳清蛋白氮值<6.0的乳粉相比，具有良好的风味，但中低热的脱脂乳粉的使用会使长保质期产品的保质期缩短。

表7-11   再制乳的原料脱脂乳粉的标准

指标	标准
水分	<4.0%
脂肪	<1.25%
滴定酸度(以乳酸计)	0.1%~0.15%
溶解度指数	>1.25%
细菌数	$<1.0 \times 10^4$ cfu/g
大肠杆菌	阴性
滋气味	无异味

表7-12   乳粉的技术指标

指标	标准
乳清蛋白氮	>3.5(低热或中热干燥)
溶解度指数	<0.25mL
风味	纯正乳香味
微生物	<10 000cfu/g
丙酮酸盐试验	<90mg

2. 无水奶油

再制乳的风味主要来自脂肪中的挥发性脂肪酸，因此必须严格控制无水奶油的质量标准。通常需注意防止氧化以确保产品不产生风味缺陷。无水奶油应该用充氮桶包装，开封后应尽快使用。

3. 水

水是再制乳的主要成分，因此在再制乳生产中必须使用优质的饮用水。一般水的总硬度(相当于碳酸钙)不应该超过100mg/kg，总不溶物应低于500mg/kg，最好在350mg/kg以下。水中过量的矿物质会影响再制乳的盐平衡和稳定性，不利于加热处理。另外，需确保所使用的水未被芽孢菌污染。

4. 乳化剂和稳定剂

乳化剂添加量占脂肪量的5%左右时即能有效地改善乳化作用，减少奶油层形成。通常用于再制乳加工的乳化剂包括单甘酯、双甘酯和大豆卵磷脂。稳定剂主要有阿拉伯胶、果胶、琼脂、海藻酸盐、CMC等。现在许多公司生产的复合乳化剂、稳定剂，用于再制乳生产，可以提高产品的热稳定性，提高加工和贮藏过程中脂肪的悬浮和稳定性。

5. 其他添加物

（1）盐类。强化性盐类包括各种钙盐、锌盐等,稳定性盐类包括柠檬酸盐、磷酸盐等。

（2）风味物质。天然和人工合成的香精,以改善口感和香气。

（二）配料

在再制乳生产过程中,通过给出的产品质量指标,可以计算出所需脱脂乳粉和奶油用量。

（三）混合、水合

水粉混合和水合是再制乳生产过程的重要工序。水粉混合的方式通常有两种。在小批量生产操作中(如1000~2000L),混料与加工都在一个带有双速搅拌器的冷热缸中进行。经计算量的水加入罐中,并加热至43~49℃后,加入乳粉并缓慢搅拌直至乳粉全部溶解,最终液体在无搅拌的状态下静置脱气并水合。而在生产量较大的情况下,水、奶粉的混合通常采用水粉混合器(如图7-20)。

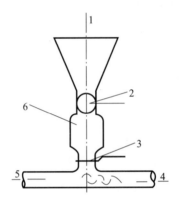

1——脱脂乳粉;2——上阀门;3——下阀门;4——再制乳;5——水;6——计量罐。

图7-20 连续式混合原理

采用水粉混合器混合首先打开循环水泵,水从⁵进入,将脱脂乳粉倒入¹中,打开上、下阀门²和³,使乳粉与水混合。

再制乳生产过程中,应注意水粉混合温度和水合时间。在水温从0℃增加至50℃的过程中,乳粉的润湿性随之上升,在50~100℃之间,温度上升,润湿度不再增加且有可能下降。低温处理乳粉比高温处理乳粉易于溶解。

一般情况下新鲜的、高质量乳粉所需水合时间短。水合过程的注意事项如下:

①乳粉溶解时水温40~50℃,等到完全溶解后,停止搅拌器,静置水合,温度最好控制在30℃左右,水合时间不得少于2h,最好6h。在此温度下乳粉的润湿度最高,同时最有利于蛋白质恢复到其正常的水合状态。

②尽量避免低温长时间水合(6℃,12~14h),产品水合效果不好。且低温导致再制乳中的空气含量过高。

③尽量减少泡沫产生,利用脱气装置脱去多余气泡。泵和管道连接处不能有泄漏,搅拌器的浆叶要完全浸没于乳中。

④在再制乳水合没有彻底完成之前,不应添加脂肪。

(四)脱气

实验表明,含有14% ~ 18%的乳固体的脱脂乳在50℃下溶解制得脱脂乳中的空气含量与一般脱脂乳中的含量相同。在混合温度为30℃时,即使再制脱脂乳保持1h后,空气含量仍然比正常脱脂乳高50% ~ 60%。

再制乳中空气含量过高往往易形成泡沫,并易在巴氏杀菌过程中形成乳垢,在均质机中产生空穴作用,用于生产发酵乳时会导致乳清分离,同时使脂肪氧化的可能性增加。因此,需要静置或使用脱气装置脱去再制乳中的空气(如图7 - 21所示)。

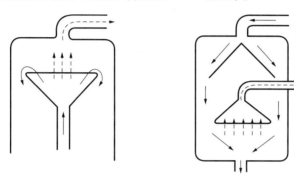

图7 - 21 脱气装置

(五)均质

无水奶油为脂肪连续相,因此在生产再制乳时,要求必须进行均质,不仅把脂肪分散成微细颗粒,而且促进了其他成分的溶解水合过程。从而对产品的外观、口感、质地都有很大改善。无水奶油在加工过程中失去了脂肪膜,因此,在生产再制乳时,虽然经过均质,但由于缺乏脂肪膜的保护,脂肪颗粒仍容易再聚集。因此,要添加乳化剂以保持脂肪球的稳定性。要求均质后脂肪球直径为1 ~ 2μm左右。

国内目前常用的均质压力为5 ~ 20MPa,温度为65℃。经过均质后,不仅把脂肪分散成微细颗粒,而且促进了其他成分的溶解水合。从而对产品的外观、口感、质地都有很大改善。

(六)热处理、冷却、包装

再制乳的热处理方法,依生产产品特性不同而不同,可采用巴氏杀菌、UHT及保持式灭菌等方法进行,并进行冷却处理。UHT处理产品需采用无菌灌装;巴氏杀菌产品需冷藏。

第七节 调味乳及含乳饮料

一、概述

调味乳(flavored milk)是以牛乳为基本原料,加入调味成分如可可、咖啡等物质,经杀菌或灭菌制成的具有相应风味的液体产品。根据国家标准,调味乳中蛋白质含量应高于2.3%,调味全脂乳的脂肪含量应高于2.5%。调配型含乳饮料是指以乳或乳制品为原料,加入水及适量辅料经配制而成的饮料制品,还可称为乳饮料或乳饮品。根据国家标准,乳饮料中的蛋白质及脂肪含量均应大于1%。市售含乳饮料通常分为两大类,即中性含乳饮料和酸性含乳饮料。调味乳和乳饮料除具有乳香味外,因加入风味成分而带有草莓味、巧克力味、咖啡味等,赋予终产品独特的风味。目前国内外市场上的调味乳及含乳饮料品种很多。

二、巧克力调味乳及乳饮料

巧克力调味乳及乳饮料一般以原料乳或乳粉为主要原料,然后加入糖、可可粉、稳定剂、香精或色素等,再经热处理而制得。

(一)加工工艺

巧克力调味乳及乳饮料的加工工艺流程如图7-22所示。

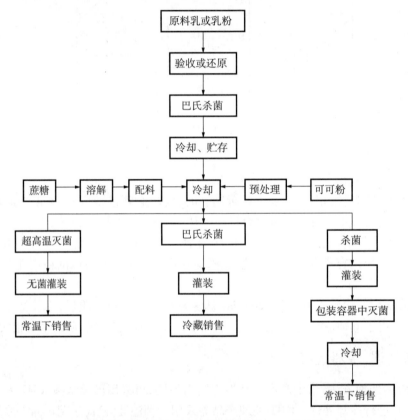

图7-22 巧克力调味乳及乳饮料加工工艺流程

(二)工艺操作要点及说明

1.原料的选择与预处理

生产巧克力调味乳及乳饮料的原料主要包括生鲜牛乳(乳粉)、糖、可可粉、稳定剂、乳化剂、香精、色素等,必须使用优质的原料,以保证终产品的品质。

(1)乳粉和可可粉

必须使用高质量的原料乳或乳粉为原料,若原料乳或乳粉的蛋白质稳定性差,会影响设备的连续运转时间,并使产品出现沉淀、分层等质量缺陷。使用高质量的碱化可可粉是生产优质巧克力调味乳及乳饮料的关键,不应因为可可粉的加入引起牛乳 pH 的变化,否则会影响蛋白质的稳定性。生产实践中,一般先将可可粉溶于热水中,然后将可可浆加热到 85~95℃,并在此温度下保持 20~30min,最后冷却,再加入到牛乳中。

(2)稳定剂的种类及溶解

在巧克力调味乳及乳饮料生产中常用的稳定剂是卡拉胶,一般用 5~10 倍的糖与稳定剂先进行混合,然后溶解于 65℃左右的软化水中。

2. 配料

将所有的原辅材料加入到配料罐中后,低速搅拌 15~25min,以保证所有的物料混合均匀,尤其是稳定剂能均匀分散于乳中。为保证可可粉、稳定剂能完全与牛乳混合,最好在灭菌前将混合料冷却至 10℃以下,在此温度下老化 4~6h。

3. 脱气、均质

通常先对巧克力调味乳及乳饮料进行脱气处理,然后再均质。脱气后的料液的温度一般为 70~75℃,再进行均质,常使用的均质压力为 20~25MPa。

4. 热处理

可可粉中可能含有大量芽孢,因此巧克力乳饮料的灭菌强度较一般调味乳饮料要强。对超高温灭菌的巧克力乳饮料来说,常用的灭菌条件为 139~142℃/4s。而对二次灭菌的巧克力乳饮料来说,一般先采用超高温灭菌(135~137℃,2~3s),灌装后于 115~121℃温度下保温 15~20min 进行灭菌。

5. 冷却

灭菌后应迅速冷却,一般要冷却到 25℃以下。

三、调配型酸性含乳饮料

调配型酸性含乳饮料是指用乳酸、柠檬酸、苹果酸或果汁将牛乳的 pH 调整到酪蛋白的等电点(pH4.6)以下而制成的一种乳饮料。根据国家标准,这种饮料的蛋白质含量应大于 1%。

(一)加工工艺

1. 工艺流程

调配型酸性含乳饮料具体的工艺流程如图 7-23。

2. 加工操作要点及质量控制

调配型酸性含乳饮料一般以原料乳或乳粉为主要原料,添加乳酸、柠檬酸、糖、稳定剂、香精、色素等,有时加入维生素 A、D 和钙盐等。调配型酸性含乳饮料的加工一般是先用酸性溶液将牛乳的 pH 从 6.6~6.8 调整到 4.0~4.2,然后加入其他配料,再经混合搅拌均匀、热处理,最后进行灌装。

(1)原料乳验收或奶粉复原

若使用生鲜牛乳,原料乳质量要求与生产巴氏杀菌乳用原料乳相同;生产酸性乳饮料也可使用奶粉复原乳。

(2)稳定剂的溶解

将稳定剂与为其质量 5~10 倍的糖预先混合,然后在正常搅拌速度下将稳定剂和糖的混

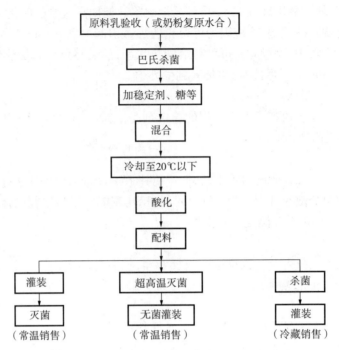

图7-23　调配型酸性含乳饮料的工艺流程

合物加入到70~80℃的热水中溶解。

（3）混合

将稳定剂溶液、糖溶液等杀菌、冷却后加入到巴氏杀菌乳或经杀菌的奶粉复原乳中,混合均匀后,再冷却至20℃以下。

（4）酸化

调酸是调配型酸性含乳饮料生产中最重要的步骤,为得到最佳的酸化效果,酸化前应将牛乳的温度降至20℃以下。通常应先将酸液稀释成10%或20%的溶液,再缓慢地加入到配料罐内的湍流区域,以保证酸溶液与牛乳充分均匀混合。加酸过快会造成酪蛋白凝聚,产品易产生沉淀。为保证酪蛋白颗粒的稳定性,在升温及均质前,应先将牛乳的pH降至4.6以下。

（5）配料

酸化过程结束后,将香精、色素、有机酸等配料加入到酸化的牛乳中,同时对产品进行标准化。

（6）杀菌

由于调配型含乳饮料的pH一般在3.8~4.2之间。因此它属于高酸食品,通常采用高温短时巴氏杀菌或低温长时杀菌方法。

第八节　稀奶油

稀奶油(cream)是一类富含乳脂肪的乳制品,GB 19646—2010将其定义为以乳为原料,分离出的含脂肪的部分,添加或不添加其他原料、食品添加剂和营养强化剂,经加工制成的脂肪含量10.0%~80.0%的产品。它是将脱脂乳从牛乳中分离出来后而得到的一种典型的O/W

型乳状液。稀奶油是一种呈味物质,可赋予食品美味,比如甜点、蛋糕和一些巧克力糖果,也可用于一些饮料中,例如咖啡和奶味甜酒。稀奶油可赋予食品良好的质地,其黏度、稠度及功能特性(如搅打性)都随脂肪含量以及加工方法的不同而有所变化。随着含脂率的变化,稀奶油中其他成分的比例也发生变化。稀奶油的含脂率及其组成见表7-13。

表7-13 稀奶油的组成及密度

成分及密度	含脂率/%		
	20	30	40
水分/%	72.50	63.00	53.02
蛋白质/%	3.09	2.88	2.71
乳糖/%	4.10	3.37	3.62
灰分/%	0.62	0.58	0.58
密度	1.013	1.007	1.002

稀奶油制品的热处理方式主要有巴氏杀菌处理、UHT处理以及二次灭菌等。UHT处理和二次灭菌处理的稀奶油在常温下有较长的保质期。此外,在生产过程中,一些稀奶油制品可以加入一些法律允许的添加剂,例如咖啡稀奶油含有盐类稳定剂,如磷酸盐和柠檬酸盐;发泡稀奶油可以添加卡拉胶来防止产品沉淀分层;稀奶油利口酒可以添加柠檬酸盐来维持体系的稳定性等。

一、稀奶油的分类

稀奶油制品通常是按生产方式、脂肪含量、杀菌方式以及用途来分类。按杀菌方式对于脂肪含量≥10%的产品,通常前面增加一些修饰语来描述,如咖啡稀奶油、酸性稀奶油等。在实际中,稀奶油制品的种类及产品标准世界各国也存在一些差异,类别与产品名称也有许多,一些稀奶油制品的类别名称及脂肪含量情况如表7-14所示。

表7-14 稀奶油制品的分类

类别名称	脂肪含量/%	类别名称	脂肪含量/%
稀奶油(cream)	18~26	发泡稀奶油(whipping cream)	>28
轻脂稀奶油(light cream)(例如咖啡稀奶油)	>10	重脂稀奶油(heavy cream)	>35
半脂稀奶油(half and half cream)	≥10	二次分离稀奶油(double cream)	>45
咖啡稀奶油(coffee cream)	≥10	酸性稀奶油(sour cream)	10~40
低脂稀奶油(half cream)	12~18	甜稀奶油(sweet cream)	28
一次分离稀奶油(single cream)	18~35	蛋糕稀奶油(cake cream)	36

稀奶油制品通常是按生产方式、脂肪含量、杀菌方式等来分类的。

1. 按热处理方式分

根据热处理方式,稀奶油分为巴氏杀菌稀奶油(pasteurised cream)和灭菌稀奶油(sterilised cream)。大多数零售和工业用的稀奶油制品采用巴氏杀菌方式。

2. 按加工工艺分

稀奶油按加工工艺可分为：

①半脱脂稀奶油(half cream)：脂肪含量在 12% ~18% 之间,用于咖啡和浇淋水果、甜点和谷物类早餐；

②一次分离稀奶油(single cream)：脂肪含量在 18% ~35% 之间,用于咖啡,或作为加在水果、甜点及加在汤和风味配方食品中的浇淋稀奶油；

③发泡稀奶油(whipping cream)：脂肪含量在 35% ~48% 之间,用作包括甜点、蛋糕和面点等馅心的填充物；

④二次分离稀奶油(double cream)：脂肪含量大于 48% ,用作甜点的浇淋、匙取稀奶油,加入蛋糕、面点中以增强起泡性等。

二、稀奶油的生产

稀奶油的生产工艺与液态乳的生产工艺相似。一般从牛乳中分离出脂肪,当达到所需要的脂肪含量时,进行热处理,并采用合适的包装以保证食品安全,达到要求的保质期,为消费者提供感官特性和风味良好的稀奶油产品。

(一)稀奶油的加工工艺

稀奶油生产工艺如图 7 – 24 所示。

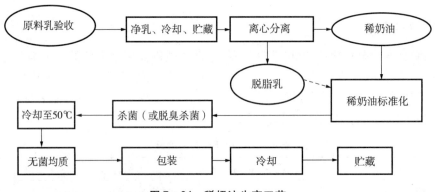

图 7 – 24　稀奶油生产工艺

(二)稀奶油的加工要点及质量控制

1. 稀奶油对原料乳的要求

原料乳(生乳)应符合 GB 19301—2010 的相关要求,具体参数请参考第二节巴氏杀菌乳对原料乳的国标要求。其他原料应符合相应的安全标准或有关规定。

2. 稀奶油的分离

乳脂是由许多不同熔点的甘油三酯组成的混合体,因此其熔点范围较宽,在 – 40℃ ~37℃ 范围内,乳脂中固态脂肪和液态脂肪共存。在原料乳中,乳脂肪球膜维持着脂肪球的完整和稳定性。一般采用离心分离法进行乳脂分离,即用牛乳分离机将稀奶油与脱脂乳迅速而较彻底地分开,封闭式牛乳分离机在分离过程中不会形成大量泡沫,在现代生产中普遍采用。温度、离心力、流量、乳中的杂质含量等多种因素影响乳脂分离效果。

(1)乳的温度

乳温低时,乳的密度较大,使脂肪的上浮受到一定阻力,导致分离不完全。且因脂肪球和脱脂乳在加热时的热膨胀系数不同,加热后使奶油易于分离。因此,乳在分离前必须进行加热。在实际生产中,分离温度在 50~60℃ 范围内,温度高于 60℃ 会导致蛋白质变性,沉淀在分离机的分离叶片上,降低分离效率,同时也使脱脂乳中的脂肪含量升高;另一方面,在温度低于 35℃ 时,剪切力的作用会降低脂肪球膜的稳定性,从而降低了分离效果。

(2)离心力

离心分离稀奶油相当于加大了原料乳在重力作用下依靠脂肪球直径和乳液黏度而自然分离的效果(斯托克规律),分离钵转速对分离效率有显著影响,而分离机的半径对分离效率也有一定的影响。离心力过低会造成分离不完全,会降低奶油的产量,但是离心力过大,超负荷运转时间过长,会导致机械寿命大大缩短,甚至损坏。因此,必须正确控制离心力,即牛乳分离机的转速。

(3)乳的含脂率及脂肪球大小

乳的含脂率、脂肪球直径、乳的密度和黏度等对分离效果也有影响,乳中脂肪球越大,在分离时越容易被分离出来,反之不易分离,当脂肪球的直径小于 0.2 μm 时,则不能被分离出来。

为了避免乳和稀奶油中脂肪球的机械破碎,稀奶油分离过程中需要注意的是应尽量降低搅拌、泵送及混合时的压力,以增加脂肪得率。因为气泡也可充当脂肪球聚集的核心而促使脂肪球结合,因此应避免乳中混入空气,否则会增大脂肪球被破坏的风险。脂肪球的破坏不仅会造成脂肪的损失,还可能给产品带来感官缺陷,乳脂絮凝,以及类凝胶稀奶油等的形成,造成管道堵塞等问题。

3. 稀奶油的标准化

稀奶油的标准化是指对稀奶油的含脂率进行调配,使之达到成品的要求。通常情况下,分离后得到稀奶油中的脂肪含量为 30%~40%,脱脂乳中的脂肪含量为 0.05%。分离后得到的稀奶油在进一步加工前,其脂肪含量可通过添加脱脂乳来标准化。稀奶油的含脂率是通过调整分离机的压力控制稀奶油和脱脂乳的流量实现的。当原料稀奶油中脂肪含量高于标准稀奶油的脂肪含量时应加入脱脂乳或全脂牛乳,反之说明原料稀奶油中需要补充脂肪,需加入脂肪的含量高于原料稀奶油,以达到标准化的要求。

4. 稀奶油的杀菌、真空脱臭与均质

稀奶油的热处理主要是为了杀灭其中的致病菌和可能影响保藏质量的其他细菌和酶类,采用的杀菌方法有巴氏杀菌、超高温灭菌和装罐后灭菌。根据产品特性及要求、贮藏时间等,稀奶油的热处理可采用不同方法。

(1)巴氏杀菌

根据生产规模不同,稀奶油可以采用低温长时杀菌或高温短时杀菌。大规模生产中,常用连续式的高温短时杀菌工艺,一般采用片式换热器或管式换热器。巴氏杀菌能达到破坏牛乳固有脂肪酶的目的,从而可以防止因乳脂酶的存在而影响稀奶油的风味,以及游离脂肪酸的产生而缩短产品的保质期。

(2)超高温瞬时灭菌(UHT)

稀奶油的 UHT 灭菌可采用直接加热和间接加热(片式或管式热交换器)两种方式,如果采用直接加热方式时,由于蒸汽的混入,稀奶油会被稀释10%～15%,为此在均质机前应安装一套真空浓缩装置。直接加热后的真空脱水往往也脱去稀奶油中的香气物质。因此,稀奶油通常采用间接式灭菌,可以较好地保持产品风味。

（3）装罐后二次灭菌

可将稀奶油装罐(或瓶)后灭菌。将标准化的稀奶油预热到140℃,并保持2s以减少细菌芽孢数,在50～75℃进行一段或二段均质,然后加入盐类稳定剂以防止颗粒状物质的产生。随后,将稀奶油装入罐内密封,在110～120℃条件下进行10～20min的灭菌,这种方法主要适用于脂肪含量较低的稀奶油产品,若稀奶油中的脂肪含量过高,则致使传热系数低,其产品存放时易于分离。

若生产稀奶油的原料乳来源于牧场,则稀奶油中会有来源于牧草的异味,可以采用专用的真空杀菌脱臭机进行处理,达到杀菌和脱除异味的目的。因为异味物质是脂溶性的,故用于生产奶油的稀奶油一般都要经过这种设备处理。在真空脱臭机中,稀奶油被喷成雾状,与蒸汽完全混合加热,在真空状态下将冷凝汽及挥发性物质排除。

杀菌后的稀奶油宜进行一次均质,其目的在于保持良好口感的前提下提高黏度,以改善其稀奶油的稳定性,避免稀奶油加入热咖啡后出现絮状沉淀。均质机压力一般控制在8～18MPa之间,温度45～60℃。低脂稀奶油和一次分离稀奶油需要进行高压均质;二次分离稀奶油可以采用低压均质,以提高黏度;而发泡稀奶油不能均质,否则会使产品的搅打发泡能力降低,破坏产品充气形成稳定泡沫的能力。

5. 稀奶油的灌装与包装

杀菌、均质后的稀奶油应迅速冷却到2～5℃后进行包装。稀奶油的包装可以用玻璃瓶、塑料杯,也可用多层复合纸制成的砖形包装袋。贮藏在0～5℃的冷库中。无论是巴氏杀菌、超高温灭菌还是保持灭菌的稀奶油,其包装都应注意以下问题:

①避光,因为光照会引起脂肪自动氧化产生酸败味,经均质的稀奶油对光尤其敏感。

②密封、不透气,否则稀奶油会吸收各种来源的气味而腐败。

③不透水、不透油,吸收水分或脂肪会使稀奶油变质。

④慎重选择包装材料,主要防止包装材料本身含有某些化学物质,也要防止印刷标签的油墨、染料等渗入稀奶油中。

⑤包装容器的设计要有利于摇动,以便内容物的摇匀。

6. 稀奶油的质量控制

（1）热稳定性

稀奶油在杀菌或灭菌时常发生凝结,通过调节pH、添加稳定剂(如柠檬酸盐)、控制均质环境等措施可以改善稀奶油的热稳定性。高温预热会引起血清白蛋白的沉淀,以至于油－水相分界面的较大部分被酪蛋白所覆盖,此外,均质团的出现将缩短聚合时间。充分均质能防止稀奶油迅速沉淀和脂肪球聚合,但均质压力越大,热稳定性越差。

（2）絮凝性及黏度

在实际过程中,往往通过在均质奶油团结构中添加稳定剂防止絮凝的产生。影响黏度的主要因素有均质压力、脂肪含量以及温度。

在一定的脂肪含量下,凝结度对稀奶油起重要作用。稀奶油常发生絮凝,这一现象与温度有关,温度越低,就越容易发生。凝结后使稀奶油的黏度增加,稀奶油的脂肪含量较高时,在给定的凝结范围下的脂肪球黏度增加就更大。影响黏度的主要因素包括均质压力、脂肪以及温度。二次均质可以避免均质团的生成,大大降低黏度。通过添加稳定剂防止在均质时絮凝的产生。

(3)避免脂肪球破坏

脂肪球破坏会造成乳脂絮凝、稀奶油塞形成等感官缺陷,还会造成脂肪的损失。防止乳中混入空气,降低加工过程中的搅拌速率、减少泵送和混合压力、将管线中稀奶油的流速控制在临界剪切率范围内等措施可以避免脂肪球破坏。防止分离前乳中脂肪球的破坏,有利于稀奶油分离,并保证稀奶油的质量。

 复习思考题

1. 什么是液态乳? 液态乳种类有哪些?
2. 简述巴氏杀菌乳的概念及生产工艺流程。
3. 简述超高温(UHT)灭菌乳的概念和灭菌方式。UHT乳常见缺陷及解决方法是什么?
4. 简述再制乳的概念及加工工艺要点。
5. 简述调味乳及含乳饮料的概念和加工工艺。
6. 试述稀奶油的概念及加工工艺要点。

第七章 液态乳的加工

第八章 发酵乳及酸乳饮料的加工

第一节 发酵乳概述

一、发酵乳的定义

GB 19302—2010 对发酵乳(fermented milk)做出如下定义:以生牛(羊)乳或乳粉为原料,经杀菌、发酵后制成的 pH 值降低的产品。要求特征菌在此类酸性凝乳状产品的保质期内必须大量存在,并能继续存活和具有活性。在发酵剂的作用下牛乳中的部分乳糖转化成乳酸。发酵乳是一类乳制品的统称,包括酸乳、开菲尔、发酵酪乳、酸奶油、乳酒(以马奶为主)等。随着营养科学的发展和人们健康意识的提高,发酵乳以其特有的营养价值、良好的风味、独特的组织质地深为消费者所喜爱。

二、发酵乳的形成及营养

(一)发酵过程中乳的变化

目前,工业化生产是以乳酸菌为主的特定微生物作发酵剂接种到杀菌后的原料乳中,在一定温度下乳酸菌增殖产生乳酸,同时伴有一系列的生化反应,使乳发生化学、物理和感官变化。

1. 化学变化

(1)乳糖代谢。乳糖由葡萄糖和半乳糖组成,在 β - 半乳糖苷酶的作用下水解成葡萄糖和半乳糖。葡萄糖进入同型发酵或异型发酵途径进行分解。乳酸菌利用原料乳中的乳糖作为其生长与增殖的碳源和能源,乳酸菌增殖过程中生成的酶将乳糖转化成乳酸,同时生成半乳糖,也产生寡糖、多糖、乙醛、双乙酰、丁酮和丙酮等风味物质。乳酸菌对乳糖的代谢途径如图 8 - 1 所示。

(2)蛋白质代谢。乳酸菌具有分解蛋白质的能力,能力高低与乳酸菌细胞内蛋白酶和肽酶的活性强弱有关。蛋白质轻度水解,使肽、游离氨基酸和氨增加,产生乙醛。乳酸菌蛋白酶对乳蛋白的代谢作用对发酵乳制品特有风味的形成和口感有重要影响。

(3)脂肪代谢。脂肪微弱水解,产生游离脂肪酸。部分甘油脂类在乳酸菌中脂肪分解酶的作用下,逐步转化成脂肪酸和甘油。酸乳中脂肪含量越高,则脂肪水解越多,而均质过程有利于这类生化反应的进行。尽管这类反应在酸乳中是副反应,但经其产生的游离脂肪酸和脂类足以影响酸乳成品的风味。

(4)维生素变化。乳酸菌在生长过程中,有的会消耗原料乳中的部分维生素,也有的乳酸菌产生维生素。

(5)矿物质变化。形成不稳定的酪蛋白磷酸钙复合体,使离子增加。

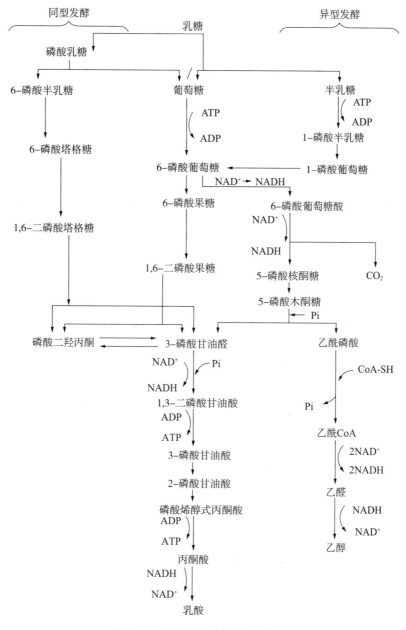

图 8-1　乳酸菌对乳糖的代谢途径

（6）其他变化。牛乳发酵可使核苷酸含量增加,尿分解产生甲酸和 CO_2,也能产生抗菌剂和抗肿瘤物质。

2. 物理性质的变化

乳酸发酵后乳的 pH 降低,使乳清蛋白和酪蛋白复合体因其中的磷酸钙和柠檬酸钙的逐渐溶解而变得越来越不稳定。当体系内的 pH 达到酪蛋白的等电点(pH4.6～4.7)时,酪蛋白胶粒开始聚集沉降,逐渐形成一种蛋白质网络立体结构,其中包含乳清蛋白、脂肪和水溶液。这种变化使原料乳变成了半固体状态的凝胶体——凝乳。

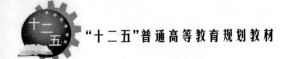

3. 感官性质的变化

乳酸发酵后使乳酸呈圆润、黏稠、均一的软质凝乳,且具有典型的酸味。这主要是以乙醛产生的风味最为突出。

4. 微生物指标的变化

发酵时产生的酸度和某些抗菌剂可防止有害微生物生长。由于保加利亚乳杆菌和嗜热链球菌的共生作用,酸乳中的活菌数大于 10^7 cfu/g,同时还产生乳糖酶(β-半乳糖苷酶)。

(二)发酵乳的营养价值

随着营养学的发展和人民生活水平的提高,"发酵乳"以其特有的营养价值和风味受到越来越多的消费者喜爱。研究证明,乳酸菌在发酵过程中可产生蛋白质水解酶,使原料乳中部分蛋白质水解,从而使酸乳含有比原料乳更多的肽和比例更合理的人体必需氨基酸,从而使酸乳中的蛋白质更易被机体所利用,所以酸乳蛋白质具有更高的生理价值。同时,发酵后,乳中钙、磷、铁等矿物质形成易溶于水的乳酸盐,大大提高了这些矿物元素的吸收利用率。此外,酸乳中还含有大量的 B 族维生素和少量其他脂溶性维生素,如 B 族维生素是乳酸菌生长代谢的产物之一。

发酵乳制品还具有诸多保健功效。首先,它可抑制肠道内腐败菌的生长繁殖,抑制有害物质如酚、吲哚及胺类化合物在肠道内产生和积累,具有调节人体肠道中微生物菌群平衡的作用,能改善消化功能,预防和治疗便秘、细菌性腹泻等。其次,酸乳中产生的有机酸可促进胃肠蠕动和胃液的分泌;对于胃酸缺乏症者,每天饮用 500mL 酸乳,可恢复健康。酸乳中含有 3-羟-3-甲基戊二酸和乳酸,常饮酸乳可以降低人体中血清胆固醇水平,从而预防心血管疾病的发生。发酵乳中的乳酸菌可以激活淋巴细胞、巨噬细胞和自然杀伤细胞,影响细胞间的信号传导,从而发挥免疫调节作用,提高人体的免疫功能。发酵乳制品可以缓解乳糖不耐症,主要是因为乳酸菌可以降解乳糖生成乳酸,且乳酸菌代谢产生的乳糖酶可以在肠道系统中分解乳糖,使乳糖浓度下降。因此,乳酸菌的协同发酵作用不仅赋予酸乳独特的风味,而且使其具有改善胃肠功能、促进钙、磷等矿物元素吸收等生理功效,增强人类体质与营养健康。因此,发酵乳制品非常符合现代人对食品"天然、营养、健康"的需求。

三、现代发酵乳的发展动态和趋势

随着冷链技术和生物技术的发展,新型益生菌种的筛选和培育,科研成果在生产中的应用,发酵乳制品的种类越来越多,酸乳的品种已由原味淡酸乳向调味酸乳、果粒酸乳和功能型酸乳转化,益生菌酸乳、长货架期酸乳、冷冻酸乳和浓缩酸乳等新型酸乳不断涌现,大大丰富和扩展了发酵乳概念的内涵。主要表现在以下几个方面:

1. 通过改变牛乳基料的成分生产低热量的发酵乳制品

传统酸乳生产中添加大量蔗糖,为了获得低热量发酵乳制品可以使用纤维素和亲水胶体等填充剂,使用糖醇等强甜味剂而不是高热量的糖,使用脂肪代用品、微粒蛋白质等降低基料中的脂肪含量。

2. 方便、口味温和、几乎不用添加剂的长货架期发酵乳制品备受关注

利用现代冷杀菌技术延长酸乳保质期已成为酸乳发展的新热点,这类酸乳因常温下具有半年以上的保质期更适于运输和消费。

3. 功能型酸乳已越来越被消费者所接受

功能型酸乳是在普通酸乳菌种的基础上配入适量可以在肠道中定植的双歧杆菌或嗜酸乳杆菌等补充菌种,使原料乳发酵而制成的。目前有关功能型发酵乳制品主要集中于新产品开发和健康特性研究方面,益生菌和益生元在新型发酵乳制品中的应用备受青睐,双歧杆菌、嗜酸乳杆菌、干酪乳杆菌等益生菌的高密度培养和活性保持技术的成功应用是开发益生发酵乳制品的关键。自 20 世纪 90 年代以来,芬兰、挪威、荷兰等国出现了干酪乳杆菌等新型功能性酸乳。近年来,我国在双歧杆菌等新型发酵乳制品开发方面也取得了瞩目的成果。此外,具有良好的产香和滑爽细腻质构类酸乳菌种选育亦备受关注,弱后酸化酸乳菌种的研究也引起了人们的高度重视。

第二节　发酵剂的选择与制备

一、发酵剂的概念和种类

发酵剂(starter culture)是指生产发酵乳制品时所用的特定微生物培养物。发酵剂含有高浓度乳酸菌,能够促进乳的酸化过程。发酵的结果是产生一些能赋予产品特性如酸度(pH)、滋气味、香味和黏稠度等的物质。当乳酸菌发酵乳糖生成乳酸时,引起 pH 的下降,延长了产品的保存时间,同时改善了产品的营养价值和可消化性。在发酵乳生产中,发酵剂菌种的特性及选择对发酵乳的质量和功能特性影响较大。

(一)发酵剂菌种

不同的发酵乳制品具有不同的产品特性要求,在生产中应使用不同的菌种做发酵剂。发酵菌种的选择也在很大程度上决定了发酵乳的物理性质,如使用某些产胞外多糖的乳酸菌可以增加酸乳的表观黏度,从而可以提高酸乳的稳定性。

1. 参与乳制品发酵的菌种

可以用于乳制品发酵的相关微生物菌种种类繁多,如球菌属、乳球菌属、明串珠菌属、乳杆菌属、肠球菌属、双歧杆菌属、酵母菌等。链球菌属中唯一应用于乳品发酵的菌种是嗜热链球菌,该菌种有较高的耐热性;乳球菌属中乳球菌是主要用于乳品发酵中进行酸化的嗜温型微生物;明串珠菌应用于乳品生产,能利用柠檬酸代谢生成丁二酮、二氧化碳、3-羟基丁酮等;乳杆菌对酸的耐受性最强,适宜于酸性条件下启动生长,通常将其与嗜热链球菌联合使用;所有肠球菌中,仅有粪肠球菌和屎肠球菌可以作为的益生菌;作为益生菌应用得最重要的双歧杆菌是两歧双歧杆菌、长双歧杆菌和动物双歧杆菌,双歧杆菌是目前广泛应用的益生菌菌种之一,通常和普通酸乳菌种一起使用;除乳酸菌外,乳中的酵母菌亦可进行乳酸发酵和乙醇发酵。在乳品生产中,这种类型的发酵仅限于开菲尔(Kefir)和马乳酒(kumiss)的生产。

2. 酸乳生产常用的发酵剂

根据 GB 19302—2010,规定生产发酵乳制品所用的发酵菌种须为保加利亚乳杆菌(德氏乳杆菌保加利亚亚种)、嗜热链球菌或其他由国务院卫生行政部门批准使用的菌种。生产酸乳时所用的普通菌种为保加利亚乳杆菌(德氏乳杆菌保加利亚亚种)和嗜热链球菌,主要特征如表 8-1 所示,其形态如图 8-2 所示。

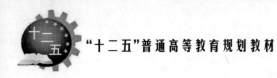

表 8 - 1   嗜热链球菌和保加利亚乳杆菌的特性

特性	嗜热链球菌	保加利亚乳杆菌
个体形态	球形或卵球形,直径 0.7 ~ 0.9μm,成对或形成长链	细杆状,0.1 ~ 0.8μm 宽,4 ~ 6μm 长,呈现单杆状或成链,频繁传代易变形
革兰氏染色	+	+
过氧化氢酶	—	—
生长环境	兼性厌氧	兼性厌氧
发酵	同型乳酸发酵	同型乳酸发酵
最适温度/℃	40 ~ 45	40 ~ 43
最低温度/℃	20	22
最高温度/℃	50	52.5
2% NaCl	—	—
1% 美蓝牛乳	—	—
脲酶	+	—
在乳中酸度/%	0.7 ~ 1.0	1.7
乳酸旋光性	L(+)	D(-)
由精氨酸产	—	—
葡萄糖	+	+
果糖	+	+
半乳糖	*	+
乳糖	+	+
蔗糖	+	—
麦芽糖	—	—
木糖	—	—
甘露糖	—	—
纤维二糖	*	—
松三糖	*	—
棉籽糖	—	—
山梨糖	—	—

注:1. 由《伯杰氏细菌鉴定手册》(第八版)(1974 年)得到。

2. "*"表示无确定指标。

在酸乳的发酵过程中嗜热链球菌和德氏乳杆菌保加利亚亚种共同发酵,两者具有良好的相互促进生长的关系,两者共存时的产酸速度高于其中单一菌种的产酸速度,生产普通酸乳的发酵剂菌种最优组合是保加利亚乳杆菌和嗜热链球菌以 1:1 的比例混合。由于嗜热链球菌水

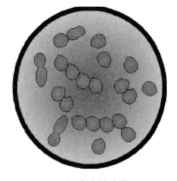

a) 保加利亚乳杆菌　　　　　　　　　b) 嗜热链球菌

图 8－2　酸乳生产常用菌种形态示意图

解蛋白的能力较弱,而保加利亚乳杆菌可以水解酪蛋白,产生的游离氨基酸和短肽能促进球菌的生长,而球菌所产生的甲酸和二氧化碳反过来又可以促进乳杆菌的生长。影响球菌和杆菌比率的因素之一是培养温度,在40℃时大约为4∶1,而45℃时约为1∶2,因此在酸乳生产中,以2.5%~3%的接种量和2~3h的培养时间,要达到球菌∶杆菌=1∶1的比率,最适接种(和培养)温度为43℃。嗜热链球菌不但可以加快乳糖转化成乳酸,还可以产生一些提高口感的物质。此外,嗜热链球菌中的脲酶可以对发酵乳制品的后酸化起到一定的缓解作用。保加利亚乳杆菌是产生酸乳风味性物质的主要菌种,由于其耐酸性较强,是后期发酵的优势菌群,也是导致后酸化的主要菌群。大多数酸乳中球菌与杆菌的比例为1∶1或2∶1,杆菌永远不允许占优势,否则酸度太强。图8－3为保加利亚乳杆菌和嗜热链球菌及其混合菌种的产酸曲线。

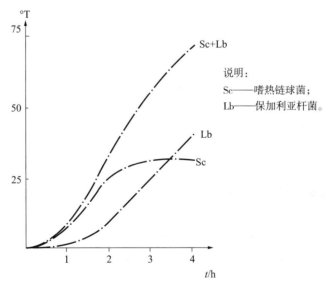

图 8－3　嗜热链球菌和保加利亚乳杆菌在乳中发酵的产酸曲线

(二)发酵剂的种类

通常用于乳酸菌发酵的发酵剂需经历三个阶段,即乳酸菌纯培养物、母发酵剂和生产发酵剂。

1. 乳酸菌纯培养物

乳酸菌纯培养物即一级菌种,指从专门的发酵剂生产公司或研究所购得的源发酵剂,一级菌种培养就是纯乳酸菌种转移培养、恢复活力的一种手段。当生产单位取得菌种后,即可将其接种到灭菌脱脂乳中,恢复活力以供生产需要。

2. 母发酵剂及中间发酵剂

制备母发酵剂即指一级菌种的扩大再培养,是生产发酵剂的基础,其质量优劣直接关系到生产发酵剂的质量。中间发酵剂是指扩大生产工作发酵剂的中间环节。

3. 生产发酵剂

又称工作发酵剂,是直接用于实际生产的发酵剂。通常情况下根据菌种将其分为单一发酵剂、混合发酵剂和补充发酵剂。

①单一发酵剂:将每一种菌株单独活化,生产时再将各菌株混合在一起。

②混合发酵剂:是指含有两种或两种以上的菌,如生产酸乳时可以将德氏乳杆菌保加利亚亚种和嗜热链球菌按1:1或1:2的比例混合作为发酵剂,而且两种菌的比例越小越好。

③补充发酵剂:为了增加酸乳的黏稠度和风味,增强产品的功能性和保健作用,可以添加特殊菌种,一般可单独培养或混合培养后加入乳中。如产黏发酵剂、产香发酵剂等。"益力多"(Yakult)的发酵剂是由嗜酸乳杆菌、干酪乳杆菌和双歧乳杆菌组合发酵而成。

目前,有许多乳品厂采用冻干粉末型直投式发酵剂。直投式发酵剂(DVI或DVS)指高度浓缩和标准化的冷冻或冷冻干燥发酵剂菌种,可供生产企业直接加入到热处理的原料乳中进行发酵,而无须对其进行活化、扩培等预处理的发酵剂。其优点是使用方便,产品质量稳定,特别是产品后发酵较慢,即在货架期酸度变化慢。其缺点是相对于上述液态发酵剂而言,成本较高。

(三) 发酵剂的作用

发酵剂质量的好坏是影响发酵乳制品质量优劣的重要因素之一,其主要作用表现在以下几个方面:

1. 分解乳糖产生乳酸

通过乳酸菌的发酵,使牛乳中的乳糖转变成乳酸,乳的pH降低,促使酪蛋白凝固形成凝块。

2. 产生挥发性风味物质、赋予酸乳典型的风味

乳酸菌发酵可使产品产生良好的风味。与风味有关的微生物以明串珠菌、丁二酮链球菌为主,这些菌使乳中所含柠檬酸分解生成丁二酮、丙酮、羟丁酮、丁二醇等化合物和微量的挥发酸、酒精、乙醛等。其中以丁二酮和乙醛对风味的影响最大。

3. 产生抗菌素

乳酸链球菌和乳脂链球菌中的个别菌株,能产生乳酸链球菌素(nisin)和双球菌素(diplococcin),可防止杂菌和酪酸菌的污染。

4. 蛋白和脂肪分解

乳酸菌在代谢过程中能生成蛋白酶,具有较弱的蛋白分解作用。其中乳杆菌分解蛋白的能力强于乳球菌。乳酸链球菌和干酪乳杆菌具有分解脂肪的能力。

5. 酒精发酵

开菲尔、马乳酒之类的酒精发酵乳,是采用酵母菌发酵剂,将乳酸发酵后逐步分解产生酒精的过程。由于酵母菌适于在酸性环境中生长,因此通常采用酵母菌和乳酸菌混合发酵剂进行生产。

6. 改善物理状态和质地

发酵过程中产生的黏性物质有助于改善酸乳的组织状态和黏稠度,尤其是酸乳干物质含量低时尤为重要。

(四)发酵剂的选择

发酵剂的优劣是决定发酵乳制品质量的重要因素之一,生产实践中应根据生产目的选择适宜的菌种。发酵剂选择应从产酸力、产香味、产黏性物质、蛋白质水解等方面综合考虑。通常选用两种或两种以上的发酵剂菌种混合使用,相互产生共生作用,如嗜热链球菌和保加利亚乳杆菌配合使用的效果优于单一使用的效果。选择质量优良的发酵剂应从以下几个方面考虑。

1. 产酸能力与后酸化作用

不同发酵剂的产酸能力各异,通常采用酸度检测和测定产酸生长曲线的方法判断发酵剂的产酸能力,一般选择产酸能力弱或产酸能力中等的发酵剂,因为产酸能力强的发酵剂在发酵过程中容易导致产酸过度和强的后酸化,造成酸乳成品风味不佳。所谓后酸化(post-acidification)是指当发酵乳酸度达到一定值而终止发酵后,发酵剂菌种在冷却和冷藏阶段仍继续产酸的现象。它包括三个阶段:从发酵终点(42℃)冷却到19℃或20℃时酸度的增加;从19℃或20℃冷却到10℃或12℃时酸度的增加;在冷库中冷藏阶段酸度的增加。因此,酸乳生产中应尽可能地选择后酸化能力弱的发酵剂,以便于控制产品的质量。

2. 滋气味和芳香味的产生

选择产生滋气味和芳香味优良的发酵剂是获得风味良好的发酵乳制品的前提。酸乳发酵剂生成的芳香物质一般为丁二酮、乙醛、丙酮和挥发性酸。通常根据感官、挥发性酸产生量、乙醛生成能力等进行评价。

3. 黏性物质的产生

发酵过程中发酵剂产生的黏性物质如胞外多糖等有助于改善发酵乳的组织状态和黏稠度,尤其在干物质含量不太高时显得尤为重要。但是,一般情况下产黏发酵剂往往对酸乳的发酵风味有不良影响,因此最好将产黏发酵剂作为补充发酵剂,与其他菌株混合使用。

4. 蛋白质的水解性

发酵温度、pH、贮藏时间、球菌和杆菌比例等均影响蛋白质水解。德氏乳杆菌保加利亚亚种的蛋白水解活性较高,能将蛋白水解为游离氨基酸和多肽,而嗜热链球菌的蛋白水解性较弱。

因此,应综合考虑发酵剂的产酸性能,以提高酸乳的风味,一般应选择产酸温和、后酸化弱的发酵剂,通常将产黏发酵剂和产香发酵剂作为补充发酵剂使用。

二、发酵剂的生产

发酵剂的制备是发酵乳制品生产中最主要的工艺之一。现代化乳品厂加工量很大,发酵

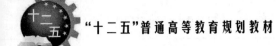

剂制作的失败会导致重大的经济损失。通常用于乳酸菌发酵的发酵剂需经乳酸菌纯培养物的活化、母发酵剂(和中间发酵剂)的调制、生产发酵剂三个阶段的调制。图8－4为发酵剂调制流程简图。

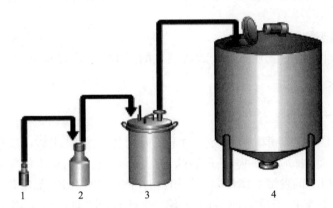

1——商品菌种;2——母发酵剂;3——中间发酵剂;4——生产发酵剂。

图8－4　发酵剂的制作步骤

(一)乳酸菌纯培养物的活化

商品菌种由于保存条件的影响,在使用时应反复进行活化,以恢复其活力。乳酸菌纯培养物是含有纯乳酸菌的、用于生产母发酵剂的发酵剂。菌种若是粉剂,首先应用灭菌脱脂乳将其溶解后,用灭菌吸管吸取少量的液体接种于预先已灭菌的培养基,置于恒温培养箱中培养。待凝固后再取出1%~3%的培养物接种于灭菌培养基中,反复活化数次,待乳酸菌充分活化后,即可调制母发酵剂。以上操作均需在无菌室内进行。菌种若是液态的,接种时先将装菌种的试管口用火焰杀菌,然后打开棉塞,用灭菌吸管从试管底部吸取0.1~0.2mL培养在脱脂乳中的液体乳酸菌种,立即移入预先准备好的灭菌试管培养基中,放入恒温箱中进行培养。凝固后再取出0.1~0.2mL,再按上述方法移入灭菌培养基中。如此反复数次(3~5次以上),待乳酸菌充分活化后,即可进入母发酵剂调制阶段。

(二)母发酵剂和中间发酵剂的调制

母发酵剂和中间发酵剂的调制需在严格的卫生条件下,制作间最好有经过过滤的正压空气,要把酵母菌、霉菌、噬菌体的污染危险降低到最低程度,发酵剂的每一次转接应在无菌条件下操作。制备发酵剂最常用的培养基是脱脂乳,也可用特级脱脂乳粉按9%~12%的干物质制成的再制脱脂乳替代。另外,应该注意防止清洗剂和消毒剂的残留物与发酵剂接触而污染发酵剂。

制备母发酵剂时:取脱脂乳100~300mL,装入三角瓶中,121℃/15min高压灭菌,并迅速冷却至40℃左右进行接种。接种时取脱脂乳量1%~3%的充分活化的乳酸菌纯培养物,接种于含有灭菌脱脂乳的三角瓶,混匀后,放入恒温箱中进行培养。凝固后再移入灭菌脱脂乳中,如此反复2~3次,使乳酸菌保持一定活力,制成母发酵剂。

调制中间发酵剂时所用的培养基量较大,比如用于母发酵剂的培养基量一般是250~500mL,而用于中间发酵剂的培养基为1000~2000mL。

(三)生产发酵剂(工作发酵剂)

生产发酵剂(bulk starter)是利用母发酵剂(中间发酵剂)进一步扩大培养制作的直接用于生产的发酵剂。图8-4是从中间发酵剂到生产发酵剂罐的无菌转运。生产发酵剂的制备工艺与母发酵剂的制备工艺基本相同,它包括以下步骤:

1. 发酵

(1)培养基的热处理

发酵剂制备的第一个阶段是培养基的热处理,即把培养基加热到90~95℃,并在此温度下保持30~45min。热处理的作用主要在于:①破坏噬菌体;②消除抑菌物质;③使部分蛋白质分解;④排除溶解氧;⑤杀死原有的微生物。

(2)冷却至接种温度

加热后,培养基冷却至接种温度。接种温度根据使用的发酵剂类型而定。重要的一点是按照商品发酵剂生产商推荐的温度或是根据经验决定最适温度。在培养多菌株发酵过程中,即使与最适温度有很小的偏差,也会对其中一种菌株的生长有益而对其他种菌株不利,结果造成成品不能获得理想的典型特征。常见的接种温度范围:嗜温型发酵剂为20~30℃;嗜热型发酵剂为42~45℃。

(3)接种

经过热处理的培养基,冷却至所需温度后,再加入定量的发酵剂,这就要求接种菌确保发酵剂的质量稳定,接种量、培养温度和培养时间在所有阶段——母发酵剂、中间发酵剂和生产发酵剂中都必须保持不变。与温度一样,接种量的不同也能影响会产生乳酸和芳香物质的不同细菌的相对比例。因此接种量的变化也经常引起产品的变化。所以每个生产厂家必须找出最适合实际情况的特殊生产工艺。

(4)培养

当接种结束,发酵剂与培养基混合后,细菌就开始增殖——培养开始。培养时间由发酵剂中的细菌类型、接种量等因素决定,发酵时间为3~20h。必须严格控制温度,不允许污染源与发酵剂接触。在培养中,细菌增殖很快,同时发酵乳糖成乳酸。在培养期间,制备发酵剂的人员要定时检查酸度变化情况,并随程序要求检查以获得最佳效果。

2. 冷却

当发酵剂达到预定的酸度时开始冷却,以阻止细菌的生长,保证发酵剂具有较高活力。当发酵剂在接着的6h之内使用时,经常把它冷却至10~20℃即可。如果贮存时间超过6h,建议把它冷却至5℃左右。中间发酵剂到生产发酵剂罐的无菌转运见图8-5。

(四)发酵剂的保存

为了在贮存时保持发酵剂的活力,已经进行了大量的研究工作,以便找出处理发酵剂的最好办法。一种方法是冷冻,温度越低,保存的越好。用液氮冷冻到-160℃来保存发酵剂,效果很好。应该注明的是,深冻发酵剂比冻干发酵剂需要更低的贮存温度。而且要求用装有干冰的绝热塑料盒包装运输,时间不能超过12h,而冻干发酵剂在20℃温度下运输10d也不会缩短原有的货架期。目前的发酵剂包括浓缩发酵剂、深冻发酵剂、冷冻干燥发酵剂,在推荐的冷冻条件下能保存相当长得时间,见表8-2。

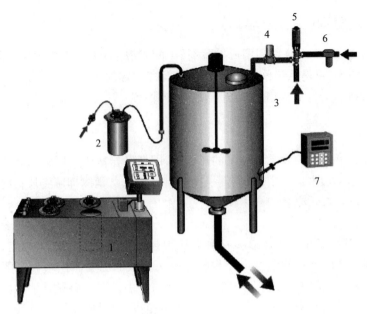

1——培养器;2——中间发酵剂容器;3——生产发酵剂罐;4——HEPA过滤器;5——气阀;6——空气过滤器;7——pH测定。

图8-5 中间发酵剂到生产发酵剂罐的无菌转运

表8-2 一些浓缩发酵剂的贮存条件和货架期(汉森实验室,丹麦)

发酵剂类型	保存条件	货架期/月
冻干DVS[a]	低于-18℃冷冻室	≥12
深冻DVS[b]	低于-45℃冷冻室	≥12
冻干REDI-SET[c]	低于-18℃冷冻室	≥12
深冻REDI-SET[d]	低于-45℃冷冻室	≥12
DRI-VAC[e]	低于5℃冷冻室	≥12

[a] 冻干超浓缩发酵剂(直接用于生产);[b] 深冻发酵剂;[c] 冻干超浓缩发酵剂(为制备生产发酵剂);[d] 深冻浓缩发酵剂(为制备生产发酵剂);[e] 冻干粉末发酵剂(为制备母发酵剂)

三、发酵剂的质量控制及活力测定

(一) 发酵剂的质量控制

发酵剂质量的好坏直接影响成品的质量,故在使用前必须严格控制发酵剂的质量。主要包括以下几个方面:

1. 感官检查

首先观察液态发酵剂的质地、组织状态、色泽及有无乳清析出等。其次检查酸乳的硬度,然后品尝酸味和风味,看其有无苦味和异味等。良好的发酵剂应凝固均匀细腻,组织致密而富有弹性,乳清析出少,具有良好的风味和酸味,不得有腐败味、苦味、饲料味、酵母味等异味,无气泡,无变色现象。

2. 球菌和杆菌的形态与比例检查

必要时选择适当培养基测定乳酸菌等特定的菌群数目。使用革兰氏染色或其他染色方法对发酵剂进行涂片染色,并用带油镜头的高倍光学显微镜观察乳酸菌形态正常与否以及球菌与杆菌的比例等。

3. 活力检查

主要测定的是酸度和挥发酸,酸度以 90～110°T(滴定酸度)和 0.8%～1.0%(乳酸度)为宜。测定挥发酸时,取发酵剂250g 于蒸馏瓶中,用硫酸调整 pH 至 2.0,用水蒸气蒸馏,收集最初的 1000mL 用 0.1mol/L 氢氧化钠滴定。

4. 污染程度检查

用常规方法测定总菌数和活菌数。检查是否污染酵母、霉菌、噬菌体、大肠菌群等,呈阳性反应视为被污染,乳酸菌发酵剂中不得出现酵母菌和霉菌,应严格杜绝噬菌体污染。

(二)发酵剂的活力测定

发酵剂的活力是指构成发酵剂菌种的产酸能力,通常采用下列两种方法进行测定:

1. 酸度测定法

在高压灭菌后的脱脂乳中加入3%的发酵剂,置于 37～38℃的恒温箱中培养 3.5h,取出。加入两滴1%酚酞指示剂,用 0.1mol/L NaOH 标准溶液滴定,测定其乳酸度。若乳酸度达 0.8%以上表示活力良好。

2. 刃天青($C_{12}H_{17}NO_4$)还原试验

于9mL 脱脂乳中加入 1mL 发酵剂和1mL 0.005% 刃天青溶液,在 36～37℃恒温箱中培养 35min 以上,如完全褪色则表示活力良好。

第三节 酸乳生产

一、酸乳的概念和种类

(一)酸乳的概念

GB 19302—2010 对酸乳(yoghurt)做出如下定义:以生牛(羊)乳或乳粉为原料,经杀菌、接种嗜热链球菌和保加利亚乳杆菌(德氏乳杆菌保加利亚亚种)发酵制成的产品。风味酸乳(flavored fermented milk)被定义为以80%以上生牛(羊)乳或乳粉为原料,添加其他原料,经杀菌、接种嗜热链球菌和保加利亚乳杆菌(德氏乳杆菌保加利亚亚种),发酵前或后添加或不添加食品添加剂、营养强化剂、果蔬、谷物等制成的产品。要求酸乳成品中必须含有大量的活性微生物。

(二)酸乳的分类

通常根据成品的组织状态、菌种组成、产品货架期、生产工艺和原料中乳脂肪含量,可以将酸乳分成不同类别。

177

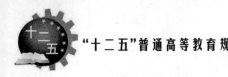

1. 按照成品的组织状态分类

（1）凝固型酸乳

凝固型酸乳（set yoghurt）的发酵过程在包装容器中进行，成品呈凝乳状态。发酵过程在灌装容器中完成，在发酵过程以及以后的运送、冷却、贮藏过程中不得受剧烈震动。

（2）搅拌型酸乳

搅拌型酸乳（stirred yoghurt）是先发酵后灌装而成的。即经发酵的原料乳在接种了发酵剂后，在发酵罐中进行发酵至乳凝结，凝乳经适度搅拌的同时快速冷却，分装于零售容器中即为成品。发酵后的凝乳已在灌装前和灌装过程中搅碎而成黏稠状组织状态。产品有一定黏度，呈流动状态。

2. 按菌种种类分类

（1）酸乳

酸乳通常仅指用德氏乳杆菌保加利亚亚种和嗜热链球菌发酵而得的产品。

（2）双歧杆菌酸乳

双歧杆菌乳指以生鲜牛乳为原料，添加双歧杆菌或内含双歧杆菌的混合菌种进行发酵培养而制成的酸乳产品。双歧杆菌在肠道中具有重要的生理作用。

（3）嗜酸乳杆菌酸乳

嗜酸乳杆菌酸乳通常指在高温处理的脱脂乳或全乳中，接种选择培养的嗜酸乳杆菌，培养至其大量出现，充分生成乳酸凝固形成的产品。

（4）干酪乳杆菌酸乳

酸乳菌种中含有干酪乳杆菌。

3. 按产品货架期长短分

（1）普通酸乳

按常规方法加工的酸乳，其货架期是在 $0 \sim 4^{\circ}C$ 下冷藏 7 天。

（2）长货架期酸乳

对包装前或包装后的成品酸乳进行热处理，以延长其货架期。

4. 按发酵后的加工工艺分类

（1）浓缩酸乳

将正常酸乳中的部分乳清除去而得到的浓缩产品。因其酸度高，所以产品质量保持较普通酸乳好。

（2）冷冻酸乳

是一类在酸乳中加入果料、增稠剂或乳化剂，然后进行凝冻处理而得到的产品。与普通酸乳相比，冷冻酸乳含有更多的糖和稳定剂或乳化剂。冷冻酸乳可分为软硬两种类型。

（3）酸乳粉

是指用冷冻干燥法或喷雾干燥法将酸乳中约95%的水分去除制成的产品。

（4）充气酸乳

发酵后，在酸乳中加入部分稳定剂和起泡剂（通常是碳酸盐），经均质处理即得这类产品，其优点是提高了酸乳的解渴感和爽口感。这类产品通常是以充二氧化碳的酸乳碳酸饮料形式存在。

5. 按原料中脂肪含量分类

（1）全脂酸乳：成品中脂肪含量为 3.0%。

（2）部分脱脂酸乳：成品中脂肪含量为 3.0% ~ 0.5%。

（3）脱脂酸乳：成品中脂肪含量为 0.5% 以下。

二、酸乳生产技术

（一）酸乳的生产工艺

搅拌型酸乳和凝固型酸乳的生产从原料乳的预处理到冷却及培养，工艺是一样的，可以共用生产线。两者加工工艺的最大不同在于搅拌型酸乳是先经过发酵再进行搅拌后灌装，而凝固型酸乳是先经灌装后再进行发酵。

1. 酸乳生产工艺流程

凝固型酸乳和搅拌型酸乳的基本生产工艺流程见图 8 - 6。

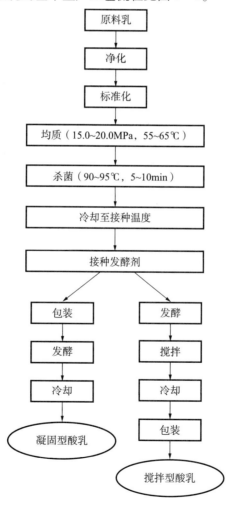

图 8 - 6 凝固型和搅拌型酸乳生产工艺流程图

2. 酸乳生产线

凝固型酸乳和搅拌型酸乳的原料乳预处理生产线如图8-7所示。它包括脂肪和干物质含量的标准化、热处理、均质、冷却等。凝固型酸乳和搅拌型酸乳生产线分别如图8-8和8-9所示,图8-10是凝固型酸乳生产线的最后步骤,这一系统给生产计划提供了更大的弹性。

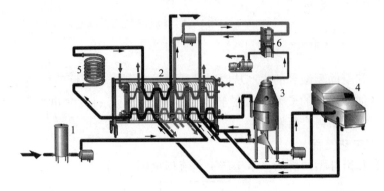

1——平衡罐;2——片式加热器;3——真空浓缩罐;4——均质机;5——保温管。

图8-7 酸乳的一般预处理

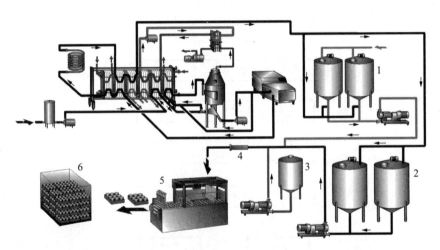

1——发酵剂罐;2——缓冲罐;3——果料或香料;4——果料混合器;5——包装;6——培养。

图8-8 凝固型酸乳生产线

(二)生产工艺控制要点

1. 原料

生乳直接影响酸乳的质量。乳中的总固体,尤其是蛋白质的增加对酸乳的感官性质有很大影响。选用符合质量要求的生乳、脱脂乳或再制乳为原料。生产酸乳所用生乳必须符合GB 19301—2010规定,应为从符合国家有关要求的健康奶畜乳房中挤出的无任何成分改变的常乳。产犊后7d的初乳、应用抗生素期间和休药期间的乳汁、变质乳不应用作生乳。且其理化指标和微生物指标应满足如下要求:蛋白质≥2.8%;酸度≤18°T;脂肪≥3.1%;非脂乳固体

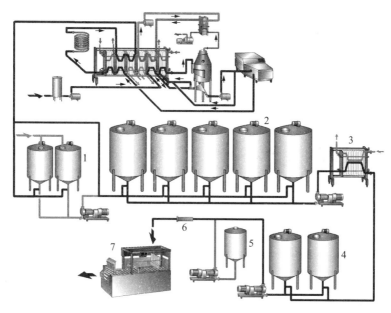

1——生产发酵剂罐;2——发酵罐;3——热交换器;4——缓冲罐;5——果料或香料;6——混合器;7——包装。

图8-9　搅拌型酸乳的生产线

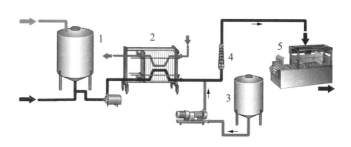

1——培养罐;2——片式加热交换器;3——加香;4——包装。

图8-10　凝固型酸乳生产线的最后步骤

≥8.1g/100g;杂质度≤4.0mg/kg;相对密度≥1.027;菌落总数≤2×10⁶cfu/g(mL);原料乳不应含有抗生素等乳酸菌生长抑制因子,致病菌不得检出。经验收合格的生乳应及时过滤、净乳、预杀菌、冷却和贮藏。生产酸乳所用其他原料应符合相应安全标准和/或有关规定。

2. 发酵前处理

(1)原料乳标准化

标准化的目的是在食品法规允许的范围内,根据所需酸乳成品的质量特征要求,对乳的化学组成进行改善,从而保证各批成品质量稳定一致。可以通过以下三种形式实现:

①直接添加

在原料乳中直接添加全脂乳粉、脱脂乳粉或强化原料乳中某一乳组分以达到原料乳标准化的目的。

②浓缩原料乳

浓缩过程包括蒸发浓缩、反渗透浓缩和超滤浓缩三种方式,其中蒸发浓缩应用最多。

③复原乳

在某些国家,由于奶源条件的限制,常以脱脂乳粉、全脂乳粉、无水奶油为原料,根据所需原料乳的化学组成,用水来配制成标准原料乳。利用这种复原乳生产的酸乳产品质量稳定,但往往带有一定程度的"乳粉味"。

(2)配料和预热

为提高干物质含量,可添加脱脂乳粉。某些国家允许添加少量的食品稳定剂和适量蔗糖。

①蔗糖

凝固型酸乳中通常使用蔗糖,其添加量一般为5%～8%。添加蔗糖的目的主要是为了减少酸乳特有的酸味感觉,使其口味更柔和;另外,可提高酸乳黏度,有利于其凝固。有两种加糖方法:一种是先将原料乳加热到50℃左右,再直接加入蔗糖,待65℃时,用泵循环通过滤布滤除杂质,用自动质量计加入到标准化乳罐中;另一种是将蔗糖配制成一定浓度的糖浆,经杀菌后再与原料乳混合。

②稳定剂

在酸乳生产中使用稳定剂的主要目的是提高酸乳的黏稠度并改善其质地、状态与口感,在凝固型酸乳中一般不添加。常用的稳定剂有阿拉伯胶、琼脂、羧甲基纤维素(CMC)、黄原胶、藻酸盐、瓜尔豆胶、改性淀粉、果胶、明胶等,添加量为0.1%～0.5%。乳中添加稳定剂时一般与蔗糖、乳粉等预先混合均匀,边搅拌边添加,或将稳定剂先溶于少量水或溶于少量牛乳中,再于适当搅拌情况下加入。

物料通过泵进入板式热交换器的预热段,预热温度是55～65℃,再进行均质处理。

(3)均质

均质的目的主要是使原料充分混合均匀,防止脂肪球上浮,保证乳脂肪均匀分布,提高酸乳的稳定性和稠度(如表8-3所示),从而获得质地细腻、口感良好的产品。均质是酸乳加工中必不可少的加工步骤。一般均质温度为55～65℃,均质压力为20～25MPa。均质和随后的热处理对发酵乳的黏稠度有很好的效果。

表8-3　均质化与酸乳的稳定性和黏稠度

过程	稳定性(下沉)/cm	黏稠度/(Pa·s)
均质化	1.2	17
非均质化	6.0	8.5

(4)杀菌与冷却

在酸乳的商业化生产中,原料乳一般需在90～95℃下保温5min进行热处理,热处理是酸乳生产的关键工艺,其目的有以下几点:①杀死病原菌及其他微生物以保证食品安全;②使乳中酶的活力钝化和抑菌物质失活;③使乳清蛋白适度热变性,提高乳中蛋白质与水的亲和力,防止成品乳清析出,改善牛乳作为乳酸菌生长培养基的性能和酸乳的稠度;④为发酵剂(乳酸菌)创造一个杂菌少、有利于生长繁殖的外部条件。

杀菌后的乳要马上冷却到40～45℃或发酵剂菌种生长需要的温度,以便接种发酵剂。

3. 接种发酵剂

发酵菌种应是保加利亚乳杆菌(德氏乳杆菌保加利亚亚种)、嗜热链球菌或其他由国务院卫生行政部门批准使用的菌种。嗜热链球菌和德氏乳杆菌保加利亚亚种具有良好的相互促进生长的关系,两者在一起的产酸速度要高于两者之中单一的产酸速度。嗜热链球菌和德氏乳杆菌保加利亚亚种在发酵过程中要保持大约相同的数量,当酸度到达一定程度时,球菌不再生长,相对而言,杆菌较为耐酸。球菌和杆菌的最适比例一般为1:1,在这一比例下接种2.5%,45℃培养2.5h,最终酸度可达90~100°T。

接种指通过计量泵或手工将工作发酵剂连续地添加到经过预处理的原料乳中,在接种过程中,原料乳必须始终保持搅拌状态。接种是造成酸乳受微生物污染的主要环节之一,为防止霉菌、酵母菌、噬菌体和其他有害微生物的污染,必须进行无菌操作。接种量一般可分为低、高和最适接种量三种,可以根据发酵时的培养温度和时间,以及发酵剂的产酸能力灵活掌握,低接种量指按照0.5%~1.0%的比例接种,高接种量是按照5%以上的比例接种,最适接种是按照2%的比例进行接种。为了使乳酸菌体从凝块中分离出来,应在接种之前充分搅拌发酵剂,达到完全破坏凝乳的程度。近年来多采用在密闭系统中以机械方式自动添加发酵剂,也可用手工方式将发酵剂倒入发酵罐中。直投式发酵剂的问世使得接种工作变得简单易行,即直接将发酵剂按照比例撒入发酵罐中即可。

4. 发酵培养

发酵是影响产品质量的重要工序,一般在特制的发酵室内进行,室内有良好的绝缘保温层,热源有电加热和蒸汽管道加热两类,室内设有温度感应器。对这个工序的管理主要是对发酵温度、发酵时间、判定发酵终点的管理等。

(1)发酵温度

嗜热链球菌的最适生长温度为40~50℃,保加利亚乳杆菌的最适生长温度为40~43℃,对于混合菌种,发酵培养温度一般采用40~43℃。

(2)发酵时间

发酵时间是指从接种发酵剂至达到发酵终点的时间段,一般分为短时间培养和长时间培养。短时间培养指41~43℃/3h,长时间培养指30~37℃/8~12h。低温长时间培养可防止酸乳产酸过度,但是会造成酸乳风味变异。

(3)判断发酵终点

发酵终点的确定是影响凝固型酸乳风味和组织状态的关键工序之一。发酵终点确定过早,则酸乳组织软嫩,风味差;过迟则酸度高,乳清析出过多。产品发酵时间一般在3h左右,长者可达到5~6h。可采用以下方法判定发酵终点:

①测定酸度。一般滴定酸度达到65~70°T即可终止;

②酸乳进入发酵室的时间控制适当。在同等的生产条件下,以上几批发酵时间为准;

③抽样及时观察。打开瓶盖缓慢倾斜瓶身,观察酸乳的流动性和组织状态,如流动性变差,且有微小颗粒出现,可终止发酵。

5. 冷藏和后熟

由于凝固型酸乳是直接在包装容器中发酵的,所以发酵后冷却工艺至关重要。因为酸乳在通风室中还需要一定时间才能冷却,所以通常在pH值稍高于所需pH值的时候停止发酵培养。通常来说快速冷却能够减慢乳酸菌的继续生长,否则造成酸乳产酸过度。冷藏过程的24h内,风味物质继续产生,而且多种风味物质相互平衡形成酸乳的特征风味,称为后熟阶段,一般在2~7℃下酸乳的贮藏期为7~14d。凝固型酸乳不能剧烈振动和颠簸,否则其组织结构易遭

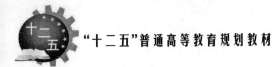

到破坏,析出乳清。

6. 搅拌型酸乳的后续生产技术

(1)搅拌

在培养达到所需的酸度时,应终止发酵并降温搅拌破乳。对酸凝乳实施机械处理是搅拌型酸乳与凝固型酸乳的不同之处。凝乳受到搅拌作用之后,网状结构中的水分跑出来,出现乳清分离现象。搅拌作用还使酸乳发生相转换,即原来是凝胶中分散着水,搅拌之后,变成了水中分散着凝胶。此过程如果处理不当会造成搅拌型酸乳出现缺陷,不仅降低酸乳的黏度,而且会出现分层现象。

通常采用搅拌方法通过机械力作用破碎凝胶体,使凝胶体的粒子直径达到 0.01 ~ 0.4mm,搅拌力度要适宜,激烈搅拌不仅会降低酸乳的黏度,而且可能导致分层现象。分层是由于混入空气引起的,当出现分层时,上层是凝乳颗粒、脂肪和空气,下层是分离出的乳清和气泡。如果凝乳搅拌得当,会增加凝乳的持水性,提高其稳定性,不易出现凝乳分离和分层现象。酸乳在经过管道和泵进行输送时也会受到剪切力的影响,因此在机械化和自动化程度高的大规模生产中,对酸乳施加的剪切力过大往往成为搅拌型酸乳出现缺陷的原因,为克服这个缺点,可以添加稳定剂。此外在搅拌过程中应注意既不可速度过快,也不可时间过长。

(2)冷却

经破乳后的酸乳需迅速冷却,以控制乳酸菌和酶的新陈代谢,从而控制产品的最终酸度。冷却一般分为两种方式:一段冷却法和二段冷却法。一段冷却法指将酸乳从培养温度直接冷却到 10℃ 以下,因为在此温度下酸乳的稳定性高于 20℃,从而减少了灌装对酸乳的破坏程度;二段冷却法指先将酸乳从培养温度 30 ~ 45℃ 冷却到 15 ~ 20℃,然后灌装,最后在产品冷藏时再冷却到 10℃ 以下,酸乳经 1 ~ 2d 的冷藏,其黏度会有所提高。这两种方法在酸乳的生产中均有广泛的应用,需灵活处理。

(3)调味

冷却到 15 ~ 20℃ 以后,在酸乳包装前从缓冲罐到包装机的输送过程中添加果料和香料,通过一台可变速的计量泵连续地把这些成分打到酸乳中,经过混合装置混合,保证果料与酸乳充分彻底地混合。需注意的是果料计量泵与酸乳给料泵是同步运转的。必须在无菌条件下将热处理后的果料灌入灭菌的容器中,以防止果料添加对发酵乳制品的再污染而导致产品腐败。

三、酸乳标准

我国酸乳卫生标准(GB 19302—2010)中规定的主要质量标准如下:

(一)原料要求

1. 生乳:应符合 GB 19301 规定。

2. 其他原料:应符合相应安全标准和/或有关规定。

3. 发酵菌种:保加利亚乳杆菌(德氏乳杆菌保加利亚亚种)、嗜热链球菌或其他由国务院卫生行政部门批准使用的菌种。

(二)感官特性

酸乳感官特性应符合表 8-4 的规定。

表8-4 感官要求(GB 19302—2010)

项目	要求		检验方法
	发酵乳	风味发酵乳	
色泽	色泽均匀一致,呈乳白色或微黄色	具有与添加成分相符的色泽	取适量试样置于50mL 烧杯中,在自然光下观察色泽和组织状态。闻其气味,用温开水漱口,品尝滋味
滋味、气味	具有发酵乳特有的滋味、气味	具有与添加成分相符的滋味和气味	
组织状态	组织细腻、均匀,允许有少量乳清析出;风味发酵乳具有添加成分特有的组织状态		

(三)酸乳理化指标

酸乳理化指标应符合表8-5的规定。

表8-5 酸乳理化指标

项目		指标		检验方法
		发酵乳	风味发酵乳	
脂肪[a]/(g/100g)	≥	3.1	2.5	GB 5413.3
非脂乳固体/(g/100g)	≥	8.1	—	GB 5413.39
蛋白质/(g/100g)	≥	2.9	2.3	GB 5009.5
酸度/(°T)	≥	70.0		GB 5413.34
[a] 仅适用于全脂产品。				

(四)酸乳微生物指标

酸乳微生物指标应符合表8-6的规定。

表8-6 酸乳微生物指标

项目	采样方案[a] 及限量(若非指定,均以 cfu/g 或 cfu/mL 表示)				检验方法
	n	c	m	M	
大肠菌群	5	2	1	5	GB 4789.3 平板计数法
金黄色葡萄球菌	5	0	0/25g(mL)	—	GB 4789.10 定性检验
沙门氏菌	5	0	0/25g(mL)	—	GB 4789.4
酵母 ≤	100				GB 4789.15
霉菌 ≤	30				
[a] 样品的分析及处理按 GB 4789.1 和 GB 4789.18 执行。					

(五)酸乳乳酸菌数

乳酸菌数应符合8-7的要求。

表8-7　酸乳乳酸菌数

项目	限量[cfu/g(mL)]	检验方法
乳酸菌数[a]　　≥	1×10^6	GB 4789.35

[a]发酵后经热处理的产品对乳酸菌数不作要求。

四、酸乳常见缺陷及控制方法

(一)乳清析出

从微观上讲,乳清析出是乳蛋白三维结构变化的结果,是酸奶凝胶三维结构的重排。多种影响酸奶乳清析出,在发酵过程中,由于蛋白质的相互作用而形成的凝胶结构具有不稳定性和多变性,酸奶在储存、销售时受外来因素的影响(如不可避免的振动、存放时间较长等),很容易造成产品乳清析出。发酵条件对酸奶的乳清析出问题影响很明显。热处理温度和时间要足够以使大量乳清蛋白变性,变性乳清蛋白与乳中酪蛋白形成复合物,可容纳更多的水分,就不会出现乳清分离。生产中添加适量的氯化钙和减少机械振动也可减少乳清的析出。酸乳搅拌速度过快、过度搅拌或泵送造成空气混入产品,将造成乳清分离。此外,酸乳发酵过度、冷却温度不适及干物质含量不足也可造成乳清分离现象。

为防止酸奶产品中乳清析出,一般采用加入食品增稠剂如羧甲基纤维素钠(CMC)、果胶、明胶、改性淀粉等的措施,利用这些增稠剂对水的结合作用来降低乳清的析出速度,明胶在酸奶中应用得最多。在生产搅拌型酸乳时应选择合适的搅拌器搅拌并注意降低搅拌温度。同时可选用适当的稳定剂,以提高酸乳的黏度,防止乳清分离,其用量一般为0.1%~0.5%。

(二)凝乳不良

必须把好原料验收关,杜绝使用含有抗菌素、农药、防腐剂及掺碱、掺水牛乳生产酸乳。对于干物质含量低的牛乳,可适当添加脱脂乳粉,提高其总干物质含量。生产中控制好发酵温度和时间并尽可能保持发酵室温度恒定对凝乳形成也至关重要。

(三)风味不良

乙醛和双乙酰是两种重要的酸奶风味化合物。乙醛基本由杆菌产生,在酸奶中的浓度约为0.2mmol/L。双乙酰主要是由嗜热链球菌产生的,少量是由乳杆菌产生的,在酸奶中的浓度为0.01~0.02mmol/L,变化范围相对较小。双乙酰的含量水平过高、过低均会导致酸奶风味的异常。应选择适当的菌种混合比例,任何一方占优势都会导致产香不足,酸度不适,风味变劣。

酸味风味的异常问题,最常见的情况是后酸化问题,即酸奶在消费者消费时的酸度太高,其次是蛋白质过度水解产生的苦味问题,微生物污染也会产生异味。酸奶中的微生物污染,如酵母或霉菌的污染,通常产生了异味,如水果味、干酪味、酵母味甚至有时会出现皂味/酸败味。

(四)霉菌生长

要严格保证原料乳的质量以及生产过程中的卫生条件并根据市场情况控制好贮藏时间和

贮藏温度。

(五) 砂状组织

酸乳在组织外观上有许多砂状颗粒存在,不细腻,砂状结构的产生有多种原因,在生产搅拌型酸乳时,应选择适宜的发酵温度,避免原料乳受热过度,减少乳粉用量,避免干物质过多和在较高温度下搅拌。

第四节　其他发酵乳

一、开菲尔酸乳酒

开菲尔是最古老的发酵乳制品之一,在前苏联的高加索山区,长期以来人们就喜爱利用橡木桶或牛皮袋从事家庭制作开菲尔,用于生产酸乳酒的特殊发酵剂是由一种颜色发黄的不溶于水的颗粒物(开菲粒,分布在牛皮袋或橡木桶的内壁上)来启动的。20世纪初期,开菲尔已经成为中东欧地区极负盛名的发酵乳饮料。开菲尔具有很好的生理功效,如促进唾液和胃液分泌、增强消化机制;提高钙、磷利用率;抗肿瘤效果;对肾脏、糖尿病、贫血和神经系统疾病有一定疗效等。

开菲粒直径为0.3~2cm,呈不规则形,具有弯曲或不均匀的表面,它们的大颗粒物类似于蒸煮过的米粒(如图8-11)。新鲜开菲粒的干物质量约为10%~16%,其中蛋白质含量约为30%,碳水化合物含量为25%~50%。

图 8-11　开菲粒

原始的开菲粒很难准确复原,它们通常是从酸性牛乳中获得的,然后重复使用。当加入到乳中后,开菲粒膨大,变成白色,形成一种黏稠的类似果冻的产品。开菲尔应该是黏稠、均匀、表面光泽的发酵产品,口味新鲜酸甜,略带一些酵母味。产品的pH通常为4.3~4.4。

(一) 发酵剂

用于生产酸乳酒的特殊发酵剂是开菲尔粒,是由蛋白质、多糖和微生物群(如酵母、产酸菌、产香菌)等组成,其中酵母菌占5%~10%。开菲粒是由乳酸菌(乳杆菌和乳酸链球菌)和酵母菌共同组成的协同体系(如图 8 - 12 所示),其中乳酸菌的数量为 $10^8 \sim 10^9 \text{cfu/g}$,酵母菌的数量为 10^8cfu/g。一般,乳杆菌(同型发酵和异型发酵)约占整个微生物组成的 65% ~ 80%,剩余 20% 的微生物由乳酸链球菌(产酸菌和产香菌)以及发酵乳糖和不发酵乳糖的酵母菌(约5%)构成。在发酵过程中,乳酸菌产生乳酸,而酵母菌发酵乳糖产生乙醇和二氧化碳。

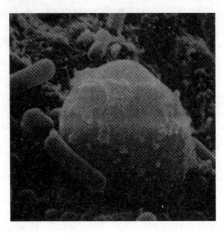

图 8 - 12 通过电子显微镜显示的开菲尔粒表面的酵母和乳酸菌

经预热的牛乳用活性开菲尔粒接种,接种量为 5% 或 3.5%,23℃培养,培养时间大约 20h。这期间开菲尔粒逐渐沉降到底部,要求每隔 2 ~ 5h 间歇搅拌 10 ~ 15min。开菲粒可重复使用,而且在多次使用中开菲粒自身也在不断地生长和增殖。当达到理想的 pH(4.5)时,搅拌发酵剂,用过滤器把开菲尔粒从母发酵剂中滤出,滤液用凉开水冲洗,再次用于培养新一批母发酵剂。在第二阶段,如果滤液在使用前要贮存几个小时,那么把它冷却至 10℃ 左右。如果要大量生产开菲尔酒,可以把滤液立刻接种到预热过的牛乳中制作生产发酵剂,接种量为 3% ~ 5%,在 23℃ 下培养 20h 后制成生产发酵剂,直接接种到生产开菲尔的乳中。

(二)开菲尔的加工

1. 开菲尔的典型生产过程

(1)原料乳要求和脂肪标准化

原料可以是山羊乳、绵羊乳或牛乳。开菲尔的脂肪含量为 0.5% ~ 6%,常用 2.5% ~ 3.5% 的脂肪含量。和其他发酵乳制品一样,原料乳不能含有抗生素和其他杀菌剂。

(2)均质、杀菌

标准化后,原料乳在 65 ~ 70℃、17.5 ~ 20MPa 的条件下进行均质,然后在 90 ~ 95℃/5min 的条件下杀菌。

(3)接种

原料乳杀菌后冷却至接种温度,通常为 23℃,添加 2% ~ 3% 的生产发酵剂,大约培养 12h。

(4)培养

正常情况下分两个培养阶段:酸化和后熟。

①酸化阶段:此阶段持续至 pH4.5,或 85 ~ 110T,大约要培养 12h,然后搅拌凝块,在罐里预冷。当温度达到 14 ~ 16℃ 时冷却停止,不停止搅拌。

②后熟阶段:在随后的 12 ~ 14h 开始产生典型的轻微"酵母"味。当酸度达到 110 ~ 120T

(pH 约 4.4)时,开始最后的冷却。

(5)冷却

在板式热交换器中迅速冷却至 4~6℃,以防止 pH 进一步下降,冷却后包装产品。此过程处理要柔和,在泵、管道和包装机中的机械搅动必须限制到最小。

2. 开菲尔乳的现代生产过程

直接使用开菲尔粒做发酵剂的方法很费力并且发酵时间长,加上微生物群的复杂性有时会导致产品产生不可接受的质量变化。为了减少生产过程中杂菌污染的几率,降低设备成本,瑞典隆德 SMR 研究实验室已经开发出一种直接用于生产的冻干浓缩发酵剂,使用方法与其他形式的发酵剂类似。东欧国家的部分生产商已经开始在大型工业化生产过程中使用冷冻干燥的开菲尔乳发酵剂,即直接将冷冻干燥的发酵剂投放到巴氏杀菌乳中,经培养后获得生产发酵剂,然后接 3%~5% 的比例将生产发酵剂接种到发酵罐中生产开菲尔乳。采用此种方法可以简化生产过程,并得到符合标准的高质量的开菲尔乳产品。

3. 开菲尔乳成品特征

良好的开菲尔饮料质地紧密,组织状态均匀,类似奶油状的黏稠性,并有一种带酸味及酒精味的风味和口感。丁二酮是主要的芳香类成分,由能代谢柠檬酸的细菌,如乳酸乳球菌双乙酰变种和肠膜明串珠菌乳脂亚种等产生,含量接近 1mg/L。此外,开菲尔中约 7% 的氮素成分是以蛋白胨形式存在,2% 是以氨基酸形式存在。开菲尔的化学组成取决于许多因素,包括乳的类型、开菲粒和工艺条件等。乳酸、乙醇和二氧化碳的含量可由生产时的培养温度来控制。

二、发酵酪乳

酪乳是由从甜奶油或酸奶油分离出来的奶油生产的副产品,它含有原料乳所含的同样成分,但是比例有所不同。商业化生产中,发酵酪乳也可以通过新鲜的经巴斯德杀菌的脱脂乳或者经过均质化的、巴斯德杀菌的低脂肪乳来加工。乳中的脂肪含量约为 0.5%,含有较高的脂肪球膜成分如卵磷脂等,在新陈代谢中起着重要作用,酪乳蛋白易被机体消化吸收。但酪乳的货架期短,因脂肪球膜成分的氧化,酪乳的口味会很快改变。酸奶油分离出的酸酪乳常常有乳清分离现象,而发酵酪乳可克服酪乳生产过程中产生的异味和不易贮存等缺点。发酵酪乳的原料可用甜奶油分离的甜酪乳、脱脂乳或低脂乳。

在巴氏消毒后,乳被冷却到 22℃ 并接种 1% 的嗜温型发酵剂。通常,发酵是在 20℃ 由嗜温型的乳酸乳球菌完成的。商业化的酪乳发酵剂主要由乳酸乳球菌乳酸亚种、乳酸乳球菌乳脂亚种、乳酸乳球菌双乙酰变种以及肠膜明串珠菌乳脂亚种构成。一般,酪乳发酵剂生产中,产香与产酸菌株间的平衡非常重要,通常产香菌株在整个发酵剂中占的比例应不超过 20%。为了使产酸和产香菌株的生长达到平衡,接种嗜温型发酵剂的乳应保持在 21~24℃ 下发酵,因为当温度超过 24℃ 后,产酸菌株比产香菌株以更快的速率进行繁殖,结果最终产品常缺乏特殊的丁二酮风味。

在酪乳生产中,双乙酰的含量应至少在 2~5mg/kg 水平,这样浓度的双乙酰含量可以赋予酪乳产品典型的"黄油"般风味和香气。由于仅仅以乳糖作为碳源时,双乙酰的形成量较低,故在大多数情况下,发酵前酪乳中会添加 0.2%~0.25% 的柠檬酸钠以增加发酵后产品的风味。酪乳生产发酵剂通常是在 18~32℃ 进行扩培,但多数是采用 20~23℃ 的扩培温度,最终酸度为 0.8%~0.9%,pH 为 4.3~4.5。

发酵酪乳生产加工的基本流程如图8-13所示。

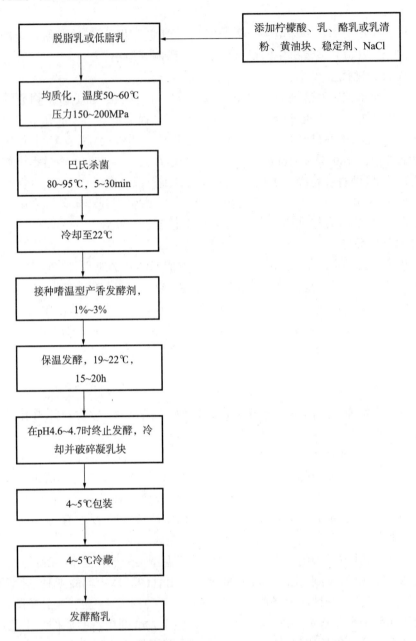

图8-13 发酵酪乳生产加工的基本流程和工艺参数

三、马奶酒

东欧国家(如俄罗斯)大量生产和消费酸牛乳酒,加工原料来自山羊、绵羊和奶牛的乳。这类产品通常有一个复杂的混合菌群,包括乳酸菌和不同种类的酵母菌。在酸牛乳酒中,乳杆菌通常占整个微生物总数的65%~80%,其余的20%~35%由乳球菌、链球菌、不同类型的乳糖和非乳糖发酵的酵母菌组成(乳啤酒酵母和开菲尔假丝酵母)。

　　酸马乳,也称马奶酒。酸马乳起源于西亚或中亚游牧民族中。早在2000多年前,我国的汉代就有制作酸马奶的记载了。酸马乳是以新鲜马奶为原料,经乳酸菌和酵母菌等微生物共同自然发酵形成的酸性低酒精含量乳饮料。传统马奶酒在发酵过程中生产的酸促使乳蛋白沉淀,这些沉淀物一直保持悬浮状态。最终产品应该是酸性的,有酵母味,且有类似于酸乳的香味。马乳在酪蛋白等电点并不会凝固(因为马乳的酪蛋白含量很低),所以马奶酒不是一种凝乳状产品。酸马奶酒根据发酵程度的不同,可分为弱发酵、中发酵及强发酵,相对应的乙醇含量分别为1.0%、1.5%和3.0%。酸马乳中乳酸和乙醇的含量取决于发酵时间、发酵温度及菌相构成。

　　由于马乳资源缺乏,没有工业化生产的马奶酒。但有研究报道,以牛乳为基本配料模拟马乳的化学组成,然后用纯菌种发酵制备模拟酸马奶酒。

第五节　酸乳饮料

一、酸乳饮料的加工

　　根据我国乳酸菌饮料标准(GB 16321—2003),未杀菌型乳酸菌饮料被定义为:产品经乳酸菌发酵、调配后不经杀菌制成的产品。杀菌型乳酸菌饮料被定义为:产品经乳酸菌发酵、调配后再经杀菌制成的产品。根据产品的风味还可将乳酸菌饮料分为以发酵乳为主体的酸乳型乳酸菌饮料和以果汁为主体的调味型乳酸菌饮料。酸乳型乳酸菌饮料是在酸乳的基础上将其破碎,配入白糖、香料、稳定剂等通过均质而制成的均匀一致的液态饮料。调味型乳酸菌饮料是在发酵乳中加入适量的浓缩果汁或蔬菜汁浆共同发酵后,再通过加糖、稳定剂或香料等调配、均质后制作而成。

　　在国外乳酸菌饮料已有很长的历史,而且主要是保质期比较短的产品。近年来,乳酸菌饮料以其营养保健功能和独特的风味大受消费者的青睐,销量不断上升。世界各国对乳酸菌饮料的研究也做了大量的工作,其研究的重点主要是饮料的稳定技术和新产品的制造。研究表明,添加稳定剂和乳化剂是提高乳酸菌饮料稳定性的一条有效途径。如日本采用蔗糖脂肪酸酯、海藻酸丙二醇酯和甲基化果胶等作为液态乳酸菌饮料的稳定剂,并采用果胶、角叉胶和碱性多聚磷酸盐作为生产粒状或粉状乳酸菌饮料时的稳定剂,以防止固体乳酸菌饮料稀释冲剂时的水分离和沉淀问题。美国采用EDTA(二甲基四乙胺)、低甲基化果胶、高甲基化果胶、六偏磷酸、柠檬酸钠组成稳定剂生产乳酸菌饮料;德国采用不溶性的碳酸钙、碳酸镁和溶于水的磷酸氢钠、磷酸氢钾组成的离子液等来解决液态果汁酸乳的稳定性问题。

(一)工艺流程

　　先将牛乳进行乳酸菌发酵制成酸乳,然后根据配方加入糖、稳定剂、水等物质,经混合、标准化后直接灌装或经热处理后再灌装。

(二)工艺要点

1. 原料乳成分调整

　　原料乳应符合相应的标准和有关规定。发酵前,可通过添加脱脂乳粉或蒸发原料乳、超滤、添加酪蛋白、乳清粉等方法将原料乳中非脂乳固体含量调整到15%~18%。实践证明乳干

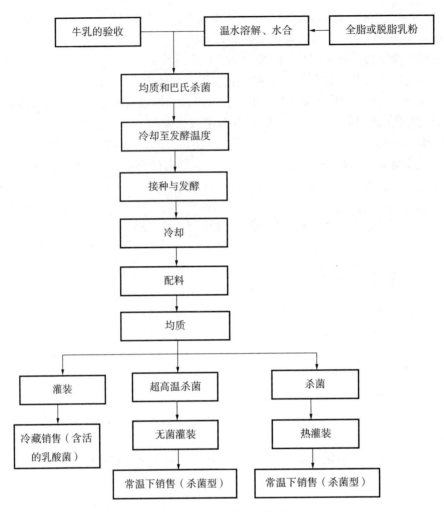

图 8－14　酸乳饮料工艺流程

物质含量低会使发酵过程中酸的产生量不足,从而影响到酸乳的黏度、组织状态及稳定性。

2. 冷却、破乳和配料

发酵过程结束后要进行冷却和破碎凝乳,破碎凝乳的方式可以采用边碎乳,边混入已杀菌的稳定剂、糖液等混合料。欲产生高黏度的酸乳饮料,那么发酵过程后的所有泵应选用螺旋泵,同时混料时应避免搅拌过度。一般乳酸菌饮料的配料中包括酸乳、糖、果汁、稳定剂、酸味剂、香精和色素等,各生产厂家可根据自己的配方进行配料。一般先将稳定剂与白砂糖一起混合均匀,用 70~80℃ 的热水充分溶解,然后过滤、杀菌;酸味剂稀释后冷却,最后将冷却、搅拌后的发酵乳、溶解的稳定剂和稀释的酸液一起混合,加入香精。在长货架期乳酸菌饮料中最常使用的稳定剂是纯果胶与其他稳定剂的复合物。考虑到果胶分子在使用过程中的降解趋势以及它在 pH 为 4 时稳定性最佳,因此,建议杀菌前将乳酸菌饮料的 pH 调整到 3.8~4.2。

3. 均质

均质处理是防止乳酸菌饮料沉淀的一种有效的物理方法,使混合料液滴微细化,提高料液黏度,抑制粒子的沉淀,并增强稳定剂的稳定效果。乳酸菌饮料较适宜的均质压力为 20~25MPa,温度 53℃ 左右。

4. 蔬菜预处理

在制作蔬菜乳酸菌饮料时,要首先对蔬菜进行加热处理,以起到灭酶的作用。通常,将蔬菜在沸水中放置6~8min,经灭酶后打浆或取汁,再与杀菌后的原料乳混合。

5. 后杀菌

发酵调配后的杀菌目的是延长饮料的保存期。经合理杀菌、无菌灌装后的饮料,其保存期可达3~6个月。

二、乳酸菌饮料的质量控制

由于种种原因,乳酸菌饮料在生产和贮藏过程中常会出现如下问题。

1. 饮料中悬浮粒子的不稳定

沉淀是乳酸菌饮料最常见的质量问题。乳蛋白中80%为酪蛋白,其等电点为pH4.6。通过乳酸菌发酵,并添加果汁或加入酸味剂而使乳酸菌饮料呈酸性(pH为3.8~4.0)。此时,酪蛋白处于高度不稳定状态,任其静置,势必造成分层、沉淀等现象,可使乳酸菌失去商品价值。此外,在加入果汁、酸味剂时,若酸浓度过大、加酸时混合液温度过高或加酸速度过快及搅拌不匀等均会引起局部过度酸化而发生分层和沉淀。除了加工工艺正确操作外,对于出现的沉淀问题通常采用物理(均质)和化学(添加稳定剂等物质)方法来解决。

(1)均质

确定适宜的均质温度对防止沉淀有很好的作用。当温度高于54.5℃时,均质后的饮料较稀,无凝结物,但易出现水泥状沉淀,饮用时有粉质或粒质口感。均质温度宜保持在51.0~54.5℃,尤其在53℃左右时效果最好。经均质后的酪蛋白微粒因失去了静电荷及水化膜的保护,使粒子间的引力增强,增加了碰撞机会且碰撞时很快聚集成大颗粒,引起沉淀,因此均质必须与稳定剂配合使用,方能达到较好效果。

(2)稳定剂

采用均质处理,还不能达到完全防止乳酸饮料的沉淀,必须同时使用化学方法才可起到良好作用。常用的化学方法是添加亲水性和乳化性较高的稳定剂。稳定剂不仅能提高饮料的黏度,防止蛋白质粒子因重力作用而下沉,更重要的是它本身是一种亲水性高分子化合物,在酸性条件下与酪蛋白形成保护胶体,防止凝集沉淀。由于牛乳中含有较多的钙,在pH降到酪蛋白等电点以下时以游离钙状态存在,Ca^{2+}与酪蛋白之间易发生凝集沉淀,因此可添加适当的磷酸盐使其与Ca^{2+}形成螯合物可起到稳定作用。目前常用的乳酸菌饮料稳定剂有羧甲基纤维素(CMC)、藻酸丙二醇酯(PGA)等,将其与果胶进行复配,总用量在0.35%~0.6%之间。

(3)蔗糖

蔗糖不仅可增进饮料的甜味,而且在酪蛋白表面形成被膜,可提高酪蛋白与其他分散介质的亲水性,并能提高饮料黏稠度,有利于酪蛋白在悬浮液中的稳定。

(4)发酵乳凝块的破碎温度

为防止沉淀产生,采用一边急速冷却一边充分搅拌。高温时破碎,凝块将收缩硬化再无法防止蛋白胶粒的沉淀。

2. 杂菌污染

在乳酸菌饮料的贮存方面,最大问题是酵母菌的污染。发酵乳酸菌饮料中的营养成分可促进霉菌和酵母菌的生长繁殖,酵母菌迅速繁殖产生二氧化碳气体,并形成酯臭味等不愉快风味,因霉菌耐酸性很强,其繁殖也会损害制品的风味。受杂菌污染的乳酸菌饮料会产生气泡、异常鼓胀和不良风味,不仅外观和风味受到破坏,甚至完全失去商品价值。这主要是由于杀菌不彻底所致。因此,应注意原料卫生、加工机械的清洗以及灌装时的环境卫生等,主要避免制品的二次污染。

3. 脂肪上浮

这是因为采用全脂乳或脱脂不充分的脱脂乳做饮料时,由于均质处理不当等原因引起的。应改进均质条件,如增加压力或提高温度,同时可选用酯化度高的稳定剂或乳化剂,如卵磷脂、单硬脂酸甘油酯、脂肪酸蔗糖酯等。不过,最好采用含脂量较低的脱脂乳或脱脂乳粉作为乳酸菌饮料的原料,并注意进行均质处理。

4. 果蔬料的质量控制

为了强化饮料的风味与营养,常常在发酵乳饮料中加入一些果蔬原料,例如果汁类的椰汁、芒果汁、山楂汁、草莓汁等和蔬菜类的胡萝卜汁、玉米浆、南瓜浆、冬瓜汁等。有时还加入蜂蜜等成分。由于这些物料本身的质量或配制饮料时预处理不当,使饮料在保存过程中引起感官质量的不稳定,如饮料变色、褪色、出现沉淀、污染杂菌等。因此,在选择及加入这些果蔬物料时应多做试验,保存期试验至少1个月以上。

果蔬乳酸菌饮料的色泽也是左右消费市场的因素之一。如在果蔬汁中添加一定量的抗氧化剂,如维生素 E、维生素 C、儿茶酚、EDTA 等,会对果蔬饮料的色泽产生良好的保护性能。

5. 饮料中活菌数的控制(仅针对未杀菌型乳酸菌饮料)

未杀菌型乳酸菌饮料的活菌数应符合相关国家标准。用脱脂乳粉强化乳的总固形物可促进乳酸菌的繁殖。此外,培养温度要比最适生长温度稍低才能达到较高的活菌数。由于柠檬酸的添加会导致活菌数下降,而苹果酸对乳酸菌的抑制作用小,因此可通过柠檬酸与苹果酸的并用来减少活菌数的下降,同时还可改善柠檬酸的涩味。

三、乳酸菌饮料标准

我国乳酸菌饮料标准中规定的主要质量标准如下:

(一)乳酸菌饮料感官要求

乳酸菌饮料的感官应符合表8-8的要求。

表8-8 乳酸菌饮料感官要求(GB 16321—2003)

项目	要求
色泽	呈均匀一致的乳白色,稍带微黄色或相应的果类色泽
滋味和气味	口感细腻、酸度适中、酸而不涩,具有该乳酸菌饮料应有的滋味和气味,无异味
组织状态	呈乳浊状,均匀一致不分层,允许有少量沉淀,无气泡、无异物

(二)乳酸菌饮料理化指标

乳酸菌饮料的理化指标应符合表8-9的要求。

表 8 – 9 乳酸菌饮料理化指标（GB 16321—2003）

项目	要求
蛋白质/（g/100g）	≥0.70
总砷（以 As 计）/（mg/L）	≤0.2
铅（Pb）/（mg/L）	≤0.05
铜（Cu）/（mg/L）	≤5.0
脲酶试验	阴性

（三）乳酸菌饮料微生物指标

乳酸菌饮料的微生物指标应符合表 8 – 10 的要求。

表 8 – 10 乳酸菌饮料微生物指标（GB 16321—2003）

项目		指标	
		未杀菌乳酸菌饮料	杀菌乳酸菌饮料
乳酸菌数/（cfu/ mL） 出厂	≥	1×10^6	—
销售		有活菌检出	—
菌落总数/（cfu/mL）	≤	—	100
霉菌数/（cfu/mL）	≤	30	30
酵母数/（cfu/mL）	≤	50	50
大肠菌群/（MPN/100mL）	≤	3	—
致病菌（沙门氏菌、志贺氏菌、金黄色葡萄球菌）		不得检出	

 复习思考题

1. 什么是发酵乳？简述发酵乳的营养与生理功能。

2. 在乳品发酵剂中使用的主要菌种有哪些？各具有哪些主要特性？简述发酵剂制备的一般过程。

3. 试述发酵剂的主要作用和发酵乳的形成机理。

4. 试述发酵剂的质量要求及活力控制。

5. 什么是酸乳？它是如何分类的？各有什么特点？

6. 详述酸乳的质量标准及加工工艺要点。

7. 酸乳常见缺陷及其相应的控制方法是什么？

8. 简述乳酸菌饮料的加工工艺及其要点。

第九章　炼乳的加工

炼乳是一种浓缩乳制品,它是将新鲜牛乳经过杀菌处理后,蒸发除去其中大部分的水分而制得的产品。

甜炼乳起源于法国和英国。1796年法国人尼克拉斯(Nicolas)等人曾进行过浓缩乳的保藏试验。1827年,法国的阿培尔把煮浓的牛乳装入瓶装罐头中,牛乳中的细菌在加热过程中被杀死,而封闭在罐头内的牛乳与外界隔绝,便于保存。阿培尔把牛乳罐头送给法国海军,反映较好。这是无糖炼乳的一份成功记录。当时阿培尔还不明白为什么放置时间长了牛乳会腐败变质。1865年,法国巴斯德发现葡萄酒加热到60℃就能够杀菌,人们才懂得了微生物被杀死后食品不再腐败变质的道理。梅延贝尔在制造浓缩牛乳时,已经知道了巴氏杀菌法,并成功地加以运用。

炼乳的种类很多,在产品中添加蔗糖,称为甜炼乳或加糖炼乳;不加糖者称为淡炼乳。加糖炼乳有全脂加糖炼乳及脱脂加糖炼乳。一般称加糖炼乳者即指全脂加糖炼乳,其他类似制品有浓缩加糖乳清和浓缩加糖酪乳。目前我国炼乳的主要品种有甜炼乳和淡炼乳。炼乳一般作为焙烤制品、糕点和冷饮等食品加工的原料以及供直接饮用等,具有良好的营养价值。

第一节　甜炼乳的加工

一、甜炼乳的生产工艺

甜炼乳是在新鲜牛乳中加入约16%的蔗糖,并浓缩至原体积40%左右的一种浓缩乳制品。成品中含有40%~45%的蔗糖。由于添加蔗糖增大了渗透压、抑制了微生物的繁殖而增加了制品的保存期。

在过去甜炼乳曾普遍用于哺育婴儿。随着营养学的发展,已证明甜炼乳不适宜哺育婴儿,因为炼乳中的蔗糖含量高达45%左右,饮用时必须经水稀释后方能食用。而稀释后的炼乳其蛋白质与脂肪的含量下降,不能满足婴儿生长发育的需要。体内的抗体都是来自蛋白质的,如没有蛋白质的及时补充,抗体水平自然下降,婴儿经常感冒、发热便是必然的结果。如果为了取得较高浓度的蛋白质和脂肪而对炼乳只加少量的水,那么进食高甜度的炼乳又会经常引起腹泻,这是因为对糖吸收不良造成的。由此看来,炼乳不能作为婴儿的主要食品,只能作为较大儿童的辅食,或者与其他的代乳品混合食用。

甜炼乳生产工艺见图9-1,生产线见图9-2。

1. 原料验收

生产甜炼乳所用原料包括原料乳、砂糖(绵白糖)。原料乳验收应符合GB/T 6914—1986标准要求,感官指标要求:正常牛乳应为乳白色或微带黄色,不得含有肉眼可见的异物,不得有红色、绿色或其他异色。不能有苦、咸、涩的滋味和饲料味、青贮味、霉味等其他异常气味。

加工炼乳时对原料乳的质量要求严于其他乳制品,酸度≤18°T。用于甜炼乳生产的原料

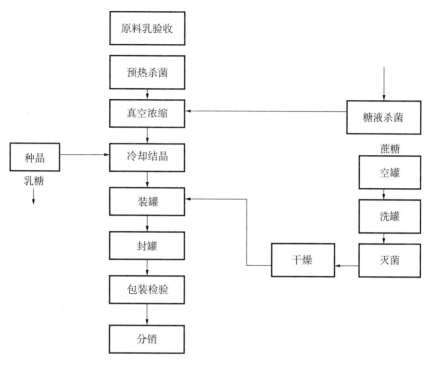

图 9 - 1　甜炼乳的生产工艺流程图

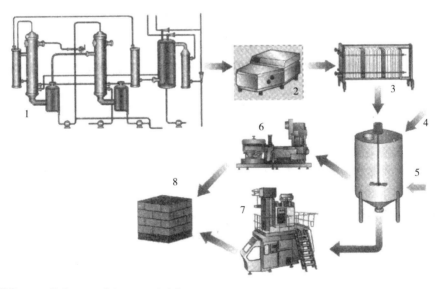

1——蒸发；2——均质；3——冷却；4——乳糖浆的添加；5——结晶罐；6——灌装；7——纸包装选择；8——储存。

图 9 - 2　甜炼乳的加工生产线

乳除符合 GB/T 6914—1986 要求还具有更严格的要求：①控制芽孢和耐热细菌的数量；②乳蛋白热稳定性好，能耐受强热处理。

2. 标准化

标准化就是调整原料乳中脂肪与非脂肪干物质的比值，使其符合成品中相应的比值要求。

原料乳标准化的目的包括:①保证产量:牛乳的乳脂率在3%~3.7%范围内炼乳生产量最多;②增加保存性:原料乳含脂低,则炼乳保存性差;③影响产品生产操作:低乳脂率的牛乳在浓缩过程中易起泡,操作较困难。

标准化方法与液态乳加工相似(皮尔逊方块法)。各个国家规定的标准不一致,我国采用的是 FAO/WHO 标准,即成品中脂肪/成品中非脂乳固体 = 0.4(美国为 0.43,英国为 0.42,日本为 0.40,俄罗斯为 0.42,瑞典为 0.44)。

在脂肪不足时要添加稀奶油,脂肪过高时要添加脱脂乳或用分离机除去一部分稀奶油。

(1)脱脂乳及稀奶油中非脂乳固体的计算

①脱脂乳中 SNF_1 的计算见式(9-1)。

$$SNF_1 = \frac{全脂乳中的 SNF}{100 - 全脂乳中的 F} \times 100\% \qquad (9-1)$$

②稀奶油中 SNF_2 的计算见式(9-2)。

$$SNF_2 = \frac{100 - 稀奶油中的 F_2}{100} \times 脱脂乳中 SNF_1 \times 100\% \qquad (9-2)$$

(2)含脂率不足时标准化的计算

在脂肪不足时需添加稀奶油的量见式(9-3)。

$$C = \frac{(SNF \times R) - F}{F_2 - (SNF_2 \times R)} \times M \qquad (9-3)$$

(3)含脂率过高时标准化的计算见式(9-4)。

$$C = \frac{F/R - SNF}{SNF_1 - F_1/R} \times M \qquad (9-4)$$

以上各式式中:C——需添加稀奶油量,kg;

$\qquad\qquad M$——原料乳量,kg;

$\qquad\qquad F$——原料乳的含脂率,%;

$\qquad\qquad F_1$——脱脂乳的脂肪含量,%;

$\qquad\qquad F_2$——稀奶油的含脂率,%;

$\qquad\qquad R$——成品中脂肪与非脂乳固体比值;

$\qquad\qquad SNF$——原料乳的非脂乳固体,%;

$\qquad\qquad SNF_1$——原料乳所得脱脂乳的非脂乳固体,%;

$\qquad\qquad SNF_2$——原料乳所得稀奶油的非脂乳固体,%。

3. 预热杀菌

(1)预热杀菌的目的

原料乳在标准化之后、浓缩之前,必须进行加热杀菌处理。加热杀菌还有利于下一步浓缩的进行,故称为预热,亦称为预热杀菌。预热杀菌对产品质量具有特殊的作用。其目的是:①杀灭原料乳中的致病菌,抑制或破坏对成品质量有害的其他微生物,以保证成品的安全性,提高产品的贮藏性;②抑制酶的活性,以免成品产生脂肪水解、酶促褐变等不良现象;③控制适宜的预热温度,使乳蛋白质适当变性,防止成品发生变稠现象;④若采用预先加糖方式时,通过预热可使蔗糖完全溶解;⑤为真空浓缩进行预热,一方面可保证沸点进料,使浓缩过程稳定进行,提高蒸发速度,另一方面可防止低温的原料乳进入浓缩设备后,由于与加热器温差太大,原料乳骤然受热,在加热面上焦化结垢,影响热传导与成品质量。

（2）预热杀菌的条件

预热的温度、保持时间等条件随着原料乳质量、季节及预热设备等不同而异。预热条件从 63℃、30min 低温长时间杀菌法到 145℃ 超高温瞬时杀菌法等广泛的范围内选择。一般为 75℃ 保持 10～20min 及 80℃ 保持 5～10min。如上海乳品二厂认为 79～81℃ 保持 10min 的方法较理想；美国多采用 82～100℃ 保持 10～30min；日本采用 80℃ 加热 5～10min。瑞典采用 100～120℃ 保持 1～3min，然后冷却到 70℃ 进入浓缩程序。

由于预热的目的不仅是为了杀菌，而且关系到成品的保藏性、黏度和变稠等。因此，必须对乳质的季节性变化和浓缩、冷却等工序条件加以综合考虑。一般应根据所用原料乳的质量状况，经过多次试验，试制品保藏性稳定时，才可以确定预热条件，但仍需按季节不同稍加变动，以保持产品质量。

关于预热温度与产品变稠的关系，根据众多研究资料报道，普遍认为 100℃ 附近预热杀菌对炼乳的质量最不利，而 100～120℃ 瞬间或 75℃、10min 的预热杀菌比较适宜。

4. 加糖

糖除具有调味作用外，在甜炼乳中主要是与水形成高渗透压的糖液，从而抑制其中细菌的繁殖，增加产品的保存性。糖的渗透压与其浓度成正比，即炼乳中糖浓度越高，则渗透压越大，其抑菌效果越好。但如果糖量过多会使产品出现蔗糖沉淀的缺陷。因此为了确保甜炼乳的质量，加糖这一重要工艺步骤要掌握好三个重要环节，即：加入糖的质量、加糖方法、加糖的量。

（1）糖的质量

为确保炼乳成品的质量，必须保证使用的原料糖是品质优良的结晶蔗糖或甜菜糖。其外观应干燥洁白而有光泽，无任何异味与气味，否则会使成品产生其他缺陷。蔗糖含量应高于 99.6%，还原糖应低于 0.1%。使用质量低劣的蔗糖时，因其中含有较多的转化糖，易引起发酵产酸而影响炼乳的质量。有些国家有时使用一部分葡萄糖代替蔗糖以使冰淇淋及糕点的组织状态有良好的效果。但这种制品容易褐色化，保存中很容易变稠，所以生产直接食用的甜炼乳以添加蔗糖为佳。

（2）加糖的方法

生产甜炼乳时，蔗糖的加入方法有三种。

①直接加入法：将蔗糖直接加入原料乳中，经预热杀菌吸入浓缩罐中。

②浓缩前加入法：将原料乳与蔗糖浓溶液分别预热杀菌，然后在浓缩罐中混合。

③浓缩结束前加入法：将原料乳单独进行杀菌和真空浓缩，在浓缩接近结束时（相对密度 1.25），将预先经杀菌处理的 65% 的蔗糖溶液加入真空浓缩罐中。

（3）加糖量

为了使细菌的繁殖受到充分的抑制和达到预期的目的，必须添加足够的蔗糖。加糖量一般用蔗糖比表示。蔗糖比决定甜炼乳应含蔗糖的浓度，也是向原料乳中添加蔗糖量的计算标准，一般以 62.5%～64.5% 为最适宜。加糖量的计算步骤如下：

①第一步先算出蔗糖比：甜炼乳中所加的蔗糖与水和蔗糖之和的比值就是蔗糖比。成品的蔗糖含量应在标准规定的范围内。

【例】总乳固体为 28%，蔗糖为 45% 的炼乳，其蔗糖比是多少？

解：

$$蔗糖比 = \frac{蔗糖}{水分 + 蔗糖} \times 100\%$$

或

$$蔗糖比 = \frac{蔗糖}{100 - 总乳固体} \times 100\%$$

即

$$蔗糖比 = \frac{45}{100 - 28} \times 100\% = 62.5\%$$

②第二步根据所要求的蔗糖比计算出炼乳中的蔗糖含量。

$$炼乳的蔗糖含量 = \frac{(100 - 总乳固体) \times 蔗糖比}{100} = \frac{(100 - 28) \times 62.5\%}{100} = 45\%$$

③第三步根据浓缩比计算加糖量:所谓浓缩比是指炼乳中的总乳固体含量与原料乳中的总乳固体含量的比值。

$$浓缩比 = \frac{炼乳中总乳固体(\%)}{原料乳的总乳固体(\%)}$$

$$应添加的蔗糖量 = \frac{炼乳中的蔗糖(\%)}{浓缩比}$$

【例】以含脂率3.16%,无脂干物质7.88%的原料乳,生产总乳干物质为28%(其中脂肪8%,无脂干物质20%)的炼乳时,每100kg原料乳应添加蔗糖多少千克?

解:

$$浓缩比 = \frac{28}{3.16 + 7.88} = 2.54:1$$

或

$$浓缩比 = \frac{20}{7.88} = 2.54:1$$

设炼乳中的蔗糖含量为45%,则:

$$应添加的蔗糖量 = \frac{45}{2.54} = 17.72(kg)$$

5. 真空浓缩

浓缩的目的在于除去部分水分,有利于保存;减少质量和体积,便于保藏和运输。一般采取真空浓缩,其特点为:具有节省能源,提高蒸发效能的作用;蒸发在较低温度条件下进行,保持了牛乳原有的性质;避免外界污染的可能性。

(1)真空浓缩条件和方法

浓缩控制条件为:温度45~60℃,真空度78.45~98.07 kPa。

经预热杀菌的乳到达真空浓缩罐时温度为65~85℃,可以处于沸腾状态,但水分蒸发使温度下降,因此要保持水分不断蒸发必须不断供给热量,这部分热量一般是由锅炉供给的饱和蒸汽,称为加热蒸汽,而牛乳中水分汽化形成的蒸汽称为二次蒸汽。

牛乳中水分汽化形成的蒸汽必须不断排除,否则它会凝结成水回流到牛乳中,使蒸发无法进行。除去二次蒸汽的方法,一般为冷凝法,即二次蒸汽直接进入冷凝器结成水而排除。二次蒸汽不被利用称为单效蒸发;如将二次蒸汽引入另一个蒸发器作为热源用,称为双效蒸发。

(2)浓缩终点的确定

浓缩终点的确定一般有三种方法:

①相对密度测定法

相对密度测定法使用的比重计一般为波美比重计,刻度范围在30~40波美度之间,每一刻度为0.1波美度。波美比重计应在15.6℃下测定,但实际测定时不一定恰好是在15.6℃,故需进行校正。温度每差一度,密度相差0.054波美度,温度高于15.6℃时加上差值;反之,则需减去差值。甜炼乳相对密度(d)与波美度(B)的关系见式($9-5$)：

$$B = 145 - 145/d \qquad (9-5)$$

通常,浓缩乳样温度为48℃左右,若测得波美度为31.71~32.56时,即可认为已达到浓缩终点。用相对密度来确定终点,有可能因乳质变化而产生误差,通常辅以测定黏度或折射率加以校核。

②黏度测定法

黏度测定法可使用回转黏度计或毛式黏度计。测定时需先将乳样冷却到20℃,然后测其温度,一般规定为100°R/20℃。

通常乳品厂制造炼乳时,为了防止产生气泡、脂肪游离等缺陷,一般将黏度提高一些,到测定时如果结果大于100°R/20℃,则可加入消毒水加以调节。加水量计算可根据每加水0.1%降低黏度4~5°R/20℃的规定。

③折射仪法

使用的仪器可以是阿贝折射仪或糖度计。当温度为20℃、脂肪含量为8%时,甜炼乳的折射率和总固体含量之间的关系见式($9-6$)：

$$总固体 = [70 + 44(折射率 - 1.4658)] \times 100\% \qquad (9-6)$$

6. 冷却及乳糖结晶

甜炼乳生产中冷却结晶是最重要的步骤。其目的在于：及时冷却以防止炼乳在储藏期间变稠;控制乳糖结晶,使乳糖组织状态细腻。

(1)乳糖结晶与组织状态的关系

乳糖的溶解度较低,室温下约为18%,在含蔗糖62%的甜炼乳中只有15%。而甜炼乳中乳糖含量约为120%,水分约为26.5%,这相当于100g水中约含有45.3 g乳糖,很显然,其中有2/3的乳糖是多余的。在冷却过程中,随着温度降低,多余的乳糖就会结晶析出。若结晶晶粒微细,则可悬浮于炼乳中,从而使炼乳组织柔润细腻。若结晶晶粒较大,则组织状态不良,甚至形成乳糖沉淀。

(2)乳糖结晶温度的选择

若以乳糖溶液的浓度为横坐标,乳糖温度为纵坐标,可以绘出乳糖的溶解度曲线,或称乳糖结晶曲线,见图9-3。

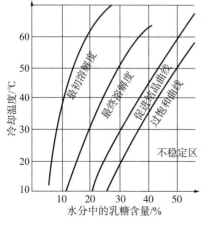

图9-3中4条曲线将乳糖结晶曲线图分为3个区:最终溶解度曲线左侧为溶解区,过饱和溶解度曲线右侧为不稳定区,它们之间是亚稳定区。在不稳定区内,乳糖将自然析出。在亚稳定区内,乳糖在水溶液中处于过饱和状态,将要结晶而未结晶。在此状态下,只要创造必要的条件,加入晶种,就能促使它迅速形成大小均匀的微细结晶,这一过程称为乳糖的强制结晶。试验表明,强制结晶的最适温度可以通过乳糖结晶曲线来找出。

(3)晶种的制备

晶种粒径应在5μm以下。晶种制备的一般方法是取精制乳糖粉(多为α-乳糖),在100~105℃下烘干2~3h,然后经超微粉碎机粉碎,再烘干1 h,并重新进行粉碎,通过

图9-3 乳糖溶解度曲线

120目筛就可以达到要求,然后装瓶、密封、储存。晶种添加量为炼乳质量的0.02%~0.03%。晶种也可以用成品炼乳代替,添加量为炼乳量的1%。

(4)冷却结晶方法

冷却结晶方法一般可分为间歇式及连续式两大类。

间歇式冷却结晶通常采用蛇管冷却结晶器,冷却过程可分为3个阶段:第一阶段为冷却初期,即浓乳出料后乳温在50℃左右,应迅速冷却至35℃左右;第二阶段为强制结晶期,继续冷却至接近28℃,结晶的最适温度就处于这一阶段;第三阶段冷却后期,把炼乳冷却至20℃后停止冷却,再继续搅拌1h,即完成冷却结晶操作。

连续式冷却结晶采用连续瞬间冷却结晶机,这种设备与冰激凌凝冻机相类似。炼乳在强烈的搅拌作用下,在几十秒到几分钟内,即可被冷却至20℃以下。用这种设备冷却结晶,即使不添加晶种,也可以得到微细的乳糖结晶。而且由于强烈搅拌,使炼乳不易变稠,并可防止褐变和污染。

(5)晶种加入温度

结晶温度是甜炼乳结晶操作中的重要条件,也是促使结晶体多而细的重要条件。浓缩乳进行冷却时,乳温越低,则过饱和度越高,呈现结晶的趋势越强。但由于乳温越低,黏度越高,反而会影响结晶的进行。而在强制结晶的最适温度时投入晶种,乳糖溶液的过饱和度高,结晶趋势强,炼乳的黏度还不致妨碍晶种的分散。因此,强制结晶的最适温度即为添加晶种的最适温度。

添加晶种的最适温度与乳糖的水溶液浓度有关。如甜炼乳中乳糖的水溶液浓度为31%,炼乳温度54℃时,乳糖溶液尚未饱和,51℃时达饱和曲线,31℃时达强制结晶曲线,于此温度时加入乳糖晶种,21℃达到过饱和曲线。

确定最适添加晶种的温度的过程是,先计算出浓缩乳中乳糖的百分含量和在水中的浓度,再在强制结晶曲线上查出最适温度。

(6)乳糖酶的应用

近年来随着酶制剂工业的发展,乳糖酶已开始在乳品工业中应用。用乳糖酶处理乳可以使乳糖全部或部分水解,从而可以省略乳糖结晶过程,也不需要乳糖晶种及复杂的设备。在贮存中,可从根本上避免出现乳糖结晶沉淀析出的缺陷,制得的甜炼乳即使冷冻条件下贮存亦不出现结晶沉淀。

利用乳糖酶制造能够冷冻贮藏的所谓冷冻炼乳,而不会有结晶沉淀的问题。如将含35%固形物的冷冻全脂炼乳,在-10℃条件下贮藏,用乳糖酶处理50%乳糖分解的样品6个月后相当稳定,而对照组则很不稳定。但是,对于常温下贮藏的这种炼乳,乳糖水解会加剧成品褐变。

7. 装罐、包装及储藏

炼乳经检验合格后方准装罐。

装罐室及容器等应进行严格的消毒,以防止霉菌等常见微生物的二次污染。最好采用自动装罐机灌装,用真空封罐机封口。在普通设备中冷却的炼乳,其中含有多量的气泡,若不采用真空封罐机或其他脱气设备,需要经过静置待气泡上升后再行灌装。

装罐时应装满,尽可能地排除顶隙中的空气。封罐后经清洗、贴标、包装,即可入库储藏。炼乳储于仓库内时,应离开墙壁及保暖设备30cm以上。库内温度应恒定,不宜高于15℃,空气相对湿度不应高于85%。如果储藏温度经常变化,会引起乳糖形成大的结晶。储藏过程每月应进行 1～2 次翻罐,防止糖沉淀的形成。

二、加糖炼乳的缺陷及防止方法

(一) 变稠

1. 细菌性变稠

甜炼乳的细菌性变稠主要是由于芽孢菌、链球菌、葡萄球菌及乳酸杆菌等作用引起的,因这些细菌均为革兰氏阳性菌,它们可将甜炼乳中的蔗糖和蛋白质作为碳源和氮源,通过自身的胞外酶进行代谢,代谢后的产物为甲酸、乙酸、丁酸及乳酸等有机酸,并分泌一种凝乳酶,而使甜炼乳变稠。如原料乳污染了较多的细菌,即使细菌已死亡,但凝乳酶的作用并不消失,仍会出现甜炼乳变稠现象。

为防止细菌性变稠,要加强各个生产工序的卫生管理,并将设备彻底清洗、消毒,避免微生物污染;采用80℃、10～15min 的杀菌方法;保持一定的蔗糖浓度,为防止甜炼乳中的细菌生长,蔗糖比以62.5%～64.0%为最适宜(蔗糖比须在62.5%以上,但超过65%会发生蔗糖析出结晶);贮藏于10℃以下。

2. 理化性变稠

其反应历程较为复杂,初步认为是由于乳蛋白质(主要是酪蛋白)从溶胶状态转变成凝胶状态所致。理化性变稠与下列因素有关:

(1)预热条件

预热温度与时间对变稠影响最大,63℃,30min 预热,可使变稠倾向减小,但易使脂肪上浮、糖沉淀或脂肪分解产生异味;75～80℃,10～15min 预热,易使产品变稠;110～120℃预热,则可减少变稠;当温度再升高时,成品有变稀的倾向。

(2)浓缩条件

浓缩时温度高,特别是在60℃以上容易变稠。最好采用双效以上的连续蒸发器,其末效浓缩温度低,浓缩乳受热程度轻,可减少变稠倾向。

浓缩程度高则乳固体含量高,确切地说是酪蛋白和乳清蛋白含量高,变稠倾向严重。乳固体含量相同时,非脂乳固体含量高变稠倾向显著。

(3)蔗糖含量与加糖方法

蔗糖含量对甜炼乳变稠有显著影响。加入高渗的非电解质物质后,可以降低酪蛋白的水合性,增加自由水的含量,从而达到抑制变稠的目的。为此提高蔗糖含量对抑制变稠是有效的,特别是在乳质不稳定的季节。

采用不同的加糖方法,乳的黏度变化和成品的增稠趋势均有较大的差别。一般来讲,糖加入越早与乳接触时间越长,变稠趋势就越显著。因此这三种方法各具有不同特点,生产实践中可根据所使用的浓缩设备类型进行选择。

(4)盐类平衡

一般认为,钙、镁离子过多会引起变稠。对此可以通过添加磷酸盐、柠檬酸盐来平衡过多的钙、镁离子,或通过离子交换树脂减少钙、镁离子含量,抑制变稠。

(5)储藏条件

成品的黏度随储藏温度的提高、时间的延长而增大。良好的产品在10℃以下储存4个月,不致产生变稠倾向,但在20℃时变稠倾向有所增加30℃以上时则显著增加。

(6)原料乳的酸度

当原料乳酸度高时,其热稳定性低,因而易于变稠。生产工业用甜炼乳时,如果酸度稍高,用碱中和可以减弱变稠倾向,但如果酸度过高,已形成大量乳酸,即使用碱中和也不能防止变稠。

(7)原料乳脂肪含量

脂肪含量少的加糖炼乳能增大变稠倾向,所以脱脂炼乳显然易出现变稠现象,这是因为含脂制品的脂肪介于蛋白质粒子间以防止蛋白质粒子的结合。

(二)块状物质的形成

甜炼乳中有时会发现白色或黄色大小不一的软性块状物质,其中最常见的是由霉菌污染形成的纽扣状凝块。这种凝块呈干酪状,带有金属臭及陈腐的干酪气味。在有氧的条件下,炼乳表面在5~10d内生成霉菌菌落,2~3周内氧气耗尽则菌体趋于死亡,在其代谢酶的作用下,1~2个月后逐步形成纽扣状凝块。

控制凝块的措施:加强卫生管理,避免霉菌的二次污染;装罐要满;尽量减少顶隙;采用真空冷却结晶和真空封罐等技术措施,排除炼乳中的气泡,营造不利于霉菌生长繁殖的环境。储藏温度应保持在15℃以下并倒置储藏。

(三)胀罐

1. 物理性胀罐

物理性胀罐又称假胀罐,是由于低温装罐,高温贮藏而引起的胀罐,其罐内炼乳并不变质,但影响外观。应在装罐和贮藏时控制适当的温度以避免此类现象的发生。

2. 化学性胀罐

化学性胀罐是因为乳中的酸性物质与罐内壁的铁、锡等发生化学反应而产生氢气所造成的。防止措施在于使用符合标准的空罐,并注意控制乳的酸度。

3. 微生物性胀罐

产品贮存期间由于微生物活动而产生气体,使罐头底、盖膨胀,严重的会使罐头破裂,这种胀罐称为微生物性胀罐。

产生微生物性胀罐的具体原因有:设备、容器、管道的清洗、消毒不及时、不彻底,或消毒后被二次污染;结晶缸或甜炼乳贮存缸的盖不密闭,甜炼乳长时间暴露在不洁的空气中,造成空气污染。

防止微生物性胀罐的方法有:设计乳品车间时,设备管道的布置应紧凑,管道越短越好,弯头、接头越少越好,便于拆洗和消毒;应加强各生产工序的就地清洗工作,尤其是浓缩罐与结晶缸的清洗,盛装的容器要严格消毒灭菌;灌装时要尽量装满,减少顶隙和气泡,创造不利于好气性微生物生长、增殖的条件;对环境消毒可采取紫外线与乳酸熏蒸相结合的方法。

(四)砂状结构

甜炼乳的细腻与否,取决于乳糖结晶的大小,乳糖结晶颗粒过大(大于15μm,要求小于10μm),将造成炼乳出现砂状结构。优质炼乳的结晶在10μm以下,超过10μm将有砂状的感觉。

①乳糖晶种未磨细。如添加未经研磨的晶种,乳糖晶体都在 30μm 以上,可见晶种磨细的重要。研磨乳糖晶体,先要烘干,选用超细微粉碎机研磨较好,并有足够的研磨时间或次数,磨后的晶种需经检验,使绝大部分颗粒达 3~5μm。

②晶种量不足。有时因粉筛过细,乳糖粉吸水凝结,晶种未经过秤等原因而影响晶种的添加量。

③加晶种时温度过高,过饱和程度不够高,部分微细晶体颗粒溶解。

④结晶缸(器)用毕后未经清洗,就进行下一次的冷却结晶。

⑤冷却水温过高,冷却速度过慢。

⑥结晶缸搅拌器的转速过慢,或浓入黏度过高,搅拌不均匀。采用真空冷却结晶器结晶效果很好。

(五)柠檬酸钙沉淀

甜炼乳冲调后,有时会在杯底发现白色细小的沉淀,俗称"小白点"。这种沉淀的主要成分是柠檬酸钙。因为甜炼乳中柠檬酸钙含量约为 0.5%,折算为每 1000mL 甜炼乳中含柠檬酸钙 19g,而在 30℃ 下 1000mL 水仅能溶解柠檬酸钙 2.51g。所以柠檬酸钙在甜炼乳中处于过饱和状态,因此柠檬酸钙结晶析出是必然的。另外,柠檬酸钙的析出与乳中的盐类平衡、柠檬酸钙存在状态与晶体大小等因素有关。实践证明,在甜炼乳冷却结晶过程中,添加 15~20mg/kg 的柠檬酸钙粉剂,特别是添加柠檬酸钙胶体作为诱导结晶的晶种,可以促使柠檬酸钙晶核形成提前,有利于形成细微的柠檬酸钙结晶,可减轻或防止柠檬酸钙沉淀的生成。

(六)褐变

加糖炼乳在贮存过程中颜色变深,出现棕褐色,这是由于糖和蛋白质之间发生的美拉德反应引起的。温度与酸度越高,这一反应越显著。如果加入的蔗糖不纯,含有较多的还原糖,则这种现象会更加显著。为此应避免高温长时间的热处理,并使用优质的牛乳和蔗糖。成品尽可能在小于 10℃ 的低温贮存。

(七)糖沉淀

甜炼乳容器的底部经常产生糖沉淀的缺陷。这种沉淀物主要是乳糖结晶。炼乳中乳糖呈 α-水合物结晶状态。黏度相同时,乳糖的结晶越大越容易形成沉淀;黏度不同时,黏度越低越容易形成糖沉淀。甜炼乳的相对密度,虽然因组成和其各自相对密度而异,但大致为 1.30 左右(加糖脱脂炼乳为 1.34~1.41),而 α-乳糖水合物在 15.6℃ 时的相对密度为 1.5453,所以析出的乳糖在保藏中自然逐渐下沉。如果乳糖结晶在 10μm 以下,炼乳保持正常的黏度,则一般不致产生沉淀。

(八)脂肪分离

炼乳黏度非常低时,有时会产生脂肪分离现象。静置时脂肪的一部分会逐渐上浮,形成明显的淡黄色膏状脂肪层。由于搬运装卸等过程的震荡摇动,一部分脂肪层又重新混合,开罐后呈现斑点状或斑纹状的外观,这种现象会严重影响甜炼乳的质量。

防止的办法是:①控制好黏度,也就是要采用合适的预热条件,使炼乳的初黏度不要过低;②浓缩时间不应过长,特别是浓缩末期不应拉长,而且浓缩温度不要过高,以采用双效降膜式真空浓缩装置为佳;③采用均质处理,并经过加热将乳中的脂酶完全破坏。

(九)酸败臭及其他异味

酸败臭是由于乳脂肪水解而生成的刺激味。这可能是由于在原料乳中混入了含脂酶多的初乳或末乳,或污染了能生成脂酶的微生物。另外,预热温度低于70℃使乳中脂酶残留以及原料乳未先经加热处理就进行均质等都会使成品炼乳逐渐产生脂肪分解导致酸败臭味。但是一般在短期保藏情况下,不会发生这种缺陷。此外鱼臭、青草臭味等异味多为饲料或奶畜饲养管理不良等原因所造成。乳品厂车间的卫生管理也很重要。使用陈旧的镀锡设备、管件和阀门等,由于镀锡层剥离脱落,也容易使炼乳产生氧化现象而具有异臭。如果使用不锈钢设备并注意平时的清洗消毒则可防止。

第二节　淡炼乳的生产

所谓淡炼乳是指标准化的原料乳中不加糖,直接预热杀菌后经浓缩,使体积达到原体积的40%,再经均质、灭菌等加工处理而制成的产品。淡炼乳分为全脂乳和脱脂乳两种,一般淡炼乳是指前者,后者称为脱脂淡炼乳。此外,还有添加维生素D的强化淡炼乳,以及调整其化学组成使之近似于母乳,并添加各种维生素的专门喂养婴儿用的特别调制淡炼乳。

淡炼乳的特点是:淡炼乳经高温灭菌后维生素B、维生素C受到损失,但补充后其营养价值几乎与新鲜乳相同,而且酪蛋白发生软凝块变化(在胃中凝聚呈软块),故蛋白质较易消化吸收。另外由于有均质处理,脂肪球小,易于消化。

一、淡炼乳的质量标准

(1)感官指标
①滋味与气味。应具有明显的高温灭菌乳的滋味和气味,无杂味。
②组织状态。组织细腻、质地均匀、黏度适中、无脂肪游离、无沉淀、无凝块、无机械杂质。
③色泽。均匀一致,有光泽,呈乳白(黄)色。
(2)理化与细菌指标
淡炼乳的理化指标见表9-1。

表9-1　淡炼乳的理化指标

项目		指标
总乳固体含量/%	≤	26
脂肪含量/%	≥	8.0
蔗糖含量/%		45.50
酸度/°T	≤	44
铅含量/(以 Pb 计)/(mg/kg)	≤	0.50
铜含量/(以 Cu 计)/(mg/kg)	≤	4

表 9 – 1 （续）

项目		指标
锡含量/（以 Sn 计）/（mg/kg）	≤	50
杂质度/（mg/kg）	≤	1.5
细菌指标		不得含有任何杂质或致病菌

二、淡炼乳的生产工艺

（一）工艺流程

淡炼乳生产的工艺流程见图 9 – 4。淡炼乳除了可以采用装罐后保持灭菌处理之外，还可以采用 UHT 处理后进行无菌灌装，图 9 – 5 为淡炼乳的生产线示意图。

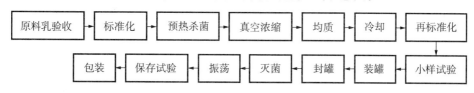

图 9 – 4 淡炼乳的生产工艺流程图

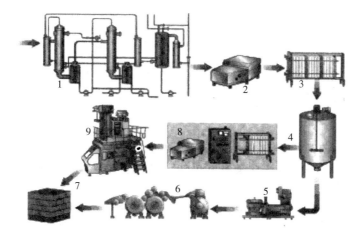

1——真空浓缩；2——均质；3——冷却；4——中间周转罐；5——灌装；6——杀菌；
7——贮存，加工点 5 和 6 二者选一；8——UHT 杀菌；9——无菌灌装。

图 9 – 5 淡炼乳的生产线示意图

（二）淡炼乳的工艺要求

1. 原料乳的验收和预处理

因为在淡炼乳生产过程中要经过高温灭菌，所以对原料的要求很严。首先要求使用热稳定性高的牛乳，必须选择新鲜的牛乳，其酸度不能超过 18°T。

在原料乳验收时，除进行其臭味、色泽等感官检验及酒精试验、酸度测定等一般试验外，还应做热稳定性试验。同时，酒精试验必须用浓度 72%（vol）的酒精。

热稳定性试验是取 10mL 牛乳,加入 1mL、1mol/L KH_2PO_4,然后在沸水浴中煮沸 5min,冷却后观察有无沉淀生成,如有沉淀,则此牛乳热稳定性不佳,不能作为淡炼乳的原料。

乳热稳定性很大程度上取决于其酸度,乳的酸度应低,并且盐类处于良好平衡。盐类平衡随季节的变化、饲料不同和泌乳期不同而受影响。

2. 原料乳的标准化

为了获得成分一致的产品,原料乳必须进行标准化,主要是使原料乳的脂肪与非脂乳固体的比值符合成品中脂肪与非脂乳固体的比值,一级成品中所含的乳固体不低于 26.0% ,脂肪不低于 8.0% 。

3. 预热杀菌

(1)预热杀菌的目的

①杀灭原料乳中的致病菌,抑制或破坏对成品质量有害的其他微生物,以保证成品的安全性,提高产品的贮藏性。

②抑制酶的活性,以免成品产生脂肪水解、蛋白质水解等不良现象。

③通过控制预热温度,可使酪蛋白的稳定性增强,防止灭菌时凝固,并赋予制品适当的黏度。可防止成品出现变稠或脂肪上浮等现象。

(2)预热杀菌的条件

预热的温度、时间等条件,因原料乳的质量、制品组成、预热设备等不同而异。一般采用 95~100℃、10~15min 的杀菌,有利于提高热稳定性,同时使成品保持适当的黏度。低于 95℃,尤其 80~90℃热稳定性显著降低。

高温加热会降低钙、镁离子的浓度,相应地减少了与酪蛋白结合的钙。因而随杀菌温度升高热稳定性也提高,但 100℃以上,黏度渐次降低,所以,简单地提高杀菌温度也是不适当的。适当高温可使乳清蛋白凝固成微细的粒子,分散在乳浆中,灭菌时不再形成感官可见的凝块。为了提高乳蛋白质的热稳定性,在淡炼乳生产中允许添加少量稳定剂。添加稳定剂可以防止乳蛋白质在灭菌时变性凝固。

添加稳定剂的目的在于增加原料乳的热稳定性,防止其在灭菌时变性凝固。

乳清蛋白质中主要是乳白蛋白及乳球蛋白,是热凝固性蛋白,在酸度高时更容易受热凝固。此外,原料往往由于季节的变化而受到影响,一般在初春和晚秋,易发生热凝固现象,这在淡炼乳制造上也是一个应予以注意的问题。其次,按照盐类平衡学说,钙、镁离子过剩,会使酪蛋白的热稳定性降低。在这种情况下加入柠檬酸钠、磷酸二氢钠或磷酸氢二钠则可使酪蛋白热稳定性提高。

稳定剂添加量最好在浓缩后根据小样试验决定,长期生产淡炼乳,对于一年四季原料乳的乳质变动规律有所掌握,稳定剂的添加量也大致一定时,可在预热前先添加一部分,小样试验后再决定最后的补足量,于装罐前添加。

4. 真空浓缩

真空浓缩预热后的牛乳要进行真空浓缩。但因为预热温度高、沸腾激烈,容易产生大量泡沫而且控制不当容易焦管,必须注意控制加热蒸汽量。

浓缩度按我国行业标准规定,淡炼乳成品中乳固体含量为 26% ,如原料乳标准化后乳脂率为 3.2% ,非脂乳固体为 8.5% ,则浓缩到 1/2.2 以上即可。浓缩终点的确定与甜炼乳一样,可用波美计的范围为 0~10°Bé 或 5~12°Bé。每一刻度为 0.1°Bé。

5. 均质

在均质时重要的是均质的压力与温度。为了减缓脂肪上浮速度,希望脂肪球越小越好,一般达到均质目的压力为 15~20MPa。多采用二段均质,第一段压力为 15~17MPa,第二段压力为 5MPa。第二段阀的作用是防止经第一段阀均质后的脂肪球互相聚集。脂肪的密度大,脂肪球重新聚集的倾向就强。

均质的温度以 50~60℃ 为宜,一般浓缩后炼乳的温度约为 50℃,故浓缩后可以立即均质。为了确保均质效果,均质后的浓缩乳可以进行显微镜检查,以确定均质的效果,如果有 80% 以上的脂肪球直径在 2μm 以下,可以认为均质充分。

6. 冷却

甜炼乳冷却是为了使乳糖结晶;而淡炼乳没有蔗糖渗透压的防腐力;同时,冷却温度对浓缩乳稳定性有影响,冷却温度高的稳定性降低。所以冷却温度要严格掌握。

均质后的浓缩乳应尽快冷却至 8℃ 以下,如次日装罐,以 4℃ 为标准。淡炼乳生产中应迅速冷却并注意勿使冷媒(特别采用盐水作冷媒时)进入浓缩乳中,影响稳定性。

在淡炼乳生产中,为了延长保存期,罐装后还有一个二次杀菌过程。而为了提高淡炼乳的热稳定性,常在此工序添加稳定剂,一般添加磷酸氢二钠和磷酸三钠,添加量是由二次杀菌温度所决定,常根据小样试验决定。添加磷酸盐的目的主要是使浓缩乳的盐类达到平衡。

7. 再标准化

因原料乳已进行过标准化,所以浓缩后的标准化称作再标准化。再标准化的目的是调整乳干物质浓度使其合乎要求,因此也称浓度标准化。一般淡炼乳生产中浓度难于正确掌握,往往都是浓缩到比标准略高的浓度,然后加蒸馏水进行调整,一般称为加水。加水量按式(9-7)计算:

$$加水量 = A/F_1 - A/F_2 \qquad (9-7)$$

式中:A——单位标准化乳的全脂肪含量;

F_1——成品的脂肪,%;

F_2——浓缩乳的脂肪,%,可用脂肪测定仪或盖勃氏法测定。

8. 小样试验

(1)小样试验的目的

为了确定稳定剂的添加量、灭菌温度、时间,确保装罐后高温灭菌的安全性。

(2)样品的准备

由贮乳槽中取浓缩乳样,通常以每千克原料乳取 0.25g 为限,调制成含有各种剂量稳定剂盐的样品,分别装罐、封罐,供做试验。

(3)灭菌试验的方法

把样品罐放入小试用的灭菌机中。当温度达到 80℃ 时将进气减弱,调整为按每 0.5min 升高 1℃(80~88℃ 时每 0.5min 升高 2℃),升温至 116.5℃ 后保温约 16min。当温度达到 100℃ 后,将排气阀关至稍能放出空气程度。保温完毕,放出内部蒸汽和热水,然后加入冷水迅速冷却,并取样检查。

(4)开罐检查

检查顺序是先检查有无凝固物,然后检查黏度、色泽、风味。要求无凝固、稀薄的稀奶油色、略有甜味为佳,稍有焦糖味尚可,如有苦味或咸味不良。如上述各项不合要求可采用降低灭菌温度或缩短保温时间、减慢灭菌机转动速度等方法加以调整,直至合乎要求为止。

9. 装罐与封罐

经小样试验后确定稳定剂的增加量,并将稳定剂溶于灭菌蒸馏水中加入到浓缩乳中搅拌均匀即可装罐封罐。但装罐不得太满,因淡炼乳封罐后要高温灭菌,故必须留有空隙。

装罐后进行真空封罐,以减少气泡量及顶隙中的残留空气,并且防止"假胖听"。封罐后应及时灭菌,故不能及时灭菌应在冷库中贮藏以防变质。

10. 灭菌、冷却

(1)灭菌的主要目的是为了杀灭微生物、钝化酶类,从而延长产品的储藏期,同时还可提高淡炼乳的黏度,防止脂肪上浮。除此之外,灭菌还能赋予淡炼乳特殊的芳香味。

(2)灭菌方法分为间歇式(分批式)灭菌法和连续式灭菌法两种。间歇式灭菌适于小规模生产,可用回转灭菌机进行,灭菌条件如下:

$$升温 \xrightarrow{17\sim18min} 87℃ \xrightarrow{6\sim8min} 100℃ \xrightarrow{6\sim8min} 116℃ \xrightarrow{保温15min} 排气 \xrightarrow{5min} 冷却$$

连续式灭菌可分为三个阶段:预热段、灭菌段和冷却段。封罐后罐内乳温在18℃以下,进入预热区预热到93~95℃,然后进入灭菌区,加热到114~119℃,经一定时间运转后,进入冷却区,冷却到室温。近年来,新出现的连续灭菌机,可在2min内加热到125~138℃,并保持1~3min,然后急速冷却,全部过程只需6~7min,连续式灭菌法灭菌时间短,操作可实现自动化,适于大规模生产。

(3)添加乳酸链球菌素(Nisin)是一种高效、无毒、安全、无副作用的天然食品防腐剂。它用于乳制品、肉制品、植物蛋白食品、罐头食品的防腐保鲜。乳酸链球菌素能有效抑制引起食品腐败的许多革兰氏阳性细菌,如乳杆菌、明串珠菌、小球菌、葡萄球菌、李斯特菌等,特别是对产芽孢的细菌如芽孢杆菌、梭状芽孢杆菌有很强的抑制作用。若鲜乳中添加0.03~0.05g/kg乳酸链球菌素就可抑制芽孢杆菌和梭状芽孢杆菌孢子的发芽和繁殖,可降低杀菌强度,且能保证淡炼乳的品质,并为利用热稳定性较差的原料提供了可能性。

11. 振荡

如果灭菌操作不当,或使用热稳定性较差的原料乳,则淡炼乳往往出现软的凝块。振荡可使凝块分散复原成均一的流体。使用振荡机进行振荡,应在灭菌后2~3d进行,每次振荡1~2min。

12. 保温检查

淡炼乳出厂之前,一般还要经过保藏试验,即将成品在25~30℃下保温贮藏3~4周,观察有无胀罐,并开罐检查有无缺陷,必要时可抽取一定数量样品于37℃保存7~10d加以观察及检查,合格者方可出厂。

三、淡炼乳的缺陷及防止办法

(一)脂肪上浮

脂肪上浮是淡炼乳常见的缺陷,这是由于淡炼乳黏度下降,或者均质不完全而产生的。控制适当的热处理条件,使其保证适当的黏度,并注意均质操作,使脂肪球直径基本上都在2μm以下可防止脂肪上浮。

（二）胀罐

淡炼乳的胀罐分为细菌性、化学性及物理性胀罐三种类型。由于细菌生长代谢产气造成细菌性胀罐，这是因为污染严重或灭菌不彻底，特别是被耐热性芽孢杆菌污染所致，应防止污染和加强灭菌。如果淡炼乳酸度偏高并贮存过久，乳中的酸性物质与罐壁的锡、铁等发生化学反应产生氢气，可导致化学性胀罐。此外，如果装罐过满或运到高原、高空、海拔高、气压低的场所，则可能出现物理性胀罐。

（三）褐变

淡炼乳经高温灭菌颜色变深呈黄褐色。灭菌温度越高、保温时间及贮藏时间越长，褐变现象越突出，其原因是美拉德反应。为防止褐变，要求在达到灭菌的前提下，避免过度长时间高温加热处理，应保存在5℃以下。稳定性盐用量应按照标准，因碳酸钠对褐变有促进作用不宜使用，可选用磷酸氢二钠。

（四）黏度降低

淡炼乳贮藏期间一般会出现黏度降低的趋势。如果黏度显著降低，会出现脂肪上浮和部分成分的沉淀。影响黏度的主要因素是热处理过程，低温贮藏可减轻黏度下降趋势，贮藏温度越高，黏度下降越快，在−5℃下贮藏可避免黏度降低，但在0℃以下贮藏易导致蛋白质不稳定。

（五）凝固

1. 细菌性凝固

受耐热性芽孢杆菌严重污染或灭菌不彻底或封口不严密的淡炼乳，因微生物产生乳酸或凝乳酶，可使淡炼乳产生凝固现象，这时大都伴有苦味、酸味、腐败味。防止污染方法包括严密封罐及严格灭菌。

2. 理化性凝固

若使用热稳定性差的原料乳或生产过程中浓缩过度、灭菌过度、干物质含量过高、均质压力过高（超过25 MPa）等均可能出现凝固。原料乳热稳定性差主要是酸度高、乳清蛋白含量高或盐类平衡失调而造成的，严格控制热稳定性试验即可使其得以改善。盐类不平衡可通过离子交换树脂处理或适当添加稳定剂。此外，正确地进行浓缩操作和灭菌处理，避免过高的均质压力等操作规程可以避免理化性凝固。

（六）异味

淡炼乳在贮藏时，有时产生苦味或酸味。这主要是由于灭菌不彻底，残存的抗热性细菌繁殖而造成的。有时蛋白质分解会产生苦味，也有些异味是由刺鼻芽孢杆菌及面包芽孢杆菌等抗热性杆菌所引起。

另外淡炼乳还有一种特有的加热气味，这是硫化物游离及生成巯基的原因。当牛乳加热到95℃时，开始时硫化物游离出来较多，然后逐渐减少，经过3.5h后消除。这种加热臭味在最初30min内增加，一般称为焦煮气味，其后则有一种强烈焦糖味，这主要是由对热不稳定的硫化物所引起的，它存在于乳清蛋白质和脂肪球膜中，随着加热温度和加热时间的增加，这种味道会进一步加重。

(七)在咖啡中的变色

淡炼乳加到咖啡中,有时变成灰绿色,这是炼乳中含有的铁与咖啡中的单宁起反应的结果。含铁量高的淡炼乳,就会产生这种现象。因此,在制造炼乳过程中应避免铁的混入。

 复习思考题

1. 什么是炼乳? 炼乳的种类有哪些?
2. 简述甜炼乳的工艺流程及工艺要求。
3. 简述淡炼乳的工艺流程及工艺要求。淡炼乳与甜炼乳的生产有何不同?
4. 炼乳生产中,原料乳标准化的关键是什么?
5. 乳糖冷却结晶的目的是什么?
6. 甜炼乳生产和贮藏过程中的质量缺陷及控制措施有哪些?
7. 淡炼乳生产和贮藏过程中的质量缺陷及控制措施有哪些?

第十章 乳粉的生产

第一节 概述

一、乳粉的概念

乳粉是指以新鲜牛乳为主要原料并配以其他辅料,经杀菌、浓缩、干燥等工艺过程制得的粉末状产品。

乳粉是一种营养价值高、贮藏期长、方便运输的产品。乳粉能一直保持乳中的营养成分,主要是由于乳粉中水分含量很低,发生了所谓的"生理干燥现象"。这种现象使微生物细胞和周围环境的渗透压差数增大。有人认为,如果产品的水分比其容水量(可以理解为乳粉在空气相对湿度100%时的平衡湿度)低30%时,那么产品中微生物就不能繁殖,而且还会死亡。但若有芽孢菌存在,当乳粉吸潮后,芽孢菌又会重新繁殖。

实际生产中将最终制成干燥粉末状态的乳制品均归于乳粉类,因此乳粉的种类很多,但目前国内外仍以全脂乳粉、脱脂乳粉、速溶乳粉、婴儿配方乳粉、调制乳粉等的生产为主。随着世界乳品工业的发展和科学技术的进步,各种新型乳粉不断出现。

二、乳粉的种类和组成

(一)一般乳粉的分类

根据乳粉的特征,一般分为以下几大类。

1. 全脂乳粉(whole milk powder)

仅以乳为原料,添加或不添加食品营养强化剂,经浓缩、干燥制成的蛋白质不低于非脂乳固体的34%,脂肪不低于26.0%的粉末状产品。

2. 脱脂乳粉(skimmed milk powder)

仅以乳为原料,添加或不添加食品营养强化剂,经脱脂、浓缩、干燥制成的,蛋白质不低于非脂乳固体的34%,脂肪不低于2.0%的粉末状产品。

3. 调制乳粉(recombined milk powder)

以乳为原料,添加或不添加食品营养强化剂和其他辅料,经浓缩、干燥制成的粉末状产品;或在乳粉中添加食品营养强化剂和其他配料而制成的粉末状产品。

4. 全脂加糖乳粉

添加白砂糖,蛋白质不低于15.8%,脂肪不低于2.0%,蔗糖不超过20.0%的调制乳粉。

5. 调味乳粉

对风味和某些营养成分做了调整,乳固体不低于70%,蛋白质不低于16.5%(全脂乳粉)或不低于22.0%(脱脂乳粉),脂肪不低于18.0%的调制乳粉。

6. 配方乳粉

调整了乳粉的天然营养成分和（或）含量比例,满足特定人群的营养需要,乳固体不低于65.0%的调制乳粉。

（二）配方乳粉的分类

1. 婴幼儿配方乳粉

婴幼儿配方乳粉是指以新鲜牛乳为原料,以母乳中的各种营养元素的种类和比例为基准,添加适量的乳清蛋白、多不饱和植物脂肪酸、乳糖、复合维生素和复合矿物质等物质,达到配方乳粉的蛋白质母乳化、脂肪酸母乳化、碳水化合物母乳化和维生素矿物质母乳化的目的,将各种原料混匀后经均质、杀菌、浓缩、干燥等工艺而制得的粉末状产品。

2. 儿童学生配方乳粉

儿童学生配方乳粉是以新鲜牛乳为主要原料,添加一定量儿童学生生长发育所必需的营养物质,经杀菌、浓缩、干燥等工艺而制得的粉末状产品。

3. 中老年配方乳粉

以新鲜牛乳或脱脂乳为主要原料,添加一定的蛋白质、碳水化合物以及中老年人容易缺乏的维生素和矿物质,混匀后经杀菌、浓缩、干燥等工艺而制得的粉末状产品。

4. 特殊配方乳粉

特殊配方乳粉是指以新鲜牛乳为主要原料,根据特定人群特殊的营养需要和功能需求,添加一定量特殊人群所需要的营养元素、功能性成分或因子,配料混合均匀后,经杀菌、浓缩、干燥等工艺而制得的粉末状产品。

（三）其他乳粉类产品

1. 焙烤专用粉

根据饼干等焙烤行业的特殊营养需求和生产加工工艺的特殊功能需求,要求专用粉可代替焙烤行业中使用的通用型乳粉,具有理想的水合性、乳化性、起泡性、发泡性和凝胶性。

2. 冰淇淋专用粉

根据冰淇淋行业的特殊营养需求和冰淇淋生产工艺的特殊功能需求,要求专用粉可以替代冰淇淋行业中使用的通用型乳粉,具有理想的起泡性、发泡性和乳化性。

3. 酸乳粉

酸乳粉是根据目前发酵乳制品采用复原乳和发酵剂的要求,将乳粉和粉末状发酵剂采用特殊的加工工艺,达到两者物理和化学的良好结合,使生产厂商只需要复原酸乳粉即可完成良好发酵乳制品的制造。

4. 巧克力专用粉

根据巧克力行业的特殊营养需求和巧克力生产工艺的特殊功能需求,要求专用粉可以替代巧克力行业中使用的通用型乳粉,具有理想的起泡性、乳化性和较高的游离脂肪酸含量。

（四）乳粉的化学组成

随原料乳种类及添加物的不同而有所差异,现将几种主要乳粉的化学成分平均值列于表10-1,以供参考。

表 10 - 1　几种乳粉的化学成分平均值　　　　　　单位:%

品种	水分	脂肪	蛋白质	乳糖	无机盐	乳酸
全脂乳粉	2.00	27.00	26.50	38.00	6.05	1.16
脱脂乳粉	3.23	0.88	36.89	47.84	7.80	1.55
乳油粉	0.66	65.15	13.42	17.86	2.91	—
甜性酪乳粉	3.90	4.68	35.88	47.84	7.80	1.55
酸性酪乳粉	5.00	5.55	38.85	39.10	8.40	8.62
干酪乳清粉	6.10	0.90	12.50	72.25	8.97	—
干酪素乳清粉	6.35	0.65	13.25	68.90	10.50	—
脱盐乳清粉	3.00	1.00	15.00	78.00	2.90	0.10
婴儿乳粉	2.60	20.00	19.00	54.00	4.40	0.17
麦精乳粉	3.29	7.55	13.19	72.40*	3.66	—
*包括蔗糖、麦精及糊精						

三、乳粉的生产方法

乳粉的生产方法分为冷冻法和加热法两大类。

(一)冷冻生产法

冷冻法生产乳粉可以分为离心冷冻法和低温冷冻升华法两类。

1. 离心冷冻法

离心冷冻法是先将牛乳在冰点以下浇盘冻结,并经常搅拌,使其冻成雪花状的薄片或碎片,然后放入高速离心机中,将呈胶状的乳固体分离析出,再在真空下加微热,使之干燥成粉。

2. 低温冷冻升华法

低温冷冻升华法是将牛乳在高度真空下(绝对压力 67Pa),使乳中的水分冻结成极细冰结晶,而后在此压力下加微热,使乳中的冰屑升华,乳中固体物质便成为干燥粉末。此法生产出的乳粉外观似多孔的海绵状,溶解性极好。又因加工温度低,牛乳中营养成分损失少,几乎能全部保留,同时可以避免加热对产品色泽和风味的影响。

以上两种方法因为设备造价高,耗能大,生产成本高,仅适用于特殊乳粉的加工,大规模生产不宜使用。

(二)加热生产法

目前国内乳粉的生产普遍采用加热干燥法,其中被广泛使用的干燥法是喷雾干燥法,这是世界公认的最佳乳粉干燥方法。在此之前还曾有过平锅法和滚筒干燥法。

1. 平锅法

平锅法是将鲜乳放于开口的平底锅中,加热浓缩成浆糊状,而后平铺于干燥架上,吹热风使其干燥,最后粉碎过筛制成乳粉。

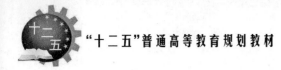

2. 滚筒干燥法

滚筒干燥法又称薄膜干燥法,用经过浓缩或未浓缩的鲜乳,均匀地淌在用蒸汽加热的滚筒上成为薄膜状,滚筒转到一定位置,薄膜被干燥,而后转到刮刀处时被自动削落,再经过粉碎过筛即得乳粉。此法生产的乳粉呈片状,含气泡少,冲调性差,风味差,色泽较深,国内已不采用这种生产方法,只有真空滚筒干燥法在国外乳粉生产上仍占一定的比例。

3. 喷雾干燥法

除此之外,国外还采用片状干燥法、泡沫干燥法、流化床干燥法等,用于生产溶解性极佳的大颗粒速溶乳粉。

第二节 乳粉的生产工艺

一、工艺流程

不同的乳粉生产工艺不一样,但大同小异。全脂普通乳粉可根据原料乳中加糖与否分为全脂甜乳粉和全脂淡乳粉两种,两种乳粉的加工工艺基本一致。全脂乳粉加工是乳粉类加工中最简单且最具代表性的一种方法。工艺中应用了喷雾干燥技术,其他种类的乳粉加工都是在此基础上进行的。以全脂甜乳粉为例,其加工工艺如图 10 - 1 所示。

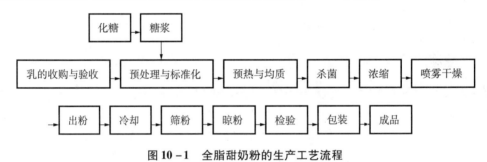

图 10 - 1　全脂甜奶粉的生产工艺流程

二、生产操作方法

(一)原料乳的验收和预处理

原料乳验收必须符合国家生鲜牛乳收购的质量标准(GB 19301—2010)规定的各项要求,严格地进行感官检验、理化性质检验和微生物检验。如不能立即加工需贮存一段时间,必须净化后经冷却器冷却到 4 ~ 6℃,再打入贮槽进行贮存。牛乳在贮存期间要定期搅拌和检查温度及酸度。要注意生产乳粉的牛乳,在送到乳粉加工厂之前,不允许进行强烈的、超长时间的热处理,这样的热处理会导致乳清蛋白凝聚,影响奶粉的溶解性和滋气味。

生产乳粉要求微生物质量较高的原料乳。为了提高原料乳的微生物质量,可采用离心除菌或微滤除去乳中的菌体细胞及其芽孢,以保证高质量的原料乳。

(二)标准化

全脂乳一般进行标准化,脂肪: 总固形物一般控制在1 : 2.67,以控制最终成品中脂肪的含量。

乳脂肪的标准化一般在离心净乳时同时进行。如果净乳机没有分离乳油的功能,则要单独设置离心分离机。当原料乳中含脂率高时,可调整净乳机或离心分离机分离出一部分稀乳油;如果原料乳中含脂率低,则要加入稀奶油。目前,我国全脂乳粉标准中的脂肪含量要求在20%～25%(全脂甜乳粉)、25%～30%(全脂淡乳粉)较宽范围内,所以生产全脂乳粉时很多厂家一般不用对脂肪含量进行调整或只在冬季进行(冬季乳中的含脂率往往较高)。

(三)预热

在浓缩前进行预热不仅有助于控制产品的微生物质量,同时也是控制乳粉功能特性最关键的一步。预热是乳粉加工过程中受热温度最高的一步,在这一过程中大多数乳清蛋白变性。可以采用各种热交换器进行预热,如片式热交换器、安装在蒸发器中的螺旋式热交换器或蒸汽喷射系统。直接热交换系统较间接热交换系统好一些,在间接热交换系统中,嗜热菌可产生生物膜。

脱脂乳粉根据在预热过程中热处理的程度进行分类,即低热(典型为75%,15s)、中热(典型为75℃,1～3min)和高热(80℃,30min或120℃,1min)。全脂乳一般不进行热分类,常用的预热温度为85～95℃几分钟,以保证钝化乳中内源性脂酶,同时使乳清蛋白中抗氧化的—SH暴露。

(四)杀菌

乳中的细菌是引起乳败坏的主要原因,也是影响乳粉质量与保质期的重要因素。通过杀菌可消除或抑制细菌的繁殖及解脂酶和过氧化物酶的活性。

大规模生产乳粉的加工厂,为了便于加工,经均质后的原料乳用片式热交换器进行杀菌后,冷却到4～6℃,返回冷藏罐贮藏,随时取用。小规模乳粉加工厂,将净化、冷却的原料乳直接预热、均质、杀菌后用于乳粉生产。

原料乳的杀菌方法须根据成品的特性进行适当选择。生产全脂乳粉时,杀菌温度和保持时间对乳粉的品质,特别是溶解度和保藏性有很大影响。一般认为,高温杀菌可以防止或推迟乳脂肪的氧化,但高温长时加热会严重影响乳粉的溶解度,最好是采用高温短时杀菌方法。尤其是高温瞬时杀菌,不仅能使乳中微生物几乎全部杀死,还可以使乳中蛋白质达到软凝块化,食用后更容易消化吸收,此方法近年来被人们所重视。

(五)均质

生产全脂乳粉时,一般不经过均质,但如果进行了标准化添加了稀奶油或脱脂乳,则应该进行均质。即使未经过标准化,经过均质的全脂乳粉质量也优于未经均质的乳粉。经过均质的原料乳制成的乳粉,冲调后复原性更好。均质前,将原料乳预热到60～65℃,均质效果更佳。

(六)加糖

在生产加糖或某些配方乳粉时,需要向乳中加糖,加糖的方法有:
①净乳之前加糖;
②将杀菌过滤的糖浆加入浓缩乳中;

217

③包装前加蔗糖细粉于乳粉中;

④预处理前加一部分糖,包装前再加一部分。

选择何种加糖方式,取决于产品配方和设备条件。当产品中含糖在20%以下时,最好是在15%左右,采用①或②法为宜。当糖含量在20%以上时,应采用③或④法为宜。因为蔗糖具有热熔性,在喷雾干燥时流动性较差,容易粘壁和形成团块。带有二次干燥的设备,采用加干糖法为宜。溶解加糖法所制成的乳粉冲调性好于加干糖的乳粉,但是密度小,体积较大。无论何种加糖方法,均应做到不影响乳粉的微生物指标和杂质度指标。

蔗糖的质量均应符合国家特级品要求:色泽洁白、松散干燥,纯度大于99.65%,还原糖含量低于0.15%,水分在0.07%以下,灰分在0.1%以下,杂质度不高于4×10^{-5}。

(七)真空浓缩

一般全脂乳浓缩到45%~50%总固形物(TS),脱脂乳浓缩到42%~48%总固形物。

1. 真空浓缩的意义

①节省能量。原料乳在干燥之前,先经真空浓缩除去乳中70%~80%的水分,可节省加热蒸汽和动力消耗,相应地提高了干燥设备的能力,降低成本。

②真空浓缩对奶粉颗粒的物理性状有显著影响,乳经浓缩后,喷雾干燥时,粉粒较粗大,具有良好的分散性和冲调性,能迅速复水溶解。反之,如原料不经浓缩直接喷雾干燥,粉粒轻细,降低了冲调性,而且粉粒的色泽灰白,感官质量差。

③真空浓缩可以改善乳粉的保藏性。由于真空浓缩排除了乳中的空气和氧气,使粉粒内的气泡大为减少,从而降低了奶粉中脂肪氧化的作用,增加了奶粉的保藏性。经验证明,奶的浓度越高,奶粉中的气体含量越低。

④经浓缩后喷雾干燥的奶粉,颗粒较致密、坚实,相对密度较大,利于包装。

蒸发一般采用多效薄膜蒸发器。多效蒸发器可以最大限度地利用热能,前一效的蒸汽可作为下一效的加热介质。通过采用热蒸汽或机械蒸汽再压缩工艺,热效率可以进一步提高。一般在蒸发器上都安装有折射计或黏度计,以确定浓缩终点。

除蒸发浓缩外,也可采用膜技术进行浓缩。超滤可将乳组分分离,反渗透和纳滤只除去了乳中的水,可对乳进行预浓缩。超滤不仅使乳的受热程度减少,而且可以进行标准化,调节产品中蛋白质和乳糖含量。

对大多数产品来说,在干燥前希望乳糖结晶,特别是乳糖含量较高的产品,如乳清粉。浓缩后进行均质,均质温度为60~70℃,二段均质压力分别为15MPa和5MPa。

2. 影响浓缩的因素

(1)影响乳热交换的因素

①加热器总加热面积,也就是乳受热面积。加热面积越大,在相同时间内乳所接受的热量亦越大,浓缩速度就越快。

②加热蒸汽的温度与物料间的温差。温差越大,蒸发速度越快;加大浓缩设备的真空度,可以降低乳的沸点;加大蒸气压力,可以提高加热蒸气的温度。但是压力加大容易"焦管",影响质量。所以,加热蒸汽的压力一般控制在$(4.9 \sim 19.6) \times 10^4 Pa$之间为宜。

③乳的翻动速度乳翻动速度越大,乳的对流越好,加热器传给乳的热量也越多,乳既受热均匀又不易发生"焦管"现象。另外,由于乳翻动速度大,在加热器表面不易形成液膜,而液膜

能阻碍乳的热交换。乳的翻动速度还受乳与加热器之间的温差、乳的黏度等因素的影响。

（2）乳的浓度与黏度

在浓缩开始时,由于乳浓度低、黏度小,对翻动速度影响不大。随着浓缩的进行,浓度提高,比重增加,乳逐渐变得黏稠,沸腾逐渐减弱,流动性变差。提高温度可以降低黏度,但易导致"焦管"。

（八）干燥

在喷雾干燥过程中,通过正位移泵将浓缩后的浓乳送到干燥室顶部的雾化器雾化为细小的液滴,然后与进入干燥室的热空气接触后水分被蒸发。

在雾化前,浓乳一般加热到72%以降低黏度获得最佳的雾化效果。经雾化后,浓乳成为10～400μm的液滴。液滴的大小,特别是液滴大小的分布对于乳粉的功能特性非常重要。可采用压力喷嘴或离心进行雾化,这两种雾化方式对乳粉特性的影响见表10－2。

表10－2　不同雾化方式的特性

压力喷嘴雾化	离心雾化
优点	优点
乳粉中空气较少	灵活性好
乳粉容积密度较大	进料速率高
良好的流动性	可以处理黏性物料
使用简便,成本低	可通过调节离心盘的转速控制液滴大小
低能耗	可控制乳粉容积密度
喷雾速率易控制	对物料浓度变化不敏感
干燥室沉积乳粉较少	在使用过程中不易堵塞
可采用对角喷嘴进行附聚	可处理有晶体的物料
缺点	缺点
易堵塞	高能耗,高成本
	空气进入乳粉中较多
	干燥室易积粉

（九）出粉、冷却、包装

喷雾干燥结束后,应立即将乳粉送至干燥室外并及时冷却,避免乳粉受热时间过长。特别是对全脂乳粉,受热时间过长会使乳粉的游离脂肪增加,严重影响乳粉的质量,使之在保存中容易引起脂肪氧化变质,乳粉的色泽、滋气味、溶解度也会受到影响。

1. 出粉与冷却

干燥的乳粉落入干燥室的底部,粉温可达60℃。出粉、冷却的方式一般有以下几种。

（1）气流输粉、冷却

气流输粉装置可以连续出粉、冷却、筛粉、贮粉、计量包装。其优点是出粉速度快。在大约5s内就可以将喷雾室内的乳粉送走，同时，在输粉管内进行冷却。其缺点是易产生过多的微细粉尘。因气流以20m/s的速度流动，所以，乳粉在导管内易受摩擦而产生大量的微细粉尘，致使乳粉颗粒不均匀。再经过筛粉机过筛时，则筛出的微粉量过多。另外，冷却效率不高，一般只能冷却到高于气温9℃左右，特别是在夏天，冷却后的温度仍高于乳脂肪熔点以上。如果气流输粉所用的空气预先经过冷却，则会增加成本。

（2）流化床输粉、冷却

流化床出粉和冷却装置的优点为：①可大大减少微细粉；②乳粉不受高速气流的摩擦，故乳粉质量不受损害；③乳粉在输粉导管和旋风分离器内所占比例少，故可减轻旋风分离器的负担，同时可节省输粉中消耗的动力；④冷却床所需冷风量较少，故可使用经冷却的风来冷却乳粉，因而冷却效率高，一般乳粉可冷却到18℃左右；⑤乳粉因经过振动的流化床筛网板，故可获得颗粒较大而均匀的乳粉，从流化床吹出的微粉还可通过导管返回到喷雾室与浓乳汇合，重新喷雾成乳粉。

（3）其他输粉方式

可以连续出粉的几种装置还有搅龙输粉器、电磁振荡器、转鼓型阀、旋涡气封法等。这些装置既保持干燥室的连续工作状态，又使乳粉及时送出干燥室外。但是要立即进行筛粉、凉粉，使乳粉尽快冷却。

采用人工出粉时，乳粉在喷雾干燥结束前一直存放在干燥室内达数小时，待喷雾干燥结束后，再一次性人工出粉。这种方式乳粉受热时间长，操作时劳动强度大，乳粉易受污染。所以，一次性的人工出粉方式目前已很少使用。

2. 筛粉与贮粉

乳粉过筛的目的是将粗粉和细粉（布袋滤粉器或旋风分离器内的粉）混合均匀，并除去乳粉团块、粉渣，并使乳粉均匀、松散，便于凉粉冷却。

（1）筛粉

一般采用机械振动筛，筛底网眼为孔径0.30~0.44mm（40~60目）。在连续化生产线上，乳粉通过振动筛后即进入锥形积粉斗中存放。

（2）贮粉

乳粉贮存一段时间后，表观密度可提高15%，有利于包装。在非连续化出粉线中，筛粉后的凉粉也达到了贮粉的目的。连续化出粉线上，冷却的乳粉经过一定时间（12~24h）的贮放后再包装为好。

3. 包装

当乳粉贮放时间达到要求后，开始包装。包装规格、容器及材质依乳粉的用途不同而异。小包装容器常用的有马口铁罐、塑料袋、塑料复合纸袋、塑料铝箔复合袋。规格以500g、454g最多，也有250g、150g。大包装容器有马口铁箱或圆筒，12.5kg装；有塑料袋套牛皮纸袋，25kg装。

包装要求称量准确，排气彻底，封口严密，装箱整齐，打包牢固。每天在工作之前，包装室必须经紫外线照射30min灭菌后方可使用。包装室最好配置空调设施，使室温保持在20~25℃，相对湿度75%。

第三节　速溶奶粉

一、速溶奶粉的生产方法及工艺特点

(一)速溶奶粉的生产方法

速溶乳粉的生产方法有两种,一种是再润湿法(二段法),一种是直通法(一段法)。

1.再润湿法

再润湿法即再将干乳粉颗粒循环返回到主干燥室中,见图10－2,一旦干燥颗粒被送入干燥室,其表面即会被蒸发的水分所润湿,颗粒开始膨胀,毛细管孔关闭并且颗粒变黏,其他乳粉颗粒黏附在其表面上,于是附聚物形成。

2.直通法

这是一种比较有效的速溶化方法,可经如图10－3所示流化床获得。流化床连接在主干燥室底部,由一个多孔底板和外壳构成。外壳由弹簧固定并有马达可使之振动,当一层乳粉分散在多孔底板上时,振动乳粉以匀速沿外壳方向运送。

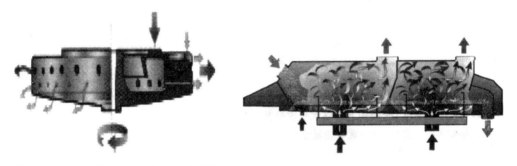

图10－2　速溶乳粉生产用的离心喷雾器　　　　图10－3　速溶乳粉的流化床

自干燥室下来的乳粉首先进入第一段,在此乳粉被蒸汽润湿,振动将乳粉传送至干燥段,温度逐渐降低的空气穿透乳粉及流化床,干燥的第一段颗粒互相黏结发生附聚。乳粉中的水分经过干燥从附聚物中蒸发出去,使乳粉在经过流化床时达到要求的干燥度。

任何大一些的颗粒在流化床出口都会被滤下并被返回到入口。被滤过的和速溶的颗粒由冷风带至旋风分离器组,在其中与空气分离后包装。来自流化床的干燥空气与来自喷雾塔的废气一起送至旋风分离器,以回收乳粉颗粒。

用此法制造的乳粉颗粒,虽然大部分附聚团粒化,但乳糖并未结晶化。脱脂乳的浓缩程度及喷雾技术,对粒子大小及密度的影响很大。与二次制造法不同,由于不经二次处理,制造操作简单,故生产费用低廉。如能制得质量良好的制品,这在企业上也是最理想的方法。

(二)速溶乳粉的特点

速溶乳粉是指将乳粉放在未经加热过的水的表面,在没有搅拌的情况下乳粉会迅速下沉并能迅速溶解而不结块的乳粉。

速溶乳粉是采用特殊工艺生产的乳粉,比普通喷雾乳粉颗粒大而疏松,润湿性好,分散度高,用水冲调复原速度快。速溶工艺并没有改善乳粉的溶解性,而是比普通乳粉具有更好的复原性。

速溶乳粉是采用某种特殊的工艺及设备所制成的粉末状制品,它有以下特点:

①速溶乳粉的颗粒直径大,一般为 $100 \sim 800\mu m$。

②速溶乳粉的溶解性、可湿性、分散性等性能都得到极大的改善,当用不同温度的水冲调复原时,只需搅拌一下,即迅速溶解,不结块,无需先调浆再冲调,减少了消费者冲饮的麻烦,即使用冷水直接冲调也能迅速溶解。

③速溶乳粉中的乳糖是呈结晶状的含水乳糖,在包装和保存过程中不易吸潮结块。

④由于速溶乳粉的直径大而均匀,减少了制造、包装及使用过程中粉尘飞扬的程度,改善了工作环境,避免了不应有的损失。

⑤速溶乳粉的比容大,表观密度低,则包装容器的容积相应增大,一定程度上增加了包装费用。

⑥速溶乳粉的水分含量较高,不利于保藏;对脱脂速溶乳粉而言,易于褐变,并具有一种粮谷的气味。

二、速溶奶粉的生产工艺过程简介

(一)脱脂速溶乳粉

1. 二段法

二段法是最先提出的,也是最先投入工业生产的方法。首先要用喷雾法来制造普通的喷雾脱脂乳粉作为基粉。不过在制造基粉时,要求预热、杀菌和浓缩等,都要限制在低温条件下进行。控制其乳清蛋白质变性程度不超过 5%。然后将这种基粉再经过下列几道工序:①与潮湿空气及蒸汽接触以吸潮,目的在于使乳粉颗粒互相附聚(或称簇集),并使 α-乳糖开始结晶;②用热风干燥并冷却之;③轻轻粉碎过筛,以使颗粒大小均匀。

具有代表性的方法有皮布尔(Peebles)法、车利-巴惹尔(Cheer-Burrell)法、布劳-诺克期(Blaw-Knox)法、劳德-浩德松(Lauder-Hodo)法、比瑟尔(Bissen)法、斯考特(Scott)法等。

2. 一段法

考虑到二段法必须先制成基粉会增加成本,且在某些情况下会对产品的风味和溶解度有不利影响,因而提出无需预先制成基粉,用一段法生产速溶乳粉的方法。

利用一段法生产速溶乳粉,其颗粒大小与密度和干燥前的脱脂乳的浓度及喷雾条件有关。一般浓度高可以获得大的颗粒,从而改进其可湿性及分散性。压力喷雾则在喷雾时可以减低压力,放大喷嘴锐孔直径来获得大颗粒的乳粉。一段法制造速溶乳粉的工艺方法中,较有代表性者为尼罗直通式速溶乳粉瞬间形成机。其特点是使用尼罗离心式喷雾干燥设备,在喷雾干燥室下部连接一个直通式速溶乳粉瞬间形成机,连续地进行吸潮再干燥并进行流化床式的冷却,附聚造粒过筛。从速溶乳粉形成机连续排出的速溶乳粉即可送去包装。这种设备占地面积很小,设于尼罗式离心喷雾干燥室下面即可。

喷雾干燥室的排风温度较生产普通乳粉时低,因此从喷雾室落下的乳粉水分含量较高。潮粉落到下面锥形底出口处连接的卧式速溶乳粉瞬间形成机中。该机分为三个区段,每个区段都有不停往复振荡的多孔筛板,乳粉在筛板上也不停地往复筛动。同时因筛板稍有倾斜,故乳粉会不断地从第一室移行到第二室、第三室,最后排出。第一室、第二室从筛板下面吹以热风,第三室从下面吹以冷风。这样经过加热干燥并经过不停的筛动而形成大颗粒。然后再经过冷却,成品速溶乳粉就不断地排出,送去包装。这时从筛板上吹起的微粉则被吸到旋风分离器捕集,然后经微粉导管送到喷雾干燥室顶部的离心盘处,与浓乳雾滴会合后再一同喷成乳粉。

用这种设备制成的速溶脱脂乳粉在冷水中经数秒钟即可溶解复原为鲜乳状态。这种设备较二段法所耗用的蒸汽和电力少,成本几乎与普通乳粉一样。

(二)全脂速溶乳粉

全脂速溶乳粉在目前还没有大量工业化生产。考虑到乳脂的影响因素,为了能更加理想地制造全脂速溶乳粉,现在有的研究采用与吸潮再干燥的方式完全不同的干燥方法和工艺流程。大致有下列几种:

1. 薄膜干燥法

这种方法可分为间歇式和连续式两种。牛乳的浓缩采用低温真空蒸发器,浓缩到乳固体含量为35%,然后在电热的低温真空干燥器中形成薄膜进行干燥。干燥器要减到约0.7kPa(5mmHg)以下。这时牛乳则在稍高于0℃的低温下进行干燥,所得的乳粉为不规则片状。溶解度、可湿性及分散性非常好,风味亦佳。但间歇式生产周期长,一次约需80min,而且工序繁杂,所以不适于大规模生产。

连续式生产可使整个干燥时间缩短为3~4min。该设备为一个长16m左右、直径约为3.2m的卧式真空干燥器。内设有履带式不锈钢传送带,其一端经过一加热圆管,另一端经过一冷却圆筒。浓乳在不锈钢传送带上形成一个薄层,随着履带的传动,经过一系列辐射热的加热,然后再通过冷却圆筒,冷却好的乳粉由一振动刮板刮下送去包装。

2. 泡沫干燥法

该法是将新鲜的牛乳经均质[63℃、17MPa(176kg/cm²)]及杀菌(73℃、16s)后送至平衡贮槽,然后经泵送到薄膜真空蒸发器浓缩到乳固体含量约为43%(浓缩温度38℃)。浓乳经27MPa(211kg/cm²)及3MPa(35kg/cm²)二段均质,然后向均质好的浓乳中通入氮气。再通过冷却器后冷却到1~2℃,同时使氮气在浓乳中均匀分布,形成大约75μm的气泡。最后通过计量泵和管式冷却器送到真空干燥机,进行真空干燥。

3. 泡沫喷雾干燥法

这种方法可以利用一般普通压力式喷雾干燥设备,稍加改装即可。主要是在高压泵与喷嘴之间的一段高压管中连接一段能压入氮气的管路,向浓乳中充入氮气后,再一同喷出进行干燥。具体工艺条件为牛乳经74℃、15s杀菌后,经17MPa(176kg/cm²)压力的均质处理。再于薄膜蒸发器中浓缩到含乳固体达50%,浓乳保持在32℃的温度,由高压泵送出喷雾。但在高压泵与喷嘴之间的一段高压管路中连接一段T形管,用以喷入氮气。这时氮气的注入压力为133MPa(141kg/cm²),氮气量约为每千克浓乳注入0.0056~0.0255m³。此时氮气与浓乳会合,形成泡沫状喷出。高压泵的压力要调节在使喷嘴压力保持在12MPa(126kg/cm²)。喷嘴孔径为1.0~1.3mm,喷雾室进风温度为132℃。所得的乳粉较普通乳粉水分含量低。在显微镜下观察,这种乳粉呈中空颗粒,含有大气泡。平均颗粒直径为104μm左右,而且颗粒之间相互黏附的现象较多。由于黏附而形成的不规则大颗粒平均直径为 $140 \sim 430\mu m$,所以乳粉的容积增大。

第四节 配制奶粉的生产

一、配制奶粉性状

配制乳粉是 20 世纪 50 年代发展起来的一种乳制品,主要是针对婴儿的营养需要,在乳中添加某些必要的营养成分,经加工干燥而制成的一种乳粉。

初期的配制乳粉实为加糖乳粉,后来发展成各种维生素强化乳粉,现已进入到母乳化的特殊配制乳粉阶段,即以类似母乳组成的营养素为基本目标,通过添加或提取牛乳中的某些成分,使其组成在质量和数量上接近母乳。各国都在大力发展特殊的配制乳粉,且已成为一些国家乳粉工业的主要产品,其品种和数量呈日益增长的趋势。

(1)婴儿配方乳粉 I 的感官指标

婴儿配方乳粉 II、III 适用于以新鲜牛乳、白砂糖、大豆、饴糖为主要原料加入适量的维生素和矿物质,经加工制成的供婴儿食用的粉末状产品。

婴儿配方乳粉 I 感官要求应符合表 10 - 3 的规定。

表 10 - 3   婴儿配方乳粉的感官要求

项目	要求	项目	要求
色泽	呈均匀一致的乳黄色	组织形态	干燥粉末,无结块
滋味、气味	具有乳和大豆的纯香味,有饴糖味,无其他异味	冲调性	湿润下沉快,冲调后无团块,无沉淀

(2)婴儿配方乳粉 II、III

婴儿配方乳粉 II、III 适用于以新鲜牛乳(或乳粉)、脱盐乳清粉(配方 II)、麦芽糊精(配方 III)、精炼植物油、奶油、白砂糖为主要原料,加入适量的维生素和矿物质,经加工制成的供 6 个月以内婴儿食用的粉状产品。

感官要求应符合表 10 - 4 的规定。

表 10 - 4   婴儿配方乳粉 II、III 的感官要求

项目	要求	项目	要求
色泽	呈均匀一致的乳黄色	组织形态	干燥粉末,无结块
滋味、气味	具有婴儿配方乳粉 II(或 III)特有的香味,有轻微的植物油香味	冲调性	湿润下沉快,冲调后无团块,杯底无沉淀

二、配制奶粉生产中主要成分的调整方法

哺乳婴儿最好是母乳,当母乳不足时,不得不依靠人工喂养。当然牛乳是最好的代乳品,但牛乳和母乳有很大区别,故需要将牛乳中的各种成分进行调整,使之近似于母乳。婴儿乳粉

的调整基于婴儿生长期对各种营养素的需要量,因此必须在了解牛乳与人乳的区别的基础上,进行合理调整。母乳色泽稍黄,味稍甜,由于蛋白质和盐类含量低,故酸度低于牛乳,新鲜的牛乳如不经稀释直接喂养婴儿,蛋白质在胃中的凝块比较坚硬和粗大,容易损伤婴儿胃肠,所以应该补充一些成分使其接近人乳,这样对婴儿的生长发育有利。

(一)蛋白质的调整

1961年在婴儿配方乳粉中采用了以乳清蛋白为主的配方,即乳清蛋白:酪蛋白为60:40来模拟人乳中二者的比例,这是婴儿配方乳粉人乳化的一个里程碑。一般采用脱盐的乳清或乳清粉与脱脂乳粉进行配合。

人乳中不含 β-乳球蛋白,但富含 α-乳清蛋白和乳铁蛋白。在保证满足婴儿配方乳粉中氨基酸要求标准的同时,婴儿的配方乳粉适合于配制成低蛋白配方,配方中蛋白质至少要在0.43g/100kJ以上。人乳中乳铁蛋白极其丰富(约1.4g/L),可采用规模化分离的牛乳乳铁蛋白来强化婴儿配方乳粉。人乳中的酪蛋白也是以酪蛋白胶粒形式存在,与牛乳比较,其胶粒较小,结合的钙、磷也较少,但其水合度是牛乳酪蛋白胶粒的2倍,这些特性使得人乳酪蛋白酸凝固后凝块柔软而细小,易于蛋白酶的消化。牛初乳可作为转移生长因子、免疫球蛋白的来源补充于婴儿乳制品的配方中,见表10-5。

表10-5　人乳及牛乳中免疫球蛋白的种类和质量浓度　　　　　单位:mg/mL

	人乳		牛乳	
	初乳	常乳	初乳	常乳
IgA(SIgA)	17.35	1.00	3.9	0.14
IgG	0.43	0.04	50.9	0.61
IgM	1.59	0.01	4.2	0.05

因此,婴儿乳粉的蛋白质必须经过软凝块化处理,母乳化乳粉则需要全面调整蛋白质组成,提高乳清蛋白比例,使之与母乳接近。乳清蛋白和大豆蛋白具有易消化吸收的特点,能够满足婴儿机体对蛋白质的需要。

(二)脂肪的调整

牛乳中脂肪含量平均在3.3%左右,与人乳接近,但质量上有一定差别。母乳中不饱和脂肪酸含量比较多,而不饱和脂肪酸含量少。母乳中不饱和脂肪酸含量比较多,特别是亚油酸、亚麻酸含量相当高,是人体必需脂肪酸。牛乳中的不饱和脂肪酸,加工处理又会使其含量下降,因此,婴儿对乳脂肪的消化吸收率约为66%。

为了提高不饱和脂肪酸含量,需要添加适合的植物性油脂,同时采取措施防止其氧化。婴儿配方乳品在营养方面补充了长链多不饱和脂肪酸。但配方中花生四烯酸(AA)和二十二碳六烯酸(DHA)必须要平衡,因为已发现单独补充DHA会造成婴儿生长缓慢和语言障碍,因此,世界卫生组织和儿童健康基金会(Child Healthy Foundation)要求AA和DHA必须同时补充。一些单细胞微生物提取的油脂富含DHA和AA,可用于婴儿配方。AA的另一个很好的来源是卵黄磷脂。

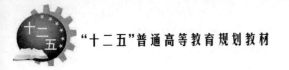

（三）碳水化合物的调整

在牛乳和母乳中的碳水化合物主要是乳糖,牛乳中乳糖含量为 4.5%,母乳中为 7.0%,显然牛乳中的乳糖含量远不能满足婴儿机体需要。为了提高产品中的碳水化合物,通过添加蔗糖、麦芽糊精及乳清粉来调整。其中蔗糖的添加量不能过多,因蔗糖除造成婴儿龋齿外,还易养成婴儿对甜食喜爱的不良习惯。应适量添加功能性低聚糖取代蔗糖,前者不仅能够提供能量,主要在于它不被人体内的消化液消化,可被肠道有益菌如双歧杆菌等利用,因而产生特殊的生理作用。乳清粉含有 75% 的乳糖,添加乳清粉使产品中的乳糖含量占总糖的 69.9%,蔗糖 7.5%。较高含量的乳糖有利于 Ca、P 的吸收,促进骨骼、牙齿生长。麦芽糊精可用于保持有利的渗透压,并可改善配方食品的性能。

（四）灰分的调整

由于初生婴儿肾脏尚未发育成熟,维持体内环境恒定的功能不如较大婴儿,在婴儿配方乳粉的灰分设计上应引起充分注意。任何配方乳粉,即使在各方面能满足营养要求,但是如果其盐含量过高,仍将导致婴儿肾脏负担过大,而对婴儿生长发育不利。

人乳中 90% 的硫存在于含硫氨基酸中,10% 左右以盐的形式存在。含硫氨基酸在乳清蛋白中比例较高,所以由初乳向常乳过渡中,随着乳清蛋白含量的降低,人乳中的硫含量也在降低。与其他动物乳相比,尽管人乳中的钙、磷含量较低,但钙、磷比例较高,为 2:1(牛乳中为 1.1:1),较低的磷含量更加适合于婴儿期的肾功能特点。此外,人乳的低磷缓冲能力可使 pH 较低,有益于肠道有益菌的生长。人乳中的铁含量似乎相对较低,尽管母乳喂养的婴儿在 4~6 月前很少耗尽其体内的铁储备,人乳中乳铁蛋白的存在使铁的生物利用率达到最大。牛乳中矿物盐类含量高于人乳 3 倍左右,如不调整会增加婴儿肾脏负担,易引起婴儿发烧甚至浮肿,因此必须采用脱盐处理去除部分牛乳中矿物质,蛋白调整时添加的乳清蛋白也必须是脱盐产品,有些有利于婴儿生长的微量元素则可根据需要适量补充。

（五）维生素的调整

人乳中的维生素以各种化学形式存在。维生素在体内代谢中起着极为重要的作用,虽然需要量很少,但又不能缺少。提高产品中维生素含量,有利于促进婴儿机体细胞新陈代谢,提高对疾病的抵抗能力,同时多数维生素又是某些酶的辅酶(或辅基)的组成部分。调制乳粉中一般添加的维生素有维生素 A、维生素 B_1、维生素 B_6、维生素 B_{12}、维生素 C、维生素 D 和叶酸等。

在添加时一定要注意维生素(也包括灰分)的可耐受最高摄入量,防止因添加过量而对婴儿产生毒副作用。

三、配制奶粉的生产工艺

各国不同品种的婴儿配制乳粉,生产工艺有所不同,现将基本工艺过程介绍如下:

1. 工艺流程

配制乳粉的生产工艺流程如图 10-4 所示。

2. 工艺要点

①原料乳的验收和预处理应符合生产特级乳粉的要求。

②配料。按比例要求将各种物料混合于配料缸中,开动搅拌器,使物料混匀。

③均质、杀菌、浓缩。混合料均质压力一般控制在 18MPa;杀菌和浓缩的工艺要求和乳粉生产相同。浓缩后的物料浓度控制在 46% 左右。

④喷雾干燥。进风温度为 140～160℃,排风温度为 80～88℃。

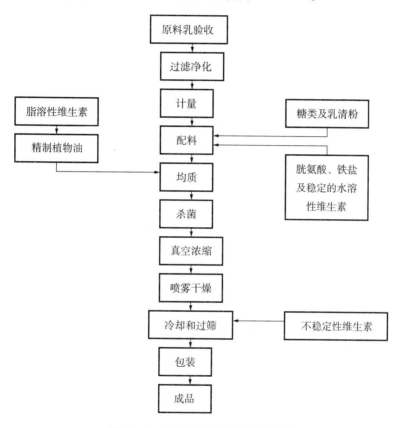

图 10-4　配制乳粉的生产工艺流程

第十一章　奶油的生产

第一节　乳的分离

一、乳的分离方法及原理

在乳制品生产中组分分离的目的是得到稀奶油、甜奶油、甜酪乳,或分离出乳清,并对乳进行标准化以得到乳制品要求的脂肪含量。同时清除乳中杂质,主要是尘埃、白细胞、细菌和它们的芽孢("除菌")。

牛乳分离是根据各组分比重的不同通过重力或外界离心力实现的,一般有"重力法"和"离心法"两种。"重力法"亦称"静置法"。依靠重力分离很慢,且乳脂肪分离不彻底,所以不能用于工业化生产。"离心法"是采用离心机将稀奶油与脱脂乳迅速而较彻底地分开,因此它是现代化生产普遍采用的方法。

二、离心分离机的类型及构造

用于牛乳分离的设备叫乳分离机或乳离心机,分离机类型很多,按外型可分为开放式、半密闭式、密闭式三种。其组成包括出口泵、钵罩、分配孔、碟片组、锁紧环、分配器、滑动钵底部、钵体、空心钵轴、基盖、沉渣器、电机、制动、齿轮、操作水系统等。

开放式分离机,乳的进入和稀奶油、脱脂乳的排出都是开放式的,有手摇和机械传动两种。半密闭式分离机也称半开放式。乳的进入和稀奶油及脱脂乳的排出都是在压力下进行的。但多半在供乳部分是开放式的,用电机传动;它与开放式的区别在于有泵状结构,脱脂乳和稀奶油在压力作用下从分离钵排出,几乎没有泡沫。密闭式分战机全部操作过程是密封的,乳的进入和稀奶油及脱脂乳的排出通过管道在压力作用下进行,分离时不接触空气,稀奶油及脱脂乳均不含气泡。各种类型牛乳分离机外型上均不相同,但分离原型和基本构造大致相同。密闭式分离机在分离过程中不会形成大量泡沫,另外两种分离机,一般不能达到这一要求,因此,牛乳的分离宜采用封闭式牛乳分离机。

三、影响乳离心分离的因素

用分离机分离牛乳时,除了与分离机本身的结构和能力有密切关系外,更重要的是使用分离机的技术,分离机的转速、乳的温度、乳的杂质度以及牛乳的流量等都是影响分离效果的直接因素。

(1) 分离机的转数

分离机的转数随各种分离机的机械构造而异。通常手摇分离机的摇柄转数为 $45\sim70\text{r/min}$ 时,分离钵转数则在 $4000\sim6000\text{r/min}$。一般说,转数越快分离效果越完善,但由于分离机的结构和人的体力限制,不能使分离机旋转过快。正常的工作中当保持在规定转数以上,但最大不能超过其规定转数的10%~20%,过多地超过负荷,会使机器的寿命大大缩短,甚至损坏。如果摇的速度过慢,则分离不完全,会降低奶油的产量,故必须正确掌握分离机的转数。

（2）乳的温度

在温度较低时,乳的密度较大,使脂肪的上浮受到一定阻力,分离不完全,故乳在分离前必须加热。加热后的乳密度明显降低,同时由于脂肪球和脱脂乳在加热时膨胀系数的不同,脂肪的密度较脱脂乳减低得更多,促进了乳更加容易分离。如乳温过高,会产生大量泡沫不易消除,故分离的最适温度应控制在32~35℃。

（3）乳的流量

在单位时间内乳流入分离机内的数量越少,则乳在分离机内停留的时间就越长;分离盘间乳层越薄、分离也就越完全。但分离机的生产能力也随之降低,故对每一台分离机的实际能力都应加以测定,对未加测定的分离机,应按其最大生产能力（标明能力）减低10%~15%来控制进乳量。

（4）乳中的杂质含量

由于分离机的能力与分离钵的半径成正比,如乳中杂质度高时,分离钵的内壁很容易被污物堵塞,其作用半径就渐渐缩小,分离能力也随之降低,故分离机每使用一定时间即需清洗一次。同时在分离以前必须把原料乳进行严格的过滤,以减少乳中的杂质。此外,当乳的酸度过高而产生凝块时,因凝块容易粘在分离钵的表面,也与杂质一样会影响分离效果。

除以上各个条件外,乳的含脂率和脂肪球的大小对分离效果也有影响。乳中含脂率高,分离后的稀奶油含脂率也高,但流失于脱脂乳中的脂肪也相对增加。也就是说,乳的含脂率与稀奶油的浓度及存留于脱脂乳中的脂肪均呈正比。这一问题的补救方法,是将进入分离机中的乳量适当减少,以延长分离时间,使分离趋于完善。

乳中的脂肪球越大,在分离时越容易被分离出来,反之则不容易被分离。当脂肪球的直径小于0.2μm时,则不能被分离出来。

四、使用分离机的操作要点

分离机对分离结果影响很大,需正确操作,要求没有震动、泄露等。其安全操作要点主要如下:

①经常检查、调节进料量,保证分离机平稳高效运转,确保不跑料、不断料、不超载。

②经常清理下料口,保证其畅通。

③经常检查油泵和分离机运转情况。

④经常检查电机电流、温度等是否合乎要求。

⑤注意每次使用后的清洗工作。

⑥保持电机不潮湿。

第二节 奶油生产工艺

一、奶油的种类及性质

奶油是对乳中脂肪类产品的一种统称。早在公元前3000多年前,古代印度人就已掌握了原始的奶油制作方法。至今西亚的某些山区,居民仍使用着延续了5000多年的制作奶油的方法,将加热的乳脂放入木桶内,用木棍搅拌和拍打半个小时。到目前,随着生产过程的不断更新,奶油制品根据其制作方法及脂肪含量主要分为表11-1所示几类:

表11-1 奶油的主要种类

种类		制作方法	脂肪含量
稀奶油		酸化、搅打、加入添加剂	10%~48%
奶油	甜性奶油	杀菌的甜性稀奶油加盐或者不加盐	80%~85%
	酸性奶油	杀菌的甜性稀奶油加乳酸菌发酵	80%~85%
无水奶油	重制奶油	稀奶油经过熔融除去蛋白及水分	≥98%
	脱水奶油	稀奶油经除去蛋白及水分并浓缩	≥99.9%

　　根据加盐与否奶油又可分为:无盐、加盐和特殊加批的奶油;根据脂肪含量分为一般奶油和无水奶油(即黄油);以及植物油替代乳脂肪的人造奶油。

　　一般加盐奶油的主要成分为脂肪(80%~82%)、水分(15.6%~17.5%)、盐(约1.2%)以及蛋白质、钙和磷(约1.2%)。奶油还含有脂溶性的维生素A、维生素D和维生素E。奶油应呈均匀一致的颜色、稠密而味纯。水分应分散成细滴,从而使奶油外观干燥。硬度应均匀,这样奶油就易于涂抹,并且到舌头上即时融化。

　　奶油除以上主要种类外还有各种花色奶油,如巧克力奶油、含糖奶油、果汁奶油等,及含乳脂肪30%~50%的发泡奶油、搅打奶油,加糖和加色的各种稀奶油。还有我国少数民族地区特制的"奶皮子"、"乳扇"等独特品种。

二、奶油的生产工艺过程

　　奶油是以水滴、脂肪颗粒及气泡均匀分散于脂肪中的W/O型乳化分散系,其具有一定的可塑性。奶油的加工可以是新鲜牛乳,也可以是稀奶油,大多数国家的奶油标准要求其脂肪含量不低于80%,非脂乳固体不高于2%,水分含量不高于16%。

(一)原料乳的选择

　　制造奶油用的原料乳必须在滋气味、组织状态、脂肪含量及密度等各方面都正常的乳。含抗菌素或消毒剂的稀奶油不能用于生产酸性奶油。当然,乳质量略差而不适于制造奶粉、炼乳时,也可用作制造奶油的原料。但这并不是说制造奶油可用质量不良的原料,凡是要生产优质的产品必须要有优质原料,这是乳品加工的基本要求。例如初乳由于含乳清蛋白较多,末乳脂肪球过小故不宜采用。

原料乳的预处理

　　用于生产奶油的原料乳要求同其他乳制品一样,必须进行必要的处理,而需要注意的,主要有以下几点。

　　(1)冷藏

　　有些嗜冷菌菌种产生脂肪分解酶,能分解脂肪,并能经受100℃以上的温度,所以防止嗜冷菌的生长是极其重要的。原料到达乳品厂后,立即冷却到2~4℃,并在此温度下贮存。

（2）乳脂分离及标准化

生产奶油时必须将牛乳中的稀奶油分离出来，可以采用不同的离心方法进行操作。分离后的稀奶油的含脂率直接影响奶油的质量及产量。例如，含脂率低时，可以获得香气较浓的奶油，因为这种稀奶油较适于乳酸菌的发育，当稀奶油过浓时，则容易堵塞分离机，乳脂肪的损失量较多。为了在加工时减少乳脂的损失和保证产品的质量，在加上前必须将稀奶油进行标准化。例如，用间歇方法生产新鲜奶油及酸性奶油时，稀奶油的含脂率以 30% ~ 35% 为宜；以连续法生产时，规定稀奶油的含脂率为 40% ~ 45%。夏季由于容易酸败，所以用比较浓的稀奶油进行加工。

（二）稀奶油的处理

1. 稀奶油的中和

稀奶油的酸度直接影响奶油的保藏性和质量。生产甜性奶油时，稀奶油水分中的 pH 应保持在近中性，以 pH6.4 ~ 6.8 或稀奶油的酸度以 16°T 左右为宜，生产酸性奶油时 pH 可略高，稀奶油酸度 20 ~ 22°T。如果稀奶油酸度过高，杀菌时会导致稀奶油中酪蛋白凝固，部分脂肪被包围在凝块中，搅拌时则流失在酪乳中而影响奶油产量。同时，若甜性奶油酸度过高，贮藏中易引起水解，促进氧化，影响质量，加盐奶油尤其如此。因此，在杀菌前必须对酸度过高的稀奶油进行中和。一般使用的中和剂为石灰和碳酸钠。石灰不仅价格低廉，同时可以增加奶油中的钙的含量，提高其营养价值，但石灰难溶于水，添加时必须调成乳剂。一般调成 20% 的乳剂，经计算后加入。碳酸钠易溶于水，中和时不易使酪蛋白凝固，但很快生成 CO_2，有使稀奶油溢出的危险。用碳酸钠中和时边搅拌边加入 10% 的碳酸钠溶液，中和时不宜加碱过多，否则会产生不良气味。

另外，稀奶油的碘值是成品质量的决定性因素。如不校正，高碘值的乳脂肪（即不饱和脂肪酸含量高）生产出的山奶油过软。当然也可根据碘值，调整成熟处理的过程，硬脂肪（碘值低于 28）和软脂肪（碘值高达 42）也可以制成合格硬度的奶油。

2. 真空脱气

通过真空处理可将具有挥发性异常风味物质除掉，首先将稀奶油加热到 78℃，然后输送至真空机，其真空室的真空度可以使稀奶油在 62℃ 时沸腾。当然这一过程也会引起挥发性成分和芳香物质逸出。

3. 杀菌及冷却

杀菌温度直接影响奶油的风味。应根据奶油种类及设备条件来决定杀菌温度。脂肪的导热性很低，能阻碍温度对微生物的作用；同时为了使酶完全破坏，有必要进行高温巴氏杀菌。一般可采用 85 ~ 110℃、10 ~ 30s 的巴氏杀菌，但是还应注意稀奶油的质量。例如稀奶油含有金属气味时，就应该将温度降低到 75℃，10min 杀菌，以减轻它在奶油中的显著程度。如果有特异气味时，应将温度提高到 93 ~ 95℃，以减轻其缺陷。

4. 稀奶油的物理成熟

稀奶油中的脂肪经加热杀菌融化后，为了使后续搅拌操作能顺利进行，保证奶油质量（不致过软及含水量过多）以及防止乳脂肪损失，需要冷却至奶油脂肪的凝固点，以使部分脂肪变为固体结晶状态，这一过程称之为稀奶油物理成熟。通常制造新鲜奶油时，在稀奶油冷却后，立即进行成效；制造酸性奶油时，则在发酵前或后，或与发酵同时进行。成熟时间与温度的关系如表 11 - 2 所示。

表 11 - 2   稀奶油成熟时间与冷却温度关系

温度/℃	保持时间/h
2	2 ~ 4
4	4 ~ 6
6	6 ~ 8
8	8 ~ 12

脂肪变硬的程度决定于脂肪成熟的温度和时间,随着成熟温度的降低和保持时间的延长,大量脂肪变成结晶状态(固化)。成熟温度应与脂肪的最大可能变成固体状态的程度相适应。夏季3℃时脂肪最大可能的硬化程度为60% ~70%;而6℃时为40% ~55%。在某种温度下脂肪组织的硬化程度达到最大可能时称为平衡状态。通过观察证实,在低温下成熟时发生的平衡状态要早于高温下的。例如:在3℃时经过3 ~4h 即可达到平衡状态;6℃时要经过6 ~8h;而在8℃时要经过8 ~12h。如果在规定温度及时间内达到平衡状态是因为部分脂肪处于过冷状态,在稀奶油搅拌时会发生变硬情况。实践证明,在13 ~16℃时,即使保持很长时间也不会使脂肪发生明显变硬现象,这个温度称为临界温度。

稀奶油在过低温度下进行成熟会造成不良结果,会使稀奶油的搅拌时间延长,获得的奶油团粒过硬,有油污。而且保水性差,同时组织状态不良。稀奶油的成熟条件对以后的全部工艺过程有很大影响,如果成熟的程度不足时,就会缩短稀奶油的搅拌时间,获得的奶油团粒松软,油脂损失于酪乳中的数量显著增加,并在奶油压炼时会给水的分散造成很大的困难。在夏季,当乳脂肪中易于溶解的甘油酯含量增加时,要求稀奶油的物理成熟更为透彻。

(三)奶油的制取

稀奶油处理后就进入奶油制取工艺。该工艺一般有三个步骤:搅拌、洗涤和压炼。

1. 搅拌

奶油颗粒形成过程中,稀奶油转化为奶油,在机械力的作用下,稀奶油中的脂肪球凝聚成较大的脂肪颗粒,而水相形成酪乳。稀奶油的搅拌是奶油制造的一个重要工艺过程。搅拌的目的是使脂肪球互相聚结而形成奶油粒,同时析出酪乳。此过程要求在较短时间内奶油颗粒形成彻底,且酪乳中残留的脂肪越少越好。达到此目的需注意下列几个因素。

(1)稀奶油的脂肪含量

稀奶油中含脂率的高低决定脂肪球间的距离,稀奶油中含脂率越高则脂肪球间距离越近,形成奶油粒也越快。但如果稀奶油含脂率过高,搅拌时形成奶油粒过快,小的脂肪球来不及形成脂肪粒,使排除的酪乳中脂肪含量增高。一般稀奶油达到搅拌的适宜含脂率为30% ~40%。

(2)物理成熟的程度

成熟良好的稀奶油在搅拌时产生很多的泡沫,有利于奶油粒的形成,使流失到酪乳中的脂肪明显减少。搅拌结束时奶油粒大小的要求随含脂率而异。一般含脂率低的稀奶油为2 ~3mm,中等含脂率的稀奶油为3 ~4mm,含脂率高的稀奶油为5mm。

(3)搅拌的最初温度

实践证明,稀奶油搅拌时适宜的最初温度是,夏季为8 ~10℃,冬季为11 ~14℃。若比适宜温度过高或过低时,均会延长搅拌时间,且脂肪的损失增多。稀奶油搅拌时温度在30℃以上或5℃以下,则不能形成奶油粒,必须调整到适宜的温度进行搅拌才能形成奶油粒。

(4)搅拌机中稀奶油的添加量

搅拌时,如搅拌机中装的量过多或过少,均会延长搅拌时间。一般小型手摇搅拌机要装入其体积的30% ~ 36%,大型电动搅拌机装入50%为适宜。如果稀奶油装得过多,则因形成泡沫困难而延长搅拌时间,但最少不得低于20%。

(5)搅拌的转速

稀奶油在非连续操作的滚筒式奶油搅拌机中进行搅拌时,一般采取4000r/min左右的转速。如转速过快或过慢,均延长搅拌时间(连续操作的奶油制造机例外)。

2. 洗涤

奶油粒形成后,一般漂浮在酪乳表面,洗涤的目的是为了将奶油与酪乳尽快分离,同时除去奶油粒表面的乳糖、蛋白质、盐类等残余物和调整奶油的硬度,而且能够使用有异常气味的稀奶油制造奶油时,部分气味消失。但水洗会减少奶油粒的数量。

水洗用的水温在3 ~ 10℃,可按奶油粒的软硬、气候及室温等决定适当的温度。一般夏季水温较低,冬季水温稍高。水洗次数为2 ~ 3次。稀奶油的风味不良或发酵过度时可洗3次,通常2次即可。如奶油太软需要增加硬度时,第一次的水温应较奶油粒的温度低1 ~ 2℃,第二次、第三次各降低2 ~ 3℃。水温降低过急时,容易产生奶油色泽不均匀,每次的水量以与酪乳等量为原则。

奶油洗涤后,有一部分水残留在奶油中,所以洗涤水应是质量良好,符合饮用水的卫生要求。细菌污染的水应事先煮沸再冷却,含铁量高的水易促进奶油脂肪氧化,需加注意。如用活性氯处理洗涤水时,有效氯的含量不应高于200mg/kg。

3. 压炼

经过洗涤后奶油仍然是颗粒状的,颗粒之间有一定的空隙,因此有水分和空气,这些水分在奶油颗粒之间形成许多通道并向各个方向扩散,压炼的目的是为使奶油粒变为组织致密的奶油层,使水满分布均匀。如果在奶油中加盐,还可以使食盐全部溶解,并均匀分布于奶油中。同时调节水分含量,即在水分过多时排除多余的水分,水分不足时,加入适量的水分并使其均匀吸收。

新鲜奶油在洗涤后立即进行压炼,应尽可能完全地除去洗涤水。奶油压炼一般分为三个阶段。压炼初期,被压榨的颗粒形成奶油层,同时,表面水分被压榨出来。此时,奶油中水分显著降低。当水分含量达到最低限度时,水分又开始向奶油中渗透。奶油中水分含量最低的状态称为压炼的临界时期,压炼的第一阶段到此结束。压炼的第二阶段,奶油水分逐渐增加。在此阶段水分的压出与进入是同时发生的。第二阶段开始时,这两个过程进行速度大致相等。但是,末期从奶油中排出水的过程几乎停止,而向奶油中渗入水分的过程则加强。这样就引起奶油中的水分增加。压炼第三阶段奶油的水分显著增高,而且水分的分散加剧。根据奶油压炼时水分所发生的变化,使水分含量达到标准化,一般要先快速检测压炼奶油的含水量,如果水分过低,需要进行补水,需要添加水量可以根据式(11 - 1)计算:

$$X = \frac{M(A - B)}{100} \tag{11 - 1}$$

式中:X——不足的水量,kg;

　　　M——理论上的奶油质量,kg;

　　　A——奶油中允许的标准水分,%;

　　　B——奶油中含有的水分,%。

三、奶油的连续化生产

奶油的连续式生产方法是在19世纪末开始采用,20世纪40年代得到发展,逐步普及。特别是Fritz和Eisenreich提出的加工方法与以前手工作坊和分批式搅拌法生产工艺很接近,最终产品性质也十分相似,因此Fritz法仍然是工业上使用最多的奶油连续生产工艺,尤其是在西欧。此法生产的奶油水分更细微、均匀,但奶油表面较粗糙和较稠密,其他与传统方法生产的奶油基本一致。稀奶油从成熟灌中进入连续奶油制造机之前,制备方法与传统稀奶油制造方法基本相同。

图11-1为一连续奶油制造机的截面图。稀奶油首先加到双重冷却的装有搅打设施的搅拌筒[1]中,搅打设施由一台变速马达带动。在搅拌筒中,进行快速转化,当转化完成时,奶油团粒和酪乳通过分离口[2],也叫第一压炼口,在此奶油与酪乳分离。奶油团粒在此用循环冷却水洗涤。在分离口,螺杆把奶油进行压炼,同时也把奶油输送到下一道工序。

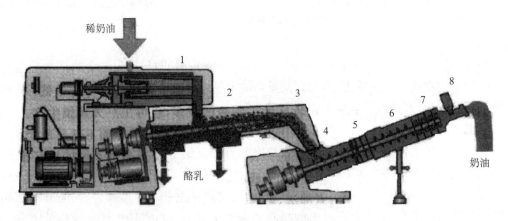

1——搅拌筒;2——第一压炼区;3——榨干区;4——第二压炼区;5——喷射区;
6——真空压炼区;7——最后压炼区;8——水分控制设备。

图11-1　连续奶油制造机工作原理

在离开压炼工序时,奶油通过一锥形槽道和一个打孔的盘,即榨干区[3]以除去剩余的酪乳,然后奶油颗粒继续到第二压炼区[4],每个压炼区都有自己不同的马达,使它们能按不同的速度操作以得到最理想的结果,正常情况下第一阶段螺杆的转动速度是第二段的两倍。紧接着最后压炼阶段可以通过高压喷射器将盐加入到喷射区[5],下一个阶段是真空压炼区[6],此段和一个真空泵连接,在此可将奶油中的空气含量减少到和传统制造奶油的空气含量相同。最后压炼区[7]由4个小区组成,每个区通过一个多孔的盘相分隔,不同大小的孔盘和不同形状的压炼叶轮使奶油得到最佳处理。第一小区也有一喷射器用于最后调整水分含量,一旦经过调整,奶油的水分含量变化限定在0~0.1%的范围内保证稀奶油的特性保持不变。

四、重制奶油

重制奶油是用质量较次的奶油或稀奶油进一步加工制成的水分含量低,不含蛋白质的奶油。这种奶油在我国牧区手工制造的较多,也可工厂大规模生产。由于是利用质量较次的原料制造出不用冷藏也可以较长时间保存而不变质的奶油,是充分利用乳源和提高奶油保存的一种方法,尤其在交通条件不便的地区很适用,这种奶油在少数民族地区叫做黄油,或者叫做酥油。

重制奶油的生产方法有:煮沸法、熔融静置法和熔融离心分离法三种。其中煮沸法用于小型生产,其方法是:稀奶油搅拌分出奶油粒后将其放入锅内或者把稀奶油直接加入锅内,以慢火较长时间煮沸,使其中水分蒸发,随着水分的减少和温度的升高,蛋白质逐渐析出,煮至油面上的泡沫减少即可停止煮沸(注意不要煮过头,否则油色变深),静置降温,使蛋白质沉淀后将上部澄清之油装入马口铁罐或木桶即为成品。此法生产的奶油具有特有的奶油香味。

其他两种方法可用于较大规模的工业化生产。即把奶油在夹层缸内加热熔融后加温至沸点。如用的是稍变质有异味的奶油,则保持一段沸腾时间,使部分水分蒸发的同时挥发除去其中的异味,停止加温再冷却静置使水分、蛋白质分层沉陷在下部或者用离心分离机将奶油与水和蛋白质分开,将奶油装入包装容器。

重制奶油含水分不超过2%。它的突出优点是在常温下保持其质量的时间比甜性奶油长得多。此种奶油可用于直接食用或烹调及食品加工。

五、奶油的质量控制

成品奶油的贮藏温度不同,可保存的期限也不同,在 -20℃ 可以保存 2 年,而在20℃则只能保存 10 天。在贮藏时必须密封、避光、防止水分蒸发及氧化反应。奶油中的脂肪酶与细菌是引起贮藏期变质的主要原因,一些重金属元素,比如铜可以导致脂肪自动氧化反应,而奶油中的铜含量却主要取决于工艺。

(一)奶油的外观与颜色

天然奶油为细腻光滑的淡黄色外观,这是人造奶油无法比拟的。品质优良的奶油应该是洁净、无油渍的。表面发霉,有时出现黑包或赤色。奶油的黄色主要是脂溶性的 β - 胡萝卜素产生的,它主要来源于绿色植物或青贮饲料,如果饲料中含胡萝卜素较低,奶油的颜色就会淡,甚至是白色,所以夏季奶油的颜色要比冬季深。

(二)奶油的风味

奶油的风味非常复杂,其缺陷中风味指标特别重要。原因主要是由原料质量不符合要求,加工技术不完善和保存条件不良所造成的。如水分多可能是稀奶油物理成熟不够,搅拌时间长,搅拌温度及洗涤水温度高,压炼时洗涤水未放完等原因;有咸味是加盐过量,不均匀;平淡无味则为过废中和,水洗不当,原料乳不新鲜等造成的;对于奶油中的异味,其产生原因多与氧化作用有关,如金属味、油腻味、鱼腥味、肥腻味等,还有一些杂质和细菌污染发霉也会产生不良风味。

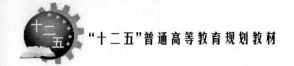

(三)奶油的质地与口感

奶油具有非常特别的质地,比如在15℃左右奶油显示出一定的可塑性与坚实感,这种质地特性决定了奶油具有特殊的口感,这种口感是非乳制品无法比拟的。当奶油刚入口时,其特殊质地就被我们口腔所感知,随后立即融化,转化为水包油型乳状液,同时释放其全部潜在的挥发性和水溶性的风味物质,在脂肪融化时还需要吸收热量,因此还会产生一种愉快的凉爽感,最后咽下后,余味却没有油腻感,这就是奶油独特的口感。

当然奶油的这些特殊的质地和口感都是奶油的组成和物理特性所造成的,所以这些特性就会受到加工工艺的影响。例如,脂肪含量决定奶油的坚实程度,微观结构决定其光滑度。在许多国家,奶油的结构和口感是划分等级的,奶油质地和结构上的缺陷,很多已经有了明确的定义(如IDF的标准99C和美国农业部1989标准),如坚实度可以定义为"易碎程度"、融化后的感觉分为"粉末感"或者"颗粒感"等。

(四)涂抹性

奶油的涂抹性可以通过感官评定或硬度测定来评定等级。感官评定因为带有很大的随意性和不确定性,现在国际乳品联合会(IDF)推荐的方法主要是硬度测量,其基本方法是用特定直径的线在一定速度下切口一定大小奶油所用的力(以N表示)。如德国标准DIN 10331中使用的方法为用0.3mm的线在0.1mm/s的速度切开边长25mm正方体的奶油所需要的作用力。奶油的涂抹性还与奶油中固体脂肪的含量有直接关系,只有奶油中固体脂肪含量为13% ~ 45%时才能获得良好的涂抹性。所以奶油的涂抹性主要会受到饲料、泌乳期、物理成熟以及加工操作的影响。

 复习思考题

1. 什么是稀奶油、奶油和无水奶油?它们之间是如何区别的?
2. 简述稀奶油的一般加工工艺。
3. 简述奶油生产的基本原理和流程。
4. 简述连续奶油连续生产的工艺。

第十二章　干酪的加工

第一节　干酪的概述

一、干酪的概念

联合国粮农组织和世界卫生组织(FAO/WHO)对干酪作了如下的定义:干酪是以乳、稀奶油、脱脂乳或部分脱脂乳、酪乳或这些产品的混合物为原料,经凝乳酶或其他凝乳剂凝乳,并排除部分乳清而制得的新鲜或经发酵成熟的产品。

二、干酪的种类

国际上通常把干酪扩展为三大类,即天然干酪(Natural Cheese)、融化干酪(processed cheese)和干酪食品(cheese food),这三类干酪的主要规格如表12-1所示。

表 12-1　天然干酪、融化干酪和干酪食品的主要规格

名称	规格
天然干酪	以乳、稀奶油、部分脱脂乳、酪乳或混合乳为原料,经凝固后,排除乳清而获得的新鲜或成熟的产品,允许添加天然香辛料以增加香味和滋味。
融化干酪	用一种或一种以上的天然干酪,添加食品卫生标准所允许的添加剂(或不加添加剂),经粉碎、混合、加热融化、乳化后而制成的产品,含乳固体40%以上。此外,还要下列2条规定: 1. 允许添加稀奶油、奶油或乳脂以调整脂肪含量; 2. 为了增加香味和滋味,所添加的香料、调味料及其他食品必须控制在乳固体的1/6以内。但不得添加脱脂奶粉、全脂奶粉、乳糖、干酪素以及不是来自乳中的脂肪、蛋白质及碳水化合物。
干酪食品	用一种或一种以上的天然干酪或融化干酪,添加食品卫生标准所允许的添加剂(或不加添加剂),经粉碎、混合、加热融化而制成的产品,产品中干酪比例须占50%以上。此外,还规定: 1. 所添加香料、调味料或其他食品须控制在产品干物质的1/6以内。 2. 添加的非乳脂肪、蛋白质、碳水化合物不得超过产品的10%。

在众多乳制品中,干酪的种类最多。由于各地区加工方法和成熟方法的不同,形成各具特色的干酪品种。据不完全统计,全世界共有干酪900余种,其中较著名的品种有400多种,然而,有些区别仅体现在干酪的大小、包装方法、原产地或名称的不同,某些干酪的加工方法、风味、质地也很相似。以往干酪依据原产地、制造法、硬度、成熟方式等分类,Davis于1965年以制造法为主要标准将干酪分为16类。Burkhalter于1971年代表IDF对干酪的分类进行了广泛的研究,他根据原料奶的不同、干酪的加工方法、干酪外观和内部特点、干酪的成分,将干酪分为395个品种。

国际乳品联合会(IDF,1972)提议干酪可以按其水分含量为标准分为硬质、半硬质、软质和再制干酪四种,也可依其成熟的特征或干物质中的脂肪含量来分类。目前一般的分类是基于干酪硬度与成熟特征,见表12-2。

表12-2 主要的干酪品种

干酪类型		与成熟有关的微生物	MNFM(%)（水分含量）	主要品种	原产地
天然干酪	软质干酪	不成熟	61～69（40～60）	农家干酪(cottage cheese) 稀奶油干酪(cream cheese) 里科塔干酪(ricotta cheese)	美国
		细菌成熟		比利时干酪(limburg cheese) 莫兹瑞拉干酪(mozzarella cheese)	比利时 意大利
		霉菌成熟		法国浓味干酪(camembert cheese) 布尔干酪(brie cheese)	法国
	半硬质干酪	细菌成熟	54～63（38～45）	砖状干酪(brick cheese) 修道院干酪(trappist cheese)	德国
		霉菌成熟		法国羊奶干酪(roquefort cheese) 青纹干酪(blue cheese)	丹麦、法国
	硬质干酪	细菌成熟	49～56（30～40）	哥达干酪(gouda cheese) 荷兰硬质干酪(edam cheese)	荷兰
		细菌成熟（丙酸菌）		埃门塔尔干酪(emmenthal cheese) 瑞士干酪(swiss cheese)	瑞士、丹麦
	特硬干酪	细菌成熟	<41（30～35）	帕尔门逊干酪(parmesan cheese) 罗马诺干酪(romano cheese)	意大利
再制干酪			（40以下）	加工干酪(processed cheese) 融化干酪(melted cheese) 干酪食品(cheese food)	—

表面上看,干酪上千差万别,但在生产过程中还是可以找到许多共同的特征,正是有了这些基本的相似点,才得以在本章中继续探讨干酪制造中的基本问题。

三、干酪的营养价值

干酪含有丰富的营养成分,主要为乳蛋白质和脂肪,仅就此而言,相当于将原料乳中的蛋白质和脂肪浓缩10倍(指硬质干酪)。干酪中的蛋白质经过发酵成熟后,由于凝乳酶和发酵剂微生物产生的蛋白分解酶的作用而形成陈、肽、氨基酸等可溶性物质,极易被人体消化吸收。干酪中蛋白质的消化率为96%～98%。

此外,干酪所含的钙、磷等无机成分,除能满足人体的营养需要外,还具有重要的生理功能。干酪中的维生素类主要是维生素A,其次是胡萝卜素、B族维生素如尼克酸等。干酪的生物学价值极高,是公认的营养和功能性保健食品,其食用方便,符合当今食品消费趋势,是乳制品中生产和消费量持续增长的少数几种乳制品之一。

四、干酪的理论产率

干酪的产率受原料牛乳组成及制造技术的影响。牛乳中蛋白质含量低时,干酪的产率就低。在制造方法上,由于杀菌温度、凝块切割、加温方法的不同,会使乳中部分干物质流失于乳清中,并使干酪的含水量不一致。此外,成熟过程中,水分蒸发和包装处理方法等也影响干酪的产率。

1. 干酪的实际产率[见式(12-1)]

$$干酪的实际产率(\%) = \frac{干酪质量}{乳的质量 - 发酵剂质量 - 盐的质量} \times 100\% \qquad (12-1)$$

2. 水分调整后的干酪产率(MACY)[见式(12-2)]

$$MACY(kg/100kg) = 干酪的实际产率 \times \frac{100 - 干酪的实际水分含量}{100 - 参照的水分含量} \qquad (12-2)$$

3. 干酪产率的预测

预测各种干酪产率的公式是范斯莱克公式[见式(12-3)],它是由范斯莱克于1936年从Cheddar干酪的产率中分析得来的。

$$干酪产率 = \frac{(0.93 \times 脂肪\% + 酪蛋白含量 - 0.1) \times 1.09}{1.00 - 成品含量} \qquad (12-3)$$

第二节 天然干酪的一般加工工艺及质量控制

市场上现售的各种干酪都是经过杀菌、凝乳、堆酿、成型几个主要步骤而生产的,工艺上大同小异,本文主要以切达干酪为例介绍干酪的基本工艺流程。

一、工艺流程

原料乳→验收→预处理→杀菌(63℃,30min)→冷却→添加发酵剂发酵→加氯化钙→添加凝乳酶→凝乳→切割→搅拌→加热→保温→第一次排乳清→静置→第2次排乳清→堆酿→粉碎→加盐→装模→压榨→脱模→包装→成熟→出库

二、质量控制

(1)原料乳的预处理:原料乳的预处理包括计量、净乳、标准化等工序。

(2)杀菌和冷却:将原料乳加热至温度63℃,保持30min,然后冷却到36℃左右。杀菌的主要目的是杀死有害菌和致病菌,同时也钝化了乳中的酶类,并使部分蛋白质变性,改善了牛奶的凝乳性,但杀菌的温度变化不能太强烈,否则会影响凝乳和干酪最终的水分含量。原料乳杀菌后,要求冷却至30~32℃,有利于发酵剂的生长产酸。

(3)添加发酵剂:发酵剂的添加量为0.05g/L,在36℃左右的温度下加入发酵剂,并充分搅拌3min。添加发酵剂使乳糖发酵产生乳酸,牛乳发酵产酸可提高凝乳酶的凝乳性并利于乳清的排出。

(4)添加氯化钙:加入物料质量0.02%的氯化钙溶液。在加入前,先将氯化钙用其3倍质

量的蒸馏水溶解,加热至温度90℃并自然冷却后加入。添加氯化钙的目的是为了提高牛乳蛋白质的凝结性,减少凝乳酶的用量,缩短凝乳时间,并利于乳清排出。

(5)添加凝乳酶和凝乳:牛乳凝结是干酪生产的基本工艺,它通常是通过添加凝乳酶来完成的。在干酪的生产中,添加凝乳酶形成凝乳是一个重要的工艺环节。一般,发酵20~40min后,凝乳酶的添加量是物料质量的0.004%,用1.5%的食盐水将凝乳酶配成2%的溶液,并在36℃下保温25min。然后加入到乳中,充分搅拌均匀(3min)后静止。20min后开始观察。凝乳分两个阶段:即酪蛋白被凝乳酶转化为副酪蛋白,以及副酪蛋白在钙盐存在的情况下凝固。或者说,在凝乳酶的作用下,酶蛋白胶态分子团变化,形成副酪蛋白,副酪蛋白吸收钙离子,钙离子又使副酪蛋白和乳清形成网状物。钙离子是形成凝结物时不可缺少的因子,这就是添加氯化钙可以改善牛乳凝结能力的原因。

(6)凝块的切割凝乳终点的判定:加入凝乳酶20min后,开始观察判定凝乳终点,并用刀切割凝块,当其断面光滑、平整,有清晰乳清析出时,即为凝乳终点。凝乳时间一般控制在20~35min。

(7)切割:用切割刀将凝块切割成0.5~1.0cm³的小块。凝块切割后(此时测定乳清的pH),开始轻轻搅拌。此时凝块较脆弱,应防止将凝块碰碎。切割的目的在于切割大凝块为小颗粒,从而缩短乳清从凝块中流出的时间,并增加凝块的表面积,改善凝块的收缩脱水特性。正确的切割对成品干酪的品质和产量都有重要意义。

(8)搅拌和加温:在搅拌凝乳粒的同时还要升温,其目的是促进凝乳粒收缩脱水,排出乳清,使凝乳变硬,形成稳定的质构。切割后的凝乳颗粒要进行缓慢的搅拌,10min后开始加热。搅拌加热时间模式为:加温速度控制为每3~5min升温1℃,同时温度每上升1℃搅拌速度可适当加快,直至25~35min内升温38~39℃时停止加热并维持此时的温度。在整个升温过程中应不停的搅拌,以促进凝块的收缩和乳清的渗出,防止凝块沉淀和相互粘连。加热必须缓和,以免凝乳颗粒表面收缩,妨碍脱水作用,造成干酪含水量过高;加热必须伴有强力的搅拌,以防止凝块颗粒沉淀到底部。

(9)保温:保温的时候搅拌速度应该保持不变。

(10)第1次排出乳清:当乳清的pH达到6.3时开始排乳清,第一次排出大约一半的乳清,搅拌3~5min。

(11)静置:停止搅拌,取下搅拌器,静置沉降约20min。

(12)第2次排乳清:静置的后期,当pH值达到5.5时,凝块收缩至原来的一半(豆粒大小),用手捏干酪粒感觉有适度弹性或用手握一把干酪粒,用力压出水分后放开,如果干酪粒富有弹性,搓开仍能重新分散时,即可排除乳清。乳清由干酪槽底部通过金属管道排出。此时将干酪粒堆积在干酪槽的两侧,促进乳清的排出。乳清排出后,将干酪粒堆积在干酪槽的两侧。

(13)堆酿:保持夹层水的温度为38~40℃,观察凝乳粒被充分黏合后,将凝乳块切成约20cm宽的块,然后每隔10min翻转、堆积1次,每翻转1次向上堆1层,当凝块的pH值为5.25左右时翻转结束。这个步骤把凝乳块切成砖块,并不断翻转,在10~15min之后,把它们一块块堆叠起来。重复地翻转堆叠会使切达干酪具有特有的纹理特征。这样能通过个体凝乳粒的相互挤压,排出部分乳清,同时促进乳酸菌进一步生长产酸。

(14)切碎、加盐:堆酿完成后,将干酪切成1.5~2.0cm³左右的小方块后加盐。食盐的添加量为1.5%,采用干盐法,将所需的食盐撒布在干酪上,搅拌均匀,使盐彻底溶解。

（15）入模、压榨：将切碎、加盐后的干酪块,装入干酪模中进行定型压榨。干酪模周围设有小孔,由此渗出乳清。在内衬网的干酪模内装满干酪块后,放在压榨机上进行压榨定型。先进行预压榨,压力为5Pa,时间为2h。预压榨后取下整形,然后以7Pa的压力正式压榨16h。

（16）脱模、真空包装：将压榨好的干酪装进真空袋中用真空包装机抽真空包装。脱模包装时所有平台操作人员的手、臂,必须严格用质量分数为$200×10^{-6}$的次氯酸钠溶液消毒。真空包装一定要严密。

（17）将包装严密的干酪及时置于冷藏柜(温度8~12℃)中,成熟6个月。在乳酸菌等有益微生物和凝乳酶的作用下,使干酪发生一系列的生物化学和流变学变化。可以改善干酪的组织状态和营养价值,增加干酪的特有风味。

（18）干酪成熟是指在一定温度、湿度和一段时间内,干酪中的蛋白质、脂肪和碳水化合物在微生物和酶的作用下形成风味物质。

第三节　干酪加工新技术

一、荷兰干酪的机械化生产工艺

（一）埃德姆干酪(Edam cheese)

荷兰干酪主要包括埃德姆干酪(Edam cheese)和高达干酪(Gouda cheese)等。

埃德姆干酪即Edam cheese,又称荷兰硬质干酪,原产于荷兰,通常被制成扁球和方形,典型的尺寸如直径30cm×13.5cm,重4~4.5kg和直径25cm×11cm,重2~2.5kg,其他的尺寸也有,比如0.6~5kg。干酪由于脂肪含量不同也分很多种,例如按照干物质脂肪含量30%、40%、45%和50%来分。牛乳脂肪通常需要标准化,典型的例子如:30%脂肪含量的干酪,牛乳脂肪应当是1.6%;40%脂肪含量的干酪,牛乳脂肪应当是2.6%;45%脂肪含量的干酪,牛乳脂肪应当是3.0%。

1. Edam干酪的工艺流程

原料乳→标准化→杀菌→冷却→添加发酵剂→加入氯化钙→加凝乳酶→凝块切割→搅拌→排出乳清→浸洗→排乳清→成型压榨→盐渍→真空包装→干燥→成熟

2. Edam干酪操作要点

（1）原料乳:由于干酪较高的pH,需要使用卫生质量高的牛乳并调整原料乳脂肪率2.5%。

（2）热处理:71.6℃,15~30s高温短时间热处理。然后将牛乳冷却到30℃;夏天的时候温度更低。

（3）添加剂:以溶液加入0.02% $CaCl_2$和0.005%~0.02%硝酸钠。

（4）发酵:当温度为30℃时添加0.5%~1%发酵剂。20~30min后,滴定酸度为0.155%~0.165%。

（5）凝乳:每100L牛乳加入粉状凝乳酶2.7~3.0g或者凝乳酶提取物18~22mL。凝乳温度30~31℃,30min后凝块切割。

（6）切割:凝块切割成边长1cm立方体小块。持续搅拌15~30min使凝块漂浮在乳清中,静置,排出一半的乳清。

(7)热烫:加 50~60℃ 热水,接近最初物料体积,并且要一直搅拌。通过喷淋方式加热水,物料最终温度 36~37℃。(注:热水不能熔化凝块。这时乳清的滴定酸度 0.07~0.09% 。)持续搅拌直到凝块变硬,pH 为 5.3~5.4,搅拌大约 40min,这时让凝块沉降。

(8)排乳清:放置平板压实凝块,然后排乳清。

(9)入模:将凝块切放入衬有干酪布的模具。填满模具然后盖好顶盖以待压制。

(10)压制:干酪在 10~15kg/cm² 压力下压榨 3h。压制期间要进行翻转(有时也浸在热乳清里,温度为 48℃)。干酪翻转和重新压榨一整夜(15~25kg/cm²),温度要保持在 15~20℃。

(11)腌制:干酪浸没在盐水中(浓度 22%~25%),在温度 16℃ 下需要 2~3d,在 12~14℃ 要 3~4d,在温暖的房间晾干干酪外皮。

(12)成熟:干酪在 12~14℃ 要成熟 3~4 周。干酪外皮清洗干净等待上蜡。出口的干酪包有红蜡,上蜡的温度为 120~140℃。干燥后在 8~10℃ 储藏。销售时干酪也可以用薄膜和锡纸包装。根据大小和成熟温度一般成熟 3~8 周。

3. Edam 干酪特征

(1)外皮:光滑,平整,皮薄。在成熟期间有可能因为霉菌污染变青色。销售时多包有多乙酸乙烯酯,而出口用的干酪包有红色蜡壳。

(2)凝块:乳白色到微黄色,暗淡的切面。

(3)质构:有弹性,柔软,较高达干酪稍软。少量的气孔,从圆到椭圆,豌豆大小。

(4)风味和香味:非常柔和,不酸,纯净的风味。

(二)高达干酪(Gouda cheese)

Gouda 干酪是被称为干酪之国的荷兰最负盛名的硬质干酪之一,原产于荷兰鹿特丹的 Gouda 村,最早在 13 世纪时便开始生产。它以牛乳(也可以是羊乳)为原料制作,是制造融化干酪的最好原料。干酪成品质地细致,气味温和,奶油味浓郁,成熟时间越久,味道越强烈。Gouda 干酪含有丰富的蛋白质、脂肪、多种维生素及矿物质,营养价值高且风味柔和,易受国人接受。同时,随着我国经济发展和生活水平的提高,人们对高档乳制品,尤其是干酪的需求将以每年 50% 以上的速度快速增长,然而,我国干酪 80% 左右依靠进口。在我国,干酪主要以再制干酪为主,而 Gouda 干酪是制造融化干酪的最好原料。加强 Gouda 干酪工艺和促熟方式的研究,有利于降低再制干酪的成本,对发展我国干酪产业、促进干酪产业化,扭转大量依赖进口的局面,具有十分重要的意义。

1. Gouda 干酪工艺流程

原料乳过滤→标准化→巴氏杀菌→冷却→加发酵剂、氯化钙、硝酸钾→预酸化→加凝乳酶→凝乳→切割→搅拌→排乳清→加入 60℃ 热水使凝乳温度升高到 34℃→搅拌→排乳清→第二次加入热水使凝乳温度升高到 38℃→搅拌→排乳清→堆酿→压榨成型→正式压榨→冷却→浸盐干燥→涂层(真空包装)→成熟

2. 操作要点

(1)原料乳:①色泽风味良好、无异常,不得有不洁味,原料奶必须新鲜;②72°酒精试验呈阴性;③酸度 18°T 以下,pH 值在 6.7~6.8 之间;④总干物质 11.2% 以上,蛋白质 2.95% 左右,脂肪含量 3.1% 以上;⑤微生物小于 $50×10^4mL^{-1}$;⑥抗菌素实验为阴性。

(2)标准化:将牛乳的乳脂率调整为 3.0%,使 C∶F=0.76。脂肪调节后要对原料奶净乳

（最好采用离心除菌），主要为了去除乳中的杂质和细菌。由于高达干酪需排出大量乳清，所以不需要均质，因为均质抑制乳清排出。净乳后要进行杀菌，要求巴氏杀菌，一般杀菌的目的是为了杀死乳中的微生物和去除乳中的酶类和病原菌，同时可以使产品质量稳定，提高干酪生产率，在生产中还可以很容易控制指标，特别是酸度的控制更为准确。当原料奶杀菌后要求冷却到30℃，有利于发酵剂的酸生成。

（3）杀菌：采用低温巴氏杀菌（63℃，30min），以杀灭原料乳中绝大多数的细菌，杀死病原微生物，灭活乳中的部分酶类，使蛋白质适度变性，便于凝乳。

（4）加发酵剂、氯化钙、硝酸钾、凝乳酶、凝乳：将杀菌后的原料乳冷却至30℃，并按原料乳量的0.001%加入直投式混合发酵剂，搅拌均匀后，酸度达0.18%时，此时pH约为6.44，添加0.01%氯化钙和0.02%硝酸钾和由2%食盐水溶解的1%凝乳酶溶液，添加量由凝乳酶活力决定，搅拌5min后静置凝乳35min左右。

（5）切割、搅拌、热缩、排乳清：当凝乳达到一定硬度后，开始切割。用干酪刀将凝乳切成0.8cm的小方块，然后在原温度下保持5min，再缓慢搅拌10~15min，排掉大约1/3乳清，添加60℃的热水将温度在5min内缓慢升高至34℃，并进行缓慢的连续搅拌，持续约15min，以促进凝块的收缩，再排掉约1/3乳清后添加60℃的热水将温度在5min内缓慢升高至38℃，持续搅拌15min后排完乳清。过程中排乳清是酪蛋白分子的重整过程，水分从酪蛋白网状结构空隙中被挤出，可以最终形成一个紧密的酪蛋白网状结构。影响排乳清的最重要因素是温度、切割后的pH值下降（产酸速度）及压力。切割凝乳后pH值下降愈大，将会有越多的乳清排出，在切割后漂烫的温度越高，凝块水分越低。排乳清后要对凝块边搅拌边加温。

（6）堆酿：当排除所有的乳清后，此时乳清pH约为5.8；将干酪粒堆酿30min左右，使其pH达到5.5时为止。压榨30min，使乳清进一步排出。

（7）预压榨：凝乳块堆酿成形后装入模具。用布包好后装入模具进行预压榨，每个模具装干酪11~12kg，模具的底部带孔的不锈钢锅，还有2个带孔的不锈钢盖。用布包好后装入模具进行压榨，目的在于使凝乳形成特定形状；迫使乳清流出；在压力的作用下使凝乳粒迅速结合。预压榨30min，使干酪形成特定形状。

（8）正式压榨：干酪预压榨成形后，把干酪翻个，进行正式压榨，压榨12h。干酪压榨的目的在于使松散凝乳颗粒成型为紧密的能包装的固定形状，同时排出游离的乳清。压榨前凝块温度要降低，低于液体脂肪的固化温度，夏季降至24℃，冬季降至26℃，否则脂肪将排出损失于乳清中。要想获得致密凝乳块压榨的压力应在85~95kPa，有条件要抽真空，有利于冷却凝乳。高达干酪一般正式压榨90min左右即可。

（9）冷却：把压榨后的模具放入冷水中，进行冷却，这样凝乳粒吸收残留在其间隙中的乳清，然后膨胀，以促进凝乳粒完全融合。如果干酪未经冷却就浸盐，会出现"外皮发酵"。冷却12h，然后取出浸渍。

（10）浸盐：干酪块冷却后需浸盐，目的是调整干酪中的酸生成，赋予干酪咸味，使干酪风味更好。由于渗透压促进乳清排出，防止杂菌的污染。抑制酪酸菌等耐热菌的增殖。此时干酪pH约为5.15。所用盐水浓度为18%，盐水中加0.1% $CaCl_2$ 以防止酪蛋白酸钙转化为可溶的酪蛋白酸钠，因为酪蛋白酸钠有很好的持水性，会使干酪表面变软变黏滑；用乳酸调整盐水的pH值约为5.15。重约300g的干酪需要浸泡6h左右。盐水温度夏天控制在12℃，冬天12~14℃。浸泡过程中要每天翻转干酪块，盐水还要不时的搅拌防止盐水浓度分层。最好每天用比重计测定盐水浓度,保证盐水浓度恒定。干酪取出用干布包好,放在发酵室中,每天换布翻转,4~5d后取下布,涂层,继续成熟。

(11)干酪涂层或包装:干酪表面涂层可以使干酪表面成熟和抑制霉菌生长的作用。干酪在盐浸后进行涂层挂蜡,目的是防止霉菌侵入。也可采用抽真空包装。

(12)干酪的成熟:干酪的成熟指在一定的条件下干酪中所含的脂肪、蛋白质及碳水化合物在微生物和酶的作用下分解并发生某些化学反应,形成干酪特有的风味、质地和组织状态的过程。这一过程在干酪的成熟室中进行。不同品质的干酪对成熟室中的温度和湿度要求不同,成熟的时间也各不相同。Gouda干酪的成熟温度为10~13℃,湿度为75%~85%,成熟时间为3~6个月,在这期间每天翻转擦拭干酪。干酪涂层有裂痕或脱落还要再涂层,避免干酪表面长霉。发酵室要每天消毒,干酪架、发酵室墙壁、棚顶要定期刷洗消毒。

二、干酪加工工艺中的技术革新

1. 超高温杀菌技术

食品工业中,加热杀菌在杀灭和抑制有害微生物的技术过程中占有及其重要的地位。理想的加热杀菌效果应该是在热力对食品品质的影响程度限制在最小限度的条件下,迅速而有效地杀死存在于食品物料中的有害微生物,达到产品指标的要求。超高温杀菌是达到这一理想效果的途径之一。习惯上,加热温度为135~150℃,加热时间为2~8s,加热后产品达到商业无菌要求的杀菌过程为超高温(UHT)杀菌,它最早用于乳品工业牛奶的杀菌作业,可较好地保持牛奶应有的品质。按照物料与加热介质直接接触与否,UHT瞬时杀菌可分为间接式加热法和直接混合式加热法两类。直接混合式加热法高温杀菌过程是采用高热纯净的蒸汽直接与待杀菌物料混合接触,进行热交换,使物料瞬间被加热到135~160℃,此法常用于牛乳的杀菌,分注射式和喷射式两种方式进行。间接式加热高温杀菌是采用高压蒸汽或高压水为加热介质,热量经固体换热壁传给待加热杀菌物料,该方法能较好地保持牛乳原有的风味。超高温加热设备主要有板式换热器、环形套管式换热器、旋转刮板式超高温加热杀菌设备和直接加热式超高温杀菌设备等。

2. 膜分离技术

膜分离技术是建立在高分子材料学基础上的新兴边缘学科高新技术,被誉为20世纪末至21世纪中期最有发展前途、甚至会带来一次工业革命的重大生产技术。它是利用高分子膜对液—液、气—气、液—固、气—固体系中的不同组分进行分离、纯化、富集的一项新技术。由于膜分离具有防止杂菌污染和热敏性物质失活等优点,尤其适用于食品工业,现已广泛应用于乳品业和饮料业。用天然或人工合成的高分子薄膜,以外界能量或化学位差为推动力,对双组分或多组分的溶质和溶剂进行分离、分级、提纯和浓缩的方法统称为膜分离方法。国外将膜技术应用于食品工业首先就是从乳品加工开始的。膜分离技术应用于乳品工业中,可简化生产工艺,降低能耗,减少废水污染,提高乳品综合利用率。目前膜技术在乳品工业中的应用主要有:乳品灭菌及浓缩、乳品的标准化、乳蛋白浓缩、乳清的回收与加工利用等。

纵观膜技术的发展,今后膜与膜过程将在以下几个方面取得进展:新型膜材料和膜结构;新型的膜分离过程;开发具有吸附和催化功能的膜结构;将膜过程与生物、物理、化学过程相结合。总之,膜技术以其特有的优点,正以巨大的潜力和强大的生命力,开创乳品工业乃至整个食品工业的崭新未来。

3. 挤压蒸煮技术

挤压加工作为一种高温、短时的食品加工方法,能连续将输送、压缩、混合、蒸煮、变性、脱水、杀菌、成形、膨化等多种单元操作同时完成。在挤出过程中,一方面食品的营养成分损失较少,另一方面食品的风味和口感得到改善,因此,被列为食品加工新技术。挤压蒸煮在乳制品中应用的主要目的是通过连续加工改善传统制品及其替代物的功能特性和具有新的组织特性的食品的开发。挤压蒸煮加工具有以下特点:同时进行机械处理和热处理的功能;可以在密闭容器内进行连续高温处理;捏合时间短、传热效率高;混炼均匀、卫生清洁,产品可以多样化;可以在较低的水分条件下蒸煮各种食品原料。挤压蒸煮在乳制品中有以下几方面的应用。

(1)在干酪生产中的应用

传统的干酪生产工艺流程复杂,且连续化生产程度低,挤压蒸煮可以进行连续化的加工,干酪组分的混合、熔融、乳化、巴氏杀菌、冷却、凝胶化可以在一台挤压机内连续进行。

(2)在酪蛋白盐生产中的应用

单螺杆挤压机可在较低原料含水率和极短的时间内,完成酪蛋白盐的转化反应过程,使生产成本降低37%。并且利用挤压加工可以有效避免苏打等原料的沉淀,从而得到质量更为精良的酪蛋白盐产品。

(3)在乳清蛋白质改性中的应用

乳清因其高营养价值和功能特性,成为食物中的一项重要成分。在挤压的食物中添加乳清蛋白质能强化其营养性,改善其加工特性和功能特性,具有很高的经济价值。

(4)在乳糖水解和加糖牛奶小吃生产中的应用

研究结果表明,挤压蒸煮技术可以用于乳糖水解也可以用于加糖牛奶小吃的生产中。牛奶蛋白质与其他不同的配料混合可生产出具有特殊功能特性的挤压膨化物。挤压蒸煮加工技术符合人们对食品加工的需要。对挤压蒸煮技术的加工设备和工艺进行全面深入的研究开发具有重要意义。随着对挤压蒸煮加工机理研究的不断深入以及新设备的开发,挤压蒸煮技术必将广泛地应用于乳制品工业中。

4. 高压处理技术

近年来随着高压设备和技术适用性的改善,消费者对安全、营养和新鲜食品需求的增加,以及高压技术在果酱、果汁等食品领域应用的成功,极大地刺激了高压技术在乳及乳制品生产中的研究与应用。高压处理技术很重要的一点是压力处理不破坏食物成分的共价键,因此对食物的营养价值、天然风味和色泽的影响很小,这一点对热敏感的食物如果汁、乳等的加工有重要意义。多数研究证实了100MPa~600MPa的高压作用5~10min可以使一般的细菌和酵母菌减少直至杀灭,但孢子对压力有一定的耐受性,当压力达到600MPa,结合一定的温度处理15~20min则可以实现完全灭菌,高压处理为液体乳的保鲜提供了一个长远的前景。另外,利用高压处理原料乳既可以减少微生物的数量又能保留原料乳中的很多乳酶成分,不仅有利于干酪的成熟和干酪的最终风味,而且可以保证生乳干酪产品的安全。高压引起的变化也不会改变产品在生产过程中的各种操作。研究表明,用300MPa和400MPa的压力处理30min后的牛乳,生产的干酪产量分别增加14%和20%,而乳清中的蛋白量减少7.5%和15%。日本学者对高压改善酸乳质量也进行了不同角度的研究,证实了用200~300MPa的压力作用10min(温度10~20℃)可以防止酸乳包装后因酸度继续增加而导致的乳清分离,这一处理并不改变酸乳原有的质地和活性乳酸菌数量。但压力超过300MPa时活性乳酸菌数量会明显下降。利用高

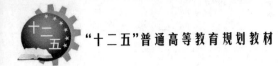

压处理可以加速稀奶油的成熟,利用高压处理可以改变乳的某些理化特性,生产独具特点的新产品已受到广泛重视。

5. 微胶囊技术

所谓微胶囊技术(microencapsulation),是指利用天然的或者合成的高分子包囊材料,将固体的、液体的、甚至是气体的微小囊核物质包覆形成直径在 1 ~ 5000μm 范围内(通常是在 5 ~ 400μm 之间)的一种具有半透明或密封囊膜的微型胶囊的技术。微胶囊技术作为当今世界上的一种新颖而又迅速发展的高新技术,在乳品加工业中主要应用于新型乳制品的开发及干酪生产所用微胶囊酶制剂的制取等。主要用于果味奶粉、姜汁奶粉、可乐奶粉、啤酒奶粉、粉末乳酒、补血奶粉、膨体乳制品的生产;促进干酪早熟;保护免疫球蛋白。微胶囊技术在乳品加工业中除了上述的一些应用外,近年来又被广泛用于 DHA 和益生菌等的包埋处理。DHA 经过微胶囊化的技术处理后,成分鲜活、不易氧化、质量稳定,添加到乳制品中后避免了鱼腥味,从而提高了产品的适口性。乳酸菌和双歧杆菌等益生菌经过蛋白质双层微胶囊化包埋处理后,保证了在胃酸中不被溶解,而在肠液的中性环境下经过 2 ~ 3min 后瞬时释放出来,保证了益生菌在肠道中的定植。经过微胶囊化处理后的益生菌可以防止腹泻和便秘等,被广泛应用于各种功能性乳制品的开发。

6. 超滤及反渗透技术在干酪生产中的应用

利用超滤及反渗透技术处理原料乳,可以将乳中大部分的水分、乳糖、无机盐等物质排出,使蛋白质、脂肪被浓缩,乳蛋白质的利用率达到 94.9%(一般处理法只能利用 78.7%),提高了干酪的收率,且能减少发酵剂和凝乳酶的使用量。成品质量和风味良好。该技术主要被用于软质干酪的生产。

7. 发酵剂的无菌连续培养技术在干酪生产中的应用

发酵剂的常规制备方法既费时间又比较繁琐,而且较难适应大批量连续化生产干酪的需要。在制作过程中容易受到空气中杂菌和噬菌体的污染,影响干酪的正常生产和成品质量。发酵剂的无菌连续化大批生产技术是在封闭无菌的条件下进行发酵剂的培养制备。首先在培养装置上培养母发酵剂,然后由无菌的压缩空气压送到生产发酵剂培养罐中进行培养。经检验合格后,再由无菌压缩空气送出,进行生产接种。该项技术的应用,较好地防止了微生物和噬菌体的二次污染,而且适应了干酪连续化大批量生产的需要。

8. 利用细线加热黏度计自动判定凝乳切割时间的技术

在干酪的生产工艺中,凝块的切割是很重要的工艺环节。特别是切割时机的判定,直接影响乳清的排出和干酪的收率、成品质量等。常规的判定方法是依靠操作人员的感官,如手指等来直观地判定凝乳的状态和切割时机。由于受到个人技术、操作熟练程度的影响,有时会产生某些判定误差。如果采用其他的仪器手段来进行判定,则容易造成对凝乳的破坏。最近在日本开发研制出了利用细线加热黏度计来自动判定凝乳切割时机的新技术。该技术的主要原理是:在原料乳(已添加凝乳酶)中垂直固定一根特殊的金属丝(如白金丝),并接通电流使其发热。当乳的流动性良好时,金属丝所产生的热量及时散发到牛乳中,其本身温度上升较慢。当牛乳开始凝固后,乳的流动性变差,黏度增高,金属丝产生的热量较难传导出去,因而其本身温度开始逐渐升高。利用这一原理,将金属丝的温度变化指标输入终端监视系统中进行处理,进而自动判定乳的凝固状态和切割的最佳时机。由于这项技术的推广应用,在提高干酪的品质和收率的同时,还可以节省劳动,促进干酪生产工艺的自动化。

9. 干酪的自动化连续成型压榨

该项工艺技术是从凝块的加温搅拌结束、进行堆积开始,采用全自动化设备,完成堆积、切碎、装模、压榨定型等工艺操作过程。成型器和模盖等都被固定或安装在设备及传动装置上。除压榨好的干酪被不断送出外,其他包括装填、压榨、模具的 CIP 自动清洗等全部过程均为自动连续操作。

 复习思考题

1. 干酪的概念及分类。
2. 简述天然干酪的生产工艺。
3. 干酪生产的新技术有哪些?

第十二章 干酪的加工

第十三章　冰淇淋和雪糕的生产

冰淇淋是以饮用水、乳品、蛋品、甜味剂、食用油脂等为主要原料,加入适量香料、稳定剂、乳化剂、着色剂等食品添加剂,经混合、灭菌、均质、老化、凝冻等工序或再经成型、硬化等工序制成的体积膨胀的冷饮制品。

第一节　冰淇淋的生产

一、冰淇淋生产工艺

(一)冰淇淋生产工艺流程

冰淇淋加工的一般工艺流程如图 13-1 和图 13-2 所示。

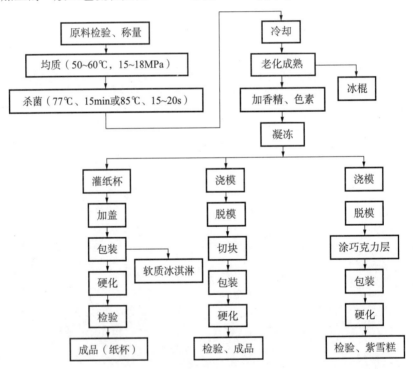

图 13-1　冰淇淋加工一般工艺流程图

(二)原辅料的预处理与混合

原辅料的种类很多,性状各异,在配料前一般要根据它们的物理性质进行预处理,下面是各种原辅料的预处理方法。

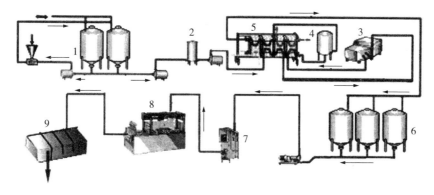

1——混料罐;2——平衡槽;3——均质机;4——保温管;5——板式换热器;
6——老化缸;7——凝冻机;8——灌装机;9——硬化隧道。

图13-2 冰淇淋生产工艺流程图

(1)鲜牛乳。在使用鲜牛乳之前,用120目尼龙或金属绸过滤除杂或进行离心净乳。

(2)冰牛乳。尽量避免使用冻结乳;若使用冻结乳,应先击碎成小块,然后加热溶解,过滤,再泵入杀菌缸。

(3)乳粉。使用混料机或高速剪切缸,将乳粉加温水溶解;条件允许时可先均质一次,使乳粉分散更加均匀。

(4)奶油(包括人造奶油和硬化奶油)。检查其表面有无杂质。若无杂质时,再用刀切成小块,加入杀菌缸中。

(5)稳定剂、蔗糖。一般将稳定剂与其质量5~10倍的蔗糖混合,然后溶解于80~90℃的软化水中。

(6)液体甜味剂。先用5倍左右的水稀释、混匀,再经100目尼龙或金属绸过滤。

(7)蛋制品。鲜蛋可与鲜乳一起混合,过滤后均质使用;冰蛋要加热融化后使用;蛋黄固形物是与部分砂糖混合后加入温度达到88℃的混合料中。

(8)果汁。果汁一经静置存放就会变得不均匀,在使用前应搅匀或经均质处理。

(三)原料混合

原料的混合原辅料质量好坏直接影响冰淇淋质量,所以,各种原辅料必须严格按照质量要求进行检验,不合格者不许使用。按照规定的产品配方,核对各种原材料的数量后,即可进行配料。冰淇淋混合原料的配制一般在杀菌缸内进行,杀菌缸应具有杀菌、搅拌和冷却的功能。配制时要求:

(1)原料混合的顺序宜从浓度低的液体原料(如牛乳等)开始,其次为炼乳、稀奶油等液体原料,再次为砂糖、乳粉、乳化剂、稳定剂等固体原料,最后以水作容量调整。

(2)混合溶解时的温度通常为40~50℃。

(3)鲜乳要经100目筛进行过滤,除去杂质后再泵入缸内。

(4)乳粉在配制前应先加温水溶解,并经过过滤和均质再与其他原料混合。

(5)砂糖应先加入适量的水,加热溶解成糖浆,经160目筛过滤后泵入缸内。

(6)人造黄油、硬化油等使用前应加热融化或切成小块后加入。

(7)冰淇淋复合乳化剂、稳定剂可与其5倍以上的砂糖拌匀后,在不断搅拌的情况下加入到混合缸中,使其充分溶解和分散。

(8)鸡蛋应与水或牛乳以1:4的比例混合后加入,以免蛋白质变性凝成絮状。

(9)明胶、琼脂等先用水泡软,加热使其溶解后加入,必要时先与4倍糖混合。

(10)淀粉原料使用前要加入其量8~10倍的水并不断搅拌制成淀粉浆,通过100目筛过滤,在搅拌的前提下缓慢加入配料缸内,加热糊化后使用。

(11)香料则在凝冻前添加为宜,待各种配料加入后,充分搅拌均匀。

混合料的酸度以0.18%~0.2%为宜。酸度过高应在杀菌前进行调整,可用NaOH或NaHCO$_3$进行中和,但不得过度,否则会产生涩味。

一般而言,干物料需称重,而液体物料既可称重,也可进行容积计量。在小型工厂,生产能力小,所以全部干物料通常称重后加入到混料缸中,这些缸都能间接加热并带有搅拌器,大型工厂生产使用自动化设施,这些设施一般按生产商特定要求进行制造。后续生产时再经过一个过滤器进入平衡槽,随后在板式换热器中被预热到一定温度。通常,在间歇式生产时,混合料首先在混料罐中70℃保持30min进行巴氏杀菌,然后送到均质机均质后经板式换热器冷却至5℃泵入老化罐。而在连续化生产工厂中,常常是均质后的混合料再返回到板式换热器中,经83~85℃保持15s杀菌后冷却至5℃泵入老化罐中。

(四)杀菌

通过杀菌可以杀灭料液中一切病原菌和绝大部分非病原菌,以保证产品的安全性和卫生指标,延长冰淇淋的保质期。杀菌温度和时间的确定,主要看杀菌的效果。过高的温度与过长时间不但浪费能源,而且还会使料液中的蛋白质凝固、产生蒸煮味和焦味、维生素受到破坏而影响产品的风味及营养价值。

冰淇淋混合料一般采用巴氏杀菌法,杀菌的条件一般为:间歇式巴氏杀菌68℃/30min,高温短时巴氏杀菌80℃/25s,超高温巴氏杀菌100~128℃/3~40s。如果使用淀粉,则必须提高杀菌温度或延长杀菌时间。

近年来,适用于冰淇淋配料杀菌的高温巴氏杀菌设备被广泛使用。应用最多的是80℃、25s高温短时巴氏杀菌法。采用高温短时巴氏杀菌的优点在于:

(1)具有更强的杀菌效果,能有效降低冰淇淋的细菌总数。
(2)增进冰淇淋的硬度和质地。
(3)增进香味。
(4)增强抗氧化能力,延长冰淇淋的保质期。
(5)节约稳定剂的用量。
(6)节省时间,提高劳动生产率。

(五)均质

均质是冰淇淋生产中的一个重要工序,适当的均质条件是使冰淇淋获得良好的组织状态与理想的膨胀率的重要因素。均质是使热的物料在15~20MPa压力下强制通过小的孔口,是脂肪乳化的过程。在通常状况下,难以将含有较大微粒的液体混合均匀,但在外力作用下可粉碎微粒形成均一的乳状液。均质在冰淇淋生产中的作用有:

（1）降低脂肪球的大小。牛乳中的脂肪球颗粒较大,大部分脂肪球直径为 $4\sim6\mu m$,经过均质处理,脂肪球可细微化到直径 $<1\mu m$,防止乳脂肪层的形成。

（2）增大脂肪球的表面积。均质可使脂肪球缩小到其正常大小的 10%,脂肪球的总表面积增大 100 倍左右。

（3）在使用黄油、纯奶油、塑性奶油和冷冻奶油等配料时必须通过均质,才能使脂肪得以分散。

（4）改善冰淇淋组织状态,使其更丰润圆滑,形成更鲜明浓郁的口感。

（5）强化酪蛋白胶粒与钙及磷的结合,增强了混合料的水合作用。

（6）提高其膨胀率和气泡的稳定性。

（7）增加抗融能力。

混合料温度和均质压力是均质效果好坏的关键,一般均质较适宜的温度为 $65\sim70\text{℃}$,因为在 $50\sim55\text{℃}$ 低温下均质会促进脂肪球结块的形成,增加黏度。一般情况下,均质压力为 $15\sim20\text{MPa}$。如果均质压力过低,则脂肪不能完全乳化,造成混合料凝冻搅拌不良,影响冰淇淋的形体;而均质压力过高,脂肪粒过于微小,就会使混合物料的黏度过高,凝冻时空气难以混入,要使冰淇淋的组织细腻,形体松软,达到所要求的膨胀率就需要更长的时间。若采用二段均质,均质压力第一段为 $13\sim17\text{MPa}$;第二段为 $3\sim4\text{MPa}$。均质压力的大小与各种因素有关:均质压力与混合料的脂肪含量、混合料的酸度、混合料的总固形物含量成反比。生产过程中可以根据混合料脂肪的类型及含量,选择合适的均质压力。

根据实验结果,冰淇淋混合物料的酸度越高,则采用的均质压力越低。如采用较高的均质压力,则混合物料的黏度增高,影响冰淇淋搅拌质量及膨胀率。为了获得优质的冰淇淋,混合物料的酸度不宜过高,以 $<0.2\%$ 为宜。

（六）冷却与老化

1. 冷却

混合料经均质处理后,温度在 60℃ 以上,应将其迅速冷却至 $0\sim4\text{℃}$,以便尽快进入老化阶段,适应老化操作的需要,缩短工艺操作时间。温度的迅速降低能使混合料黏度增大,可有效防止脂肪球的聚集和上浮,避免混合料酸度的增加,阻止香味物质的逸散和延缓细菌的繁殖。这对于提高成品的膨胀率、稳定产品的质量至关重要。

冷却可以在片式热交换器、冷热缸中进行。有的在片式热交换器中连续进行,也有的在片式热交换器中冷却至 15℃ 左右,再进一步在老化缸中降至 $0\sim4\text{℃}$。也有直接在加热缸中通入冷却介质而使物料冷却的。混合原料经过均质处理后,温度在 60℃ 以上,应将其迅速冷却下来,以适应老化的需要。

2. 老化

冰淇淋老化是将混合原料在 $2\sim4\text{℃}$ 的低温下冷藏一定时间,称为"成熟"或"老化"。其实质是脂肪、蛋白质和稳定剂的水合作用,稳定剂充分吸收水分,使料液黏度增加,有利于凝冻搅拌时膨胀率的提高。一般制品老化时间为 $2\sim24\text{h}$,老化时间长短与温度有关。

例如,在 $2\sim4\text{℃}$ 时进行老化需要延续 4h;而在 $0\sim1\text{℃}$,则约 2h 即可;而高于 6℃ 时,即使延长了老化时间也得不到良好的效果。老化持续时间与混合料的组成成分也有关,干物质越多,黏度越高,老化所需要的时间越短。现由于制造设备的改进和乳化剂、稳定剂性能的提高,老化时间可缩短。有时,老化可分两个阶段进行,将混合原料在冷却缸中先冷却至 15 ~ 18℃,并在此温度下保持 2 ~ 3h,此时混合原料中明胶溶胀比在低温下更充分;然后,混合原料冷却至 2 ~ 3℃保持 3 ~ 4h,这样,混合原料的黏度可大大提高,并能缩短老化时间,还能使明胶的耗用量减少 20% ~ 30%。

3. 老化过程中的主要变化

(1)干物料的完全水合作用

尽管干物料在物料混合时已溶解了,但仍然需要一定的时间才能完全水合,完全水合作用的效果体现在混合物料的黏度以及后来的形体、奶油感、抗融性和成品贮藏稳定性上。

(2)脂肪的结晶

在老化的最初几个小时,会出现大量脂肪结晶。甘油三酸酯熔点最高,结晶最早,离脂肪球表面也最近,这个过程重复地持续着,因而形成了以液状脂肪为核心的多壳层脂肪球。乳化剂的使用会导致更多的脂肪结晶,保持液体状态脂肪的总量取决于所含的脂肪种类,液态和结晶的脂肪之间保持一定的平衡是很重要的。如果使用不饱和油脂作为脂肪来源,结晶的脂肪就会较少,这种情况下所制得的冰淇淋其食用质量和贮藏稳定性都会较差。

(3)脂肪球表面蛋白质的解吸

老化期间冰淇淋混合物料中脂肪球表面的蛋白质总量减少。现已发现,含有饱和的单甘油酸酯的混合物料中蛋白质解吸速度加快。电子显微照片研究发现,脂肪球表面乳化剂的最初解吸是黏附的蛋白质层的移动,而不是单个酪蛋白粒子的移动。在最后的搅打和凝冻过程中,由于剪切力相当大,界面结合的蛋白质可能会更完全地释放出来。

(七)凝冻

凝冻是冰淇淋加工中的一个重要工序。它是将配料、杀菌、均质、老化后的混合物料在强制搅拌下进行冷冻,使空气以极微小的气泡均匀地混入混合物料中,使冰淇淋中的水分在形成冰晶时呈微细的冰结晶,这些小冰结晶的产生和形成对于冰淇淋质地的光滑、硬度、可口性及膨胀率来说都是必需的。

当冰淇淋被冷冻至适当稠度和硬度时,就可以从冷冻机中挤出进行包装,并迅速转移到硬化室进行进一步冷冻,完成冰淇淋的硬化过程。凝冻是冰淇淋生产中最重要的工序之一,是冰淇淋的质量、可口性、产量的决定因素。

它是将混合原料在强制搅拌下进行冷冻,这样可使空气呈极微小的气泡状态均匀分布于混合原料中,而使水分中有一部分(20% ~ 40%)呈微细的冰结晶。凝冻工序对冰淇淋的质量和产率有很大影响,其作用在于冰淇淋混合原料受制冷剂的作用而降低了温度,逐渐变厚而成为半固体状态,即凝冻状态。搅拌器的搅动可防止冰淇淋混合原料因凝冻而结成冰屑,尤其是在冰淇淋凝冻机筒壁部分。在凝冻时,空气逐渐混入而使料液体积膨胀。

1. 凝冻的目的

(1)使混合料更加均匀。由于经均质后的混合料还需添加香精、色素等,在凝冻时由于搅拌器的不断搅拌,使混合料中各组分进一步混合均匀。

(2)使冰淇淋组织更加细腻。凝冻是在 -2 ~ -6℃的低温下进行的,此时料液中的水分会结冰,但由于搅拌作用,水分只能形成 4 ~ 10μm 的均匀小结晶,而使冰淇淋的组织细腻、形体优良、口感滑润。

（3）使冰淇淋获得适当的膨胀率。在凝冻搅拌过程中，空气的混入可使冰淇淋的体积增加，质地变得松软，适口性得到改善。

（4）使冰淇淋稳定性提高。凝冻后，由于空气气泡传导的作用，可使产品的抗融化作用增强。

2. 冰淇淋凝冻

混合原料在强制搅拌下进行冷冻。冰淇淋混合原料的凝冻温度与含糖量有关，而与其他成分关系不大。混合原料在凝冻过程中温度每降低1℃，其硬化所需的持续时间就可缩短10% ~20%，但凝冻温度不得低于 −6℃，因为温度太低会造成冰淇淋不易从凝冻机内排放。若凝冻温度过低，则空气不易混入，导致膨胀率降低，或者气泡混合不均匀，组织不细腻；若凝冻温度过高，则易使组织粗糙并有脂肪粒存在，或使冰淇淋组织发生收缩现象。

凝冻机具有两个功能：将一定量的空气搅入混合料，将混合料中的水分凝结为大量的细小冰结晶。为了获得细腻的组织，实际生产中为形成细微的冰晶，应努力做到以下几点：①冰晶形成要快；②剧烈搅拌；③不断添加细小的冰晶；④要保持一定的黏度。

工业用凝冻机有间歇式和连续式两种。就冷冻方式而言，有冷盐水—夹层的冷盐水式及应用氨、氟利昂 R－12、R－22 等冷媒蒸发带冷却夹层直接膨胀冷却式两种。冷冻机的主体是筒式凝冻器，由刮膜式表面和管状的热交换系统组成，内套有制冷剂，如氨或氟利昂。混合料被泵入凝冻机，30s 有 50% 的水被冻结。筒内旋转的刮刀可刮下凝冻器表面的冰晶，同时也是凝冻机的搅拌装置，有助于搅打混合料，使空气混入。凝冻机的工作原理如图 13－3 所示。

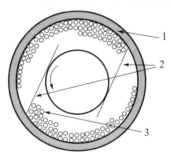

1——制冷剂；2——凝冻刮刀；3——冰晶被切削并与气体混合。

图 13－3 凝冻器工作原理图

硬质冰淇淋和软质冰淇淋的不同，就是软质冰淇淋在有一半以上的水分冻结时，就加入水果、坚果等配料，装入锥形容器成为成品；而硬质冰淇淋是被包装后再进入后续的硬化工序。

3. 冰淇淋在凝冻过程中发生的变化

（1）空气混入。在混合物料进入凝冻机前，空气同时混入其中。冰淇淋一般含有 50% 体积的空气，由于转动的搅拌器的机械作用，空气被分散成空气泡。空气在冰淇淋内的分布状况对成品质量最为重要，空气分布均匀就会形成光滑的质构、奶油的口感和温和的食用特性。而且，抗融性和贮藏稳定性在相当程度上取决于空气泡分布是否均匀、适当。

（2）水冻结成冰。由于冰淇淋混合物料中的热量被迅速转移走，水冻结成许多小的冰晶，混合物料中大约 50% 的水冻结成冰晶，这取决于产品的类型。灌装设备温度的设置常常比出料温度略低，这样就能保证产品不至于太硬。但是值得强调的是，若出料温度较低，冰淇淋质量就提高了，这是因为冰晶只有在热量快速移走时才能形成。在随后的冻结（硬化）过程中，水分仅仅凝结在产品中的冰晶表面上。因而,如果在连续式凝冻机中形成的冰晶多,最终产品中的冰晶就会少些,质构就会光滑些,贮藏中形成冰屑的趋势就会大大减小。

(八)灌装、成型

1. 灌装

冰淇淋可包装于杯中、蛋卷或其他容器中,其中填入不同风味的冰淇淋或用坚果、果料和巧克力等装饰的冰淇淋。离开机器之前包装被加盖,随后通过速冻隧道,在其中最终冷冻到 -20℃进行硬化。冰淇淋的形状和包装类型多种多样,有盒装的、也有插棒式的、还有蛋卷锥式的。

(1)盒装冰淇淋的灌装。盒装冰淇淋的灌装很简单,只需将凝冻好的料用灌装机定量加入盒中加盖即可。

(2)插棒式冰淇淋的灌装。插棒式冰淇淋的灌装需经过浇模、冻结、脱模、包装的过程。先将凝冻好的料定量灌入一定的模具中,如长方形、圆柱形、三角形等;再由插棒装置将木棒准确插入料液中;用盐水速冻室或速冻隧道进行冻结,待料液完全冻结,脱模后取出冰淇淋;然后送入包装机进行包装。

(3)蛋卷锥冰淇淋的灌装。蛋卷锥冰淇淋在灌装操作开始时,灌装头向下进入到杯子或蛋卷锥中,灌装阀打开,连接冷冻机上的输送泵所产生的灌装管路上的压力,使冰淇淋流入蛋卷锥或杯子中,同时灌装头向上移动。向上移动的最后阶段很迅速,以保证冰淇淋线流被拉断。灌装可以是单色的,也可以是双色、三色。进入每个纸杯的冰淇淋的流量是用安装在灌装阀进口的节流装置来调节的。

(4)波纹型冰淇淋的灌装。果酱的风味能与冰淇淋的风味很好地融合。因此,把冰淇淋与不同类型的果酱混合,做成波纹形冰淇淋已变得越来越普遍。果酱以细条状呈于冰淇淋中,这些细条可以在冰淇淋的中央或表面。或是将做成波纹的果酱和冰淇淋混合,制成内波纹或表面波纹。

2. 成型

冰淇淋为半流体状物质,其成型是在成型设备上完成的。成型大多在以最终冰淇淋产品的形状命名的灌装机中完成,如锥形冰淇淋灌装机、纸杯冰淇淋灌装机、双色(或三色)冰淇淋灌装机。

(九)硬化

包装好的冰淇淋要放入 -40～-30℃的鼓风冷冻装置中,使剩余的水分被冻结。低于 -25℃,冰淇淋处于没有冰晶生长的稳定期;然而,超过这个温度,冰晶就可能生长,其生长率取决于贮藏温度。硬化就是带包装的产品在鼓风冷冻机中的静冻。硬化的过程越快,产品组织状态越好。因此,冷冻技术包括增加对流(带有强制鼓风机的隧道式硬化装置)或增加传导(平板冻结机)获得低温(-40℃)。

1. 硬化目的

(1)保持预定的形态。冰淇淋经成型后,变成了锥形、方形等形态,但这是由于容器使其成型,为使其固定不变,保持此形态,可以通过硬化来达到此要求。

(2)提高产品质量。由于硬化时温度很低,冰淇淋中大多数剩余水分在很短的时间内迅速完成结晶过程,这时所产生的冰晶极其细微,产品更加细腻润滑。

(3)便于运输和销售。软质冰淇淋质地柔软,是很难运输的。但是经过低温硬化,温度可低至 $-40 \sim -25$℃,这时的冰淇淋,有较好的硬度和强度,在运输时能抵抗一般外力而保持原来形状,也便于销售。

2. 影响硬化因素

各种温度、表面积和热传递等共同影响冷冻过程中的热传递率。因此,影响硬化的因素就是这些影响热传递率的因素。

(1)鼓风冷冻装置的温度。温度越低,硬化越快,产品越光滑圆润。

(2)空气的快速循环。增加热对流。

(3)冰淇淋被放入硬化冷冻机时的温度。冰淇淋的温度越低,硬化越快,因此,包装操作要迅速。

(4)容器的大小。应重点考虑包装物的伸缩性,因为硬化时冰淇淋的体积增大。

(5)冰淇淋的成分和冻结点的降低及确保最大冰相体积需要的温度有关。

(6)容器堆垛的方法和空气循环的包装方法。不应该有死角阻止空气的循环(如方形包装)。

(7)清理蒸发器。要及时除霜,以增强传热效果。

(8)包装不能阻止热传递。虽然泡沫聚苯乙烯包装或波纹状纸板能保护冰淇淋免于硬化后的融化,但它们降低了热传递,因此不可用。

(十)贮藏

硬化后产品送入温度为 -25℃、相对湿度为 85% ~90% 的冷藏室中贮藏。在此温度下,冰淇淋中约 90% 的水被冻结成冰晶,余下 10% 的水溶解糖和盐以无定形状态存在。冰淇淋的贮藏时间取决于产品类型、包装和恒定低温的保持,贮藏时间为 3 ~9 个月。

冰淇淋贮藏于 $-30 \sim -25$℃下,有良好的稳定性。当温度上升时,部分或全部冰淇淋的冰晶会融化。当温度出现波动时,水会冻结在原来的冰晶上。这时,冻结起来的冰晶对最大的冰晶有亲和性,这种过程的重复将会导致产品中冰重结晶的形成和制品中乳糖的结晶。为了减少温度波动的影响,重要的是使贮藏室维持在尽可能低的温度下。温度为 -20℃时,贮藏室的温度升高 5℃将引起 7% 的冷冻水(冰晶)融化。室温为 -30℃时,同样地升高 5℃引起的冷冻冰(冰晶)融化还不到 2% 。

二、冰淇淋的主要缺陷及产生原因

冰淇淋是一种冻结的乳制品,其物理结构是一个复杂的物理化学系统,空气泡分散于连续的带有冰晶的液态中,这个液态包含有脂肪微粒、乳蛋白质、不溶性盐、乳糖晶体、胶体态稳定剂和蔗糖、乳糖、可溶性的盐。如此有气相、液相和固相组成的三相系统,可视为含有 40% ~50% 体积空气的部分凝冻的泡沫。要达到规定的冰淇淋质量标准及物理结构,应该从冰淇淋混合料的组成(配方与原辅料质量)、生产工艺条件和生产设备三方面去分析研究。

(一)冰淇淋混合料组成的影响

制作冰淇淋的主要原辅料有脂肪、非脂乳固体、甜味料、乳化剂、稳定剂、香料及色素等。

(二)冰淇淋生产工艺条件的影响

冰淇淋的生产工艺过程必须遵照一定的技术条件来完成,否则就不能制作出质量优良的产品。

1. 原料的检查

原辅料质量好坏直接影响冰淇淋质量。所以各种原辅料必须严格按照质量标准进行检验,不合格者不许使用。通常首先进行感官检查,其次检测原料的相对密度、黏度以及固形物、脂肪、糖分等含量是否符合规格,其细菌数、砷、铅重金属等的含量是否在法定标准以下,以及所使用的食品添加剂是否符合规定等。

2. 配料混合

混合料的配制首先应根据配方比例将各种原料称量好,然后在配料缸内进行配制,原料混合的顺序宜从浓度低的水、牛奶等液体原料始,其次为炼乳、稀奶油等液体原料,再次为砂糖、奶粉、乳化剂、稳定剂等固体原料。最后以水、牛奶等做容量调整。混合溶解时的温度通常为40~50℃。奶粉在配制前应先加水溶解,均质一次,再与其他原料混合,砂糖应先加入适量的水,加热溶解过滤。冰淇淋复合乳化稳定剂与其5倍以上的砂糖拌匀后,在不断搅拌的情况下加入到混合缸中,使其充分溶解和分散。

3. 杀菌

混合料的酸度及所采用的杀菌方法,对产品的风味有直接影响。混合料的酸度以0.18%~0.20%乳酸度为宜,酸度高时杀菌前需用氢氧化钙或小苏打进行中和。否则,杀菌时不仅会造成蛋白质凝固,而且影响产品的风味,但中和时需注意防止中和过度而产生涩味。冰淇淋混合料在杀菌缸内用夹套蒸汽加热至温度达78℃时,保温30min进行杀菌,若用连续式巴氏杀菌器进行高温短时杀菌(HTST),以83~85℃、15s应用最多,否则高温长时间杀菌易使产品产生蒸煮味和焦味。

4. 均质

混合料均质对冰淇淋的形体、结构有重要影响。均质一般采用二级高压均质机进行均质,使脂肪球直径达1~2μm,同时使混合料黏度增加,防止在凝冻时脂肪被搅成奶油粒,以保证冰淇淋产品组织细腻。均质处理时最适宜的温度为65~70℃,均质一级压力为15~20MPa,二级2~5MPa,均质压力随混合料中的固形物和脂肪含量的增加而降低。

5. 冷却、老化

老化是将混合料在2~4℃的低温下冷藏一定时间,称为"成熟"或"熟化"。其实质在于脂肪、蛋白质和稳定剂的水合作用,稳定剂充分吸收水分使料液黏度增加,有利于凝冻搅拌时膨胀率的提高。

老化时间与料液的温度、原料的组成成分和稳定剂的品种有关,一般在2~4℃下需要4~24h。老化时要注意避免杂菌污染,老化缸必须事先经过严格的消毒杀菌,以确保产品的卫生质量。

6. 凝冻

凝冻过程是将混合料在强制搅拌下进行冰冻,使空气以极微小的气泡状态均匀分布于全部混合料中,一部分水成为冰的微细结晶的过程。凝冻具有以下作用:

(1)冰淇淋混合料受制冷剂的作用而温度降低,黏度增加,逐渐变厚成为半固体状态,即凝冻状态。

(2)由于搅拌器的搅动,刮刀不断将筒壁的物料刮下,防止混合原料在壁上结成大的冰屑。

(3)由于搅拌器的不断搅拌和冷却,在凝冻时空气逐渐混入从而使其体积膨胀,使冰淇淋达到优美的组织与完美的形态。

凝冻温度是 $-4 \sim -2℃$,间歇式凝冻机凝冻时间为 $15 \sim 20min$,冰淇淋的出料温度一般在 $-5 \sim -3℃$,连续凝冻机进出料是连续的,冰淇淋出料温度为 $-6 \sim -5℃$,连续凝冻必须经常检查膨胀率,从而控制恰当的进出量以及混入的空气。

7. 成型灌装

灌装(杯类)、成型(切片)、灌模(花色线):根据产品工艺选择成型模具、灌料小车,经清洗消毒后,灌装(切片、灌模)成型。凝冻后的冰淇淋必须立即成型和硬化,以满足贮藏和销售的需要,冰淇淋的成型有冰砖、纸杯、蛋筒、浇模成型、巧克力涂层冰淇淋、异形冰淇淋切割线等多种成型灌装机。

8. 速冻、硬化与贮藏

凝冻后的冰淇淋不经硬化者为软质冰淇淋,若灌入容器后再经硬化,则成为硬质冰淇淋。前者多有商店现制现售,后者产量较大。速冻、硬化的目的是将凝冻机出来的冰淇淋($-5 \sim -3℃$)迅速进行低温(小于 $-23℃$)冷冻。以固定冰淇淋的组织状态,并完成在冰淇淋中形成极细小的冰结晶过程,使其组织保持适当的硬度,保证冰淇淋的质量,便于销售与贮藏运输。速冻、硬化可采用速冻库($-25 \sim -23℃$)或速冻隧道($-40 \sim -35℃$)。一般硬化时间在速冻室内为 $10 \sim 12h$,若是采用速冻隧道时间将短得多,只需 $30 \sim 50min$。影响硬化的条件有包装容器的形状与大小、速冻室的温度与空气的循环状态、速冻室内制品的位置以及冰淇淋的组成成分和膨胀率等因素。贮藏硬化后的冰淇淋产品,在销售前应保存在低温冷藏库中,库温为 $-20℃$。

(三)冰淇淋生产设备的影响

生产冰淇淋的设备按工艺流程顺序有配料缸、杀菌缸、均质机、板式冷却器、老化缸、凝冻机、灌装机、速冻库、冷藏库等,其中对冰淇淋质量影响最大的是杀菌器、均质机、凝冻机、速冻库(或速冻隧道)。实践表明没有好的设备要生产出好的冰淇淋是不可能的。

1. 杀菌器

冰淇淋混合料的杀菌设备有各种不同的形式和结构,一般分为间歇式和连续式两大类,间歇式杀菌器又称"冷热缸",结构简单、易于制造,操作方便、价格低廉,为一般冷饮厂所广泛采用。较为先进的冷饮厂多采用高温短时巴氏杀菌装置,对混合料进行自动化的连续杀菌,该装置主要由设计成四段的板式热交换器、均质机、控制柜及阀门、管道组成。其特点是杀菌效果好,混合料受热时间短,尤其是乳品成分因热变性的影响较少,从而保证产品的质量。

2. 均质机

目前较多使用的是双级高压均质机即由二级均质阀和三柱塞往复泵组成。冰淇淋混合料通过第一级均质阀(高压阀)使脂肪球粉碎达到 $1 \sim 2\mu m$,再通过第二级均质阀(低压阀)以达到分散的作用,从而保证冰淇淋物理结构中脂肪球达到规定的尺寸。使组织细腻润滑,所以均质机的质量好坏对冰淇淋质量有直接的影响。

3. 凝冻机

凝冻机是混合料制成冰淇淋成品的关键性机械设备。凝冻机按使用制冷剂种类不同可分为氨液凝冻机、氟利昂凝冻机等。按生产方式又分为间歇式和连续式两种,连续式凝冻机在现代冰淇淋生产中较常用,混合料在 0.15~0.2MPa 压力下泵入和放出,这样就可以使用低的冷冻温度,而冻结更多的水分,使其制品的冰结晶直径控制在 10~50μm,气泡的直径在 30~150μm 左右,从而组成均匀的混合体,它所制成的冰淇淋组织均匀和细腻润滑,同时达到生产连续性和高效性生产能力。

4. 速冻库(或速冻隧道)

当冰淇淋制品离开灌装机时,其温度为 −5~−3℃,在此温度下约有 30%~40% 的混合料中的水分被冻结,为了确保冰淇淋产品的稳定和凝冻后留下的大部分水分冻结成极微小的冰结晶以及便于贮藏、运输和销售,必须迅速地将分装后的冰淇淋进行速冻硬化,然后转入冷库贮藏。

冰淇淋硬化的优劣对产品最后品质有着至关重要的影响,硬化迅速则融化少,组织中的冰晶细,成品细腻润滑,若硬化缓慢,则部分融化,冰的结晶大,成品粗糙,品质低劣,为此目前较先进的生产厂多采用速冻隧道。速冻隧道长度一般为 12~15m,隧道内温度通常为 −40~−35℃,速冻时间为 1h,如冰淇淋是分装过的小块,则冰淇淋在隧道上经过 30~50min 后,其温度能从 −5℃ 左右下降到 −20~−18℃。由于硬化迅速、温度低,冰淇淋形体稳定、结晶小、质地细腻圆滑。

冰淇淋产品的硬化(速冻)过程对于成品的品质起着决定性的作用。冰淇淋除了具有鲜艳的色泽、浓郁的香味、细腻的组织、可口的滋味外,还具有较高的营养价值,含有丰富的蛋白质、脂肪、糖,还有少量的矿物质和多种维生素,因此冰淇淋不仅是夏季的消暑饮品,同时也是一种营养丰富的营养品。

(四)冰淇淋品质控制

冰淇淋的生产如果控制不当,就可能出现种种缺陷,造成成品感官状态的缺陷或成品的污染。这里就常见的质量问题叙述如下。

1. 感官缺陷

(1)风味缺陷。风味冰淇淋的风味缺陷大多是由于下列几种因素造成的:

①甜味不足。主要是由于配方设计不合理,配制时加水量超过标准,配料时发生差错或不等值地用其他糖来代替砂糖等所造成。多香味或香味不正,主要是由于加入香料过多,或加入香精本身的品质较差、香味不正,使冰淇淋产生苦味或异味。

②酸败味。一般是由于使用酸度较高的奶油、鲜乳、炼乳;混合料采用不适当的杀菌方法;搅拌凝冻前混合原料搁置过久或老化温度回升,细菌繁殖,混合原料产生酸败味所致。

③煮熟味。在冰淇淋中,加入经高温处理的含有较高非脂乳固体量的乳制品,或者混合原料经过长时间的热处理,均会产生煮熟味。

④咸味。冰淇淋含有过多的非脂乳固体或者被中和过度,能产生咸味。在冰淇淋混合原料中采用含盐分较高的乳清粉或奶油,以及冻结硬化时漏入盐水,均会产生咸味或苦味。

⑤金属味。在制造时采用铜制设备,如间歇式冰淇淋凝冻机内凝冻搅拌所用铜质刮刀等,能促使产生金属味。

⑥油腻及油酚味。一般是由于使用过多的脂肪或带油腻味、油酚味的脂肪以及填充材料而产生的一种味道。

⑦臭败味。这种气的产生,主要是由于乳脂肪中丁酸水解,混合原料杀菌不彻底,细菌产

生脂酶所致。

⑧烧焦味。一般是由于冷冻饮品混合原料加热处理时,加热方式不当或违反工艺规程所造成,另外,使用酸度过高的牛奶时,也会发生这种现象。

⑨氧化味。在冰淇淋中,氧化味极易产生,这说明产品所采用的原料不够新鲜。这种气味亦可能在一部分或大部分乳制品或蛋制品中存在,其原因是脂肪的氧化。

(2)组织缺陷

①组织粗糙。在制造冰淇淋时,由于冰淇淋组织的总干物质量不足,砂糖与非脂乳固体量配合不当,所用稳定剂的品质较差或用量不足,混合原料所用乳制品溶解度差,不适当的均质压力,凝冻时混合原料进入凝冻机温度过高,机内刮刀的刀刃太钝,空气循环不良,硬化时间过长,冷藏温度不正常,使冰淇淋融化后再冻结等因素,均能造成冰淇淋组织中产生较大的冰结晶体而使组织粗糙。

②组织松软。这与冰淇淋含有多量的空气泡有关。这种现象是在使用干物质量不足的混合原料,或者使用未经均质的混合原料以及膨胀率控制不良时所产生的。

③面团状的组织。在制造冰淇淋时,稳定剂用量过多,硬化过程掌握不好,均能产生这种缺陷。

④组织坚实。含总干物质量过高及膨胀率较低的混合原料,所制成的冰淇淋会具有这种组织状态。

(3)形体缺陷

①形体太黏。形体过黏的原因与稳定剂使用量过多,总干物质量过高,均质时温度过低以及膨胀率过低有关。

②有奶油粗粒。冰淇淋中的奶油粗粒,是由于混合原料中脂肪含量过高、混合原料均质不良、凝冻时温度过低以及混合原料酸度较高所形成的。

③融化缓慢。这是由于稳定剂用量过多,混合原料过于稳定,混合原料中含脂量过高以及使用较低的均质压力等所造成的。

④融化后成细小凝块。一般是由于混合原料高压均质时,酸度较高或钙盐含量过高,而使冰淇淋中的蛋白质凝成小块。

⑤融化后成泡沫状。由于混合原料的黏度较低或有较大的空气泡分散在混合原料中,因而当冰淇淋融化时,会产生泡沫现象。主要是制造冰淇淋时稳定剂用量不足或稳定剂选用不当没有完全稳定所造成。

⑥冰的分离。冰淇淋的酸度增高,会形成冰分离的增加;稳定剂采用不当或用量不足,混合原料中总干物质不足或混合料杀菌温度低,均能增加冰的分离。

⑦冰砾现象。冰淇淋在贮藏过程中,常常会产生冰砾。冰砾通过显微镜的观察为一种小结晶物质,这种物质实际上是乳糖结晶体,因为乳糖在冰淇淋中较其他糖类难于溶解。如冰淇淋长期贮藏在冷库中,在其混合原料中存在晶核、黏度适宜以及有适当的乳糖浓度与结晶温度时,乳糖便在冰淇淋中形成晶体。冰淇淋贮藏在温度不稳定的冷库中,容易产生冰砾现象。当冰淇淋的温度上升时,一部分冰淇淋融化,增加了不凝冻液体的量和减低了物体的黏度。在这种条件下,适宜于分子的渗透,而水分聚集后再冻结使组织粗糙。

2. 冰淇淋的收缩

冰淇淋的收缩现象是冰淇淋生产中重要的工艺问题之一。冰淇淋收缩的主要原因是由于冰淇淋硬化或贮藏温度变异,黏度降低和组织内部分子移动,从而引起空气泡的破坏,空气从冰淇淋组织内溢出,使冰淇淋发生收缩。

冰淇淋体积的膨胀扩大,主要是冰淇淋混合原料在冰淇淋凝冻机中,由于搅拌器高速度的搅拌,将空气在一定的压力下,被搅成很细小的空气气泡,并且空气的存在,因而扩大了冰淇淋的体积。但是存留在冰淇淋组织内的空气的压力,一般较外界的高。

温度的变异对冰淇淋组织有很大影响,因为当温度上升或下降时,空气的压力亦相应地随着温度的变异而发生变化;在硬化室和冷藏库中,其温度的变化是很难避免的。

因此,当冰淇淋组织内的空气压力较外界低时,则冰淇淋组织陷落而形成收缩。

冰淇淋在硬化室中被冷至很低的温度,硬化后转贮于冷藏库中。由于硬化室与冷藏库的温度不等,冰淇淋的温度将会逐渐上升,同时,在转贮至冷藏库的过程中,很可能受到一些撞击。在这种情况下,当冰淇淋温度升高时,则冰淇淋组织中空气泡的压力也相应增加,同样情况下由于温度上升,冰淇淋表面开始受热而逐渐变软,甚至产生部分融化现象,同时黏度也相应降低。接近冰淇淋表面的空气气泡由于压力的增加而破裂逸出,变软或甚至融化的冰淇淋即陷落而代替逸出的空气,因此,冰淇淋发生体积缩小现象。这种体积缩小现象,即冰淇淋的收缩。

因此,冰淇淋组织内部压力的变化,一般受温度变化的影响,当冰淇淋从较低温度处被转至较高温度处时,必然会增加冰淇淋组织内部的压力,而给予空气逸出的能力。

(1)影响冰淇淋收缩的几个主要因素:

①膨胀率过高。冰淇淋膨胀率过高,则相对减少了固体的数量及流体的成分,因此,在适宜的条件下,容易发生收缩。

②蛋白质不稳定。蛋白质的不稳定,容易形成冰淇淋的收缩。因此,不稳定的蛋白质,其所构成的组织一般缺乏弹性,容易泄出水分。在水分泄出之后,其组织因收缩而变坚硬。蛋白质不稳定的因素,主要乳固体的脱水采用了高温处理,或是由于牛奶及乳脂的酸度过高等。故这种原料在使用前,应先检验并加以适当的控制。如采用新鲜、质量好的牛奶和乳脂,以及混合原料在低温时老化,能增加蛋白质的水解量,则冰淇淋的质量能有一定的提高。

③糖含量过高。冰淇淋中糖分含量过高,相对地降低了混合料的凝固点。在冰淇淋中,砂糖含量每增加2%,则凝固点一般相对地降低约0.22℃。如果使用淀粉糖浆或蜂蜜等,则将延长混合原料在冰淇淋凝冻机中搅拌凝冻的时间,其主要原因是相对分子质量低的糖类的凝固点较相对分子质量高者低。

④细小的冰结晶体。在冰淇淋中,由于存在极细小的冰结晶体,因而产生细腻的组织,这对冰淇淋的形体和组织来讲,是很适宜的。然而,针状冰结晶使冰淇淋组织冻得较为坚硬,它可抑制空气气泡的溢出。

⑤空气气泡。冰淇淋混合原料在冰淇淋凝冻机中进行搅拌凝冻时,由于凝冻机的搅拌器快速搅拌,而使空气在一定压力下被搅拌成许多很细小的空气气泡,这些空气气泡被均匀地混合在一个温度较低而黏度较高的混合原料中,扩大了冰淇淋的体积。

在冰淇淋中,由于空气气泡本身的直径与其所受压力成反比,因此气泡小其压力反而大,同时,空气气泡周围则较小,故在冰淇淋中,细小空气气泡更容易从冰淇淋组织中溢出。

(2)针对上述冰淇淋的一些收缩原因,如在工艺操作上采用下列一些措施,严格地加以控制,可以得到一定的改善:

①采用品质较好,酸度低的鲜乳或乳制品为原料,在配制冰淇淋时用低温老化,这样可以防止蛋白质含量的不稳定。

②在冰淇淋混合原料中,糖分含量不宜过高,并不宜采用淀粉糖浆,以防凝冻点降低。

③严格控制冰淇淋凝冻搅拌操作,防止膨胀率过高。

④严格控制硬化室和冷藏库内的温度防止温度升降,尤其当冰淇淋膨胀率较高时更需注意,以免使冰淇淋受热变软或融化等。

第二节 雪糕的生产

雪糕是以饮用水、乳品、食糖、食用油脂等为主要原料,添加适量增稠剂、香料,经混合、灭菌、均质或轻度凝冻、浇模、冻结等工艺制成的冷冻产品。雪糕的总固形物、脂肪含量较冰淇淋低。膨化雪糕生产时需要采用凝冻技术,即在浇模前将料液输送到冰淇淋凝冻机内先进行搅拌,凝冻后再浇模、冻结,由于在凝冻过程中有膨胀率产生,故生产的雪糕组织松软,口感好,称为膨化雪糕。膨化雪糕较一般雪糕风味更佳。

一、雪糕的生产工艺流程

雪糕的生产工艺如图13-4所示。

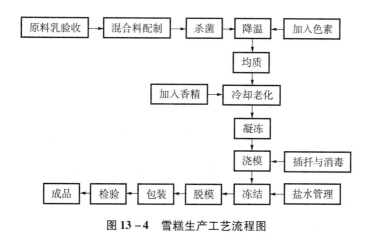

图13-4 雪糕生产工艺流程图

二、雪糕生产操作要点

雪糕生产时,原料配制、杀菌、冷却、均质、老化等操作技术与冰淇淋基本相同。普通雪糕不需经过凝冻工序直接经浇模、冻结、脱模、包装而成,膨化雪糕则需要凝冻工序。

1. 混合料配制

配料时,可先将黏度低的原料如水、牛奶、脱脂奶等先加入,黏度高或含水分低的原料如冰蛋、全脂甜炼乳、奶粉、奶油、可可粉、可可脂等依次加入,经混合后制成混合料液。在配制时需注意以下几点:

(1)对于冰蛋或自制的已结冰的鸡蛋浆,要将其先切成小块,并与牛奶和水混合,比例为1:4,在混合缸内加热,温度不能高于55℃,以免鸡蛋变成鸡蛋花。

（2）在使用淀粉前，要先用 5～6 倍的水将其稀释成淀粉浆，然后在搅拌的前提下将淀粉浆加入混合缸内，加热温度为 60～70℃，使其初步糊化，然后再通过泵循环过滤，将未溶化的淀粉颗粒及杂质过滤掉。将过滤过的淀粉浆打入杀菌缸内。

（3）要将可可脂与奶油切成小块，加热熔化后一起在混合缸中过滤，再打入杀菌缸内。

（4）奶粉可与砂糖、水或牛奶一起搅拌混合，加热温度为 75℃ 左右，过滤打入杀菌缸内。

2. 杀菌

雪糕混合料的杀菌温度为 85～87℃，时间为 5～10min。

3. 均质

均质时要求混合料温为 60～70℃，均质压力为 15～17MPa。均质后的料液可直接进入冷却缸中。

4. 冷却

将均质后的混合料的温度降至 4～6℃。一般冷却温度愈低，雪糕的冻结时间愈短，这对提高雪糕的冻结率有好处。但冷却温度不能低于 -1℃ 或低至使混合料有结冰现象出现，这将影响雪糕的质量。冷却缸的刷洗与消毒很重要，在混合料冷却前，必须彻底将冷却缸刷洗干净，然后再消毒。实践证明，清洗比消毒更重要。

5. 凝冻

雪糕凝冻操作生产时，凝动机的清洗与消毒及凝冻操作与冰淇淋大致相同，只是料液的加入量不同，一般占凝冻机容积的 50%～60%。膨化雪糕要进行轻度凝冻，膨胀率为 30%～50%，故要控制好凝冻时间以调节凝冻程度，料液不能过于浓厚，否则会影响浇模质量。混料温度控制在 -3℃ 左右。

6. 浇模

浇模之前必须对模盘、模盖和用于包装的扦子进行彻底清洗消毒，可用沸水煮沸或用蒸汽喷射消毒 10～15min，确保卫生。浇模时应将模盘前后左右晃动，使模型内混合料分布均匀后，盖上带有扦子的模盖，将模盘轻轻放入冻结缸（槽）内进行冻结。

7. 冻结

雪糕的冻结有直接冻结法和间接冻结法。直接冻结法即直接将模盘浸入盐水槽内进行冻结，间接冻结法即速冻库与隧道式速冻。进行直接速冻时，先将冷冻盐水放入冻结槽至规定高度，开启冷却系统；开启搅拌器搅动盐水，待盐水温度降至 -28～-26℃ 时，即可放入模盘，注意要轻轻推入，以免盐水污染产品；待模盘内混合料全部冻结（10～12min），即可将模盘取出。

8. 插扦

一般要求插得整齐端正，不得有歪斜、漏插及未插牢现象。当发现模盖上有断扦时，要用钩子或钳子将其拔出。当模盖上的扦子插好后，最后要用敲扦板轻轻用力将插得高低不一的扦子敲平。敲时不得用力过度，否则将影响拔扦工作与产品质量（过紧的扦子不易被拔下来）。敲扦子的木板不能随意乱放，应放在规定的存放处；敲板每敲 10～12 个模盖后，要用含有效氯 500mg/kg 的氯水消毒一次，以确保卫生。

9. 脱模

使冻结硬化的雪糕由模盘内脱下，较好的方法是将模盘进行瞬时的加热，使紧贴模盘的物料融化而使雪糕易从模具中脱出。加热模盘的设备可用烫盘槽，其由内通蒸汽的蛇形管加热。

脱模时，在烫盘槽内注入加热用的盐水至规定高度后，开启蒸汽阀将蒸汽通入蛇形管控制烫盘槽温度在 50～60℃;将模盘置于烫盘槽中,轻轻晃动使其受热均匀、浸数秒钟后(以雪糕表面稍融为度),立即脱模;产品脱离模盘后,置于传送带上,脱模即告完成。

10. 包装

包装时先观察雪糕的质量,如有歪扦、断扦及沾污上盐水的雪糕(沾污上盐水的雪糕表面有亮晶晶的光泽),则不得包装,需另行处理。取雪糕时只准手拿木扦而不准接触雪糕体,包装要求紧密、整齐,不得有破裂现象。包好后的雪糕送到传送带上由装箱工人装箱。装箱时如发现有包装破碎、松散者,应将其剔除重新包装。装好后的箱面应印上生产品名、日期、批号等。

 复习思考题

一、名词解释

1. 冰淇淋

2. 老化

3. 凝冻

二、简答题

1. 乳化剂在冰淇淋生产中的作用有哪些?

2. 冰淇淋、雪糕的生产工艺条件对其质量有什么影响?

3. 均质后的冰淇淋料液为何老化,如何老化的?

4. 凝冻的作用有哪些?

5. 影响冰淇淋收缩的主要因素有哪些?

三、论述题

1. 试述冰淇淋的生产工艺。

2. 试述雪糕的生产工艺。

3. 试述冰淇淋的常见缺陷及预防措施。

第十三章 冰淇淋和雪糕的生产

第十四章　乳品质量与安全管理

第一节　乳品质量管理体系概述

一、乳制品质量及其保障体系概述

1996年世界卫生组织（WHO）在其发表的《加强国家级食品安全性计划指南》中解释,食品安全为"对食品按其原定用途进行制作和/或食用时不会使消费者受害的一种担保"。这里,食品安全就是指的食品质量安全。那么,对于乳品来说,则应该是乳品质量中不应含有可能损害或威胁人体健康的因素,不应导致消费者急性、慢性毒害或感染疾病,或产生危及消费者及其后代健康的隐患。具体来讲,乳品质量安全的含义包括三个方面:

一是卫生安全,是指乳品中本身含有的有毒有害的重金属和农药、兽药残留量,致病性细菌和病毒,以及乳制品加工过程中人为添加的添加剂和强化剂等不准超过国家乳品标准规定的卫生指标,应杜绝因食用乳品引起中毒而对人体造成危害。

二是营养安全,是指乳品富含蛋白质、脂肪和碳水化合物以及矿物质和维生素,不同分类的乳制品和特殊人群专用的乳制品,其营养成分含量必须达到相应的国家标准规定的理化指标,应杜绝因食用乳品引起营养不良而对人体造成的危害。

三是包装安全,应符合相关法律和法规的规定。

乳品质量安全是一个全球性的问题,世界各国都积极着手提高乳品质量安全的保障体系。国际上更有专门组织机构从事食品和乳品的安全工作,比如:国际标准化组织（International Organization for Standardization,简称ISO）、国际食品法典委员会（Codex Alimentarius Commission,简称CAC）、世界卫生组织（World Health Organization,简称WHO）、国际乳品联合会（International Dairy Federation,简称IDF）等。而良好作业规范GMP（Good Manufacturing Practice）和危害分析和关键控制点HACCP（Hazard Analysis and Critical Control Point）两个质量管理体系是被认为是国际上普遍承认的食品质量安全保障体系。

美国最早将良好操作规范（GMP）用于工业生产。1969年美国食品和药品管理局（Food and Drug Administration,简称FDA）发布了食品制造、加工、包装和保存的良好操作规范,简称GMP或FGMP基本法。GMP在美国出现后,立即了引起了世界各国和组织的重视。

HACCP计划是1973年由美国食品和药品管理局（FDA）最早提出,并运用于低酸性罐头食品和酸化食品的安全与卫生上,后来以法规的形式陆续在其他食品上推广使用。1997年,《HACCP体系及其应用准则》被食品法典委员会（CAC）通过并采纳,作为《食品法典——食品卫生基础文件》三个文件之一。

GMP和HACCP在乳品企业中的应用,可以优化和提升乳品的质量安全性和顾客满意度。

在国外,许多组织（或企业）都主动和自愿去申请HACCP质量管理系统认证。通过在生产或管理过程中执行HACCP,发现问题并进行分析和追溯,进而改进和提高乳品质量。比如在荷兰,乳品的加工全面实行 ISO 9000 系列标准和 HACCP 质量控制体系,并且把危害分析和关键控制点(HACCP)措施和良好农业规范(Good Aquaculture Practices,简称 GAP)的认证标准引进到奶牛场里。这些质量管理体系的推行,保证了乳品安全、牛奶质量以及保障消费者的利益,使荷兰乳品的质量得到世界的认可。起初,申请认证由乳品企业和奶农倡议。现在,则要求每一家乳品企业都要建立自己的认证体系。在认证体系当中,几乎涉及了整个奶业产业链,包括消费者、零售商、分销商、乳品企业、奶站以及农场主等。

在国际贸易过程中,不同的市场有不同的准入要求,组织(或企业)需要按照不同的标准进行多次认证,从而给食品生产、国际食品贸易和最终消费带来了极大的困扰。为了解决此问题,2001 年丹麦标准化协会提出了在国际范围内进行标准整合的设想,国际标准化组织于 2004 年正式发布了 ISO 22000:2005《食品安全管理体系—对食物链中任何组织的要求》。ISO 22000适用于乳品供应链内的各类组织,如作物种植者、饲料生产者、乳品制造者、运输和仓储经营者、批发商、零售分包商、消费者,以及相关组织,如设备生产、包装材料、清洁剂、加工助剂、添加剂和辅料的生产组织,其目的是让过程链中的各类组织按食品安全管理体系执行。ISO 22000 标准既可以看成是全球食品市场准入的新通行证,也可以被用来作为新的技术性贸易壁垒。

通过几十年的努力,国外的一些国家乳品质量安全保障体系已经完善或趋于完善。从根本上控制、解决了乳品供应链中存在的诸多隐患,实现对乳品质量安全的控制,确保了乳品质量持续的提高,并为其国家乳业的发展发挥了巨大推动作用。

作为世界贸易组织(World Trade Organization,简称 WTO)成员国之一,未来我国乳品生产、消费和贸易必将进一步融入国际贸易。因此,我国的乳品安全保障体系和乳品质量,只有符合国际上承认的通用准则,才可以在世界贸易中正常流通。反之,技术壁垒的存在,导致我国的乳品无法迈出国门,而国外乳品将轻而易举的进入国内市场,最终将影响我国未来乳品行业的健康发展。由此可见,完善我国乳品质量安全保障体系是非常必要的。主要体现在以下三方面:

首先,完善乳品质量安全保障体系是保证人民健康和生命安全,增强国民身体素质的需要。

其次,完善乳品质量安全保障体系是我国乳品工业健康发展的需要。

再次,完善乳品质量安全保障体系是与国际接轨,消除技术壁垒,增强中国乳品国际竞争力的需要。

综上所述,完善和改进我国乳品质量安全保障体系,无论针对眼前,还是面对未来,无论对于理论研究还是实际生产,都是必要的,也是紧迫的,需要付出艰苦的努力去探索。

二、质量控制、质量保证与全面质量管理的关系

(一)质量控制和质量保证

1. 质量控制

质量控制(quality control,QC)是为达到质量要求所采取的作业技术和活动。其目的在于监视并排除"质量环"中所有导致不满意的原因,以取得经济效益。

2. 质量保证

质量保证(quality assurance,QA)是为使物项或服务符合规定的质量要求,并提供足够的置

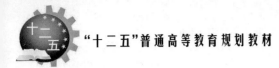

信度所必须进行的一切有计划的、系统的活动。

(二)全面质量管理

全面质量管理(total quality control,TQC)是指一个组织以质量为中心,以全员参与为基础,目的在于通过顾客满意和本组织所有成员及社会受益而达到长期成功途径。在全面质量管理中,质量这个概念和全部管理目标的实现有关。

三、ISO 9000 质量管理体系

(一)ISO 9000 质量保证体系的产生

ISO 9000 是国际标准化组织(ISO)所制定的关于质量管理和质量保证的一系列国际标准,它不是指一个标准,而是一族标准的统称。ISO 9000 是由 TC 176(TC 176 指质量管理体系技术委员会)制定的所有国际标准。ISO 9000 是 ISO 发布的12000 多个标准中最畅销、最普遍的产品。

ISO 9000 是由西方的品质保证活动发展起来的。二战期间,因战争扩大,所需武器需求量急剧膨胀,美国军火商因当时的武器制造工厂规模、技术、人员的限制未能满足"一切为了战争"。美国国防部为此面临千方百计扩大武器生产量,同时又要保证质量的现实问题。分析当时企业:大多数管理是 NO.1,即工头凭借经验管理,指挥生产,技术全在脑袋里面,而一个 NO.1 管理的人数很有限,产量当然有限,与战争需求量相距很远。于是,国防部组织大型企业的技术人员编写技术标准文件,开设培训班,对来自其他相关原机械工厂的员工(如五金、工具、铸造工厂)进行大量训练,使其能在很短的时间内学会识别工艺图及工艺规则,掌握武器制造所需关键技术,从而将"专用技术"迅速"复制"到其他机械工厂,从而奇迹般地有效解决了战争难题。战后,国防部将该宝贵的"工艺文件化"经验进行总结、丰富,编制更周详的标准在全国工厂推广应用,并同样取得了满意效果。当时美国盛行文件风,后来,美国军工企业的这个经验很快被其他工业发达国家军工部门所采用,并逐步推广到民用工业,在西方各国蓬勃发展起来。

随着上述品质保证活动的迅速发展,各国的认证机构在进行产品品质认证的时候,逐渐增加了对企业的品质保证体系进行审核的内容,进一步推动了品质保证活动的发展。到了 20 世纪 70 年代后期,英国一家认证机构 BSI(英国标准协会)首先开展了单独的品质保证体系的认证业务,使品质保证活动由第二方审核发展到第三方认证,受到了各方面的欢迎,更加推动了品质保证活动的迅速发展。

通过三年的实践,BSI 认为,这种品质保证体系的认证适应面广,灵活性大,有向国际社会推广的价值。于是,在 1979 年向 ISO 提交了一项建议。ISO 根据 BSI 的建议,当年即决定在 ISO 的认证委员会的"品质保证工作组"的基础上成立"品质保证委员会"。1980 年,ISO 正式批准成立了"品质保证技术委员会"(即 TC 176)着手这一工作。在总结各国经验的基础上,ISO/TC 176 于 1987 年 3 月正式发布了 ISO 9000 系列标准,健全了单独的品质体系认证的制度,一方面扩大了原有品质认证机构的业务范围,另一方面又导致了一大批新的专门的品质体系认证机构的诞生。

(二)ISO 9000 质量保证体系的发展

自从 1987 年 ISO 9000 系列标准问世以来,为了加强品质管理,适应品质竞争的需要,企业

家们纷纷采用 ISO 9000 系列标准在企业内部建立品质管理体系,申请品质体系认证,很快形成了一个世界性的潮流。

1990 年,根据实施中反馈的信息,ISO/TC 176 决定对 1987 版的 ISO 9000 系列标准进行修订,并分两阶段进行。第一阶段称之为"有限修改",即在标准结构上不做大的变动,仅对标准的内容进行小范围的修改,但这种修改要趋向于将来的修订本,以便更好地满足标准使用者的需要。1994 年完成第一阶段的修订工作,并由 ISO 发布了 1994 版 ISO 8402、ISO 9000-1、ISO 9001、ISO 9002、ISO 9003 和 ISO 9004-1 等 16 项国际标准,统称为 1994 版 ISO 9000 族标准。

ISO/TC 176 在完成对标准的第一阶段的修订工作后,随即启动标准修订战略的第二阶段工作。称之为"彻底修改",于 2000 年 12 月 15 日由国际标准化组织(ISO)正式发布了 2000 版 ISO 9000 族标准。目前,全世界已有 100 多个国家和地区正在积极推行 ISO 9000 国际标准,更适应新时期各行业质量管理的需求。

(三)2000 版 ISO 9000 族核心标准介绍

1. ISO 9000:2000《质量管理体系 基础和术语》

此标准表述了 ISO 9000 族标准中质量管理体系的基础知识,并确定了相关的术语。

第一个重点内容是在总结质量管理经验的基础上,提出了 8 项质量管理原则,这是一个组织在实施质量管理上必须遵循的准则,也是 2000 版 ISO 9000 族标准指定的基础。

第二个重点内容是,提出了建立和运行质量管理体系应遵循的 12 个方面的质量管理体系基础知识。

2. ISO 9001:2000《质量管理体系 要求》

规定了质量管理体系要求,其基本目的是使一个组织"证实其有能力稳定地提供满足顾客和适用的法律法规要求的产品"。用于认证(该标准成为用于审核和第三方认证的唯一标准。它可用于内部和外部(第二方和第三方)评价组织提供满足组织自身要求和顾客、法律法规要求的产品的能力)。

3. ISO 9004:2000《质量管理体系 业绩改进指南》

本标准提供了改进质量管理体系业绩的指南,描述了质量管理体系应包括的过程,强调通过改进过程,提高组织的整体业绩,不用于认证。

4. ISO 19011《质量环境管理体系 审核指南》

该标准提供了质量管理体系和环境管理体系审核的基本原则、审核方案的管理、审核的实施以及审核员资格要求等,用于指导审核。

(四)ISO 9000 质量管理体系管理原则及基础

1. 八项质量管理原则

这是 ISO 9000 系列标准实施的经验和理论研究的总结,是质量管理最基本、最通用的一般性规律,适用于所有类型的产品和组织。

(1)以顾客为关注的焦点。它是质量管理 8 项原则之首,也是质量管理原则的核心和灵魂。组织与顾客的关系是依存关系,没有顾客或者不能满足顾客要求的组织是不能生存的,因此组织应当理解顾客当前和未来的需求,满足顾客要求并争取超越顾客期望。

(2)领导作用。领导者确立组织统一的宗旨和方向。他们应当创造并保持使员工能充分参与实现组织目标的内部环境。

（3）全员参与。各级人员都是组织之本，只有他们的充分参与，才能使他们的才干为组织带来效益。

（4）过程方法。将活动和相关的资源作为过程进行管理，可以更高效地得到期望的结果。

（5）管理的系统方法。将相互关联的过程作为系统加以识别、理解和管理，有助于组织提高实现目标的有效性和效率。

（6）持续改进。持续改进总体业绩应当是组织的一个永恒目标。

（7）基于事实的决策方法。有效决策是建立在数据和信息分析的基础上的。

（8）与供方互利的关系。组织与供方是相互依存、互利的关系，可增强双方创造价值的能力。

2. 质量管理体系基础

（1）质量管理体系的理论说明

①质量管理体系能够帮助组织增强顾客满意度。

②质量管理体系方法鼓励组织分析顾客要求，规定相关的过程，并使其持续受控，以实现顾客能接受的产品。

③质量管理体系能提供持续改进的框架，以增加顾客和其他相关方满意的机会。

④顾客要求产品具有满足其需求和期望的特性，这些需求和期望在产品规范中表述，并集中归结为顾客要求。顾客要求可以由顾客以合同方式规定或由组织自己确定。在任一情况下，产品是否可接受最终由顾客确定。

⑤因为顾客的需求和期望是不断变化的，以及竞争的压力和技术的发展，这些都促使组织持续地改进产品和过程。

（2）质量管理体系要求与产品要求

ISO 9000 系列标准区分了质量管理体系基础和产品要求，ISO 9001 规定了质量管理体系要求。质量管理体系要求是通用的，适用于所有行业经济领域，不论其提供任何类别的产品。ISO 9001 本身不规定产品要求。一个组织在使用质量管理体系标准时应与产品要求一并考虑。产品要求可由顾客规定，或由组织根据预测顾客的要求规定，或由法规规定。可包含在技术规范、产品标准、过程标准、合同协议和法规要求中。

（3）质量管理体系方法

是为实现组织的质量方针和目标而提出的一套系统、严谨的逻辑步骤和运作程序，体现了PDCA 循环。建立和实施质量管理体系的方法如下：

①确定顾客和其他相关方的需求和期望；

②建立组织的质量方针和质量目标；

③确立实现质量目标必需的过程和职责；

④确立和提供实现质量目标必需的资源；

⑤规定测量每个过程的有效性和效率的方法；

⑥应用这些测量方法确定每个过程的有效性和效率；

⑦确定防止不合格并消除产生原因的措施；

⑧建立和应用持续改进质量管理体系的过程。

（4）过程方法

任何使用资源将输入转化为输出的活动或一组活动可视为过程。为使组织有效运行，必须识别和管理许多相互关联和相互作用的过程。系统的识别和管理所使用的过程,特别是这些过程之间的相互的作用,称为"过程方法"。以过程为基础的质量管理体系如图14-1所示。

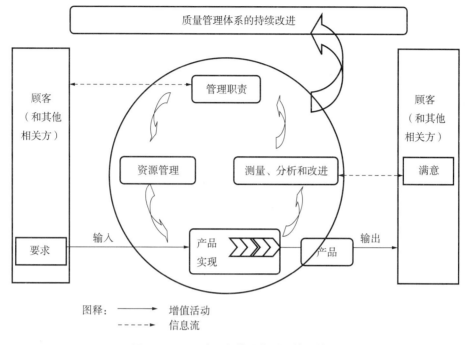

图释: —— 增值活动
      - - - - 信息流

图 14 - 1　以过程为基础的质量管理体系

(5)质量方针和质量目标

两者为组织提供了关注的焦点,确定了预期的结果,并帮助组织利用其资源达到这些结果。质量方针为建立和评审质量目标提供了框架,质量目标需要与质量方针和持续改进的承诺相一致,其实现是可测量的。

(6)最高管理者在质量管理体系中作用

最高管理者通过其领导作用及各种措施可以创造一个员工充分参与的环境,质量管理体系能够在这种环境中有效运行。具体作用如下:

①制定并保持组织的质量方针和质量目标;

②通过增强员工的参与意识、积极性和参与程度,在整个组织内促进质量方针和质量目标的实现;

③确保整个组织关注顾客要求;

④确保实施适宜的过程以满足顾客和其他相关方要求并实现质量目标;

⑤确保建立、实施和保持一个有效的质量管理体系以实现质量目标;

⑥确保获得必要的资源;

⑦定期评审质量管理体系;

⑧决定有关质量方针和质量目标的措施;

⑨决定改进质量管理体系和措施。

(7)文件

质量管理体系通常应用的几种类型的文件:质量手册、质量计划、规划、指南、形成文件的

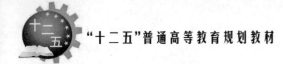

程序、作业指导书、表格和记录。信息是文件的实质内容,它有助于:

①满足顾客要求和质量改进;

②提供适宜的培训;

③提供客观证据;

④评价质量管理体系的有效性和持续适宜性。

(8)质量管理体系评价

主要包括质量管理体系过程评价、质量管理体系审核、质量管理体系评审和自我评定四部分内容。

第一部分质量管理体系过程评价是先对构成体系的过程进行评价,然后综合回答每个评价的过程所提出的基本问题,确定评价结果。通常就以下4个基本问题进行评价:①过程是否已被识别并适当规定? ②职责是否已被分配? ③程序是否被实施和保持? ④在实现所需要的结果方面,过程是否有效? 第①、②问题的评价通常可以通过对表述过程的文件评价来实现;第③问题可以通过对过程实现运作或过程完成后所提供证据的评价来完成;第④问题可以通过过程输出与规定要求的对比评价来完成。

第二部分质量管理体系审核用于确定符合质量管理体系要求的程度,是发现用于评定质量管理体系的有效性和识别改进的机会。包括:①第一方审核(用于内部目的,由组织自己或以组织的名义进行,可作为组织声明自身合格的基础)。②第二方审核(由组织的顾客或由其他人以顾客的名义进行)。③第三方审核(由外部独立的组织进行。这类组织通常是经认可的,提供符合要求的认证或注册)。

第三部分质量管理体系评审是最高管理者的任务之一,是就质量方针和质量目标,有规则地、系统地评价质量管理体系的适宜性、充分性、有效性和效率。

第四部分自我评定是参照质量管理体系或优秀模式对组织的活动和结果所进行的全面和系统的评审。可提供一种对组织业绩和质量管理体系成熟程度总的看法,还有助于识别组织中需要改进的领域并确定优先开展的事项。

(9)持续改进

目的在于增加顾客和其他相关方满意的机会。改进包括如下活动:

①分析和评价现状,以识别改进区域;

②确定改进目标;

③寻找可能的解决办法,以实现这些目标;

④评价这些解决办法并做出选择;

⑤实施选定的解决办法;

⑥测量、验证、分析和评价实施的结果以确定这些目标已经实现;

⑦正式采纳更改。

顾客和其他相关方的反馈以及质量管理体系的审核和评审均能用于识别改进的机会。

(10)统计技术的作用

在许多活动的状态和结果中,甚至是在明显的稳定条件下,均可观察到变异。统计技术有助于这类变异进行测量、描述、分析、解释和建立模型,甚至在数据相对有限的情况下也可实现。

(11)质量管理体系与其他管理体系的关注点

质量管理体系是组织的管理体系的一部分,致力于使质量目标有关的结果适当地满足相关方的需求、期望和要求。一个组织的管理体系包括若干个不同的分体系,如质量管理体系、财务管理体系、环境管理体系、职业卫生与安全体系等。这些管理体系有各自的方针和目标。这些目标相辅相成,构成了组织各方面的奋斗目标。

一个组织的各部分管理体系是互有联系的。最理想的是把它们合成一个总的管理体系,尽量采用相同的要素(如文件、记录等)。这将有利于总体策划、资源配置、确定互补的目标并评价组织的整体有效性。

(12)质量管理体系与优秀模式之间的关系

ISO 9000 族标准的质量管理体系方法和组织优秀模式之间共同之处在于依据共同的原则;而不同之处在于应用范围不同。

第二节 其他生产管理体系

一、良好生产规范(GMP)

1. GMP 简介

GMP 是良好生产规范(Good Manufacturing Practice)的缩写,是一种特别注重制造过程中产品质量和安全卫生的自主性管理制度。

GMP 是为保障产品质量而制定的贯穿生产全过程的一系列控制措施、方法和技术要求,是一种重视生产过程中产品品质与质量安全的自主性管理制度,也可以说是一种具体的产品质量保证体系。良好操作规范在食品中的应用,即食品 GMP。

2. 我国 GMP 的现状

自 20 世纪 80 年代以来,我国已建立了 19 个食品企业卫生规范和良好生产规范(包括罐头厂卫生规范、白酒厂卫生规范、啤酒厂卫生规范、酱油厂卫生规范、食醋厂卫生规范、蜜饯厂卫生规范、糕点厂卫生规范、乳品厂卫生规范、肉类加工厂卫生规范、饮料厂卫生规范、葡萄酒厂卫生规范、果酒厂卫生规范、黄酒厂卫生规范、面粉厂卫生规范、巧克力厂卫生规范、食用植物油厂卫生规范、膨化食品良好生产规范、保健食品良好生产规范、饮用天然矿泉水厂卫生规范),极大地提高了我国食品企业的整体生产水平和管理水平,推动了食品工业的发展。为适应我国加入 WTO 后的形势,我国将加大制定和推广 GMP 的力度,积极采用国际组织制定的 GMP 准则。

3. 我国乳制品厂 GMP 要求

国家标准 GB 12693—2010《食品安全国家标准 乳制品良好生产规范》中规定了乳制品生产企业在原料采购、加工、包装及储运等过程中,关于人员、建筑、设施、设备的设置以及卫生、生产及品质等管理应达到的标准、良好条件或要求。具体有以下内容:

(1)厂区环境的要求

(2)厂房及设施的要求(包括设计、车间设置与布局、车间隔离、屋顶、墙壁与门窗、地面与排水、供水设施、照明设施、通风设施、洗手设施、更衣室、厕所、仓库)

(3)设备的要求(包括设计、材质、生产设备、品质管理设备)

(4)机构与人员的要求(包括机构与职责、人员与资格、教育与培训)

（5）卫生管理的要求（包括卫生制度、环境卫生管理、厂房设施卫生管理、机械设备卫生管理、辅助设施卫生管理、清洗和消毒管理、人员卫生管理、健康管理、除虫及灭害管理、有毒有害物的管理、污水及污物管理、卫生设施管理、工作服管理）

（6）生产过程管理的要求（包括生产操作规程的制订与执行、原材料处理、生产作业管理、设备的保养和维修）

（7）品质管理（包括品质管理手册的制订与执行、原材料的品质管理、加工中的品质管理、成品的品质管理、贮存与运输的管理、成品售后管理、记录管理）

（8）标识（产品标识应符合 GB 7718、GB 13432 及国家其他有关法规的规定）

4. 乳业实行 GMP 的意义

目前乳品业采用 GMP，是为了保证乳品加工厂所生产的产品质量，保障消费者吃到既安全又卫生的高品质乳品。由于乳品容易腐败变质，如果牛乳原料质量得不到保障，即使是再精良的设备和器械，制造工艺再精巧，也无法保证获得好品质的乳品。反之，如果原料好，再配合设备、技术、人员等以实施 GMP 制度，则乳品的品质就更能得到保障。国际乳品 GMP 是采用认证的方式，由生产者自愿参加，政府给予适当的奖励和辅导，并给予证书及标志。

有明确 GMP 标志，保障了消费者的认知权利和选择权利，同时该制度提供了消费者申述意见的途径，保障了消费者表达意见的权利。实施 GMP 在国际食品贸易中是必备条件，因此实施 GMP 能提高食品产品在全球贸易的竞争力。实施 GMP 也有利于政府和行业对食品企业的监管，强制性和指导性 GMP 中确定的操作规程和要求可以作为评价、考核食品企业的科学标准。

二、卫生标准操作程序（SSOP）

1. SSOP 简介

SSOP 是卫生标准操作程序（sanitation standard operation procedure）的简称，是食品企业为了满足食品安全的要求，在卫生环境和加工过程等方面所需实施的具体程序；是食品企业明确在食品生产中如何做到清洗、消毒、卫生保持的指导性文件。

SSOP 计划一定要具体，切忌原则性的、抽象的论述，要具有可操作性。

2. SSOP 的基本内容

SSOP 主要包含 8 方面内容，具体如下：

（1）水和冰的安全

生产用水（冰）的卫生质量是影响食品卫生的关键因素，食品加工厂应有充足的水源。食品加工，首要的一点就是保证水的安全。与食品接触或与食品接触物表面接触用水（冰）应符合有关卫生标准，同时要注意非生产用水及污水处理的交叉污染问题。

（2）食品接触的表面的清洁度（包括设备、手套、工作服）

食品接触面是指接触人类食品的表面以及在正常加工过程中会将水滴溅在食品或食品接触面上的那些表面。主要有加工设备、案台和工器具、加工人员的工作服、手套等以及包装物料。食品加工企业应通过清洁、消毒、培训员工等措施保证食品接触表面的清洁度符合卫生标准要求。

（3）防止发生交叉污染

造成交叉污染的来源有 6 项：①工厂选址、设计、车间不合理。②加工人员个人卫生不良。

③清洁消毒不当。④卫生操作不当。⑤生、熟产品未分开。⑥原料和成品未隔离。企业应采取相关措施,严格防止交叉污染的发生。

(4)手的清洗和消毒、厕所设备的维护与卫生保持

手的清洗、消毒设施应符合标准要求,清洗、消毒方法正确;厕所设施合理,并进行良好的维护与保持。

(5)防止食品被掺杂

防止食品、食品包装材料和食品所有接触表面被微生物、化学品及物理的污染物沾污,如清洁剂、润滑油、燃料、杀虫剂、冷凝物等。

(6)有毒化学物质的标记、贮存和使用

食品加工厂有可能使用的化学物质:洗涤剂、消毒剂(次氯酸钠)、杀虫剂(1605)、润滑剂、食品添加剂(亚硝酸钠、磷酸盐)等都属于有毒化学物质,必须由专人保管,且对保管、使用人员进行相关培训。

(7)从业人员的健康与卫生控制

食品企业的生产人员(包括检验人员)的身体健康及卫生状况直接影响食品卫生质量。根据《食品卫生法》规定,凡从事食品生产的人员必须体检合格,并有健康证者方能上岗。食品生产企业应制订体检计划,并设有体检档案,凡患有病毒性肝炎、活动性肺结核、伤寒、细菌性痢疾、化脓性或渗出性皮肤病患者、手外伤未愈合者等有碍食品卫生的疾病的不得参与直接接触食品的加工,痊愈后经体检合格后可重新上岗。

(8)有害动物的防治

昆虫、鸟、鼠等均会带来一定种类的病原体,因此,有害动物的防治对食品加工厂是至关重要的。

3. SSOP 实施的检查和记录

乳品厂建立了SSOP后,还必须制定相应的监控程序,实施检查、记录和纠正措施,并对实施情况的记录进行存档。

企业在制定监控程序时,应描述如何对SSOP的卫生操作过程实施监控。它们必须指定何人、何时及如何完成监控。对监控要有效实施,对监控结果要进行检查,发现检查结果不合格者还必须采取措施加以纠正。对以上所有监控行动、检查结果和纠正措施都要记录,通过这些记录说明企业不仅遵守了SSOP,而且实施了适当的卫生控制。

乳品厂日常的卫生监控记录是工厂重要的质量记录和管理资料,应使用统一的表格,并归档保存,保存时间通常为2年。

三、HACCP 及其在乳品生产中的应用

1. HACCP 简介

HACCP 是"hazard analysis critical control point"的英文缩写,即危害分析和关键控制点,它是为确定食品的安全性,保证产品质量,从原料的种植、饲养开始,至最终产品到达消费者手中,对这期间各阶段可能产生的危害进行确认,并加以管理的一种质量控制体系。

HACCP 是鉴别、评价和控制对食品安全至关重要的危害的一种体系,被认为是控制食品安全和风味品质的最好最有效的管理体系。

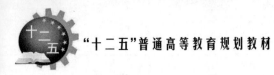

2. HACCP 的基本原理

HACCP 方法现已成为世界性的食品质量控制管理的有效办法。HACCP 原理经过实际应用与修改,被食品法典委员会(CAC)确认,由以下 7 个基本原理组成。

(1)进行危害分析

拟定工艺中各工序的流程图,确定与食品生产各阶段(从原料生产到消费)有关的潜在危害性及其程度,鉴定并列出各有关危害并规定具体有效的控制措施,包括危害发生的可能性及发生后的严重性估计。这里的"危害"是一种使食品在食用时可能产生不安全的生物的、化学的或物理方面的特征(美国国家食品微生物标准顾问委员会)。

(2)确定关键控制点(CCP)

使用判定树(decision tree)鉴别各工序中的关键控制点 CCP。CCP 是指能进行有效控制的某一个工序、步骤或程序,如原料生产收获与选择、加工、产品配方、设备清洗、贮运、雇员与环境卫生等都可能是 CCP,且每一个 CCP 所产生的危害都可以被控制、防止或将之降低至可接受的水平。

(3)建立关键限值(临界值)

即制定为保证各 CCP 处于控制之下的而必须达到的安全目标水平和极限。安全水平有数的内涵,包括温度、时间、物理尺寸、湿度、水活度、pH、有效氯、细菌总数等。

(4)确定关键控制点监管措施

通过有计划的测试或观察,以保证各 CCP 处于被控制状态,其中测试或观察要有记录。监控应尽可能采用连续的理化方法,如无法连续监控,也要求有足够的间隙频率次数来观察测定每一 CCP 的变化规律,以保证监控的有效性。

(5)确定校正措施(当监测指出特定关键控制点处于失控状态时使用)

当监控过程发现某一特定 CCP 正超出控制范围时应采取纠偏措施,因为任何 HACCP 方案要完全避免偏差是几乎不可能的。因此,需要预先确定纠偏行为计划,来对已产生偏差的食品进行适当处置,纠正产生偏差,使之确保 CCP 再次处于控制之下,同时要做好此纠偏过程的记录。

(6)建立验证程序,证实 HACCP 系统的有效性

审核 HACCP 计划的准确性,包括适当的补充试验和总结,以确证 HACCP 是否在正常运转,确保计划在准确执行。检验方法包括生物学的、物理学的、化学的或感官方法。

(7)建立 HACCP 计划档案及保管制度

HACCP 具体方案在实施中,都要求做例行的、规定的各种记录,同时还要求建立有关适于这些原理及应用的所有操作程序和记录的档案制度,包括计划准备、执行、监控、记录及相关信息与数据文件等都要准确和完整地保存。

第三节 HACCP 与其他质量保证系统的关系

一、ISO 9000 与 HACCP 的关系

1. 质量体系的类型

质量体系是组织为实现质量方针、目标而开展质量活动的一种特定系统。根据质量体系

的不同适用情况,可将质量体系区分为质量管理体系和质量保证体系两种类型。

(1)质量管理体系。一个组织不论是否处于合同环境还是同时处于合同环境与非合同环境之中,在组织内部为了实施持续有效的质量控制所建立的内部质量体系,称为质量管理体系。

(2)质量保证体系。组织在合同环境下为满足顾客规定的产品或服务的外部质量要求,并向顾客证实质量保证能力的质量体系,称为质量保证体系。质量保证体系不是组织自身开展质量管理的固有需要,主要是为了满足第二方或第三方对提供各种证据的要求。

在两种类型的质量体系之间既有区别,又有内在的联系。内部质量管理体系应能广泛覆盖组织的产品或服务,而质量保证体系的规定与要求,则必须通过实施内部质量管理体系方可得以落实和提供证据。

质量保证是质量管理的一部分,致力于提供能满足质量要求的信任。也就是说,为了证实组织能够满足质量要求,在质量管理体系中实施并根据需要进行证实的全部有计划和有系统的活动,质量保证的目的在于提供信任。

2. ISO 9000 族标准和 HACCP 的共性

ISO 9000 和 HACCP 二者不是孤立的两个体系,它们是相通的。CAC 在其食品卫生的基本要义中指出"HACCP 的实施是和包括 ISO 9000 系列标准在内的质量管理体系的实施相兼容的,并是该类系统中食品安全管理的可选择的体系"。

ISO 9000 和 HACCP 分别涉及食品的质量和食品安全性,两者有许多共同之处。例如都要求公司全体员工的参与,采取的方法都经过严格组织化,都涉及对 CCP 的测定和控制。从这个方面考虑,这两种体系都属于质量保证体系,都是力求以最经济的方式使产品的质量和安全性达到最大置信度。目前,确保产品安全性的最佳方法就是利用 HACCP,同时采用 ISO 9000 管理 HACCP 体系。

3. ISO 9000 族标准和 HACCP 的区别

一般来讲,ISO 9000 族标准更多地涉及公司的行政管理,HACCP 是一种预测性的食品监控程序,可以弥补以中间测定和终产品分析为主的传统方法的不足。ISO 9000 适用于各种产业,而 HACCP 只应用于食品行业,强调保证食品的安全、卫生。二者的主要区别如表 14-1 所示。

表 14-1 ISO 9000 和 HACCP 的区别

项目	ISO 9000	HACCP
适用范围	适用于各行各业	应用于食品行业
目标	强调质量能满足顾客要求	强调食品卫生,避免消费者受到危害
标准	企业可在 ISO 9001~9003 三种模式中依据自身条件选择其一,再逐步提高作业标准	企业可依据市场所在国政府的法规或规范的要求生产产品
标准内容	标准内容涵盖面广,涉及设计、开发、生产、安装和服务	内容较窄,以生产过程的控制为主
监控对象	无特殊监控对象	有特殊监控对象,如病原菌
实施	自愿性	由自愿性逐步过渡到强制性

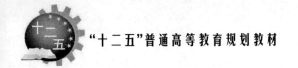

二、用 ISO 管理 HACCP

在食品安全性管理过程中,采用以下方法可使产品达到最高置信度:

1. 采用由专家建立的 HACCP 体系

2. 用 ISO 9000 管理 HACCP 体系

用 ISO 9000 管理 HACCP 体系,使生产符合各项标准规范的要求(用 HACCP 术语,符合 CCP 要求),并使 HACCP 体系在整个生产过程中都能正确实施。ISO 9001 的 20 项要素均与 HACCP 有关。这些要素对 HACCP 的具体实施有非常重要的意义。例如,要保证 HACCP 体系有效性,必须满足下列条件:

(1)使用经过校正的设备;

(2)人员经过适当的培训;

(3)文件和资料控制;

(4)通过审计确认体系等。

如果有关企业只满足与拥有 HACCP 计划,而不采用 ISO 9000 要素管理 HACCP,就不能保证 HACCP 体系的有效实施。

各企业无需在实施 HACCP 之前认证 ISO 9001,但必须充分认识到两者之间的关系,知道怎样利用 ISO 9000 体系知道 HACCP 的实施过程。这样,不仅能保证 HACCP 体系的有效性,而且为今后申请 ISO 9001 认证奠定良好的基础。

三、GMP 与 HACCP

GMP 和 HACCP 系统都是为保证食品安全和卫生而制定的一系列措施和规定。GMP 适用于所有相同类型产品的食品生产企业,而 HACCP 则依据食品生产厂及其生产过程不同而不同。GMP 体现了食品企业卫生质量管理的普遍原则,而 HACCP 则是针对每一个企业生产过程的特殊原则。HACCP 着重控制保证食品安全的关键控制点,而其他一般控制点由 GMP 控制。

GMP 的内容是全面的,它对食品生产过程中的各个环节各个方面都制定出具体的要求,是一个全面质量保证系统。HACCP 则突出对重点环节的控制,以点带面来保证整个食品加工过程中食品的安全。从 GMP 和 HACCP 各自特点来看,GMP 是对食品企业生产条件、生产工艺、生产行为和卫生管理提出的规范性要求,而 HACCP 则是动态的食品卫生管理方法;GMP 要求是硬性的、固定的,而 HACCP 是灵活的、可调的。

GMP 和 HACCP 在食品企业卫生管理中所起的作用是相辅相成的。通过 HACCP 系统,我们可以找出 GMP 要求中的关键项目,通过运行 HACCP 系统,可以控制这些关键项目达到标准要求。掌握 HACCP 的原理和方法还可以使监督人员、企业管理人员具备敏锐的判断力和危害评估能力,有助于 GMP 的制定和实施。GMP 是食品企业必须达到的生产条件和行为规范,企业只有在实施 GMP 规定的基础之上,才可使 HACCP 系统有效运行。控制 CCP 并不是孤立的,只控制这一点不可能保证食品的安全。缺乏基本卫生和生产条件的企业是无法开展 HACCP 工作的,如果一个企业连完整的厂房、能正常运行的生产设备、合适的质量管理人员都没有,也就没有必要和可能建立 HACCP 系统。所以说,GMP 和 HACCP 对一个想确保产品卫生质量的企业来讲是缺一不可的。

第四节　HACCP体系在乳品工业中的应用

一、HACCP的制订

实际生产中,实施HACCP应采取以下步骤:

(1)准备一个完整的流程图,从原辅料到消费者手中的商品,将原辅料的具体规格、包装系统、产品配方和工艺细节都标注清楚。

(2)确认危害。评估工艺的每一阶段、原料及再加工材料产生危害的严重性、伴随的危害和利益关注的程度。

(3)确定可以控制危害的关键控制点(critical control point,CCP),然后选择每一个CCP点上必须控制的因素。

(4)设置关键限制量(critical limit,CL)。确定工艺过程中需要控制因素的最大、最小范围,以保证控制每个CCP点的操作。如加热是控制因素,则必须指出加热的精确时间和温度,以及允许的变化范围;如果控制因素是化学物质,如盐可以控制致病菌的生长,醋酸可以杀死致病菌,酵母可以抑制腐败微生物,使用时必须在HACCP中指出盐、醋酸及酵母的浓度和它们的变化范围;协同使用的抑制措施则需确定在最差情况下协同使用的效果。

(5)建立并实施监测程序。检测每一个CCP点,以确定其是否在控制之中。应精确地测量CCP点的最重要的因素,简明、迅速给出结果。适当的记录是有效确保安全的必要组成部分。

(6)指出并记录检测结果。当表明CCP点脱离控制时,需采取必要的纠错措施。

(7)建立记录保持制度。记录监测程序完成情况,以及监测过程中取得的实际值和观察结果。

(8)建立鉴评程序。定期检查各种记录及检测检查仪器的准确度,以确保整个HACCP的运行有良好的物质基础。

二、HACCP中主要控制的几种目标致病菌

在HACCP建立的步骤中,危害的确认是建立系统的关键。食品危害的来源主要有:致病微生物、微生物产生的毒素、化学残留物(杀虫剂等)、重金属污染物、有害的外界物质等。其中微生物导致危害的可能性远远超过其他来源的危害。1978年曾有文献指出,食品安全的有关危害评估表明,微生物污染的危害与杀虫剂残留物危害发生的可能性比例是100000:1,可见食品中危害的主要来源是微生物,而给人类带来健康危害的微生物主要是致病菌。因此,保证食品安全的重心应放在减少食品中因各种原因残留的致病菌,包括那些能够产生毒素的微生物。

对人体健康危害较严重的致病菌主要有4种:肉毒梭状芽孢杆菌、金黄色葡萄球菌、李斯特菌和沙门氏菌等。致病菌污染的途径有很多,如原料、水、机械、生产人员、空气等,都可以给食品生产带来污染。一旦染上的致病菌在适当的条件下生长、繁殖或产生毒素,就会给人体造成危害。2005年,David等人指出以上4种致病菌,前两种主要来自原料,后两种主要来自环境污染,在建立HACCP时应加以考虑,根据目标菌的特点制定相应的CCP点。

三、产品工艺配方对建立 HACCP 的影响

在生产过程中,产品的配方对 HACCP 的 CCP 点的制定起着决定性作用。例如,奶粉的低水分活性对微生物有抑制作用;乳糖、蔗糖、维生素、蛋清等成分的比例和巴氏杀菌条件的协同作用可在常温下阻止微生物的生长;农家干酪的 pH 值与冷藏条件可协同抑制致病菌的生长。因此,在没有实验证实配方的改变不会有损安全系数时,不能随意改变具有阻止致病菌在产品货架期内生长的作用配方。例如,用蔗糖取代乳糖,可保持原有的甜度,但由于糖的种类不同,对产品中酵母和霉菌生长繁殖的影响也不同。同样,如果用新鲜的液态蛋清代替蛋清粉来生产配方奶粉,原有的 HACCP 就不适用了。因为不同原料中微生物的数量和种类也不同,如果仍采用原有的 HACCP,则 CCP 点的控制就失去针对性,这将会导致产品的货架期及安全性的改变,使产品安全得不到保证。因此,产品配方的改变必须制定相应的 HACCP,产品的安全质量得以保证之后,才能进行商业推广。在实际生产中,为了正确制定和实施 HACCP,任何建议的新成分都必须提供详尽的说明材料。

四、HACCP 体系在乳品中的建立

(一) 液态奶生产 HACCP 体系的建立

对灭菌乳制品卫生质量构成的危害主要有 3 种。

(1)微生物危害:致病微生物及其毒素,如金黄色葡萄球菌、沙门氏菌、李斯特氏菌污染等。

(2)化学性危害:如抗生素、农药残留、重金属、亚硝酸盐、硝酸盐残留、蛋白质变性等。

(3)物理性危害:杂草、牛毛、乳块、碎屑等。

危害分析过程,主要是收集和确定有关的危害以及导致危害产生和存在的条件,评估危害的严重性和危险性,判定危害的性质、程度和对人体健康的潜在性影响,以确定哪些危害对灭菌乳的安全是最重要的,即识别危害、确认危害的显著性,确定采取的预防控制措施。根据灭菌乳的生产工艺流程图,分别对原料的验收、生产用水、包材的接受、灭菌等 4 个环节,以及生产过程中冷却、净乳、容器管道的 CIP 清洗、预热、均质、超高温灭菌等 7 个环节分别进行细致的危害分析,并对各种危害的显著性进行评估。

液态奶生产的工艺流程及主要 CCP 步骤见图 14-2。

关键控制点(CCP)是产品生产加工过程中能有效控制各种危害的重要环节,通过在某些环节施于一系列控制措施,可以达到消除、预防或最大限度减少危害的目的。关键控制点可分为 CCP1 和 CCP2。CCP1 是指一个环节可以预防或是最大程度地减少或消除危害;CCP2 是指一个操作环节能减少或延迟的危害发生,但不能彻底消除危害。

由危害分析时收集到的相关信息,HACCP 工作小组在乳品厂实施的预防控制步骤均有效的前提下,根据食品国际法典委员会 CAC 推荐的"关键控制点决定树",拟对每个环节依次回答下面 4 个问题。

(1)是否有控制措施?

(2)该步骤是否专门用于将可能出现的危害消除或减少到可接受水平?

(3)确定的危害产生可能,超过接受或增加到不可接受的水平吗?

(4)以后的步骤将会消除确定的危害或将可能发生的危害减少到可接受的水平吗?

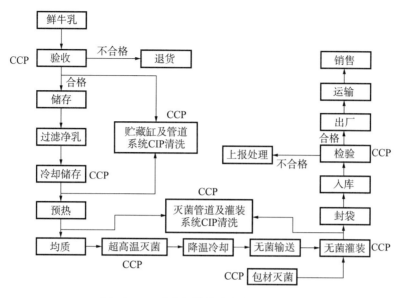

图 14 - 2   液态奶的基本生产工艺流程

可将生产环节原料乳的验收、冷却储存、收奶缸、配料缸等容器管道、罐装系统的 CIP 清洗、超高温灭菌、降温冷却、包材灭菌、无菌灌装等 8 个环节确定为灭菌乳的 CCP,其余环节为常规控制点。其中属于 CCP1 的有:原料乳验收、容器管道的 CIP 清洗、罐装系统的 CIP 清洗、超高温灭菌、包材的灭菌处理、无菌灌装共 6 个点;属于 CCP2 的有:原料乳的冷却储存、灭菌乳罐装前的降温冷却共 2 个点。

(二)酸奶生产 HACCP 体系的建立

1. 产品描述

酸奶是以牛乳或奶粉、白砂糖为主要原料,添加或不添加营养强化剂、果汁、稳定剂等辅料,使用保加利亚乳杆菌、嗜热链球菌的菌种发酵,并添加双歧杆菌等益生菌制成的产品。

2. 工艺流程

酸奶生产 HACCP 工艺流程见图 14 - 3。

3. 危害因素分析

(1)原辅料的因素:酸奶生产中原料的品质优劣是保证产品质量的先决条件,乳中主要含有的微生物类型是微球菌、链球菌、不形成芽孢的革兰氏阳性杆菌和革兰氏阴性杆菌(包括大肠菌类)、芽孢杆菌及少量的酵母与霉菌、病原菌等。应注意乳中能引至人畜共患病的致病菌的控制。鲜乳中菌数高低视挤乳卫生工作好坏而定,用平板菌落计数法测定鲜乳中的菌数在 $10^3 \sim 10^6$ 个/mL 范围内,如卫生工作搞得好,菌数应低于 $10^4 mL^{-1}$。生乳在贮运过程中的温度应低于 4℃,贮运时间不能超过 2 h,以确保原料乳的卫生质量要求。

风味凝固型酸奶所用辅料可以是果酱或果汁等,经检验其中含有一定数量的酵母,如果未经杀菌而加入到发酵乳中,那么酵母菌即成为污染该种酸奶的主要来源。

(2)加工过程中的危害因素分析:凝固型发酵酸奶的生产加工过程如图 14 - 3 所示。参考前人研究和 HACCP 小组分析,凝固型发酵酸奶生产过程中多数工序在正常情况下,不会有大

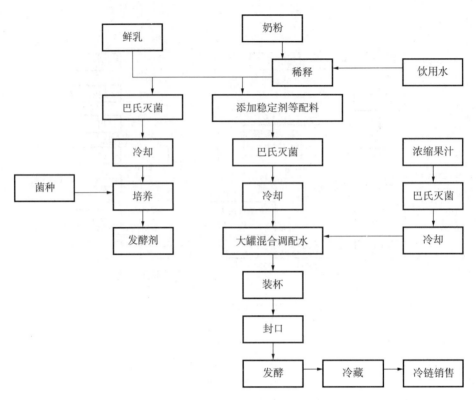

图 14 – 3 酸奶生产 HACCP 工艺流程图

的危害,或者可以通过后继工序加以克服。由此,除了原辅料,其生产中会发生危害的工序过程主要有:

①巴氏灭菌:若原料乳或果汁受污染又杀菌不彻底,会残留一定数量的微生物,尤其是乳中耐热菌能耐过巴氏灭菌而继续存活。因此,原辅料的巴氏灭菌过程的温度与时间控制是很重要的。

②发酵剂:发酵剂的品质好坏直接影响酸奶质量,因此菌种要纯且富有活力,鲜乳应无污染。如果发酵剂污染了杂菌,将使酸奶凝固不结实,乳清析出过多,并有气泡和异常味出现。发酵剂质量取决于菌种和培养条件,需重点控制。

③保温发酵:原料乳和果汁经 90～95℃、20 min 加热,可杀死其中大部分微生物,特别是大罐混合后的原料乳应尽可能不含酵母菌。如果发酵剂中污染了少量酵母,在 40～45℃条件下保温发酵,因乳酸菌数量大并繁殖迅速,均不利于大多数酵母菌生长。但是,如果污染了嗜热性酵母菌,可能有潜在危险性,因为该酵母能在 40～45℃条件下生长良好。

(3)环境、设备因素:从酸奶车间的空气中以及地面、墙壁表面均检出酵母菌与霉菌,这是由于环境温度高,换气不良,卫生条件差,致使酵母与霉菌大量繁殖,而使其孢子飘浮于空气之中,造成对空气的污染。

如果加工设备包括搅拌机、发酵罐、灌装机等清洗杀菌不彻底,会因残留奶垢而积聚大量微生物,成为酸奶生产的主要污染源。此外,塑杯材料由厂家购进,如未经严格消毒,其表面可检出一定数量的微生物。

酸奶在发酵凝固、冷藏至零售过程中,污染酸奶的某种酵母可能繁殖(特别贮温高时),并占优势,致使杯装酸奶出现膨胀鼓盖现象。其原因是:①酵母在酸奶温度贮存小于10℃环境下可以繁殖;②酵母能向细胞外分泌脂酶和蛋白酶,可水解乳中的脂肪和乳蛋白;③酵母能发酵牛乳中的乳糖或蔗糖而产生 CO_2 及乙醇;④酵母可消化利用酸奶中乳酸、柠檬酸等。

4. 关键控制点及控制

(1)确定 CCP

根据上述对危害因素的分析,可以确定污染酸奶的微生物主要来源是原辅料、发酵剂、设备、塑杯、包装材料、环境、空气等。因此,只有将这些污染源严格控制起来,使其污染程度降低到最低限度,才能保证产品质量。酸奶生产过程关键控制点应设以下几个方面,并要进行严格检测和控制:严格控制原辅料质量,严防细菌总数,尤其防止嗜热耐酸的酵母菌与霉菌数目超标,严格实施巴氏灭菌的操作规程,保证对原料乳及果汁等辅料杀菌达标,严格按无菌操作制备发酵剂,防止杂菌污染;严格控制发酵剂的添加量和发酵温度,并注意菌种活力,以保证保加利亚杆菌与嗜热链球菌在数量上保持相对平衡(1:1比例),以缩短发酵时间;加强生产全过程的卫生管理工作,对设备、工具及包装材料等应彻底清洗杀菌。

(2)确定控制措施

①原辅料质量标准如下所示。

原材料:制作酸奶应选择新鲜品质好的牛乳作为原料,乳中菌数不能太高,一般低于 10^4 个/mL,不含抗生素和消毒药,贮藏时间长的牛乳杂菌会增高,不宜选用。患乳房炎的牛所产牛乳不适于制作酸奶,因其在治疗时使用的抗生素会抑制发酵菌种的生长繁殖,导致发酵失败。如缺少鲜乳可考虑选用奶粉为原料。

白糖:应符合《绵白糖》国家标准(GB 1445—2000),感官上结块、酸败、变黄的白糖禁止使用。

辅料:应符合国家食品卫生标准,在果酱和果汁中不得检出酵母菌与霉菌。为了减少染菌几率,使用辅料前应进行加热杀菌。

②工艺操作要求:原料奶杀菌应保证确实有效,一般采用90~95℃、30 min 处理,以杀死乳中病原菌和其他全部繁殖体。

制备发酵剂接种时,应按无菌操作要求进行,注意防止污染。最好在无菌室内制作发酵剂,以减少空气中杂菌污染,保证发酵剂中无酵母菌、霉菌。对于菌种保藏、活化菌种及制备发酵剂所使用的脱脂乳应严格灭菌,一般采用68.6kPa高压蒸汽灭菌20~30min。一旦发现发酵剂污染了杂菌,应立即停止使用,采用乳酸菌培养基重新分离培养。纯粹培养、显微镜检查无杂菌后,菌种方可使用。品质后的发酵剂应能使乳凝固均匀致密,乳清析出少,无气泡和无异常味出现,镜检不应有杂菌。

添加发酵剂总量为3%,保加利亚乳杆菌和嗜热链球菌的添加量分别为1.5%,并于43℃保温发酵,以保证2种菌在数量上的平衡趋势,从而可借2种菌良好的共生关系,缩短发酵时间,提高生产效率。这是因为保加利亚乳杆菌在发掘过程中,对蛋白质有一定分解作用,产生的缬氨酸、甘氨酸和组氨酸等能刺激嗜热链球菌在生长过程总产生的甲酸又被保加利亚乳杆菌所利用。因此,2种菌短时间内(2~3h)迅速生长繁殖,发酵乳糖产生乳酸,当 pH 降至4.5~4.6以及乳凝固性状良好时,即酸奶发酵成熟。

原料及配料过程中可能引入一些异物,如牛毛、纸屑、玻璃等物理性杂质。这些杂质直接影响酸牛奶的品质,形成安全危害,因此必须加以控制。

为了防止酸奶 pH 值过低,风味发生改变,以及杂菌繁殖,发酵成熟后的酸奶应立即冷藏于 4℃ 条件下,直至饮用。反之,如果成品酸奶在温度高的地方贮藏,那么会使其继续发酵,造成 pH 值太低与芳香味物质含量减少。

③卫生管理:对酸奶车间的空气要定期消毒,可采用紫外线或化学喷雾剂等消毒。例如: 按 0.04g/m² KMnO₄ 加入 4mL 甲醛溶液内,将门窗紧闭,让其自行挥发消毒,杀灭空气中的酵母菌与霉菌。每周 1 次,每次 8 h 以上。此外,条件许可也可采用空气过滤器对酸奶车间的空气进行过滤除菌。

每周用 100~200mg/kg 氯水对车间地面喷洒消毒 1 次,每次 4h 以上。

定期有效地清洗消毒生产加工设备,可先用 1%~4% 烧碱清洗,而后蒸汽或化学杀菌剂消毒。例如,每天用 50mg/kg 的氯水消毒设备 1h,可杀死酵母和其他微生物。

采用自动化无菌包装系统,分装后应立即封口,以防杂菌污染。对包装材料也要清洗干净与紫外线照射杀菌。

 复习思考题

1. 乳品质量保障体系有哪些?

2. 名词解释:质量控制、质量保证、全面质量管理。

3. 2000 版 ISO 9000 族的核心标准有哪些?

4. HACCP 与 ISO 9000、GMP 等质量保证系统的关系是什么?

5. 以乳制品生产为例,说明 HACCP 的基本原理。

参 考 文 献

[1]邵长福,赵晋府. 软饮料工艺学[M]. 北京:中国轻工业出版社,2005.

[2](瑞典)阿法 - 拉伐公司. 乳品手册[M]. 乳品技术丛书编译组译. 北京:中国农业出版社,1986.

[3]高德. 实用食品包装技术[M]. 北京:化学工业出版社,2003.

[4]章建浩. 食品包装学[M]. 北京:中国农业出版社,2005.

[5]郭本恒. 现代乳品加工学[M]. 北京:中国轻工业出版社,2003.

[6]孔保华. 乳品科学与技术[M]. 北京:科学出版社,2004.

[7]曾寿瀛. 现代乳与乳制品加工技术[M]. 北京:中国农业出版社,2003.

[8]胡国华. 食品添加剂在畜禽及水产品中的应用[M]. 北京:化学工业出版社,2005.

[9]郝利平,夏延斌,陈永泉等. 食品添加剂[M]. 北京:中国农业出版社,2002.

[10]杨桂馥. 软饮料工业手册[M]. 北京:中国轻工业出版社,2002.

[11]张和平,张列兵. 现代乳品工业手册[M]. 北京:中国轻工业出版社,2005.

[12]王桂华. 完善我国乳品质量安全保障体系的对策研究[D]. 中国农业科学院,2007.

[13]陆兆新. 食品质量管理学[M]. 北京:中国农业出版社,2004.

[14]陈宗道,刘金福,陈绍军. 食品质量管理[M]. 北京:中国农业大学出版社,2003.

[15]张和平,张佳程. 乳品工艺学[M]. 北京:中国轻工业出版社,2010.

[16]张兰威. 乳与乳制品工艺学[M]. 北京:中国农业出版社,2005 年.

[17]郭本恒. 功能性乳制品[M]. 北京:中国轻工业出版社,2001.

[18]武建新. 乳品生产技术[M]. 北京:科学出版社,2010.

[19]李晓东. 乳品工艺学[M]. 北京:科学出版社,2011.

[20]谷鸣. 乳品工程师实用技术手册[M]. 北京:中国轻工业出版社,2009.

[21]刘爱国,扬明. 冰淇淋配方设计与加工技术[M]. 北京:化学工业出版社,2008.

[22]刘梅森,何唯平,蔡云升. 软冰淇淋生产工艺与配方[M]. 北京:中国轻工业出版社,2007.

[23]金世琳. 乳品工业手册[M]. 北京:中国轻工业出版社,1987.

[24]骆承庠. 乳与乳制品工艺学[M]. 北京:中国农业出版社,2001.

[25]P. F. Fox and P. L. H. McSWEENEY. Dairy Chemistry and Biochemistry[M]. Blackie Academic & Professional, 1998.

[26]Pieter Walstra, Jan T. M. Wouters, Tom J. Geurts. Dairy Science and Technology(2nd edition)[M]. Taylor and Francis, 2005.

[27]顾瑞霞. 乳与乳制品工艺学[M]. 北京:中国计量出版社,2006.

[28]张和平,张列兵. 现代乳品工业手册[M]. 北京:中国轻工业出版社,2005.

[29]蒋爱民,南庆贤. 畜产食品工艺学[M]. 北京:中国农业出版社,2008.

[30]HUTKINS R W, NANCY L. pH Homeostasis in lactic acid bacterial[J]. Journal of Dairy Science, 1993, 76(8):2354－2365.

[31]BEAL C, SKOKANOVA J, LATRILLE E, et al. Combined effects of culture conditions and storage time on acidification and viscosity of stirred yogurt[J]. Journal of Dairy Science, 1999, 82(4):673－681.

[32]A. Y. Tamime and R. K. Robinson. Yogurt Science and Technology[M]. Boca Raton Boston and New York Washington DC. :CRC Press,1999.

[33]Chen Y M, Wever C A, Burre R A. Dual function of Streptococcus salivarius urease[J]. Journal of Bacteriology, 2000, 182(16):4667－4669.

[34]Ramesh C. Chandan, Arun Kilara, Nagendra P. Shah. Dairy Processing & Quality Assurance[M]. Blackwell publishing.

[35]蔡建,常锋. 乳品加工技术[M]. 北京:化学工业出版社,2008.

[36]李勇. 现代软饮料生产技术[M]. 北京:化学工业出版社,2005.

[37]谢继志. 液态乳制品科学与技术[M]. 北京:中国轻工业出版社,1999.

[38]蔡长霞. 绿色乳制品加工技术[M]. 北京:中国环境科学出版社,2006.

[39]高福成,等. 现代食品工程高新技术[M]. 北京:中国轻工业出版社,1997.

[40]朱迅涛. 膜技术在乳品工业中的应用[J]. 中国乳品工业, 1997, 25(1):38～39.

[41]李宏军,等. 挤压蒸煮在乳制品中的应用[J]. 中国乳品工业,2002, 30(6):28～30.

[42]靳烨,等. 高压处理对乳及乳制品加工的影响[J]. 食品工业,2000,(1):44～45.

[43]宋健,等. 微胶囊化技术及应用[M]. 北京:化学工业出版社, 2001.

[44]秦立虎,等. 微胶囊技术及其在乳品加工业中的应用[J]. 中国乳业, 2003(6):22～25.

[45]郭本恒,等. 超滤技术分离初乳乳清蛋白质的研究[J]. 食品工业,1997,(1):20～21.

[46]雏亚洲,高智利,鲁永强,等. 切达干酪加工技术综述[J]. 农产品加工,2008(7):94－95.

[47]柳艳霞, 赵改名, 张秋会. 新鲜干酪工艺研究[J]. 食品科学, 2007, 28(8):215－218.

[48]孙旭. 涂抹型豆乳牛乳混合再制干酪的工艺研究[D]. 东北农业大学硕士学位论文,2006.

[49]高福成,等. 现代食品工程高新技术[M]. 北京:中国轻工业出版社, 1997.

[50]朱迅涛. 膜技术在乳品工业中的应用[J]. 中国乳品工业, 1997, 25(1):38－39.

[51]李宏军,等. 挤压蒸煮在乳制品中的应用[J]. 中国乳品工业,2002, 30(6):28－30.

[52]靳烨,等. 高压处理对乳及乳制品加工的影响[J]. 食品工业,2000,(1):44－45.